全国职业技术院校计算机信息类专业教材

Visual Basic 程序设计

（第二版）

人力资源和社会保障部教材办公室组织编写

中国劳动社会保障出版社

简介

本书通过制作第一个 VB 程序、制作实用计算器、制作生肖查询器、制作“打飞机”游戏、制作“随手涂鸦”、制作播放器、制作文本处理器、制作比赛计分器、开发图书管理系统、创建备忘录共十个实训项目，介绍了 Visual Basic 程序设计的基础知识和编程方法。

本书由刘建圻主编，秦文文、陈翠松任副主编，曹党生、郑荣茂、胡泽军、李志杰、李志斌、钟福龙、刘天宇、刘绍勇参加编写。

图书在版编目（CIP）数据

Visual Basic 程序设计/人力资源和社会保障部教材办公室组织编写．—2 版．—北京：中国劳动社会保障出版社，2014

全国职业技术院校计算机信息类专业教材

ISBN 978－7－5167－0874－3

Ⅰ．①V…　Ⅱ．①人…　Ⅲ．①BASIC 语言-程序设计-高等职业教育-教材　Ⅳ．①TP312

中国版本图书馆 CIP 数据核字（2014）第 049163 号

中国劳动社会保障出版社出版发行

（北京市惠新东街1号　邮政编码：100029）

出版人：张梦欣

*

三河市潮河印业有限公司印刷装订　新华书店经销

787 毫米×1092 毫米　16 开本　24.5 印张　579 千字

2014 年 3 月第 2 版　2025 年 5 月第 14 次印刷

定价：43.00 元

营销中心电话：400-606-6496

出版社网址：http://www.class.com.cn

http://jg.class.com.cn

前　言

为了更好地满足全国职业技术院校计算机信息类专业的教学要求，全面提升教学质量，人力资源和社会保障部教材办公室组织全国有关学校的一线教师和行业、企业专家，充分调研企业用人需求和学校教学情况，吸收借鉴各地职业技术院校教学改革的成功经验，在2013年出版的计算机信息类专业基础课教材基础之上，开发了本套计算机信息类专业教材。

本次开发的专业教材主要包括《Access 2003数据库应用》《C语言（第二版）》《Visual Basic程序设计（第二版）》《小型局域网组建与管理》《IT产品营销》《网络综合布线》《Windows Server 2003服务器配置与管理》《Linux网络操作系统应用》《网络设备互联》《网络安全》《网页制作高级特效》《计算机系统故障诊断与维修》《常用办公自动化设备使用与维护》《CorelDraw平面设计与制作》《Illustrator平面设计与制作》，可用于计算机网络应用、计算机应用与维修以及计算机广告制作等专业的教学，下一步还将根据教学需求继续开发其他计算机信息类专业教材。

本套计算机信息类专业教材开发工作的重点主要体现在以下几个方面：

第一，坚持以能力为本位，突出职业教育特色。

根据计算机信息类专业毕业生所从事岗位的实际需要，合理确定相关技能人才应具备的能力结构与知识结构，在教学内容的深度和难度上做了科学界定。同时，在教材编写中进一步加强实践应用环节，突出职业教育特色，并力求使教材内容涵盖有关国家职业标准和国家计算机等级考试的知识和技能要求。

第二，遵循专业教学规律，合理构建教材体系。

根据计算机信息类专业的教学规律，按照当前职业院校的专业设置情况和发展趋势，合理构建通用的专业基础课教材和各专业方向的专业课教材体系，并做到有机衔接。通过由基础到专业、由通用到专门的教学内容安排，使学生掌握扎实的计算机基础应用能力，并进一步深入学习各专业课程的知识与技能，满足就业实际需要，提高岗位适应能力。

第三，兼顾技术发展与教学条件，突出计算机综合应用能力培养。

针对计算机软、硬件更新迅速的特点，在教学内容选取上，既注重体现新软件、新知识，又兼顾职业技术院校教学实际条件。在教学内容组织上，不局限于软件版本和软件功能的介绍，而更注重相关计算机综合应用能力的培养，为后续专业课程的学习打下良好的基础。

第四，创新教材编写模式，丰富教材表现形式。

根据职业院校学生认知规律，创新教材编写模式。以完成具体工作过程为主线组织教材内容，将理论知识的讲解与具体的任务载体有机结合，激发学生学习兴趣，提高学生实践能力。在表现形式上，通过丰富的操作图片和软件截图详尽地指导任务操作步骤和软件使用方法，使教材内容更加直观、形象。

第五，开发更多辅助产品，提供优质教学服务。

为方便教学，教材中涉及的素材文件均可通过中国人力资源和社会保障出版集团网站（http://www.class.com.cn）免费下载，进入主页后搜索相应教材并进入图书详细页面即可找到下载链接。

本次教材的开发工作得到了北京、河北、辽宁、黑龙江、江苏、河南、广东、云南等省市人力资源和社会保障厅（局）及有关学校的大力支持，在此我们表示诚挚的谢意。

人力资源和社会保障部教材办公室

2014 年 1 月

目　　录

项目一　制作第一个 VB 程序

Visual Basic 6.0（VB6.0）是 Microsoft 公司推出的一款可视化程序开发工具软件，它简单易学、功能强大。本项目将详细介绍 Visual Basic 6.0 和它的集成开发环境、新建工程、调试、帮助等，同时制作完成第一个 VB 程序，实现如下功能：运行程序时，鼠标无法捕捉到窗体上的按钮，其运行效果图如图 1—0—1 所示。

图 1—0—1　第一个 VB 程序运行效果图

任务一　Visual Basic 的安装、启动与退出

学习目标

1. 了解 Visual Basic 的基本知识。
2. 了解 Visual Basic 6.0 的特点和版本。
3. 掌握 Visual Basic 6.0 的安装、启动和退出。

任务描述

作为一款标准的 Windows 软件，Visual Basic 6.0 的安装使用方法与一般常用的应用软件基本相同。Visual Basic 6.0 分为学习版、专业版和企业版 3 种版本，供不同需求的开发者使用。其中，企业版是供专业编程人员使用的版本，功能最为全面。本任务将以企业版为例，在了解 Visual Basic 基本知识的基础上，完成 Visual Basic 6.0 的安装、启动和退出，初步认识这款程序设计软件。

相关知识

一、Visual Basic 的发展过程

Visual Basic 系列诞生于 20 世纪 90 年代初，其 1.0 版本由微软公司于 1991 年 4 月正式推出，其后若干年内，陆续发布了多个升级版本，于 1998 年 10 月正式推出了 6.0 版本。从 2002 年开始，微软对软件进行了较大幅度的改变，将 .NET Framework 与 Visual Basic 结合而成为 Visual Basic. NET，新增了许多特性及语法，将 Visual Basic 推向了一个新的高度。目前，其最新版本为 Visual Basic 2013。

其中，Visual Basic 6.0 是当前最流行的 Visual Basic 版本之一，成熟、稳定、操作简单实用的特点使其从问世以来便广受专业程序员和编程爱好者的喜爱，更适合刚入门初学者学习使用，同时也是全国计算机等级考试所选用的版本。

二、Visual Basic 6.0 的特点

Visual Basic 6.0 可开发 Windows 环境下的各类应用程序。它拥有图形用户界面（GUI）和快速应用程序开发（RAD）系统，可以轻易地使用 DAO、RDO、ADO 连接数据库，或轻松地创建 ActiveX 控件。

1. 可视化的设计平台

传统程序设计语言编程时，需要通过编程计算来设计程序界面，在设计过程中看不到程序的实际显示效果，必须在运行程序的时候才能观察。如果对程序的界面不满意，还要回到程序中去修改，这一过程常常需要反复多次，大大影响了编程的效率。VB 提供的可视化的设计平台，把 Windows 界面设计的复杂性“封装”起来。程序员不必再为界面的设计而编写大量的程序代码，只需按设计的要求，用系统提供的工具在屏幕上“画出”各种对象，VB 就会自动产生界面设计代码，程序员所需要编写的只是实现程序功能的那部分代码，从而大大提高了编程的效率。

2. 面向对象的设计方法

VB 采用面向对象的编程方法（Object Oriented Programming），把程序和数据封装起来作为一个对象，并为每个对象赋予相应的属性。在设计对象时，不必编写建立和描述每个对象的程序代码，而是用工具“画”在界面上，由 VB 自动生成对象的程序代码并封装起来。

3. 事件驱动的编程机制

VB 通过事件来执行对象的操作。在设计应用程序的时候，不必建立具有明显开始和结束的程序，而是编写若干个微小的子程序，即过程。这些过程分别面向不同的对象，由用户操作引发某个事件来驱动完成某种特定的功能或由事件驱动程序调用通用过程来执行指定的操作。

4. 结构化的设计语言

VB 是在结构化的 BASIC 语言基础上发展起来的，并加入了面向对象的设计方法，因此 VB 是更出色的结构化程序设计语言。

5. 开放的数据库功能与网络支持

VB 具有很强的数据库管理功能，不仅可以管理 MS Access 格式的数据库，还能访问其

他外部数据库，如 FoxPro、Paradox 等格式的数据库。另外，VB 还提供了开放式数据连接（Open Database Connectivity）功能，可以通过直接访问或建立连接的方式使用并操作后台大型网络数据库，如 SQL Server、Oracle 等。在应用程序中，可以使用结构化查询语言（SQL）直接访问 Server 上的数据库，并提供简单的面向对象的库操作命令、多用户数据库的加锁机制和网络数据库的编程技术，为单机上运行的数据库提供 SQL 网络接口，以便在分布式环境中快速而有效地实现客户/服务器（Client/Server）方案。

三、Visual Basic 6.0 的版本

1. Visual Basic 6.0 学习版

这是一个入门版本，主要面向初学编程的人员。该版本包含所有的内部控件（标准控件）、网格（Grid）控件、Tab 对象以及数据绑定控件。

2. Visual Basic 6.0 专业版

该版本为专业的编程人员提供了一套功能完备的用于软件开发的工具。它除包括学习版本的全部功能外，还包括 ActiveX 控件、Internet 控件、Crystal Report Writer 报表控件。

3. Visual Basic 6.0 企业版

该版本可供专业编程人员开发功能强大的组内分工应用程序。它不仅包括专业版本的全部功能，同时还具有自动化管理器、部件管理器、数据库管理工具、Microsoft Visual SourceSafe 面向工程版的控制系统等。

虽然本书以 Visual Basic 6.0 企业版为操作环境平台，但其案例也适用于其他两个版本。

任务实施

一、Visual Basic 6.0 的安装

和安装一般 Windows 软件相同，运行安装程序，根据“安装向导”的提示即可完成软件的安装。需要注意的是，在图 1—1—1 所示界面中，有“安装 Visual Basic 6.0 中文企业

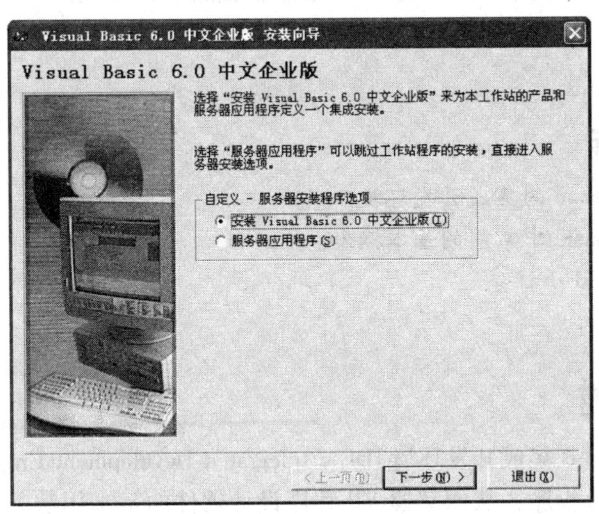

图 1—1—1　Visual Basic 6.0 中文企业版安装向导

版”和“服务器应用程序”两个选项，由于这里是初次完整安装，因此应选择前一选项。如果选择后一选项，则可跳过工作站程序的安装，直接进入服务器安装选项。

按向导提示依次单击“下一步”按钮，完成软件安装。当程序安装完毕时，应根据如图1—1—2所示的提示对话框，单击“重新启动 Windows（R）”按钮，更新系统的配置。

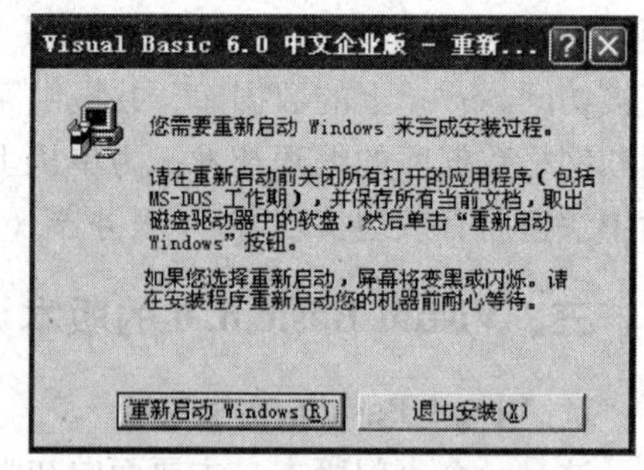

图1—1—2　提示对话框

二、Visual Basic 6.0 的启动

启动 Visual Basic 6.0 通常有如下两种方法。

1. 双击桌面上的图标，如图1—1—3所示，启动 Visual Basic 6.0。

2. 依次单击任务栏上的“开始”→“程序”→“Microsoft Visual Basic 6.0 中文版”选项，如图1—1—4所示，启动 Visual Basic 6.0 应用程序。

图1—1—3　Visual Basic6.0 图标

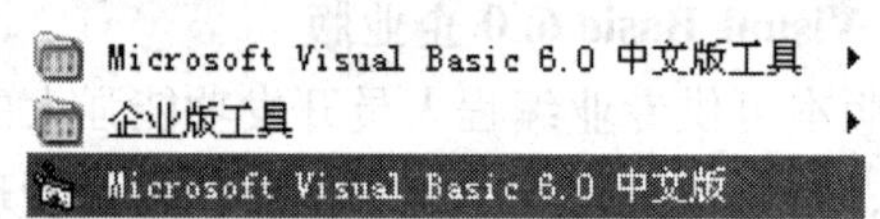

图1—1—4　Microsoft Visual Basic 6.0 中文版

三、Visual Basic 6.0 的退出

退出 Visual Basic 6.0 有如下两种方法。

1. 单击菜单栏上的“文件”→“退出”选项，退出应用程序。

2. 直接单击标题栏右上角的“关闭”按钮。

任务二　制作“抓不到我”小程序

学习目标

1. 掌握 Visual Basic 的集成开发环境。
2. 理解 Visual Basic 中常用的基本概念。
3. 制作第一个 VB 小程序。

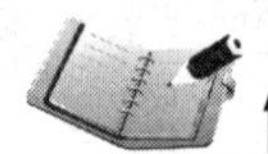

任务描述

本任务将在熟悉 VB 集成开发环境 IDE（Integrated Development Environment）的基础上，制作完成第一个 VB 小程序，从而掌握 VB 程序设计软件的基本用法。“抓不到我”小程序的效果如下：当鼠标放到按钮控件上时，按钮控件会自动改变位置，使鼠标无法放到按钮控

件上。

相关知识

一、Visual Basic 6.0 集成开发环境

Visual Basic 6.0 集成开发环境是在一个公共环境中集成了设计、编辑、编译和调试等许多不同的功能。启动 Visual Basic 6.0 后，出现新建工程对话框，单击“打开”按钮即可新建一个工程，此时便进入了 Visual Basic 6.0 集成开发环境，如图 1—2—1 所示，它有标题栏、菜单栏和工具栏等部件。

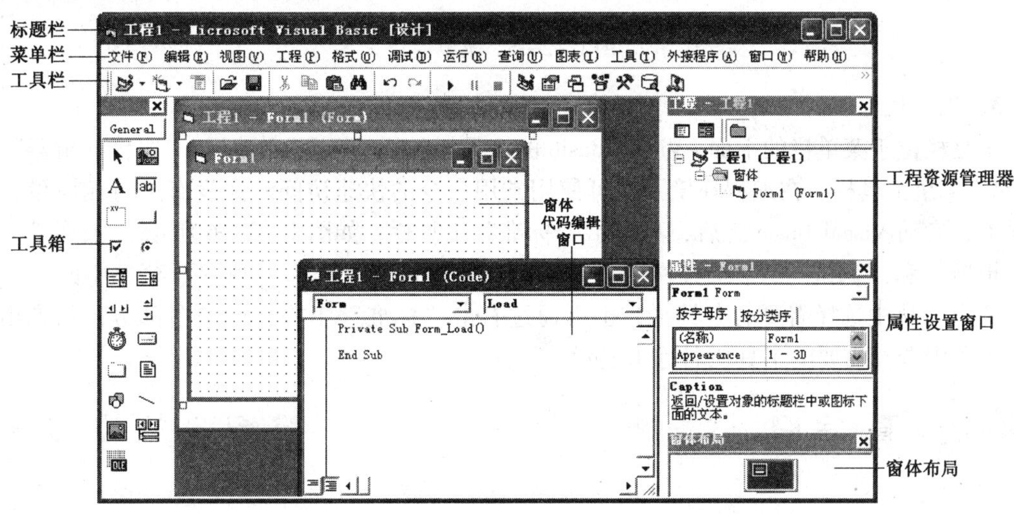

图 1—2—1　Visual Basic 6.0 集成开发环境

1. 标题栏

标题栏位于主窗口的顶部，标题栏上除了可显示正在开发或调试的工程名外，还用于显示系统的工作模式。Visual Basic 有 3 种工作模式：设计模式（Design）、运行模式（Run）和中断模式（Break）。启动时，标题栏上显示“工程 1 - Microsoft Visual Basic［设计］”，表示现在处于设计工作模式。

（1）设计模式——可进行用户界面的设计和代码的编制，如图 1—2—2 所示。

图 1—2—2　设计模式

（2）运行模式——当运行编制的程序时进入该模式，标题栏上显示“工程 1 - Microsoft Visual Basic［运行］”，此时无法编辑程序，如图 1—2—3 所示。

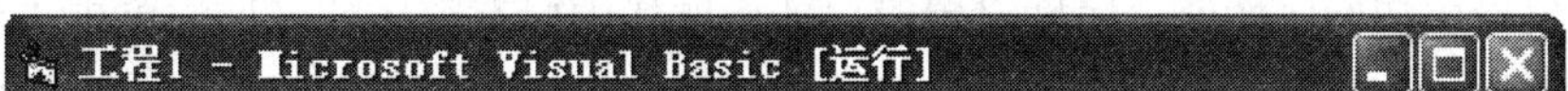

图 1—2—3　运行模式

（3）中断模式——当应用程序中断时（暂停运行，但还没结束）进入该模式，标题栏上显示“工程 1 - Microsoft Visual Basic [break]”，一般用于调试程序，如图 1—2—4 所示。

工程1 - Microsoft Visual Basic [break]

图 1—2—4　中断模式

2. 菜单栏

菜单栏位于标题栏的下面，在 Visual Basic 的菜单栏中共有 13 个菜单项，每个菜单项都有一个下拉菜单，如图 1—2—5 所示。

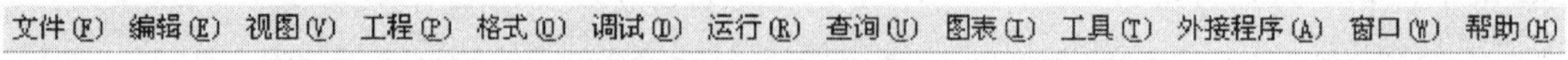

文件(F)　编辑(E)　视图(V)　工程(P)　格式(O)　调试(D)　运行(R)　查询(U)　图表(I)　工具(T)　外接程序(A)　窗口(W)　帮助(H)

图 1—2—5　菜单栏

3. 工具栏

工具栏位于菜单栏的下面，Visual Basic 的工具栏包括“标准”“编辑”“窗体编辑器”和“调试”4 组工具栏。在编程环境下，可使用常用命令的快速访问。在没有进行相应设置的情况下，启动 Visual Basic 之后，只显示“标准”工具栏，如图 1—2—6 所示。“编辑”“窗体编辑器”和“调试”3 个工具栏在需要使用的时候可通过选择“视图”菜单中的“工具栏”命令，从中选择需要的工具栏，也可通过右击“标准”工具栏的空白部分，从弹出的快捷菜单中选择需要的工具栏名称来显示。

图 1—2—6　标准工具栏

4. 工具箱

工具箱又称控件工具箱，位于 Visual Basic 主窗口的左方，它为软件开发人员在设计应用程序界面时提供所需要使用的常用工具（控件）。工具箱中常用控件的图标和名称如图 1—2—7 所示。

工具箱中除了最常用的控件以外，根据设计程序界面的需要也可以向工具箱中添加新的控件，添加新控件可以通过选择“工程”菜单中的“部件”命令或在工具箱中右击，在弹出的快捷菜单中选择“部件”命令，就会弹出“部件”对话框，如图 1—2—8 所示，可以从该对话框中的“控件”选项卡里的列表中选择需要的控件添加到工具箱。

5. 窗体

窗体设计窗口也叫对象窗口，位于 Visual Basic 主窗口的中间，它是一个用于设计应用程序的界面，用户可通过向窗体添加控件、图形和图片来设计应用程序，如图 1—2—9 所示。

6. 属性设置窗口

属性设置窗口位于窗体设计器的右方，它主要用来在设计界面时，为所选中的窗体和窗体上的各个对象设置初始属性值。属性设置窗口的标题栏中标有窗体的名称。单击“对象”下拉列表右侧的按钮，打开其下拉式列表框，可从中选取本窗体内的各个对象，对象选定后，下面的“属性”列表框中就会列出与该对象有关的各个属性及其设定值，如图 1—2—10 所示。

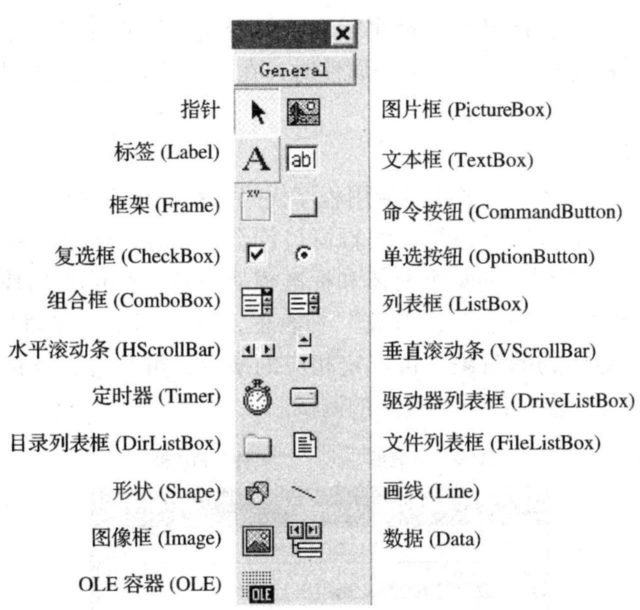

图 1—2—7　工具箱中常用控件的图标和名称

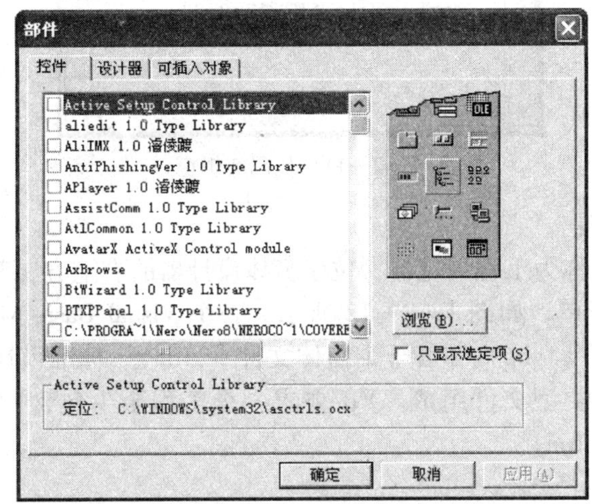

图 1—2—8　“部件”对话框

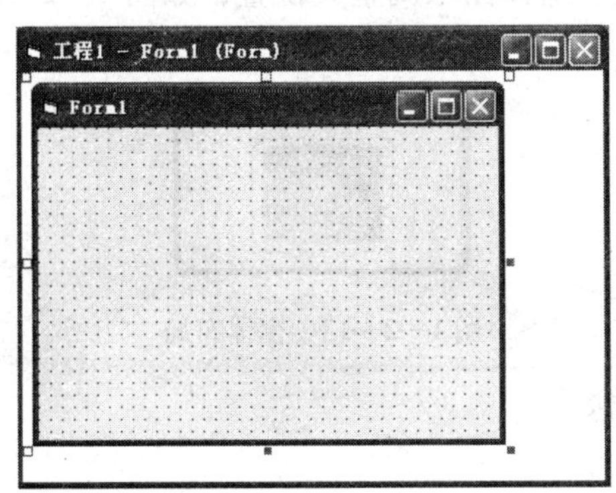

图 1—2—9　窗体

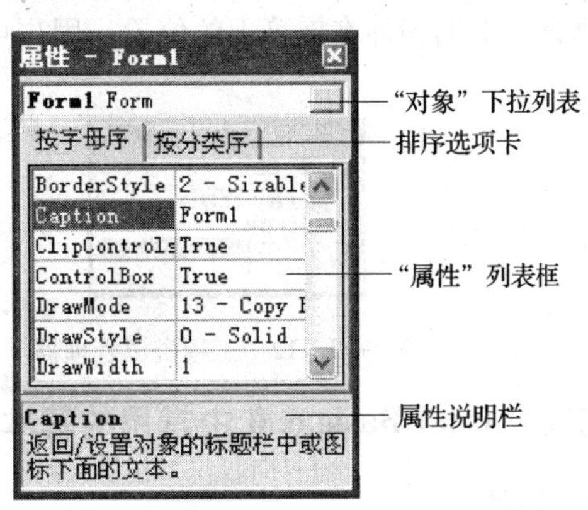

图 1—2—10　属性设置窗口

在属性设置窗口中，设有“按字母序”和“按分类序”两个排序选项卡，可分别将属性按字母或按分类顺序排列。当选中某一属性时，在下面的属性说明栏里就会给出该属性的相关说明。

7. 代码编辑窗口

代码编辑窗口的作用就是用来编写应用程序代码。在设计程序时，当双击窗体设计窗口中的窗体或窗体上的某个对象时，代码编辑窗口就会显示在 Visual Basic 集成开发环境中，如图 1—2—11 所示。应用程序的每个窗体和标准模块都有一个单独的代码编辑窗口。代码编辑窗口中有两个列表框，一个是“对象”列表框，另一个是“事件”（过程）列表框。从列表框中选定要编写代码的对象，再选定相应的事件，可非常方便地为对象编写事件过程，也可在代码中设置断点，以便于程序的调试。

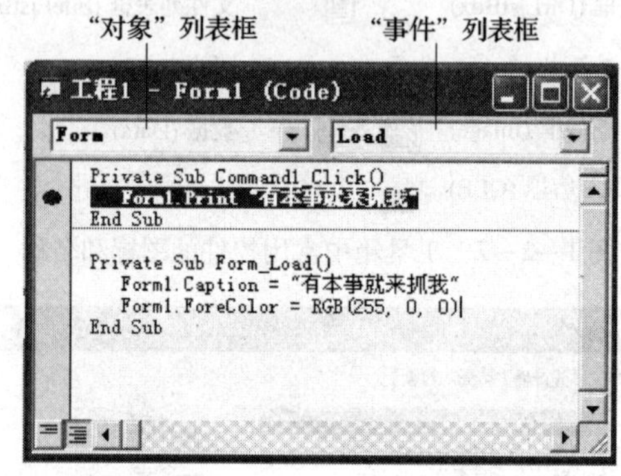

图 1—2—11　代码编辑窗口

8. 工程资源管理器

工程资源管理器又称为工程浏览器，位于窗体设计器的右上方，其中列出了当前应用程序中包含的所有文件清单，如图 1—2—12 所示。一个 Visual Basic 应用程序也称为一个工程，其由一个工程文件（. vbp）和若干个窗体文件（. frm）、标准模块文件（. bas）与类模块文件（. cls）等其他类型文件组成。VB 要求一个工程至少包含两个文件，即工程文件（. vbp）和窗体文件（. frm）。

9. 窗体布局

窗体布局窗口中有一个表示显示器屏幕的图像，屏幕图像上又有表示窗体的图像，它们表示程序运行时窗体在屏幕中的位置，用户可拖动窗体图像调整其位置，如图 1—2—13 所示。

图 1—2—12　工程资源管理器

图 1—2—13　窗体布局

二、Visual Basic 6.0 中常用的基本概念

1. 对象

对象是对现实世界问题的描述。对象本身是独立的单位，现实世界的任何事物都可以看

成对象，如手机、房子、计算机等。

类是用来创建对象的模板，其包含所创建的对象的状态描述和方法定义，对象是类的一个实例。例如，在人们面前有 3 样东西：苹果、草莓、笔记本计算机，那么人们就可以说苹果、草莓这两个对象是同一类——“水果”，而笔记本计算机则属于另一类——“计算机”。

在 VB 的集成开发环境中，工具箱中的每一个控件都可以看成是一个类，选中一个控件在窗体上拖放鼠标，就可以设计出按钮、标签和图形框等不同元素，这些是由类创建的对象。

2. 属性

属性是对象的特征，也就是将对象的外观和行为用数据表示出来。例如，如果对象是一个人，身高 1.80m、男性、穿着西服、手拿一束鲜花，这些对对象的描述都属于该对象的属性。

3. 事件

事件是 Visual Basic 预先定义的、对象能识别的动作。操作可能是由用户交互（如鼠标单击）引起，也可能是由某些其他的程序逻辑触发的，每个控件都可以对一个或多个事件进行识别和响应。例如，当用户单击窗口上的一个命令按钮时，这个命令按钮就获得一个 Click 事件（鼠标单击事件）。

4. 方法

方法就是对象可以进行的操作行为。程序员可以直接使用对象提供的方法来完成某些功能。和属性及事件一样，方法是特定对象的一部分，其调用格式如下：

对象名 . 方法 [参数名表]

其中，由方括号括起来的部分（[参数名表]）表示根据方法的不同可选择，也可省略。

例如，窗体对象 Form1 有一个 Print 方法，该方法的功能是用来输出数据和文本。调用该方法的语句如下：

```
Form1. Print " Hello World!"
```

执行该语句后，就会在窗体 Form1 上打印“Hello World!”。

任务实施

一、创建工程

启动 Visual Basic 6.0，将出现“新建工程”对话框，如图 1—2—14 所示，在“新建工程”对话框中选择“新建”→“标准 EXE”选项，单击“打开”按钮，即可创建新工程。

二、保存工程

1. 进入 Visual Basic 的“设计”工作模式，如图 1—2—15 所示，Visual Basic 自动创建了一个名称为“工程 1”的新工程，并在“工程 1”中创建了一个名为 Form1 的新窗体。

2. 右击“工程资源管理器”中的“工程 1”选项在弹出的快捷菜单中，选择“保存工程（V）”命令，如图 1—2—16 所示，分别对 Form1 和“工程 1”进行保存，本案例将“工程 1”保存在 D 盘下，并命名为“第一个 VB 程序 . vbp”，Forml 命名为“first. frm”。

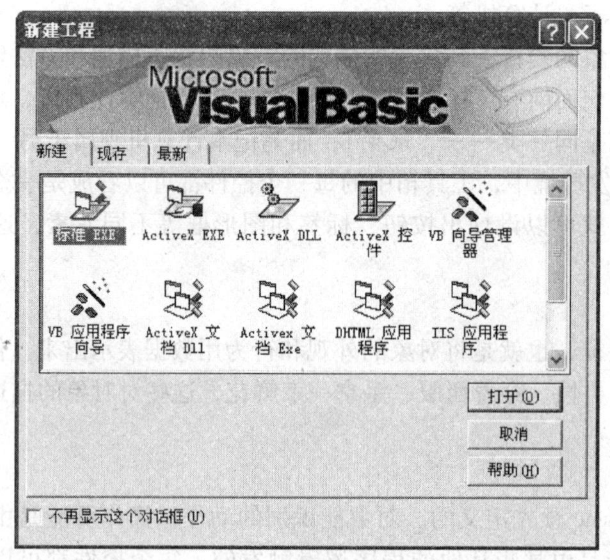

图 1—2—14 “新建工程”对话框

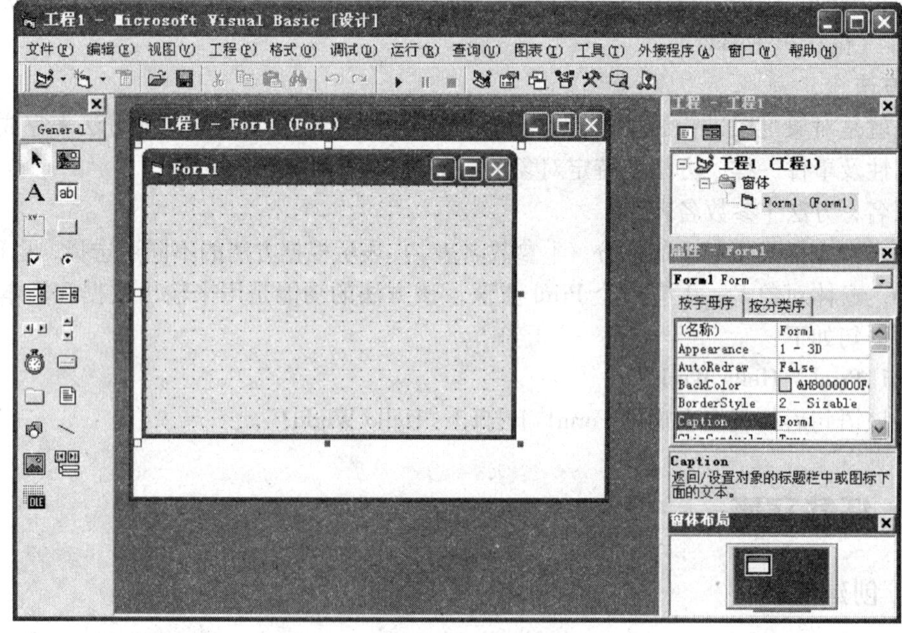

图 1—2—15 工程 1 主窗体

三、设计窗体

设计 Forml 窗体，将窗体的 Caption 属性修改为“第一个 VB 程序”，Height 属性设为 4500，Width 属性设为 6000，如图 1—2—17 所示；单击工具箱中的命令按钮，在窗体上画出一个命令按钮，如图 1—2—18 所示，将该命令按钮 Command1 的 Caption 属性修改为“抓不到我”，Height 属性设为 500，Width 属性设为 1570，Top 属性设为 1680，Left 属性设为 2280，以确保其位于窗体正中间，按钮控件属性设置如图 1—2—19 所示。

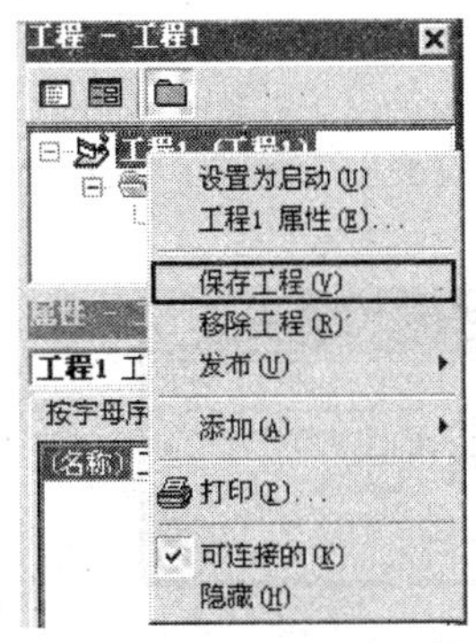

图 1—2—16　保存工程 1

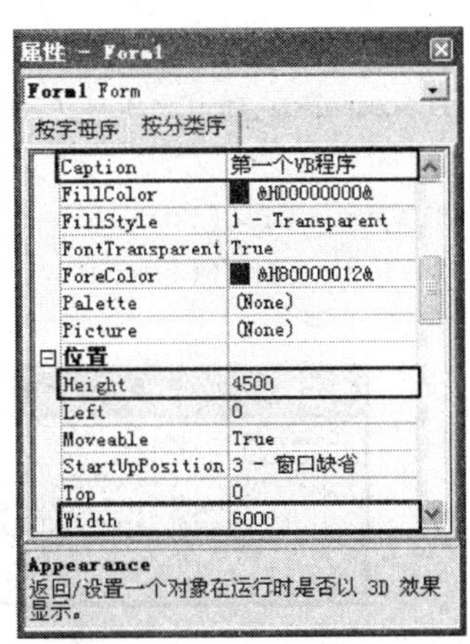

图 1—2—17　Form1 属性

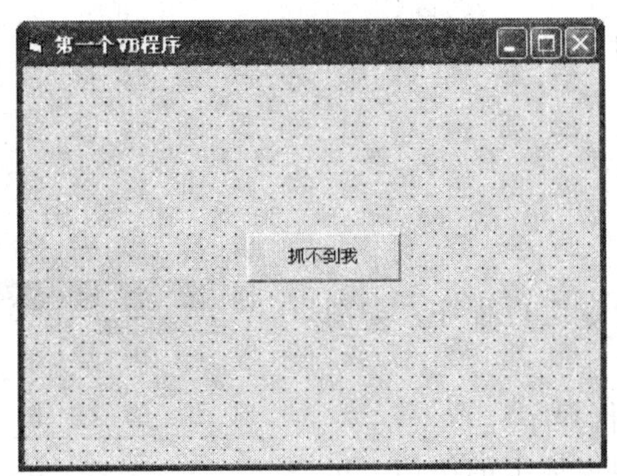

图 1—2—18　命令按钮

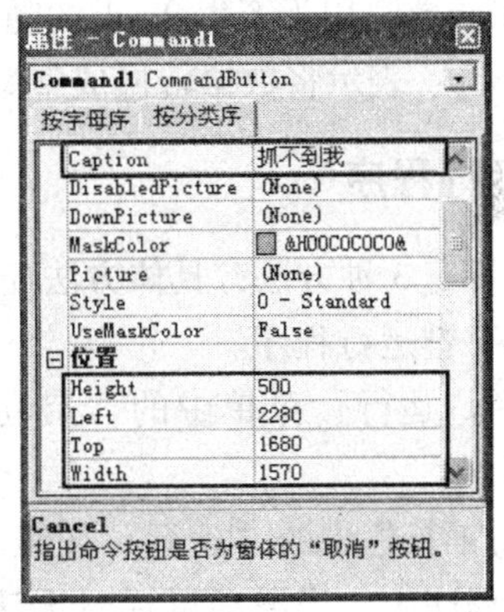

图 1—2—19　按钮控件属性设置

1. Caption 属性：表示窗体或控件的标题。
2. Height 属性：表示窗体或控件的高度。
3. Width 属性：表示窗体或控件的宽度。
4. Top 属性：表示控件与上边界之间的距离。
5. Left 属性：表示控件与左边界之间的距离。

小提示

Height、Width、Top、Left 属性以缇为单位，目的是为了让应用程序元素输出到不同设备时都能保持一致的计算方式。打印机的一个点，即人们常说的“磅”，而人们在屏幕上操作时会习惯用“像素”（也就是人们常说的屏幕分辨率 DPI，系统可以设置各种 DPI 值），所以当人们直接输入数字时必须再将“像素”换算成“缇”。1 个像素 =（1/96）×1 440 = 15 缇；如果希望窗体的高是「400」像素，宽是「300」像素，则属性的设定值就应为 Height = 400 × 15 = 6 000 缇，Width = 300 × 15 = 4 500 缇。

四、添加代码

双击“确定”按钮，进入代码窗口，此时对象为 Command1，事件为 MouseMove，添加如下代码，如图 1—2—20 所示。

```
    Private Sub Command1_MouseMove(Button As Integer, Shift As Integer, X As Single, Y As Single)
        Command1.Top = Int((Form1.Height - Command1.Height) * Rnd)
        Command1.Left = Int((Form1.Width - Command1.Width) * Rnd)
    End Sub
```

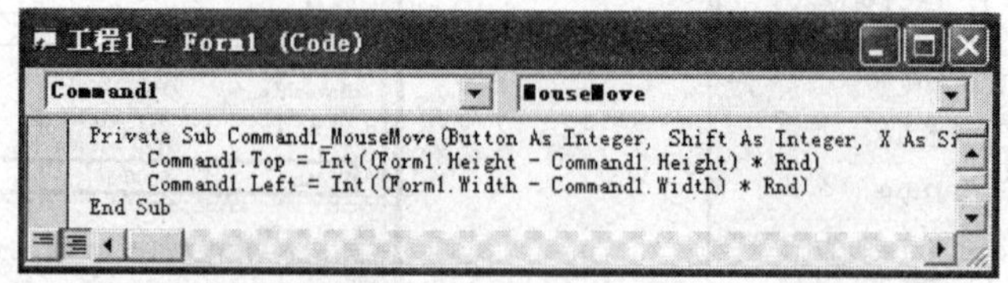

图 1—2—20　添加代码

1. MouseMove 事件：鼠标移动事件。
2. Rnd 函数：用于产生 0 ~ 1 的随机数。
3. Int（）：表示将数据转换成整型类型。

五、运行程序

程序运行有 3 种方法，具体方法如下。

1. 按 F5 键运行程序。
2. 选择“运行”菜单中的“启动”命令运行程序，如图 1—2—21 所示。

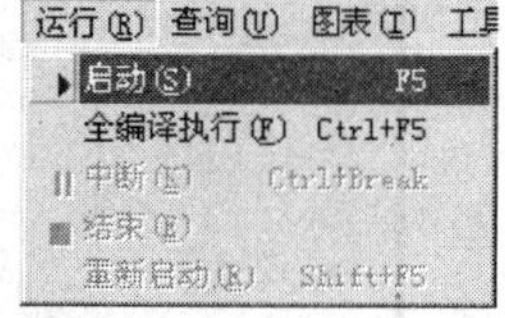

图 1—2—21　“运行”菜单

3. 单击工具栏中的“运行”按钮 ▸ 运行程序。

在运行程序中，当滑动鼠标时无法捕捉窗体上的按钮，运行效果图如图 1—2—22 所示。

图 1—2—22　运行效果图

一、Visual Basic 的调试

调试用于程序调试、查错。一般来讲，程序很少能一次运行通过，这是因为在程序中会

出现或多或少的错误，常见错误类型分为如下 3 种：编译错误、运行时错误、逻辑错误。要想快速地找出程序出错的地方，就需要对程序进行调试。

1. 设置自动语法检测

在 VB 集成开发环境中，依次选择“工具”→“选项”命令在弹出的“选项”对话框中选择“编辑器”选项卡，在“代码设置”区域中，选中“自动语法检测”复选按钮即可，如图 1—2—23 所示。

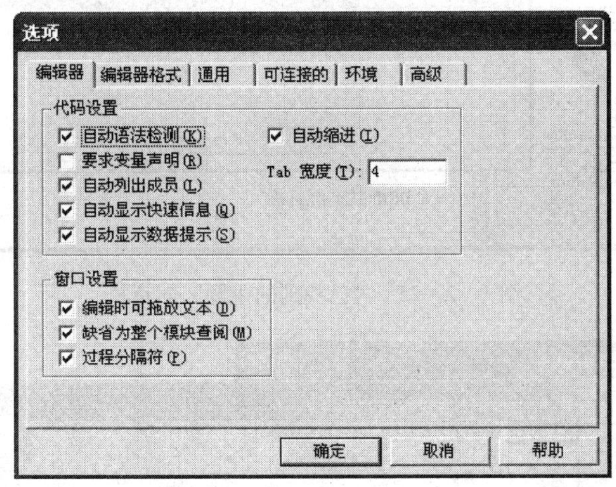

图 1—2—23　设置自动语法检测

2. VB 调试工具

使用 VB 调试工具可以有效地检查逻辑错误的地方和原因。VB 调试工具栏如图 1—2—24 所示。

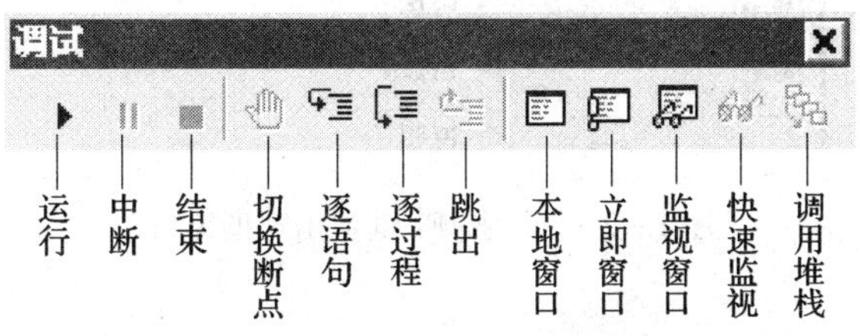

图 1—2—24　VB 调试工具栏

二、Visual Basic 的帮助

Visual Basic 6.0 提供了强大的帮助功能，例如，如果想知道如何使用时钟控件，可用如下两种方法使用帮助。

1. 选择“帮助”→“索引”命令，在弹出的窗口中输入要查找的关键字“Timer 控件”，在“已找到的主题”对话框中选择“使用 Timer 控件”选项，如图 1—2—25 所示，便可看到 Timer 控件的详细说明和使用方法。

2. 选中窗体中的 Timer 控件，按 F1 键便可弹出帮助窗口，如图 1—2—26 所示。

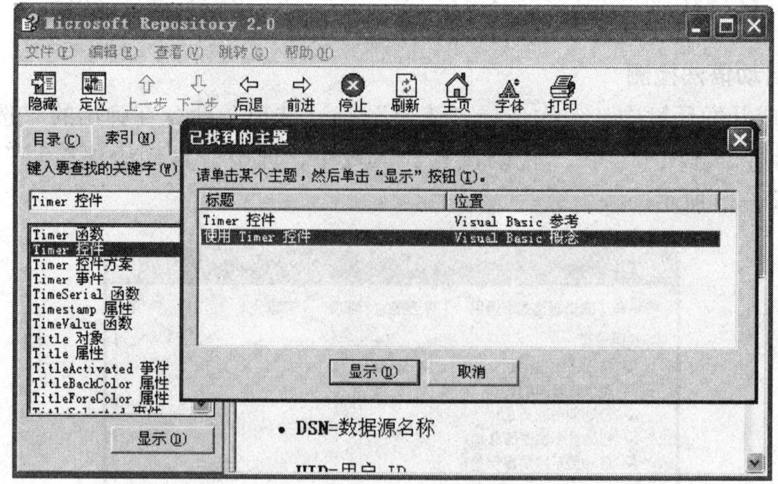

图 1—2—25 “已找到的主题”对话框

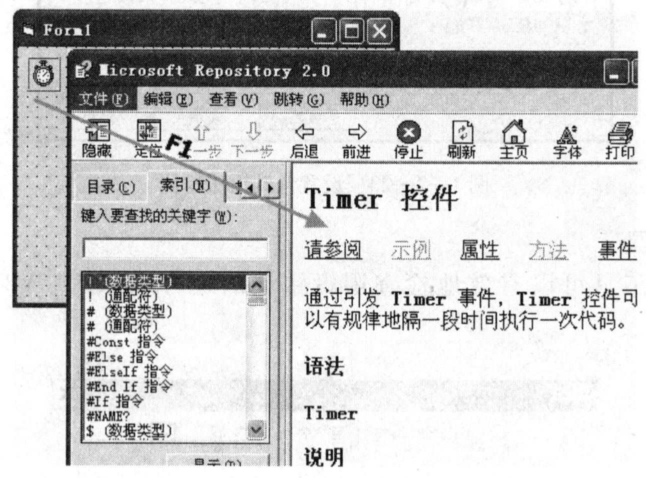

图 1—2—26 按 F1 键弹出帮助窗口

小提示

要使用帮助功能需安装 MSDN。MSDN 是微软的一个期刊产品，专门介绍各种编程技巧。同时，它也是独立于 Microsoft Visual Studio 制作的唯一帮助。目前，大部分文章存放在 MSDN 的网站上，所有人都可以免费参阅。

课后练习

一、选择题

1. 从功能上讲，Visual Basic 6.0 有 3 种版本，下列不属于这 3 种版本的是（　　）。

A. 学习版　　B. 标准版　　C. 专业版　　D. 企业版

2. 工程文件的扩展名是（　　）。

A. vbg　　B. vbp　　C. vbw　　D. vbl

3. 窗体设计器用来设计（　　）。

A. 应用程序的代码段　　B. 应用程序的界面

C. 对象的属性　　D. 对象的事件

4. 每个窗体对应一个窗体文件，窗体文件的扩展名是（　　）。

A. bas　　B. cls　　C. frm　　D. vbp

5. 英文缩写 IDE 的含义是（　　）。

A. 面向对象程序设计　　B. 对象链接

C. 对象链接与嵌入　　D. 集成开发环境

6. “一辆小客车在正常行进过程中被一辆大型货车撞坏了”，在这句话中，“客车”“小”“行进”和“被一辆大型货车撞坏了”分别对应 VB 中的哪些术语（　　）。

A. 对象、属性、事件、方法

B. 对象、属性、方法、事件

C. 属性、对象、事件、方法

D. 属性、对象、方法、事件

7. 启动 Visual Basic 后，系统会为用户新建的工程起一个名为（　　）的临时名称。

A. 工程 1　　B. 窗体 1　　C. 工程　　D. 窗体

8. 在 Visual Basic 6.0 集成环境的主窗口中，不包括（　　）。

A. 标题栏　　B. 菜单栏　　C. 状态栏　　D. 工具栏

9. 以下能在窗体 Form1 的标题栏中显示“学生信息管理系统”的语句是（　　）。

A. Form1. Name = “学生信息管理系统”

B. Form1. Title = “学生信息管理系统”

C. Form1. Caption = “学生信息管理系统”

D. Form1. Text = “学生信息管理系统”

10. 当需要帮助时，选择要帮助的“难题”，按（　　）键，就可以出现 MSDN 窗口及所需帮助信息。

A. Help　　B. F10　　C. Esc　　D. F1

二、简答题

1. 在 VB 中，运行方式有哪几种?

2. VB 中的 4 个基本概念分别是什么?

三、操作题

1. 制作“学生信息管理系统”欢迎界面，如题图 1—1 所示。

2. 制作“我成功了!”小程序，实现功能如下：单击界面上的“确定”按钮，在窗体显示“我成功了!”，字号为 30，颜色为红色，加下划线，运行效果如题图 1—2 所示。

提示：FontUnderline 属性表示给字体加下划线，其他属性设置可参考任务二。

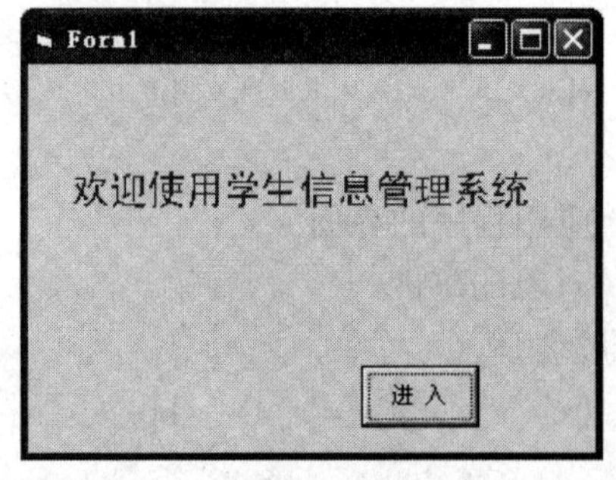

题图 1—1 “学生信息管理系统”欢迎界面

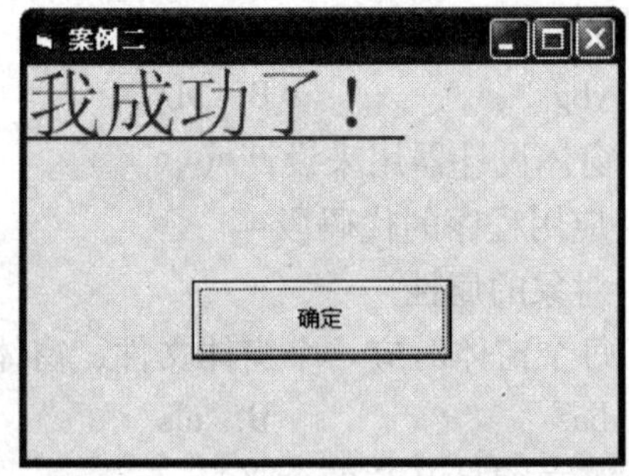

题图 1—2 “我成功了！”运行效果

项目二　制作实用计算器

在日常生活或工作中，人们经常会用科学计算器来解决碰到的一些计算问题。本项目利用 Visual Basic 制作一个比较实用的计算器，它不但具有普通计算器加、减、乘、除的四则运算功能，还有一些专业功能，如取模（取余）、求绝对值、求平方根、取整、产生随机数、求正弦值、字符串连接、取子串、求字符串长度、查找字符串、生成字符串、删除空格、获取当前日期和时间、求字符 ASCII 码、大小写转换等功能。例如，从已知字符串中间取一个指定字符时实用计算器的运行效果如图 2—0—1 所示。

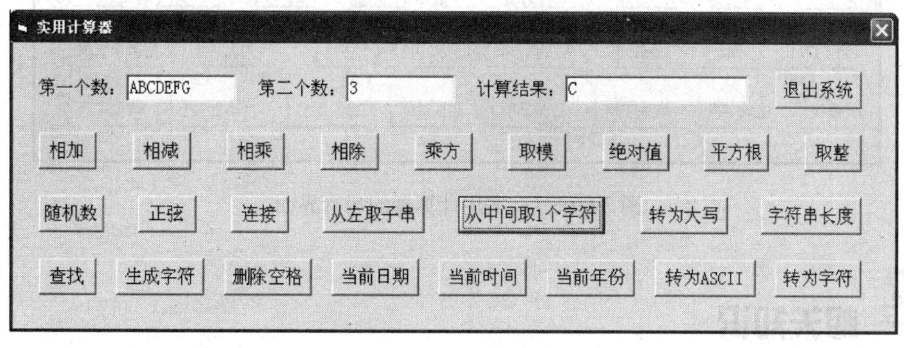

图 2—0—1　从已知字符串中间取一个指定字符时实用计算器的运行效果

本项目将分为以下几个环节来完成：

1. 完成整个项目的界面制作。
2. 实现加法功能。
3. 实现四则运算及取模、字符串连接等功能。
4. 实现求绝对值、求平方根、取整、产生随机数、求正弦值、取子串、求字符串长度、查找字符串、生成字符串、删除空格、获取当前日期和时间、求字符 ASCII 码、大小写转换等功能。
5. 在完成所有功能后，根据 Visual Basic 的代码书写规范整理项目代码。

任务一　界 面 制 作

学习目标

1. 掌握窗体的常见属性、方法和事件。
2. 掌握文本框、标签、命令按钮的常见属性、方法和事件。
3. 掌握应用程序界面的设计方法。

4. 掌握常见界面布局操作技巧。

实用计算器的运行界面如图2—1—1 所示。该界面包含3 个标签、3 个文本框、25 个命令按钮，窗体与控件布局要求协调、美观，而且窗体的大小应该是锁定的，不能因为窗体的改变而影响整个项目的协调性。

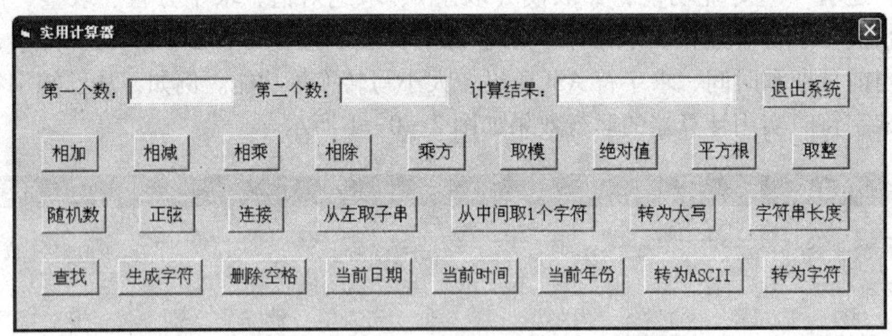

图2—1—1　实用计算器的运行界面

相关知识

一、窗体的属性、方法和事件

1. 窗体简介

窗体是VB 应用程序的一个基本平台，几乎所有的控件都要添加到窗体上。窗体本身也是一个对象，它有自身的属性、方法和事件。

2. 窗体常用属性

（1）Name 属性

该属性用于设置或返回在代码中使用的标识对象的名称，用户可在属性窗口修改名称属性，通过此属性可在代码中引用指定的对象，每个对象的名称必须唯一，否则会出错。第一个窗体的默认名称为Form1，第二个窗体的默认名称为Form2，依此类推。

在代码窗口输入窗体名称后，再输入一个英文的点号，VB 会显示窗体对象的成员列表，如图2—1—2 所示，如果输入英文点号后没有显示对象列表，可在菜单栏中单击“工具”→“选项”命令，打开“选项”对话框，选择“编辑器”选项卡如图2—1—3 所示，查看复选按钮“自动列出成员”选项是否选中，如果没有选中，则可以选中该选项单击“确定”按钮，如果确认已选中该选项，仍然没有显示对象成员列表，则说明对象名称输入有误，此时需要仔细检查对象名称的拼写是否正确。

Name 属性只能在设计时修改，运行时不可修改。

（2）Caption 属性

该属性用于设置或返回窗体标题栏中显示的内容，如图2—1—4 所示。初学者务必要注

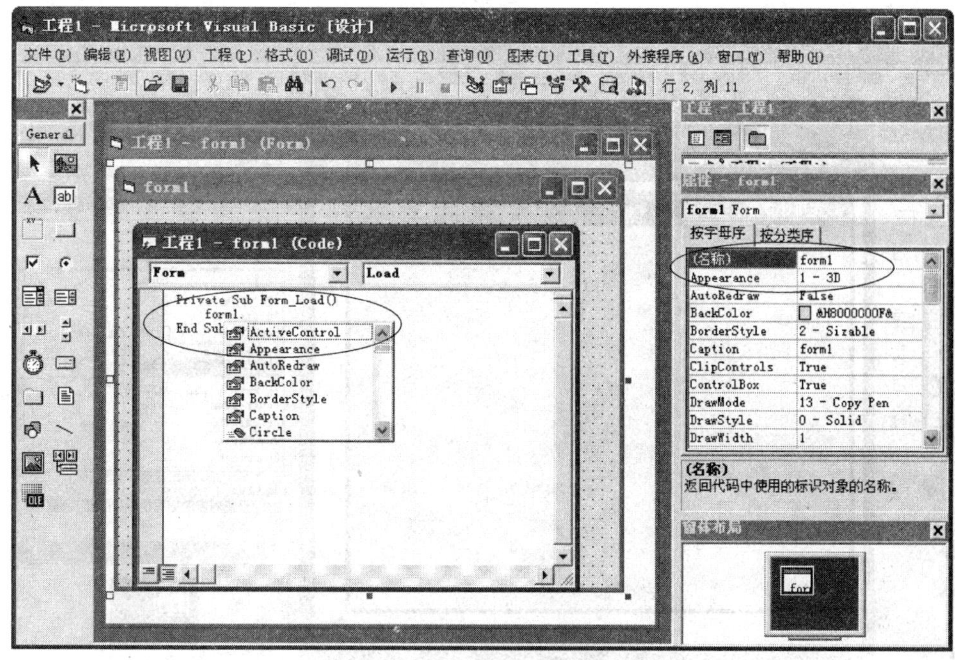

图 2—1—2　窗体名称属性

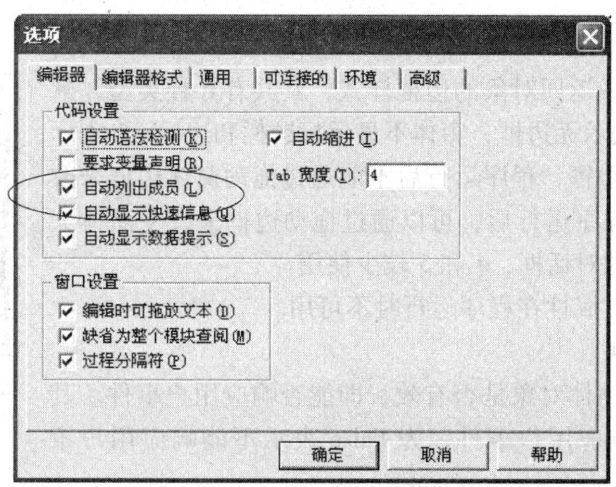

图 2—1—3　设置“自动列出成员”

意标题属性与名称属性的区别，简单地说，Name 属性是计算机找到指定对象的标识，它是给计算机“看”的，而 Caption 属性是对象的显示内容，它是给使用者看的。

（3）BackColor 属性和 ForeColor 属性

它们分别用来设置或返回窗体的背景色和前景色。单击属性右边的向下箭头，可以显示颜色列表，颜色列表有两个选项卡，即“调色板”选项卡和“系统”选项卡，如图 2—1—5 所示。其中，“系统”选项卡中列出了系统预定义的颜色，“调色板”选项卡中列出了常见颜色。窗体的默认背景色为预定义颜色“按钮表面”。

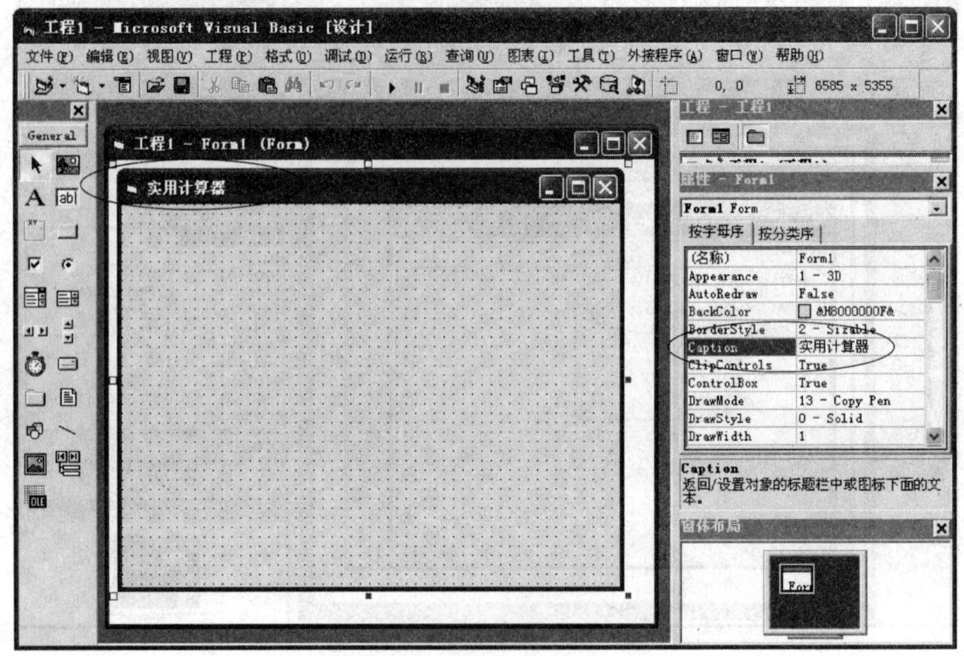

图 2—1—4　窗体标题属性

（4）BorderStyle 属性

该属性用于设置或返回对象的边框样式，其共有 6 种类型，默认值为 2。其中，0 表示无边框，窗体不显示标题栏和边框；1 表示窗体大小固定的单线边框，程序运行后不能通过拖动窗体边框来改变窗体大小；2 表示程序运行后，可以通过拖动边框来改变窗体大小；3 表示固定边框的对话框，4 和 5 较少使用。

注意：BorderStyle 属性在程序运行时不可用。

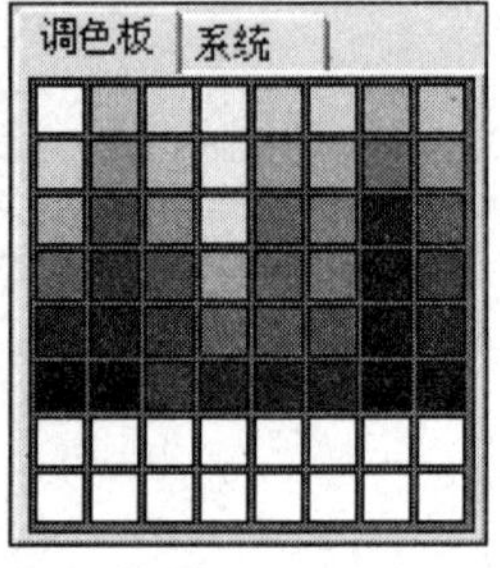

图 2—1—5　颜色列表

（5）Enabled 属性

该属性用于设置窗体对象是否有效，即能否响应用户事件。其值为 True 表示可以响应用户事件，为 False 表示不能响应用户事件。

（6）ControlBox 属性、MaxButton 属性、MinButton 属性

它们用于设置窗体是否显示控制菜单、最大化按钮和最小化按钮。其值为 True 表示显示指定对象，为 False，表示不显示指示对象。

（7）Font 属性

该属性用于设置与字体有关的信息，而其本身又是一个对象，在代码中可用 FontName、FontSize、FontBold、FontItlic、FontUnderline 等属性来修改字体的个别属性。单击字体属性右边的省略号会显示“字体”对话框，如图 2—1—6 所示，可在该对话框中设置字体、字形、字号和效果等字体信息。

（8）Icon 属性和 Picture 属性

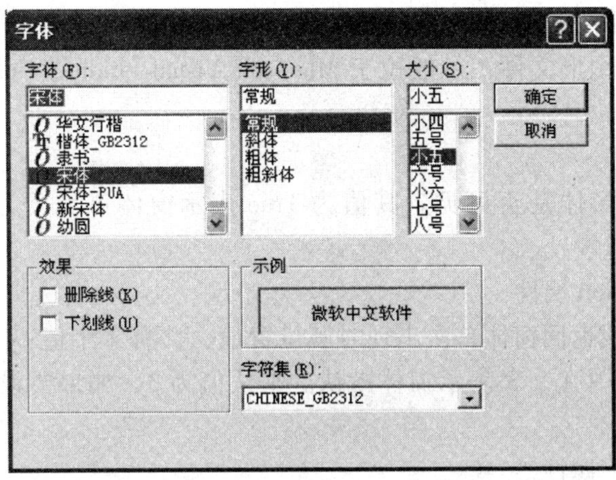

图 2—1—6 “字体”对话框

前者用来设置窗体的图标（窗体最小化显示的图形），后者用于设置窗体的背景图形。单击 Icon 属性右边的省略号会弹出“加载图标”对话框，如图 2—1—7 所示；单击 Picture 属性会弹出“加载图片”对话框，如图 2—1—8 所示。选择指定位置的指定文件后，单击“打开”按钮完成加载任务。

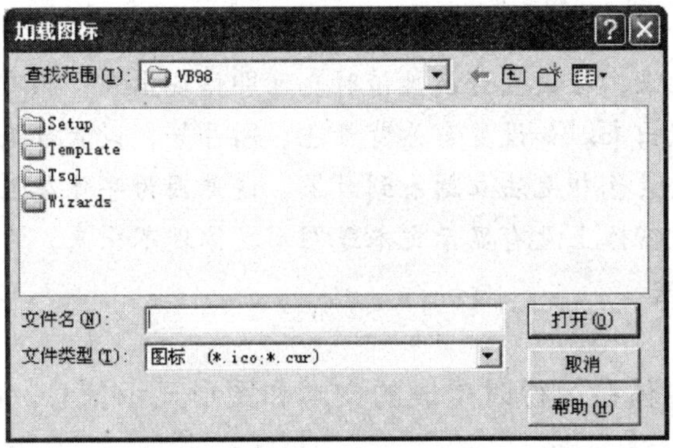

图 2—1—7 “加载图标”对话框

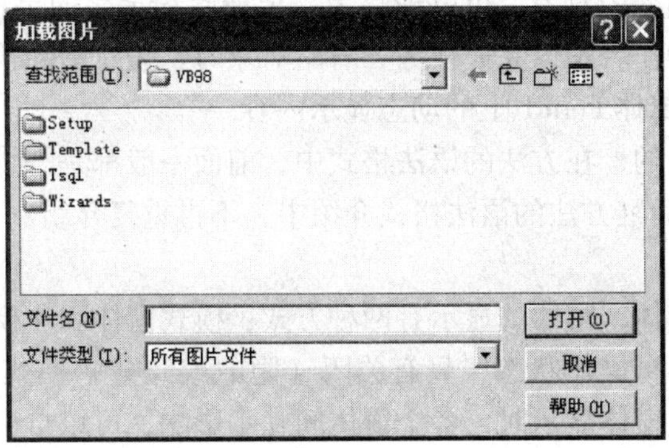

图 2—1—8 “加载图片”对话框

如需要删除设置的图标或图片，只需选中 Icon 属性或 Picture 属性的内容，按 Delete 键删除即可，删除后该属性栏中显示“（None）”。

VB 6.0 自带部分图形文件，一般位于 Microsoft Visual Studio \ Common \ Graphics 目录下。

（9）Visible 属性

该属性用于设置窗体是否可见。其值为 True 表示窗体可见，为 False 表示窗体不可见。

（10）StartUpPosition 属性

该属性用于设置或返回窗体首次出现时其位置值，共有 4 个值：0 表示手动，1 表示所有者中心，2 表示屏幕中心，3 表示窗体默认。默认值为 3，如果要设置窗体居中显示，则可以选择 1 或 2。

（11）WindowState 属性

该属性用于设置或返回一个窗体窗口运行时的可见状态，共有 3 个值：0 表示正常显示，即按窗体原来大小显示；1 表示最小化显示，程序运行后可能看不到运行界面；2 表示最大化显示。默认值为 0。

（12）Width 属性和 Height 属性

它们分别用来设置窗体的宽度和高度，默认单位是 Twip，也可以改为其他单位。

小提示

有些属性的设置效果，在设置好属性值时会立即体现出来，而有些属性的设置效果则要到程序运行时才能体现出来。如设置窗体背景色、图片等，设置效果会立即显示出来；而设置窗体的字体属性、前景色却无法立刻看到效果，这是因为字体属性和前景色是针对窗体显示的文本或图形，如果窗体上没有显示文本或图形就体现不出来。

3. 窗体的常用方法

（1）Cls 方法

该方法用于清除窗体在运行时生成的文本和图形显示信息。Cls 方法的语法格式如下：

```
[对象.]Cls
```

对象表示要清除内容的对象，可以理解为“要擦除粉笔字的黑板”，擦黑板时，要明确指定哪块黑板，否则操作者难以完成任务，省略对象时，表示清除当前窗体的显示内容。如 Form1. Cls 表示要清除窗体 Form1 上的动态显示内容。

方法与对象是相关的，在方法的语法格式中，前面一般都是“［对象. ］”，语法含义与 Cls 方法一致，因此在后继方法的语法格式介绍中，不再重复介绍。

（2）Show 方法

该方法用于显示窗体，窗体的显示有两种方式：模式窗体和非模式窗体。当模式窗体显示时，其他窗体处于不可操作状态，只有关闭（隐藏或卸载）模式窗体后，才可以继续操作其他窗体；当非模式窗体显示时，各个窗体间互不影响，可以自由切换到指定窗体进行操作。Show 方法的语法格式如下：

```
[对象.] Show ([Modal],[OwnerForm])
```

其中，参数 Modal 表示是否为模式窗体，其值为 vbModal 表示模式窗体，为 vbModeless 表示非模式窗体，默认值为非模式窗体；参数 OwnerForm 表示欲显示窗体的上层窗体，默认值为当前窗体。

当省略对象时，表示显示当前窗体。

在窗体的 Load 事件过程中，使用 Print 方法输出信息，在使用 Print 方法前，一般要先用 Show 方法将窗体显示出来，否则输出信息会被覆盖。

(3) Hide 方法

该方法用于隐藏窗体，此时，窗体不可见，但它仍在内存中。Hide 方法的语法格式如下：

```
[对象.] Hide
```

当省略对象时，表示隐藏当前窗体。

(4) Move 方法

该方法用于移动窗体，可改变窗体的显示位置和大小，Move 方法的语法格式如下：

```
[对象.]Move Left[,Top[,Width[,Height]]]
```

其中，Left 和 Top 表示移动到目标位置的 x 和 y 坐标值，Width 和 Height 表示移到目标位置后对象的宽度和高度值，方括号内的参数可以省略，如 Text1. Move 100 。

当省略对象时，表示移动当前窗体。

小提示

通过控件的 Left 属性和 Top 属性可以修改控件的显示位置，通过 Width 属性和 Height 属性可修改控件的大小，4 个属性结合可以达到 Move 方法的操作效果。但是 Move 方法的操作效率高，因此建议使用 Move 方法来动态改变控件的位置和大小。

(5) Refresh 方法

该方法用于刷新窗体，在数据库应用程序中，经常用 Refresh 方法来更新数据显示。Refresh 方法的语法格式如下：

```
[对象.] Refresh
```

当省略对象时，表示刷新当前窗体。

(6) Print 方法

该方法用于在窗体输出数据。Print 方法的语法格式如下：

```
[对象名称.] Print [表达式列表] [,|;]
```

其中，表达式列表既可以是一个或多个表达式，也可以为空，表达式间用逗号或分号隔开，其中逗号按标准格式输出，分号按紧凑格式输出，语句最后为空格表示换行。

当省略对象时，表示在当前窗体显示输出内容。

例 2—1—1　分析以下代码的运行结果。

```
(1)Print 1, 2, 3
(2)Print 1; 2; 3
(3)Print
(4)Print 1, 2,
(5)Print 3
```

答：

(1) 按标准格式输出 1、2、3，末尾为空所以光标移到新的一行。

(2) 按紧凑格式输出 1、2、3，末尾为空所以光标移到新的一行。

(3) 没有输出内容，为空行，末尾为空格，移到下一行。

(4) 按标准格式输出 1、2，末尾有逗号，所以下一个输出对象仍在本行按标准格式输出。

(5) 受上一行末尾有逗号影响，仍按标准格式输出，末尾为空格，光标移到下一行，该实例的输出结果如图 2—1—9 所示。

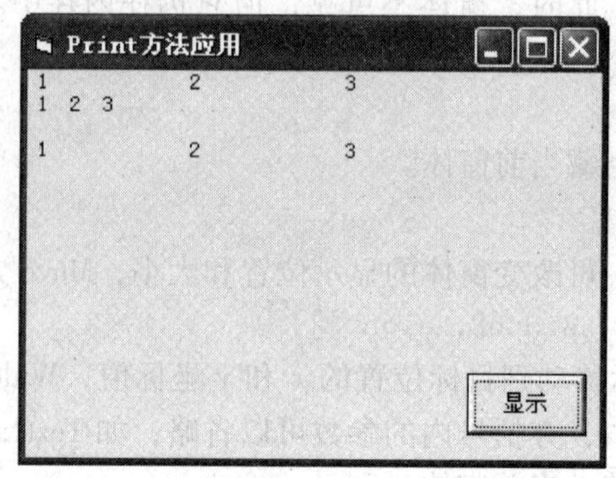

图 2—1—9　Print 方法应用实例输出结果

4. 窗体的常用事件

(1) Load 事件——当窗体调入内存时触发 Load 事件，此时窗体不可见，常用于程序初始化处理。

(2) Unload 事件——从内存中卸载窗体时触发，一般用于处理应用程序关闭前的相关操作，如提示用户保存信息等。

(3) Click 事件——鼠标单击事件，Click 事件是最常用的事件之一，其使用频率非常高。

(4) Resize 事件——当窗体的大小发生改变时触发 Resize 事件，可以在该事件中，对窗体上的显示控件重新布局，以实现整个窗体的显示随窗体大小的改变而改变。

另外，窗体的 Paint 事件、DblClick 事件、Activate 事件、Decactive 事件、KeyPress 事件也较常用。

二、Label 控件的属性、方法和事件

1. Label 控件简介

Label 控件是 Visual Basic 中最常用的文本输出控件。其一般用来显示提示信息。

2. Label 控件常见属性

Label 控件的很多属性与窗体是一致的，如 Name 属性、Caption 属性、Width 属性、Height 属性、BackColor 属性、ForeColor 属性、Font 属性、Enabled 属性、Visible 属性等，这些属性可以参考窗体的相关属性介绍。

(1) Top 属性和 Left 属性——分别用于设置控件左上角离容器（如窗体）左边线和上边线的距离。

小提示

控件一般占一块长方形的区域，对于该长方形区域，只要确定对角线上的两点即可确定其位置和大小。Left 属性和 Top 属性用来确定控件的左上角，另一个点由 Width 属性和 Height 属性来确定，其值实际上是控件右下角相对于左上角的相对坐标值。

（2）Appearance 属性——用于设置控件的外观，确定标签控件是平面显示还是立体显示。0 表示平面显示，1 表示立体显示。

（3）Alignment 属性——用于设置标签内文本的对齐方式。其中，0 表示左对齐，1 表示右对齐，2 表示居中对齐。

（4）ToolTipText 属性——用于设置对象的提示信息，即程序运行时，当鼠标置于对象上一段时间后，显示出来的提示信息。

（5）Tag 属性——它是 VB 6.0 中唯一一个没有实际意义的属性，一般当作变量使用。

（6）Index 属性——控件索引值，一般用于控件数组中。

（7）AutoSize 属性——用于设置标签是否自动调整大小，其值为 True 表示自动改变大小，让标签控件自动适应控件显示文本的大小；其值为 False 表示不自动调整控件大小。

（8）BackStyle 属性——用于设置标签控件的背景模式，0 表示透明，此时忽略标签自身的背景色，1 表示保留标签自身的背景色，默认值为 1。这个属性在以图片作背景的应用程序中经常使用。

3. Label 控件常见方法

Move 方法——用于移动标签控件，可改变标签控件的显示位置和大小，其语法格式可以参考窗体的 Move 方法。

4. Label 控件常见事件

Click 事件——单击标签控件时激发 Click 事件，标签控件一般很少编写事件代码。

三、焦点和 Tab 键顺序

1. 焦点

焦点就是光标，只有当对象具有焦点时，才能响应用户的输入。值得注意的是，只有当对象的 Enabled 属性和 Visible 属性为 True 时才能接收焦点。部分控件不具有焦点，如时钟、标签、框架等。

当对象获得焦点时产生 GotFocus 事件，失去焦点时产生 LostFocus 事件。

在程序运行时，可用以下方法改变焦点。

（1）用鼠标单击对象。

（2）按 Tab 键或“Shift + Tab”组合键在当前窗体的各对象间切换焦点。

（3）按对象预设的访问键。

（4）在代码中使用 SetFocus 方法。

2. Tab 键顺序

Tab 键顺序是指用户按 Tab 键时焦点在控件间移动的顺序。系统自动按顺序为每个支持 TabIndex 属性的控件指定一个 Tab 键顺序，但也可手工修改 TabIndex 属性值来修改 Tab 键顺序。Tab 键顺序对 TapStop 属性值为 False 或不支持 TapStop 属性的控件无效。

四、TextBox 控件的属性、方法和事件

1. TextBox 控件简介

TextBox 控件对应一个可编辑的区域，用户可以在该区域输入、编辑和显示信息，在应用程序中，其主要用于接受用户的输入信息并显示相关信息。

2. TextBox 控件常见属性

TextBox 控件的很多属性与标签控件和窗体是一致的，如 Name 属性、Width 属性、Height 属性、BackColor 属性、ForeColor 属性、Font 属性、Enabled 属性、Visible 属性、Alignment 属性、Appearance 属性、ToolTipText 属性、Index 属性、Top 属性、Left 属性等，这些属性可以参考标签控件和窗体的相关属性介绍。

（1）Text 属性——用于设置或返回文本框控件可编辑区域内的内容。值得注意的是，TextBox 控件没有 Caption 属性。

（2）Multiline 属性——当其属性值为 False 时，是单行文本框，此时按 Enter 键不会换行；当其属性值为 True 时，是多行文本框。

小提示

文本框是否能输入多行信息与文本框的大小无关，它只与 Multiline 属性有关，很多初学者都误以为 Height 属性值大的文本框是多行文本框，Height 属性值小的文本框是单行文本框。其实，很多初学者制作的 Height 属性值很大的文本框也是单行文本框。

（3）PasswordChar 属性——只有 Multiline 为 False 时才有效，表示输入时不会显示输入数据的实际值，只显示此属性设定的字符，常用于密码字符的输入。

（4）Locked 属性——用于设置文本框内容是否可修改，即是否锁定。

小提示

文本框的 Locked 属性设置为 True 时，文本框的外观没什么变化，只有当用户不能输入值时，用户才会发现文本框锁定，在应用程序中，可将锁定的文本框的背景色设置为灰色，以提示用户该文本框锁定。锁定后的文本框既可以将光标放入其中，也可以选择其中的文本。但是，如果 Enabled 属性设置为 False，则文本框完全不响应用户操作，注意两者的区别。

（5）ScrollBars 属性——只有 Multiline 为 Ture 时才有效，其用于设置文本框是否有滚动条，共有 4 种选择：0 表示没有滚动条，1 表示添加水平滚动条，2 表示添加垂直滚动条，3 表示添加水平和垂直两种滚动条。

（6）SelStart 属性、SelLength 属性、SelText 属性——分别表示文本框中选定文本的开始位置、长度和内容，3 个属性均只在运行时有效。

如图 2—1—10 所示，SelStart 属性值为 4，SelLength 属性值为 4，SelText 属性值为“天天开心”。

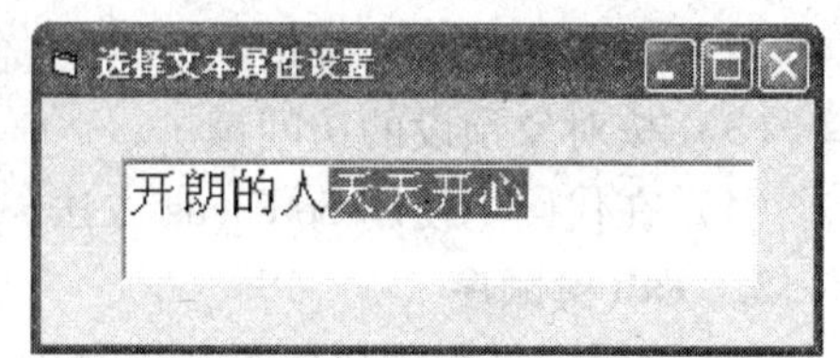

图 2—1—10　选择文本属性设置

（7）Maxlength 属性——用于确定文本框中能输

入文本的最大长度，默认值为0，此时单行最多可输入 2 KB 字符，多行最多可输入 32 KB 字符。

3. TextBox 控件常见方法

（1）SetFocus 方法——用于设置指定文本框为当前输入文本框，此时，文本框有闪烁的插入点，接收用户输入。其语法格式如下：

```
[对象.] SetFocus
```

在应用程序中，经常用此方法将光标移动到指定文本框以方便用户输入，从而提高应用程序的可操作性。

（2）Move 方法——用于移动文本框，可改变文本框的显示位置和大小，其语法格式可以参考窗体的 Move 方法。

4. TextBox 控件常见事件

（1）Change 事件——当文本框的内容发生改变时激发 Change 事件，其是文本框最常见的事件，可以用于动态检查输入的有效性。

（2）GotFocus 事件——当文本框获得焦点，即光标移到该文本框时，激发 GotFocus 事件。可以在该事件中编写一些文本输入前初始化操作的代码。

（3）LostFocus 事件——当文本框失去焦点时，激发 LostFocus 事件，可以在该事件中编写数据有效性检查或自动进行下一步数据处理的代码，提高用户操作的效率。

五、Button 控件的属性、方法和事件

1. Button 控件简介

命令按钮是 VB 中使用最频繁的控件之一，主要用于接收用户的操作信息，并触发应用程序执行某个操作。

2. Button 控件常见属性

Button 控件的很多属性与标签控件和窗体是一致的，如 Name 属性、Caption 属性、Width 属性、Height 属性、BackColor 属性、Font 属性、Enabled 属性、Visible 属性、Appearance 属性、ToolTipText 属性、Index 属性、Top 属性、Left 属性等，这些属性可以参考标签控件和窗体的相关属性介绍。

（1）Value 属性——该属性只有程序运行时才有效，当其值为 True 时，表示按下按钮。

（2）Style 属性——用于设置按钮外观样式，0 表示标准样式，1 表示图形样式。当 Style 属性值为 1 时，可通过 Picture 属性、DownPicture 属性和 DisabledPicture 属性来指定按钮正常、按下和不可用 3 种状态下的图片。

（3）Default 属性和 Cancel 属性——分别用来设置默认按钮和取消按钮。每个窗体均可设置一个默认按钮，一个取消按钮，当设置 Default 属性和 Cancel 属性后，在窗体按 Enter 键相当于单击默认按钮，按 Esc 键相当于单击取消按钮。

3. Button 控件常见方法

Move 方法——用于移动按钮控件，可改变命令按钮的显示位置和大小，Move 方法语法格式可以参考窗体的 Move 方法。

4. Button 控件常见事件

Click 事件——当单击按钮时，激发 Click 事件。

任务实施

一、确定属性表

根据应用程序需求完成属性表，见表2—1—1，根据属性表完成应用程序界面的设计制作。

表2—1—1　　　　　　　　　　　　属性表

对象	属性	属性值	对象	属性	属性值
窗体	Caption	实用计算器	命令按钮	Caption	连接
	Name	frmmain		Name	cmdjoin
	Width	12195		Width	800
	Height	4305		Height	495
	BorderStyle	1		Font	宋体，小四
标签	Caption	第一个数：	命令按钮	Caption	查找
	Name	lblnum1		Name	cmdfind
	AutoSize	true		Width	800
	BackStyle	0		Height	495
	Font	宋体，小四		Font	宋体，小四
标签	Caption	第二个数：	命令按钮	Caption	绝对值
	Name	lblnum2		Name	cmdabs
	AutoSize	true		Width	900
	BackStyle	0		Height	495
	Font	宋体，小四		Font	宋体，小四
标签	Caption	计算结果：	命令按钮	Caption	平方根
	Name	lblresult		Name	cmdsqr
	AutoSize	true		Width	900
	BackStyle	0		Height	495
	Font	宋体，小四		Font	宋体，小四
文本框	Text		命令按钮	Caption	随机数
	Name	txtnum1		Name	cmdrnd
	Width	1500		Width	900
	Height	375		Height	495
	Font	宋体，小四		Font	宋体，小四
文本框	Text		命令按钮	Caption	转为大写
	Name	txtnum2		Name	cmdupper
	Width	1500		Width	1200
	Height	375		Height	495
	Font	宋体，小四		Font	宋体，小四

续表

对象	属性	属性值	对象	属性	属性值
文本框	Text		命令按钮	Caption	生成字符
	Name	txtresult		Name	cmdmake
	Width	2000		Width	1200
	Height	375		Height	495
	Font	宋体，小四		Font	宋体，小四
命令按钮	Caption	退出系统	命令按钮	Caption	删除空格
	Name	cmdexit		Name	cmdtrim
	Width	1200		Width	1200
	Height	495		Height	495
	Font	宋体，小四		Font	宋体，小四
命令按钮	Caption	相加	命令按钮	Caption	当前日期
	Name	cmdadd		Name	cmddate
	Width	800		Width	1200
	Height	495		Height	495
	Font	宋体，小四		Font	宋体，小四
命令按钮	Caption	相减	命令按钮	Caption	当前时间
	Name	cmd		Name	cmdtime
	Width	800		Width	1200
	Height	495		Height	495
	Font	宋体，小四		Font	宋体，小四
命令按钮	Caption	相乘	命令按钮	Caption	当前年份
	Name	cmd		Name	cmdyear
	Width	800		Width	1200
	Height	495		Height	495
	Font	宋体，小四		Font	宋体，小四
命令按钮	Caption	相除	命令按钮	Caption	转为字符
	Name	cmd		Name	cmdchar
	Width	800		Width	1200
	Height	495		Height	495
	Font	宋体，小四		Font	宋体，小四
命令按钮	Caption	乘方	命令按钮	Caption	从左取子串
	Name	cmdpower		Name	cmdleft
	Width	800		Width	1400
	Height	495		Height	495
	Font	宋体，小四		Font	宋体，小四

续表

对象	属性	属性值	对象	属性	属性值
命令按钮	Caption	取模	命令按钮	Caption	从中间取 1 个字符
	Name	cmdmod		Name	cmdmid
	Width	800		Width	2000
	Height	495		Height	495
	Font	宋体，小四		Font	宋体，小四
命令按钮	Caption	取整	命令按钮	Caption	字符串长度
	Name	cmdint		Name	cmdlen
	Width	800		Width	1400
	Height	495		Height	495
	Font	宋体，小四		Font	宋体，小四
命令按钮	Caption	正弦	命令按钮	Caption	转为 ASCⅡ
	Name	cmdsin		Name	cmdascii
	Width	800		Width	1400
	Height	495		Height	495
	Font	宋体，小四		Font	宋体，小四

二、绘制控件

首先在工具箱中选择“标签”工具，绘制 3 个标签，然后在工具箱中选择“文本框”工具，绘制 3 个文本框，最后在工具箱中选择“命令按钮”工具，绘制 25 个命令按钮。

按照属性表的要求，在属性窗口分别设置各个对象的相关属性。

本项目界面复杂、显示对象多，而且很多对象的属性设置基本相同，为了提高操作效率，可以先绘制一个对象，按属性表要求设置好该对象的各个属性，然后选中该对象，按 Ctrl + C 键组合键，单击窗体，按 Ctrl + V 键组合键，系统将显示图 2—1—11 所示对话框，询问是否创建控件数组，选择单击“否”按钮即可，修改与复制对象不同的属性。项目界面中的 3 个标签控件、3 个文本框控件都可以通过复制粘贴快速完成，25 个按钮可以按按钮标题的字数进一步分组完成复制粘贴，即将按钮标题为两个字、3 个字、4 个字、5 个字分别分组进行操作。

图 2—1—11　是否创建控件数组

三、控件布局

VB可以同时对多个控件进行操作，如统一控件大小、对齐等，操作前要先选中多个控件。选中多个控件的操作方法如下：首先单击第一个控件，然后按住Shift键或Ctrl键，逐个单击其他控件，即可以同时选中多个控件。每个选中的控件四周都有8个控制点，最后一个选中的控件与其他控件有明显区别，它的控制点是实心的，其他控件的控制点是空心的，实心控制点对应的控件称为基准控件，它是多控件操作的核心，如统一控件大小是以基准控件的大小作为参考值的，对齐也是以基准控件的位置作为参考位置的。

1. 统一控件大小

对于相同大小的控件，可以直接通过复制粘贴来制作，对于已绘制好的控件，如果要统一大小，可以通过以下操作来完成。

（1）在相关控件中任选一个，设置好其大小，把其作为统一大小的基准控件。

（2）选中相关控件，注意最后才选中基准控件。例如，如果要将“相加”“相减”“相乘”“相除”4个按钮统一为与“相除”按钮一样的大小，则可以选中这4个按钮，且以“相除”按钮作为基准控件。

（3）依次单击“格式”→“统一尺寸”→“两者都相同”选项，即可统一所选择的控件的大小，具体操作方法如图2—1—12所示，操作效果如图2—1—13所示。

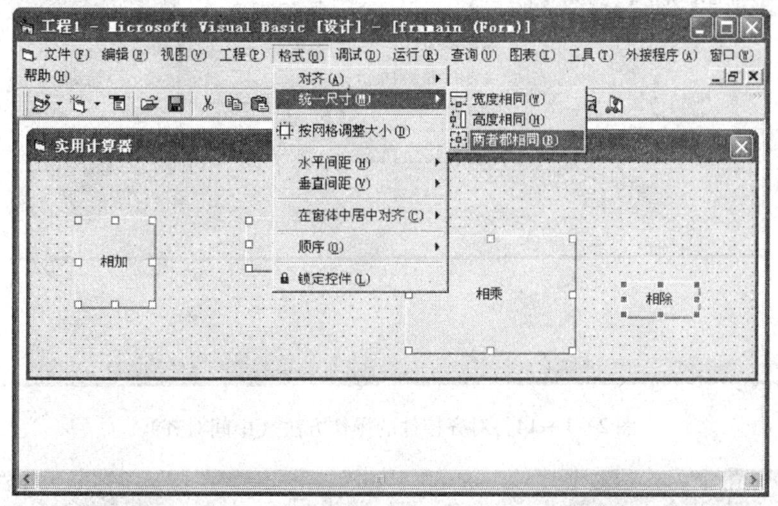

图2—1—12　统一控件大小的操作方法（高度和宽度都相等）

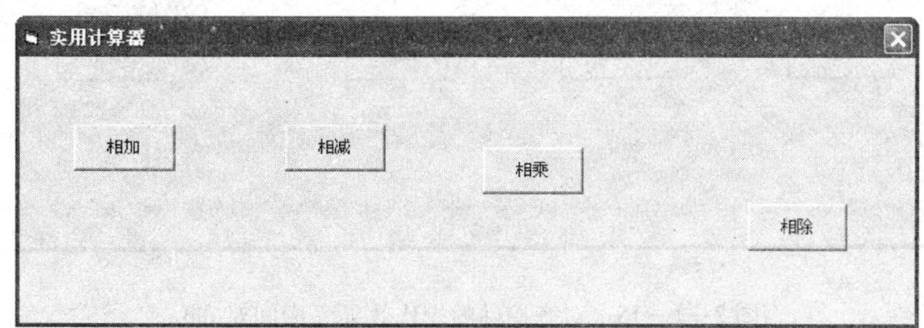

图2—1—13　统一控件大小的操作效果（高度和宽度都相等）

小提示

一般以最后一个选中的控件为基准控件，即最后一个选中控件的控制点为实心的，如果控制点为实心的控件不是所期望的基准控件，可以按住 Shift 键或 Ctrl 键，再次单击所期望的控件两次，第一次表示取消选中，第二次表示重新选中即最后一次选中，所以它的控制点就会变为实心的。

2. 对齐控件

可以设置选定控件的水平或垂直对齐方式，操作方法如下。

（1）设置好基准控件的位置。

（2）选中相关控件，注意最后才选中基准控件。例如，如果要将“相加”“相减”“相乘”“相除”4 个按钮以“相加”按钮为基准水平对齐，则可以选中这 4 个控件，且以“相加”按钮作为基准控件。

（3）依次单击“格式”→“对齐”→“中间对齐”选项，即可对齐相关控件，具体操作方法如图 2—1—14 所示，操作效果如图 2—1—15 所示。

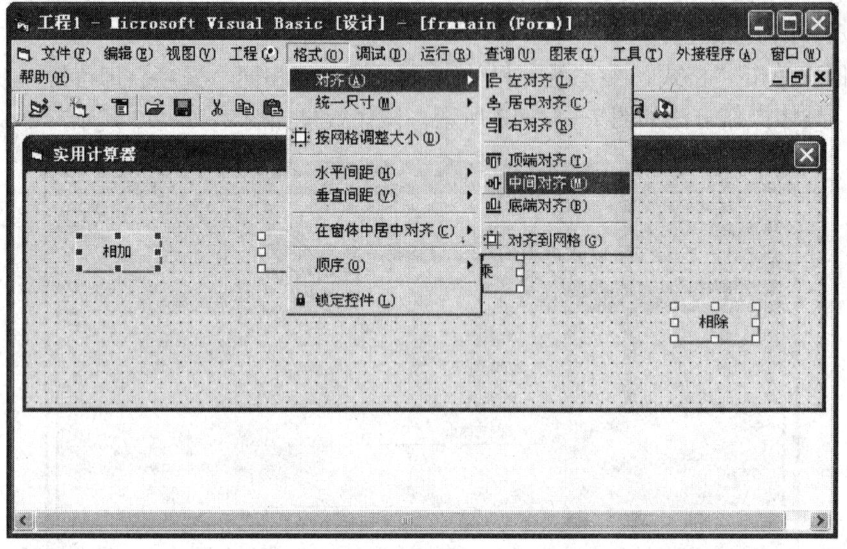

图 2—1—14　对齐控件的操作方法（中间对齐）

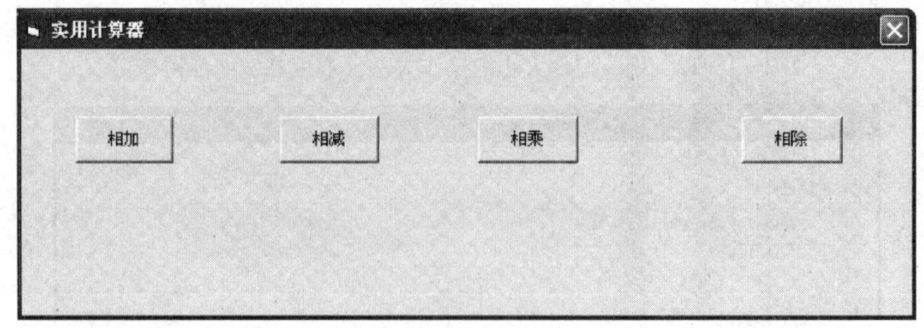

图 2—1—15　对齐控件的操作效果（中间对齐）

3. 均匀分布控件

均匀分布控件是让指定的各个控件在水平或垂直方向的间隔相等，从而使控件的布局更加协调、美观，该操作可以忽略基准控件，即以指定控件中的任一控件作为基准控件，其操作效果是一样的。

值得注意的是，均匀分布控件只调节各个控件间的间距，而不调节两端的控件与容器周围的间隔，这个间距需要手工进行调节，一般的操作方法是先调节好两端控件的位置，然后再进行均匀分布控件操作。均匀分布控件的操作方法如下：

（1）设置好要均匀分布的各控件中最外端两个控件的位置。

（2）选中相关控件。例如，如果要将“相加”“相减”“相乘”“相除”4 个按钮均匀显示在同一水平位置，则可以选中这 4 个控件。

（3）单击“格式”→“水平间距”→“相同间距”选项，即可让 4 个按钮水平均匀分布，操作方法如图 2—1—16 所示，操作效果如图 2—1—17 所示。

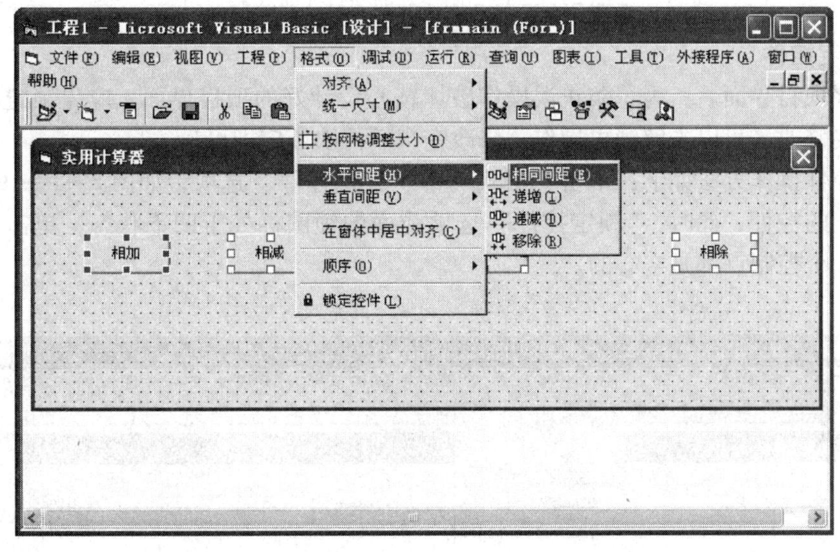

图 2—1—16 均匀分布控件的操作方法（水平相同间距）

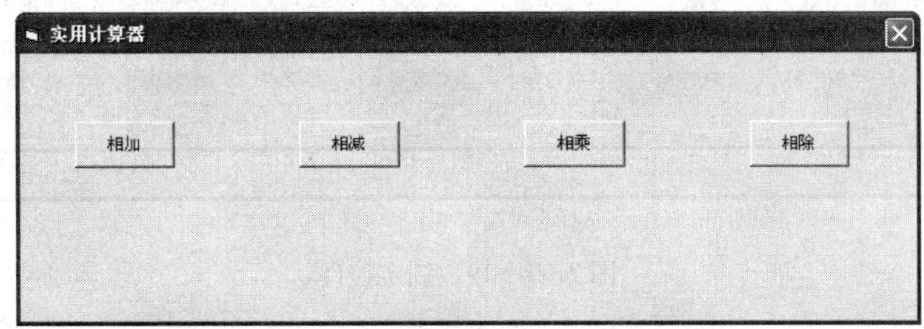

图 2—1—17 均匀分布控件的操作效果（水平相同间距）

按项目要求，制作好的项目界面效果如图 2—1—18 所示。它包含 3 个文本框、3 个标签、25 个命令按钮，而且各行控件中间对齐，各个按钮控件水平方向和垂直方向都均匀分布。

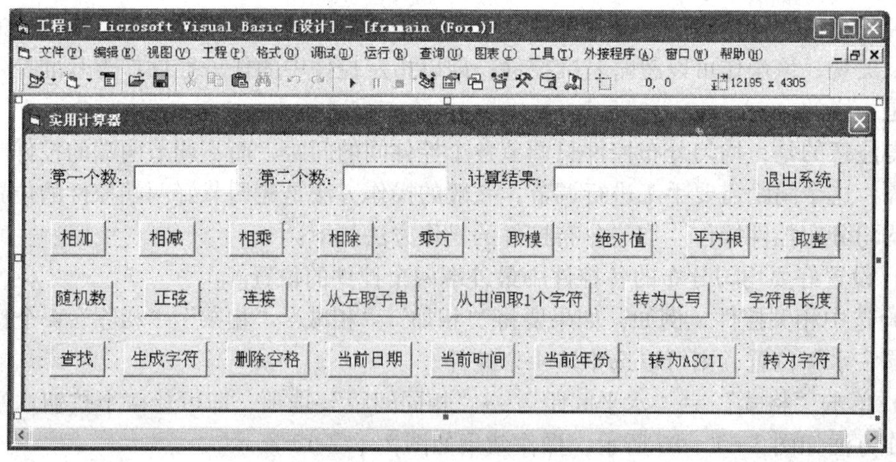

图 2—1—18　制作好的项目界面效果

4. 锁定控件

设置好项目界面后，为了防止误操作破坏精心设计好的项目界面，应先锁定项目界面。如果以后要修改，可以先解锁再操作，修改完毕后再次锁定即可。

锁定控件操作方法如下：单击“格式”→“锁定控件”选项，如图 2—1—19 所示，可锁定窗体上的控件，此时，“锁定控件”选项前面的锁图标处于凹下状态，单击任何控件，其四周的 8 个控制点都是空心的。

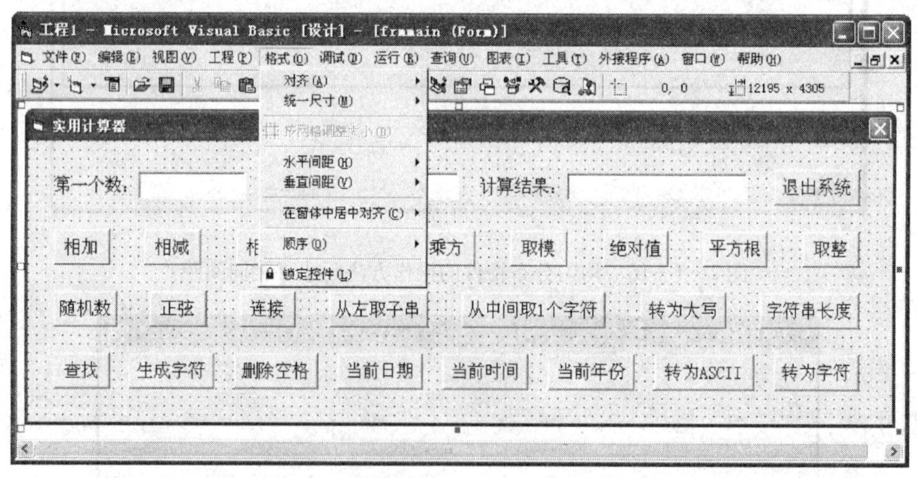

图 2—1—19　锁定控件

再次单击“格式”→“锁定控件”选项可解锁控件，此时，“锁定控件”选项前面的锁图标处于正常状态。

完成项目界面设计后，务必要及时保存好项目文件和窗体文件。

一、同时为多个控件设置属性

对于一些通用属性，如字体属性等，可以为多个控件同时设置，首先选中相关控件，然后再修改属性列表对应的属性。注意有些属性是不能同时修改的，如 Name 属性。

例如，同时设置“相加”“相减”“相乘”“相除”“乘方”5 个按钮的字体属性，可先选中这 5 个控件，然后单击 Font 属性右边的省略号，在弹出的“字体”对话框中设置这 5 个按钮的字体信息，如图 2—1—20 所示。

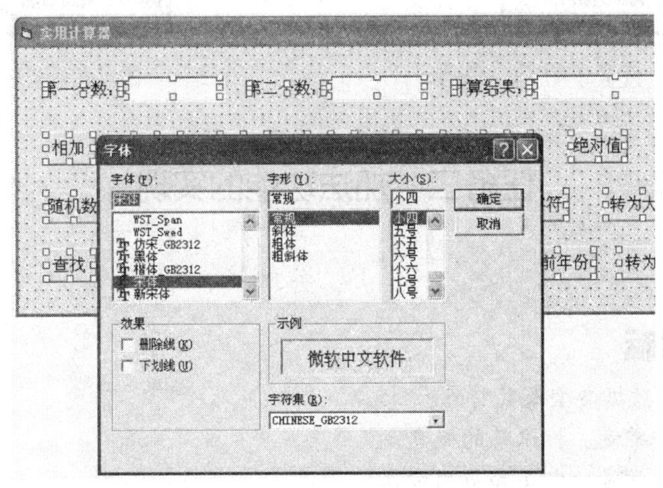

图 2—1—20 “字体”对话框

二、选择多个控件

还有一种方法可同时选择多个控件，即拖动鼠标拉出一个虚框，虚框框住的控件即为选中的控件，只要把欲选中的控件全部框在虚框里就可选中相关控件，在通过这种方法选中的控件中，最右边的控件为基准控件。

三、属性分类显示

每个对象都有很多属性，这些属性在属性窗口中可按字母顺序排序，如图 2—1—21 所示，通过字母顺序可以快速地查找到指定属性，但要修改几个相关属性时会比较麻烦，如要设置控件的位置和大小，需要设置 Left 属性、Top 属性、Width 属性、Height 属性，需要查找 4 次。VB 6.0 的属性窗口还提供了另一种属性分类方式，即按分类顺序显示，如图2—1—22 所示，把相关的属性显示在一起以方便操作，如设置控件的位置和大小。

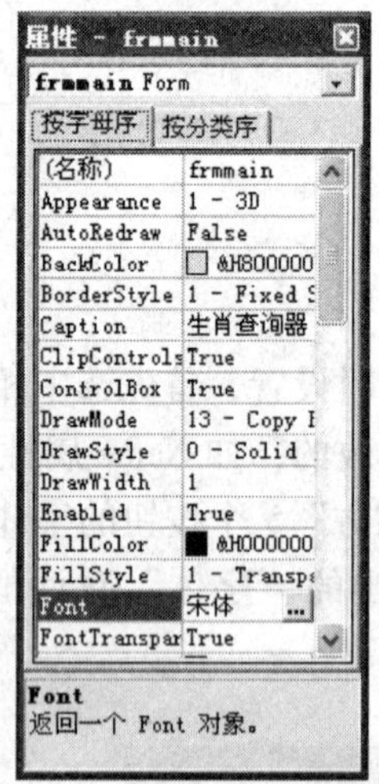

图 2—1—21　按字母顺序显示属性

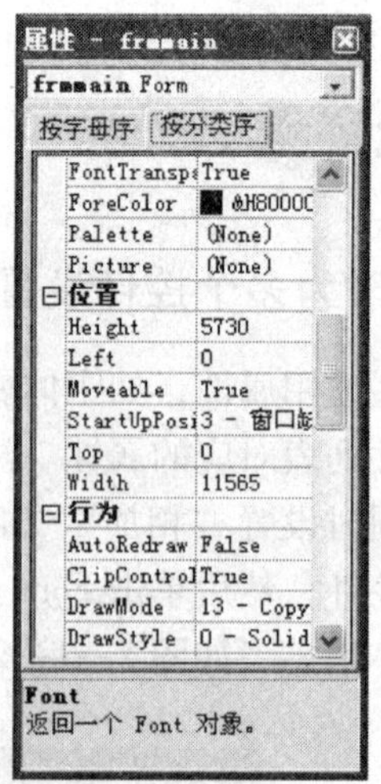

图 2—1—22　按分类顺序显示属性

任务二　加法功能的实现

学习目标

1. 掌握 VB 的数据类型及其特点。
2. 理解变量、常量、标识符的概念。
3. 掌握变量、常量的定义和应用方法。

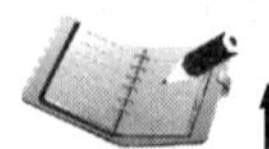

任务描述

任务一只完成了程序界面的制作，接下来就要实现各个按钮的功能。本任务尝试实现加法计算功能，计算两个数的和的运行效果如图 2—2—1 所示。

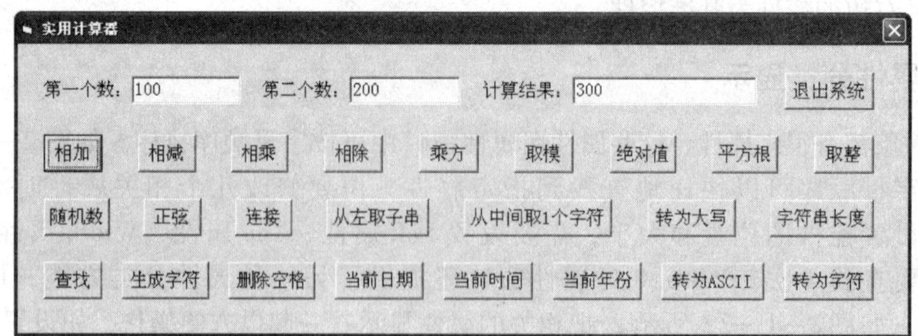

图 2—2—1　计算两个数的和的运行效果

相关知识

编写程序有3个重要环节，即输入信息、加工处理、输出信息。首先，要告诉计算机所要实现的目标是什么、提供哪些数据；其次，计算机根据这些信息完成计算过程；最后，把结果显示在输出设备上，如显示器、打印机等。有些特殊的程序可能省略其中某个环节，但绝不能把各个环节反过来，如不能先输出再输入。在分析任务需求时，要明确并尽快找出这个任务的输入、处理、输出信息，只有思路清晰才能高效地写出高质量的程序。

计算机在处理数据时，会碰到各种不同类型的数据。例如，人的姓名、联系地址是由一串字符组成的数据，年龄、成绩却对应一些数值数据，而是否大学毕业、是否结婚却只有两个值：是（真）和否（假）。因此，也要为这些不同性质的数据准备不同的容器，即数据类型，不同的数据对应不同的数据类型。

一、数据类型

VB 6.0 定义了多种数据类型，其常用的基本数据类型见表2—2—1。不同类型的数据占用的存储空间不同，存储方式和处理方法也不相同，只有相同（或相容）类型的数据间才能进行操作，否则可能会出错。

表2—2—1　　VB 6.0 常用的基本数据类型

数据类型	关键字	字节数	类型符	范　围
字节型	Byte	1		0 ~ 255
整型	Integer	2	%	-32 768 ~ 32 767
长整型	Long	4	&	-2 147 483 648 ~ 2 147 483 647
单精度浮点数	Single	4	!	
双精度浮点数	Double	8	#	
货币型	Currency	8	@	-9.22E+14 ~ 9.22E+14
逻辑型	Boolean	2		True 或 False
字符串型	String		$	
日期型	Date	8		100年1月1日到9999年12月31日
对象型	Object	4		
变体型	Variant			

说明：

（1）在表2—2—1中，数据类型的关键字用来在程序中定义对应类型的变量，字节数表示该类型所占的内存大小，数值越大表示该类型的表示能力和表示精度越大，类型符是一种简易的表示方法，直接把类型符放在数据的后面将直接把该数据转为对应的类型，范围表示该类型的数据值范围，所定义的变量值不能超出此范围，在为数据选择类型时，一定要考虑其取值范围，否则会出错。

（2）整型和长整型都是整数，但范围不同，所以应根据数据的取值范围来选择，如果数据的取值范围甚至超过了长整型的范围，尽管数据是整数，也必须采用浮点类型。

（3）单精度型数据最多只能表示7位有效数字，双精度型数据最多只能表示15位有效数字。

（4）可用科学计数法表示一个数，如23 198.6，可表示为2.31986E4（单精度）或2.31986D4（双精度）。

（5）字符串型数据分为定长字符串和变长字符串两种类型，定长字符串的长度保持不变，而变长字符串的长度随所赋字符数目的变化而变化。

（6）如果程序中用到二进制数据，则应该使用字节型数据类型。

（7）货币型数据最大可支持小数点后4位和小数点前15位的数，它是一个精确的定点数据类型，适用于货币数据，需要注意的是货币型与浮点数（单精度型和双精度型）的存储方式完全不同。

（8）逻辑型数据一般用于只有两个可能值的变量。

（9）日期型数据可表示日期和时间值，日期的有效范围为公元100年1月1日到公元9999年12月31日，时间的有效范围为00：00：00—23：59：59。

（10）变体型类型是VB的默认数据类型，能存储所有系统定义的常用数据类型。

变体型有3个特殊的值：Empty、Null、Error。Empty表示没有赋值即为空，它不同于0值、空串或Null值；Null通常用于数据库应用程序，表示未知数据或丢失数据，对于含Null值的表达式，其计算结果总为Null；Error是指过程中已发生错误，但是它与其他类型错误不同，它并未发生正常的应用程序级的错误处理。

小提示

数据类型就像衣服的型号一样，不同型号的衣服有不同的尺寸大小，只适合某种身材的人穿。小个头穿大号衣服只是浪费国家的布匹，而不会挤破衣服，但大个头穿小号衣服时，会挤破衣服，所以大个头绝不能穿小号衣服。

二、变量与常量

数据类型只是告诉计算机该用多大的“容器”来存放数据，但还没有解决计算机如何存放数据这个问题。计算机是通过存储器来存放数据的，程序运行所需的数据存放在内存中，每个内存单元都有一个地址，人们通过这个地址可以操作指定的内存单元，但内存单元很多，不便记忆和管理，在编写程序时，采用给内存单元取名的方式来操作内存，把已命名的内存单元称为变量，而内存中保持值不变的称为常量，在编写程序时，通过变量和常量来保存数据。

1. 标识符

在VB 6.0中，标识符就是给变量、符号常量、函数、过程、数组等用户定义的语言成分命名的符号。在给标识符命名时要注意以下约定。

（1）必须以字母（汉字也可，但建议少用）开头，由字母、数字、下划线组成，不能有空格、逗号、句号、小数点等符号。

（2）最多不超过255个字符。

（3）不能使用VB的关键字，如Case、If、For等。

（4）在有效范围内必须唯一。

（5）不区分大小写。

小提示

VB 标识符的命名与我国人的取名（部分少数民族的取名可能不一致）很相似：以姓开头、由汉字组成，一般不超过 4 个字，不使用社会的专用词（如张局长、李主席等），在同一个家庭内唯一，即没有姓名完全相同的兄弟姐妹。

在给标识符命名时，还要注意如下两点。

（1）命名时，最好使用有实际意义、易于记忆的通用名称，力争见名知义。例如，求和变量用 sum 命名比用 a 命名好。

（2）尽可能简单明了，尽量不要使标识符太长，要便于阅读和书写。

例 2—2—1 判断以下标识符是否合法，并说明理由。

F8，8f，4 -8，for，f7.2，f_8，f -8，sum，smu，ave，y

合法的标识符有 F8、f_8、sum、smu、ave、y。

非法的标识符有 8f（不是以字母开头）、4 -8（不是以字母开头，且包含非法字符连接符）、for（VB 关键字），f7.2（包含非法字符小数点）、f -8（包含非法字符连接符）。

2. 常量

常量是指在程序运行过程中，其值始终保持不变的量。在 VB 6.0 中，有两种形式的常量，即一般常量和符号常量。一般常量按其数据类型又可分为 5 类：字符串常量、数值常量、逻辑型常量、日期型常量、符号常量。

（1）字符串常量

字符串常量必须放在一对英文双引号内，如"Visual Basic"，不包括界定符双引号。如果仅有一对双引号而无具体内容，则称该字符串为空串。

（2）数值常量

数值常量就是常数，如 12、0.5 等。VB 允许在常量后加类型符，将常量转化为该类型符对应的数据类型，如 12& 表示长整型的常数 12，而不是整型的常数 12。

（3）逻辑型常量

逻辑型常量只有两个值：True 和 False。

逻辑型数据可与数值型数据相互转换，当将逻辑值转化为数值类型时，True 和 False 分别转为 -1 和 0；当将数值类型转化为逻辑值时，非 0 值转化为 True，0 转化为 False。

（4）日期型常量

日期型常量必须放在一对“#”内，允许使用各种表示日期和时间的格式，如#01/20/2006#。

（5）符号常量

符号常量是指在程序中用符号表示的常量，它完全具备常量的特点，即值不变。符号常量可分为用户自定义的符号常量和系统预定义的符号常量。

1）用户自定义的符号常量。用户自定义的符号常量需要用户用 Const 关键字来声明，符号常量的命名应遵循标识符的命名约定，而且一般用大写表示。如：

```
' as single 表示定义的符号常量为单精度类型,可以省略
Const PI as single =3.1415926
Const MAX =20
```

2）系统预定义的符号常量。在 VB 6.0 中，已预定义了大量的符号常量，这些符号常量一般以小写的 vb 为前缀，例如，vbRed 表示红色，vbGreen 表示绿色，vbNormal 表示正常，vbCRLF 表示回车换行。可通过对象浏览器来查看系统预定义的符号常量。

3. 变量

变量是指在程序运行过程中，其值可以改变的量。它可以暂时保存程序处理过程中的数据，如输入的数据、参加运算的数据、运算结果等。

一个变量的值可以随时改变，因此一个变量中能存放多个值，但一个变量在任一时刻只能存放一个值，当给变量赋新值时，会替换原来的旧值，即变量“喜新厌旧”。

只要变量存在，同时没有赋新值给变量，变量的值一直保存，可以多次读取。可以说，变量值“取之不尽”，而且每个变量均有自己的数据类型和唯一的变量名。

（1）变量的声明

变量在声明时，要确定变量的变量名和数据类型。声明变量的语法形式如下。

```
{Dim |Private |Public |Static} <变量名>[as <类型>][,<变量名>[as <类型>]…]
```

说明：

1）Dim、Private、Public、Static 表示不同性质的变量，Dim 定义局部变量、Private 定义模块级变量，Public 定义公有变量，Static 定义静态变量，它们的区别在后继章节会进一步介绍，在简单的应用程序中，Dim 最常用。

2）变量名的命名应遵循 VB 标识符的命名约定。

3）变量声明后，系统会自动赋初值，数值型变量系统置初值为 0，字符串变量系统置初值为空串。

4）as <类型>可省略，若省略数据类型，则声明的变量为变体型变量。

5）如果要在同一个声明语句中声明多个变量，则各个变量间用逗号隔开，且每个变量均要单独声明数据类型。

如 Dim sum as single，ave as single 与 Dim sum，ave as single 完全不同。前者声明了两个单精度型的变量 sum 和 ave，而后者声明了一个变体型的变量 sum 和一个单精度型的变量 ave。

例 2—2—2 判断以下各个量哪些是变量，哪些是常量，若为常量，请指明其属于哪一类常量。

7.2，"sum"，sum，10，#07/30/2013#，"6"，True，1.5E5，2.5D5，x，Y，6&

1）变量：sum、x、Y。

2）数值常量：7.2、10、1.5E5、2.5D5、6&。

3）字符串常量："sum"、"6"。

4）日期常量：#07/30/2013#。

5）逻辑型常量：True。

例 2—2—3 说明以下变量声明的意义。

```
Dim mysum as long             '声明长整型变量 mysum
Dim sum as integer            '声明整型变量 sum
Dim str1,str2 as string       '声明变体型变量 str1 和变长字符串变量 str2
Dim str3 as string * 5        '声明定长(5 个字符)字符串变量 str3
Dim s as single,x as double   '声明单精度型变量 s 和双精度型变量 x
```

在 VB 6.0 中，允许不声明而直接使用变量，称为变量的隐式声明，此时变量的数据类型为变体型，且没有确定的初值，由于这样做在编程时容易出错，因此建议采用强制声明的方式。

将变量的声明方式设置为强制声明，主要有如下两种实现方法：一种方法是在代码窗口的通用声明段中，直接输入 Option Explicit；另一种方式是选择“工具”→“选项”命令，弹出“选项”对话框，单击“编辑器”选项卡，选中“要求变量声明”复选框，如图 2—2—2 所示，在代码窗口中会自动出现 Option Explicit。

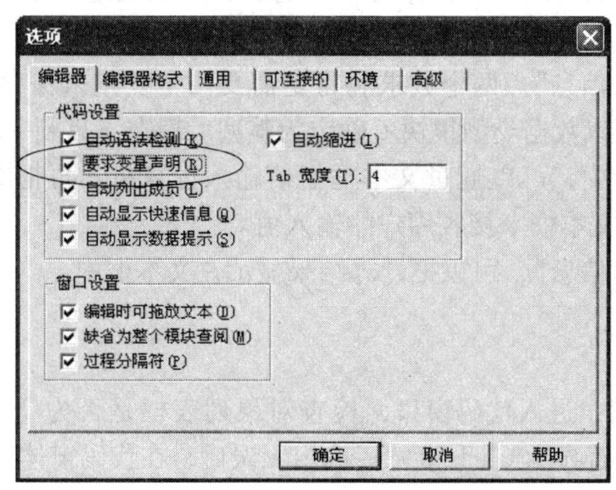

图 2—2—2 “选项”对话框

采用强制声明后，所有变量均要先声明后使用，否则会报错。

（2）变量数据类型的选择

在声明变量时，要确定变量的变量名和数据类型，变量名只要遵循标识符的命名约定即可，但变量的数据类型如何来确定，对于初学者来说，的确是个难点。

在确定变量的数据类型时，先要分析变量的可能取值，确定其值是数值类型还是非数值类型。如果是非数值类型，则根据变量取值的特征来决定选哪种数据类型，在非数值类型中，日期需采用日期型，逻辑值需采用逻辑型，其他值一般可采用字符串型。如果是数值类型，则进一步分析其是否要求有小数部分，如果要求有小数部分，则只能根据数值的精度要求与取值范围在单精度、双精度和货币型中选择；如果数据要求不要小数部分，则根据取值范围可在字节型、整型和长整型中选择，如果整数值很大超出长整型的范围也只能选择浮点类型。若没有明确的数据类型，则可用变体型。

有些特殊的数据还需要考虑数据的特殊性质，如电话号码、学号、邮政编码等，尽管它们看起来都是整数，但因为这些数据一般不需要像其他数值类型一样进行四则运算，而且这些数据有时会在左边出现对于数值来说的无效零，给数据处理带来麻烦，所以一般这类数据定义为字符串类型。

4. 赋值语句

赋值语句可以把赋值号右边的数据赋值给左边的指定对象。例如，a = 1，它表示把数据 1 赋给变量 a，赋值语句是编写应用程序最常用的语句，一个很简单的应用程序中都会有很多赋值语句。

赋值语句的左边一般为变量，不能为常量，赋值语句的右边既可以是一个值，也可以是表达式，如 a = 1、b = a + 1、c = a + b。

任务实施

一、编写程序的思路

首先，要明确任务的目的，即计算两个数的和，可以确定“加工处理”为求和，解决一个核心环节，这个加工过程很简单，大家都知道如何计算两个数之和。

其次，分析“输入信息”。两个数求和肯定需要两个变量来保存两个加数，为了简化，先求两个整数之和，所以数据类型很快就确定为整型。现在，只剩一个问题，如何把准备好的加数放到这两个变量中，可以通过文本框把值输入计算机，再把文本框的值赋给相关变量。在 VB 中，一般用文本框来接收用户的输入值。

最后，分析“输出信息”，可以把计算结果显示在文本框中。

二、程序代码

双击“相加”按钮，进入代码窗口，检查对象列表框是否为“相加”按钮的名称 cmdadd，事件列表框中是否显示 Click 事件，确定无误后，在代码窗体中输入以下代码。

```
'定义变量
Dim num1 As Integer
Dim num2 As Integer
Dim sum As Integer
'输入数据
num1 = Txtnum1.Text
num2 = Txtnum2.Text
'加工处理
sum = num1  + num2
'输出数据
txtresult.Text = sum  '数据类型会自动转换
```

输入 123 和 456，单击“相加”按钮，显示结果 579，加法运算的运行效果如图 2—2—3 所示。

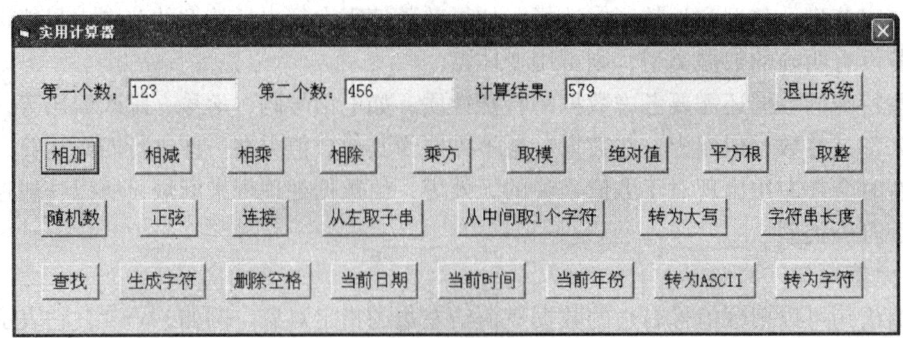

图 2—2—3　加法运算的运行效果

数据类型的转换

对于人来说，计算 1 +1. 5 等于 2. 5 非常简单，但对于计算机来说，却难以计算。因为 1 是整数，1. 5 是浮点数，计算机只知道两个同类型的数据相加，而不同类型的数据相加它却无能为力。因此，计算机必须把两个数自动转为同一类型，再进行计算，在计算机进行自动类型转换时，范围和精度小的类型转化为范围和精度大的类型，所以在计算 1 +1. 5 时，其要把整数 1 转化为双精度数，再进行相加 1. 5，两数之和为一个双精度的数据。

当把数据赋给一个变量时，将数据的类型转化为变量的数据类型，如 num1 = Txtnum1. Text，num1 是一个整型变量，而 Txtnum1. Text 是一个字符串值，两者类型不同，所以在执行赋值操作时，会先将右边的字符串数据转化为整型，再赋给变量 num1。

任务三　其他运算功能的实现

学习目标

1. 掌握 VB 的运算符和表达式。
2. 理解各类运算符的优先级。

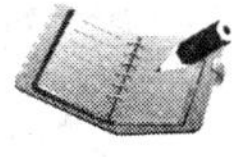

任务描述

实用计算器项目有 25 个功能按钮，任务二已完成其中一个功能，任务三将按照任务二已掌握的应用程序编写方法和技巧完成其他几个与运算相关的功能，如相减、相乘、相除、乘方、取模、字符串连接等。

相关知识

VB 6. 0 不仅提供了加法运算符，还提供了其他运算符，这些运算符共分为 4 类：算术运算符、字符串连接符、关系运算符和逻辑运算符。

一、算术运算符

VB 6. 0 提供的算术运算符见表 2—3—1。值得注意的是，有些算术运算符与数学中的相关运算符在书写方面有较大区别，编写程序时要特别注意这些运算符，避免书写错误。在计算机上编写代码时，系统一般会提示，但在作业本上书写代码时，很容易犯书写错误。

表 2—3—1　　VB 6.0 提供的算术运算符

运算符	含义	优先级	举例	结果	说明
^	指数	1（最高）	$a=3$^3	27	
-	取负	2	$a=-12$	-12	
*	乘法	3	$a=2*3$	6	注意书写形式
/	除法	3	$a=7/2$	3.5	
\	整除	4	a=7 \ 2	3	操作数为实数时则四舍五入
Mod	取模	5	a=7 Mod 2	1	
+	加法	6	$a=1+2$	3	
-	减法	6	$a=2-3$	-1	

二、字符串连接符

字符串连接符是指将两个字符串首尾拼接在一起，形成一个新的字符串。VB 6.0 共提供了“&”和“+”两种操作符来实现字符串的连接功能。当两个被连接的数据都是字符串型时，它们的作用相同。当数字型和字符型连接时，“&”将数据都转化成字符型进行连接；“+”将数据都转化成数字型进行相加。

例 2—3—1　计算下列各式的值。

```
"中国" + "人民"  "中国"&"人民"  "123" + "456"  "123"&"456"  123 + 456
123 & 456"  123" + 456  "123"& 456  123 + "456"  123 & "456"
```

答：

```
"中国" + "人民" = "中国人民"        "中国"&"人民" = "中国人民"
"123" + "456" = "123456"          "123"&"456" = "123456"
123 + 456 =579                    123 & 456 = "123456"
"123" + 456 =579                  "123"&456 = "123456"
123 + "456" =579                  123&"456" = "123456"
```

因为字符串连接运算符“+”容易与算术运算符中的“+”发生混淆，因此连接字符串时建议最好使用连接符“&”。

三、关系运算符

VB 6.0 共提供了 6 种关系运算符，见表 2—3—2，注意其书写形式与数学中关系运算符书写形式的区别。

表 2—3—2　　VB 6.0 提供的关系运算符

运算符	含义	举例	结果	说明
=	等于	1 = 2	False	
>	大于	2 > 1	True	
> =	大于等于	1 > = 2	False	关系运算符的优先级相同
<	小于	1 < 2	True	
< =	小于等于	1 < = 2	True	
< >	不等于	1 < > 2	True	

关系运算的结果为一个逻辑值，如果关系成立则为 True，如果关系不成立则为 False。

两个数值可以比较大小，两个字符串同样可以比较大小。当两个字符串比较大小时，按字符 ASCII 码值的大小来进行比较。具体规则如下：从左至右将两个字符串对应位一一比较，若第一个字符串对应位的字符大，则第一个字符串大，比较结束；若第一个字符串对应位的字符小，则第一个字符串小，比较结束；若两个字符串对应位字符相等，则继续比较下一个对应位；若两个字符串的对应位都相等，则两个字符串相等。需要注意的是在字符串比较大小时，字母的大小写是有区别的。总的来说，数字字符的 ASCII 码值小于大写字母，大写字母的 ASCII 码值小于小写字母。

小提示

ASCII 码即美国信息交换标准码，可认为它是各个字符的“学号”，A、a、0 的 ASCII 值分别为 65、97、48，其他的字母和数字字符的 ASCII 值均可由这 3 个值推导出来，如可推知 C 的 ASCII 码为 67。

四、逻辑运算符

VB 6.0 提供的逻辑运算符主要有 And、Or、Not、Xor、Eqv、Imp 等。其中，前 3 种逻辑运算符比较简单且最常用。前 3 种逻辑运算符的运算规则见表 2—3—3。逻辑运算符的运算结果也是逻辑值。

表 2—3—3　　常用逻辑运算符

运算符	含义	优先级	运算规则	举例	结果
Not	逻辑非	1	颠倒是否	Not (1 =2)	True
And	逻辑与	2	两真为真，否则为假	17 >1 5 And 15 > 13	True
Or	逻辑或	3	两假为假，否则为真	17 < 15 Or 15 >13	True

五、表达式

表达式是指由运算符和配对的括号将常量、变量、函数等操作数按照 VB 合法的形式组合而成的式子。每个表达式都会对应一个唯一的值。

VB 的表达式可分为算术表达式、字符串表达式、日期时间表达式、关系表达式和逻辑表达式。日期时间表达式没有专门的运算符，只能进行两种运算，即两个日期相减或一个日期加减一个表示天数的数值。例如，#07/30/2013# + 10 的值为#08/09/2013#，#7/30/2013# - #1/30/2013#的值为 181。其他类型的表达式均有专门的运算符。

各种表达式可以混合计算，即表达式中可同时包含多种类型的运算符，此时，计算的优先顺序如下：先处理算术运算符和字符串连接运算符，然后处理关系运算符，最后处理逻辑运算符。在同类运算符内部，按原来的优先级顺序进行处理。用括号可以改变运算符的优先级。

例 2—3—2　计算下列表达式的值。

（1）14 * 13 Mod 15 + 25 / 13 \ 44

（2）14 > 15 And 14 = 15 Or 14 < 15

（3）#2/15/2013# - （#1/20/2013# + 20）

答：结果分别为2、True、6。

任务实施

一、编写程序的思路

减法、乘法、除法、乘方、取模运算与加法运算的编写思路一致。同样要明确输入信息、加工处理、输出信息等关键环节。

通过分析，这些功能的代码非常相似，所以可以先选中加法的源代码，然后复制、粘贴到其他功能按钮中，再认真修改。

二、程序代码

1. 减法运算

减法运算与加法运算非常相似，只要把其中的加号改为减号，就能实现功能，考虑到变量命名的可读性，建议更改相关变量的命名。

```
'定义变量
Dim num1 As Integer
Dim num2 As Integer
Dim mysubtraction As Integer
'输入数据
num1 = Txtnum1.Text
num2 = Txtnum2.Text
'加工处理
mysubtraction = num1 - num2
'输出数据
txtresult.Text = mysubtraction
```

2. 乘法运算

只修改运算符和相关变量名称即可。

```
'定义变量
Dim num1 As Integer
Dim num2 As Integer
Dim mymultiply As Long
'输入数据
num1 = Txtnum1.Text
num2 = Txtnum2.Text
'加工处理
mymultiply = num1 * num2
'输出数据
```

```
txtresult.Text = mymultiply
```

3. 除法运算

只修改运算符和相关变量名称即可。

```
'定义变量
Dim num1 As Integer
Dim num2 As Integer
Dim mydivision As Double
'输入数据
num1 = Txtnum1.Text
num2 = Txtnum2.Text
'加工处理
mydivision = num1 / num2
'输出数据
txtresult.Text = mydivision
```

4. 乘方运算

在文本框 txtnum1 中输入底数，在文本框 txtnum2 中输入指数，结果显示在文本框 txtresult 中。

```
'定义变量
Dim num1 As Integer
Dim num2 As Integer
Dim mypower As Long
'输入数据
num1 = Txtnum1.Text
num2 = Txtnum2.Text
'加工处理
mypower = num1 ^num2
'输出数据
txtresult.Text = mypower
```

5. 取模运算

取模运算要求两个值均为整数，结果也为整数，用户在文本框 txtnum1 和 txtnum2 中输入除数和被除数，结果显示在文本框 txtresult 中。

```
'定义变量
Dim num1 As Integer
Dim num2 As Integer
Dim m As Integer
'输入数据
num1 = Txtnum1.Text
num2 = Txtnum2.Text
'加工处理
m = num1 Mod num2
'输出数据
txtresult.Text = m
```

6. 字符串连接

字符串连接有两个运算符，即“&”和“+”，实用计算器项目使用“&”连接符，用户在文本框 txtnum1 和 txtnum2 中输入两个字符串，连接结果显示在文本框 txtresult 中。

```
'定义变量
Dim str1 As String
Dim str2 As String
Dim myjoin As String
'输入数据
str1 = Txtnum1.Text
str2 = Txtnum2.Text

'加工处理
myjoin = str1 & str2
'输出数据
txtresult.Text = myjoin
```

知识拓展

在数学中，5 < x < 10 表示 x 在范围（5，10）内，但在 VB 中，5 < x < 10 是一个普通的表达式，它含有两个关系运算符，且关系运算符优先级相同，因此按从左到右的计算顺序，先计算 5 < x，显然，当 x≤ =5 时，结果为假，当 x > 5 时，结果为真，然后将这个计算结果与 10 进行比较，需要将逻辑值转为数值，假转为 0，真转为 -1，显然这两个值都小于 10，所以结果一直为真。也就是说，在 VB 6.0 中，表达式 5 < x < 10 的值，不管 x 取值多少，表达式的值固定为真。

上机测试发现 5 < x < 1 的值也固定为真，虽然这个表达式在数学中是矛盾的，但在 VB 中，它不但合法，而且表达式的值同样是明确而固定的。

任务四　函数功能的实现

学习目标

1. 掌握 VB 内部函数的使用方法。
2. 掌握各个常见函数的基本功能。

任务描述

完成实用计算器的各个函数功能，实现实用计算器的求绝对值、求平方根、取整、产生随机数、求正弦值、取子串、求字符串长度、查找字符串、生成字符串、删除空格、获取当前日期和时间、求字符 ASCII 码、大小写转换等功能，学习数学函数、字符串函数、日期和时间函数、转换函数等内部函数。在字符串“ABCDEFG”中取第 3 个字符的运行效果如图 2—4—1 所示。

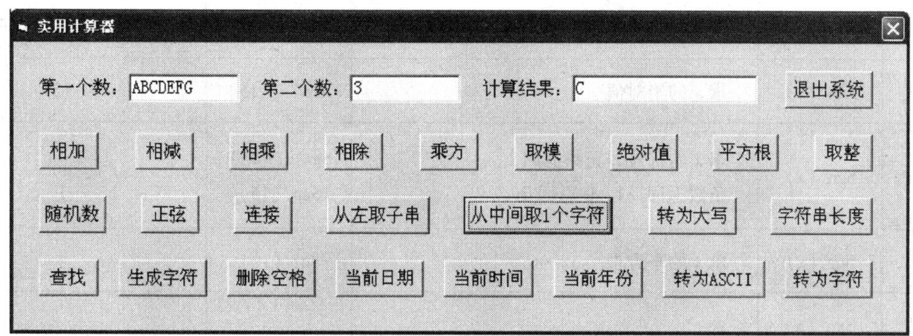

图 2—4—1　从字符串中间取一个字符

相关知识

在数学计算中经常会用到函数，如 y = x^2 + 3，当自变量 x = 1 时，因变量 y = 4。VB 中也提供了很多函数，在概念上这些函数与数学中的函数并没有本质的不同，也可以根据输入参数值产生预期的结果。

在 VB 中有两类函数，即内部函数和用户自定义函数。用户自定义函数由用户根据需要定义，内部函数又称标准函数，系统已预定义好，每个函数均可以完成某种特定的功能。在程序中，可直接使用函数来完成指定功能（称为函数调用）。利用这些内部函数，使很多 VB 初学者都能很快地完成所需功能，大大提高编程的效率。

函数调用的一般形式如下：

函数名（参数 1，参数 2，…）

例如，y = Sqr（25），Sqr 是求平方根的函数，在此对 25 求平方根，所以 y 的值为 5。

VB 的内部函数按函数功能可分为 4 类：数学函数、字符串函数、日期时间函数和转换函数。

一、数学函数

数学函数用来完成各种数学运算，常用的数学函数见表 2—4—1。

表 2—4—1　　常用的数学函数

函数名	格式	功　能	实例	返　回　值
三角函数	Sin（x）	求 x 的正弦值	Sin（0）	0
	Cos（x）	求 x 的余弦值	Cos（0）	1
	Tan（x）	求 x 的正切值	Tan（0）	0

续表

函数名	格式	功　　能	实例	返　回　值
对数函数	Log（x）	求以 e 为底的对数		
随机函数	Rnd［(x)］	产生一个（0，1）区间的随机数	Rnd	一个（0，1）区间的数
求绝对值	Abs（x）	求 x 的绝对值	Abs（－15）	15
符号函数	Sgn（x）	求 x 的符号，正数返回 1， 负数返回－1，0 返回 0	Sgn（－15） Sgn（15）	－1 1
求平方根	Sqr（x）	求 x 的平方根	Sqr（16）	4
指数函数	Exp（x）	求 e^x		
取整函数	Fix（x）	返回 x 的整数部分	Fix（－15.9） Fix（15.9）	－15 15
	Int（x）	返回不大于 x 的最大整数	Int（－15.9） Int（15.9）	－16 15

说明：

1. 在 VB 6.0 中，三角函数的参数以弧度为单位，在使用三角函数时，要先将度转换为弧度再进行计算。

2. 当参数为正数时，Fix 和 Int 两个函数的值相等，当参数为负数且带小数时，它们的值差 1，如 Fix（－5.9）的值为－5，而 Int（－5.9）的值为－6。

3. Sqr 函数要求参数为非负数，否则会出错。

4. 可用 Int 函数实现四舍五入，对 x 第一位小数四舍五入时，可用 Int（x＋0.5）。

5. 要想产生［a，b］范围内的随机整数可用 Int［（b－a＋1）·Rnd＋a］。

6. VB 产生的随机数并不是真正的随机数，只是伪随机数，Rnd 产生随机数的顺序是相同的，可用 Randomize 改变生成随机数的顺序。

二、字符串函数

字符串函数用来完成对字符串进行的有关操作和处理。VB 6.0 提供了大量的字符串函数，常用的字符串函数见表 2—4—2。

表 2—4—2　　　　常用的字符串函数

函数名	格式	功　　能	实例	返回值
获取子串	Left（Str，n）	取串 Str 左边 n 个字符	y＝Left（"abc"，1）	"a"
	Right（Str，n）	取串 Str 右边 n 个字符	y＝Right（"abc"，1）	"c"
	Mid（Str，i，length）	取串 Str 从第 i 个字符开始的 length 个字符	y＝Mid（"abc"，2，1）	"b"

续表

函数名	格式	功　能	实例	返回值
删除空格	Ltrim (Str)	删除串 Str 左边的所有空格（第一个字符前）	y = Ltirm (" ab c ")	"ab c "
	Rtrim (Str)	删除串 Str 末尾的所有空格（最后一个字符后）	y = Rtirm (" ab c ")	" ab c"
	Trim (Str)	删除串 Str 开头及末尾的空格（不删中间空格）	y = Tirm (" ab c ")	" ab c"
大小写转换	Ucase (Str)	将串 Str 所有字母转换为大写字母	y = Ucase ("abc")	"ABC"
	Lcase (Str)	将串 Str 所有字母转换为小写字母	y = Lcase ("ABC")	"abc"
求串长度	Len (Str)	求串 Str 的长度，即字符个数	y = len ("abc")	3
查找子串	Instr ([n,] Str1, Str2)	从串 Str1 的第 n 个字符开始查找是否存在串 Str2，若存在，则返回最先出现的位置，否则返回 0。其中，n 可省略	y = Instr ("abc","b")	2
生成串函数	Space (n)	生成由 n 个空格组成的字符串	y = Space (5)	"　　　　　"
	String (n，字符)	生成 n 个重复的字符	y = String (5, " * ")	"*****"

说明：

1. 在取子串时，如果要求获取的字符个数超过字符串能提供的字符个数，则取到字符中最后一个字符为止。

2. 在 Mid 函数中，若省略要取字符的长度 length，则返回从 i 位置开始至最后字符的所有字符。

3. 在 Instr 函数中若省略 n，则从 Str1 的第一个字符开始查找。

4. 在 String 函数中，字符既可直接用字符表示，也可用字符的 ASCII 码表示。

三、日期时间函数

日期时间函数用于日期时间数据的处理。VB 6.0 常用的日期时间函数见表 2—4—3。

表 2—4—3　　　　常用的日期时间函数

函数名	格式	功　能	实例	返回值
获取当前日期时间	Time	返回当前系统时间	Time	23：15：56
	Date	返回当前系统日期	Date	07/30/2013
	Now	返回当前系统日期和时间	Now	07/30/2013 23：25：58

续表

函数名	格式	功　能	实例	返回值
获取年、月、日	Year（d）	返回日期表达式 d 的年份（yyyy）	Year（Now）	2013
	Month（d）	返回日期表达式 d 的月份（1～12）	Month（Now）	7
	Day（d）	返回日期表达式 d 的日（1～31）	Day（Now）	30
获取时、分、秒	Hour（d）	返回日期表达式 d 的小时数（0～23）	Hour（Now）	23
	Minute（d）	返回日期表达式 d 的分钟数（0～59）	Minute（Now）	25
	Second（d）	返回日期表达式 d 的秒数（0～59）	Second（Now）	58
获取星期	WeekDay（d）	返回日期表达式 d 的星期代号，星期日为1，星期一为2，依此类推	WeekDay（Now）	6
获取时间间隔	DateDiff（interval，$d1$，$d2$）	返回两个指定日期或时间的间隔，其中interval为时间间隔单位，"yyyy" 为年，"m" 为月，"d" 为日，"h" 为时，"n" 为分，"s" 为秒	DateDiff（"yyyy"，#5/5/2013#，#6/6/2023#）	10
			DateDiff（"m"，#5/5/2013#，#6/6/2023#）	－21 683

说明：在以上实例中，各函数的返回值为编者编写本节内容时的日期和时间。读者在调试程序时，结果会完全不同。

四、转换函数

转换函数用来完成不同类型数据之间的转换，它使得不同类型的数据处理变得更加方便。常用的转换函数见表2—4—4。

表2—4—4　　常用的转换函数

函数名	功　能	示例	返回值
Asc（x）	求字符 x 的ASCII码值	Asc（"b"）	98
Chr（x）	求ASCII码值为 x 的字符	Chr（98）	"b"
Str（x）	将数值 x 转换成字符串	Str（12.3）	"12.3"
Val（x）	将以数字开头的字符串转换成数值	Val（"8ccs"）	8

五、Format 函数

Format 函数的功能是按格式字符串指定的格式对表达式的值进行精确的格式化，如保留几位小数等。Format 函数的语法格式如下：

```
Format(表达式[,格式字符串])
```

参数“表达式”表示要格式化的数据，格式字符串用来设置指定格式符，Format 函数的部分格式符见表2—4—5。

表 2—4—5　　　　　　　　　**Format 函数的部分格式符**

格式符	作　用	举　例
0	按规定的位数输出，当实际数值位数小于格式符号个数时，没有值输入的格式位输出 0	Format（1234.567,"00000.0000"）="01234.5670" Format（1234.567,"000.0"）="1234.6"
#	按规定的位数输出，当实际数值位数小于符号位数时，按实际位输出	Format（1234.567,"#####.####"）="1234.567" Format（1234.567,"###.#"）="1234.6"
.	输出小数点	Format（1234,"###.0"）="1234.0"
,	输出数据用千分位符隔开	Format（1234.567,"#，##0.0"）="1，234.6"
%	数值乘以 100 加百分号	Format（1234.567,"###.##%"）="123456.7%"
$	在数值前加 $	Format（1234.567,"$###.#"）="$1234.6"

六、退出应用程序

1. End

End 可以结束整个应用程序。End 的语法格式非常简单，直接使用“End”即可。

2. Unload

Unload 表示关闭指定窗体，其语法格式如下：

```
Unload 窗体名称
```

参数窗体名称也可用特殊值“me”，如“Unload me”表示关闭当前窗体。在 VB 学习初期，编写的应用程序比较简单，一般只有一个窗体，因此，Unload 也可以用来退出应用程序。

任务实施

一、编写程序的思路

函数功能与各个运算功能的编写思路完全相似，可以采用相同的思路，只是函数的参数比较复杂，有些函数没有参数，有些函数有一个参数，有些函数有两个参数，有些函数有很多参数。在函数功能中，第一个数和第二个数对应函数中一个参数。

二、程序代码

1. 求绝对值

Abs 函数只有一个参数，在文本框 txtnum1 中输入值，结果显示在文本框 txtresult 中。

```
'定义变量
Dim num1 As Integer
Dim myabs As Integer
'输入数据
num1 = Txtnum1.Text
```

```
'加工处理
myabs = Abs(num1)
'输出数据
txtresult.Text = myabs
```

2. 求平方根

Sqr 函数只有一个参数，在文本框 txtnum1 中输入值，结果显示在文本框 txtresult 中，注意，平方根不一定是整数，所以 mysqr 应定义为 Double 型。

```
'定义变量
Dim num1 As Integer
Dim mysqr As Double
'输入数据
num1 = Txtnum1.Text
'加工处理
mysqr = Sqr(num1)
'输出数据
txtresult.Text = mysqr
```

3. 取整

取整可用 Int 函数或 Fix 函数，本项目采用 Int 函数，在文本框 txtnum1 中输入值，结果显示在文本框 txtresult 中。

```
'定义变量
Dim num1 As Integer
Dim myint As Integer
'输入数据
num1 = Txtnum1.Text
'加工处理
myint = Int(num1)
'输出数据
txtresult.Text = myint
```

4. 随机值

Rnd 函数不需要参数，能产生（0，1）内的数据，在实际应用中，需要根据实际情况对随机数的范围进行扩展，所以在文本框 txtnum1 中输入范围的下界，在文本框 txtnum2 中输入范围的上界，结果显示在文本框 txtresult 中。

```
'定义变量
Dim num1 As Integer
Dim num2 As Integer
Dim myrnd As Integer
'输入数据
num1 = Txtnum1.Text
num2 = Txtnum2.Text
'加工处理
myrnd = Int(num1 + (num2 - num1 + 1) * Rnd)
'输出数据
```

```
txtresult.Text = myrnd
```

5. 求正弦

Sin 函数参数为弧度，约定用户输入的值为度，所以要将度转化为弧度，已知圆一周为 360°，即 2π 弧度，可以推知 x 度等于 x · π/180 弧度。在文本框 txtnum1 中输入以度为单位的角度值，结果显示在文本框 txtresult 中。

```
'定义变量
Dim num1 As Integer
Dim mysin As Double
Const PI = 3.1415926
'输入数据
num1 = Txtnum1.Text
'加工处理
mysin = Sin(num1 * PI /180)
'输出数据
txtresult.Text = mysin
```

6. 从左取子串

Left 函数有两个参数，第一个参数指定要取的字符串，在文本框 txtnum1 中输入，第二个参数指定要取的个数，在文本框 txtnum2 中输入，结果显示在文本框 txtresult 中。

```
'定义变量
Dim str1 As String
Dim n As Integer
Dim myleft As String
'输入数据
str1 = Txtnum1.Text
n = Txtnum2.Text
'加工处理
myleft = Left(str1, n)
'输出数据
txtresult.Text = myleft
```

7. 从中间取子串

Mid 函数有 3 个参数，第一个参数指定要取子串的字符串，在文本框 txtnum1 中输入，第二个参数指定开始取子串的位置，在文本框 txtnum2 中输入，第 3 个参数指定所取子串的长度，实用计算器项目没有对应的文本框来输入值，因此采用固定值 1，结果显示在文本框 txtresult 中。

```
'定义变量
Dim str1 As String
Dim n As Integer
Dim mymid As String
'输入数据
str1 = Txtnum1.Text
n = Val(Txtnum2.Text)
```

```
'加工处理
mymid = Mid(str1, n, 1)
'输出数据
txtresult.Text = mymid
```

8. 转为大写

Ucase 函数只有一个参数，在文本框 txtnum1 中输入指定要转为大写的字符串，结果显示在 txtresult 中。

```
'定义变量
Dim str1 As String
Dim myupper As String
'输入数据
str1 = Txtnum1.Text
'加工处理
myupper = Ucase(str1)
'输出数据
txtresult.Text = myupper
```

9. 求字符串长度

Len 函数只有一个参数，在文本框 txtnum1 中输入指定欲求长度的字符串，结果显示在 txtresult 中。

```
'定义变量
Dim str1 As String
Dim mylen As Integer
'输入数据
str1 = Txtnum1.Text
'加工处理
mylen = Len(str1)
'输出数据
txtresult.Text = mylen
```

10. 查找字符串

Instr 函数有 3 个参数，第一个参数指定查找的开始位置，在实用计算器项目中，采用固定值 1，第二个参数指定在哪个字符串中查找子串，在文本框 txtnum1 中输入，第 3 个参数指定要查找的子串，在文本框 txtnum2 中输入，结果显示在文本框 txtresult 中。

```
'定义变量
Dim str1 As String
Dim str2 As String
Dim myfind As Integer
'输入数据
str1 = Txtnum1.Text
str2 = Txtnum2.Text
'加工处理
myfind = Instr(1, str1, str2)
'输出数据
```

```
txtresult.Text = myfind
```

11. 生成字符串

可用 String 函数来生成指定个数的特定字符，String 函数的第一个参数指定要生成字符的个数，在文本框 txtnum1 中输入，第二个参数指定特定字符，在文本框 txtnum2 中输入，结果显示在文本框 txtresult 中。

```
'定义变量
Dim str1 As String
Dim n As Integer
Dim mymake As String
'输入数据
n = Txtnum1.Text
str1 = Txtnum2.Text
'加工处理
mymake = String(n, str1)
'输出数据
txtresult.Text = mymake
```

12. 删除两端空格

Trim 函数可以删除字符串两端的空格，Trim 函数只有一个参数，其用来指定要删除空格的字符串，在文本框 txtnum1 中输入，结果显示在文本框 txtresult 中。

```
'定义变量
Dim str1 As String
Dim mytrim As String
'输入数据
str1 = Txtnum1.Text
'加工处理
mytrim = Trim(str1)
'输出数据
txtresult.Text = mytrim
```

13. 显示当前日期

Date 函数不需要参数，所以不用输入值，结果显示在文本框 txtresult 中。

```
'定义变量
Dim mydate As Date
'加工处理
mydate = Date
'输出数据
txtresult.Text = mydate
```

14. 显示当前时间

Time 函数不需要参数，所以不用输入值，结果显示在文本框 txtresult 中。

```
'定义变量
Dim mytime As Date
'加工处理
mytime = Time
```

```
'输出数据
txtresult.Text = mytime
```

15. 显示当前年份

因为当前年份是变化的，不同时候操作的结果不一样，所以要用 Date 函数先获得当前日期，然后用 Year 函数来提取其中的年份。用户不用输入值，结果显示在文本框 txtresult 中。

```
'定义变量
Dim mydate As Date
Dim myyear As Integer
'加工处理
mydate = Date
myyear = Year(mydate)
'输出数据
txtresult.Text = myyear
```

16. 将字符转为 ASCII 码

Asc 函数只有一个参数，用于指定要转为 ASCII 码的字符，在文本框 txtnum1 中输入，结果显示在 txtresult 中。

```
'定义变量
Dim str1 As String
Dim myascii As Integer
'输入数据
str1 = Txtnum1.Text
'加工处理
myascii = Asc(str1)
'输出数据
txtresult.Text = myascii
```

17. 将 ASCII 码转为字符

Chr 函数只有一个参数，用于指定要转为字符的 ASCII 值，在文本框 txtnum1 中输入，结果显示在 txtresult 中。

```
'定义变量
Dim num1 As Integer
Dim mychar As String
'输入数据
num1 = Txtnum1.Text
'加工处理
mychar = Chr(num1)
'输出数据
txtresult.Text = mychar
```

18. 退出系统

退出应用程序可用 End 或 Unload me。

一、代码查看方式

当代码很长，且事件代码很多时，可以单击代码窗口左下角的“查看方式”按钮来改变查看方式。VB 6.0 提供了两种查看代码的方式：全模块查看方式，如图 2—4—2 所示，这种方式显示窗体的所有代码，是默认的显示方式；过程查看方式，如图 2—4—3 所示，这种方式只显示当前过程的代码，比较简洁，方便细读某个指定的事件过程。

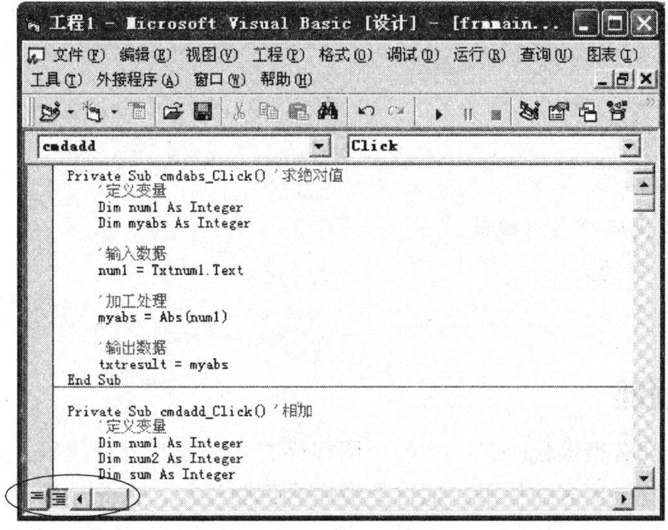

图 2—4—2　全模块查看方式

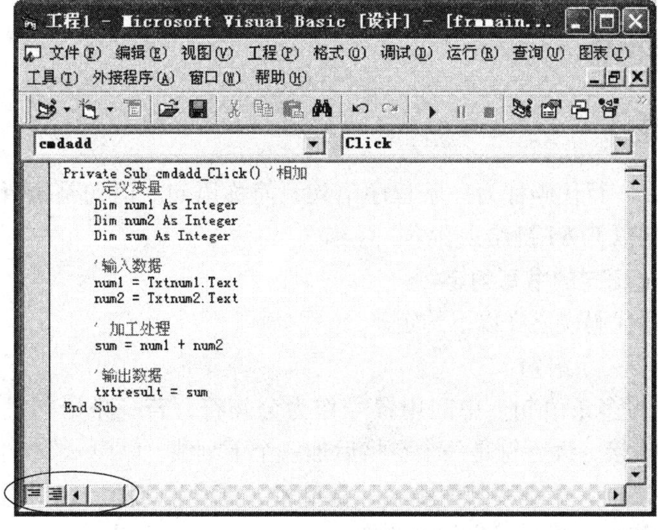

图 2—4—3　过程查看方式

二、主动进行数据类型转换

很多时候，VB 会自动转换数据类型，但有时会转换失败，导致程序出错。如语句 num1 = Txtnum1. Text，当用户输入有效数据时，程序运行正常，但当输入的数据无效，如没有输入值或输入字符等时，程序运行出错，提示数据类型错误，如果改为 num1 = Val（Txtnum1. Text），则不会出错，程序能正常运行。因为 Val 已主动将字符串数据转为了数值，如果转换失败，则 Val 函数返回 0。因此，建议初学者在编写代码时尽量主动进行类型转换，一方面提高程序的可读性，另一方面提高程序的健壮性。

任务五 规范代码

学习目标

1. 了解 VB 源代码的书写规范。
2. 掌握添加注释的方法。

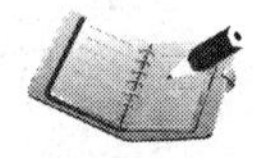

任务描述

每个软件项目都有很多代码，小型的应用程序有几千或几万行代码，大型应用程序可能有几百万、几千万甚至更多的代码，项目上线后会不断运行，在此过程中难以避免地会出现各种问题，如想在尽可能短的时间内解决，就要求对代码非常熟悉。因此，在编写程序时，应尽可能按已有约定进行规范书写，同时，适当给关键语句添加注释，以提高程序的可读性。

相关知识

一、书写规范

在 VB 程序中，一行代码称为一条程序语句，简称语句。语句是执行具体操作的指令，在 VB 中，每个语句以 Enter 键结束。

1. Visual Basic 语句的书写约定

在 VB 中，书写代码应遵守以下约定。

（1）建议一行写一条语句。

（2）若要一行写多条语句，中间用冒号作为分隔符，若一条语句过长可分多行书写，但两行间用续行符连接，续行符是一个空格后加一个下划线。

（3）各关键字之间，关键字与变量名、常量名、过程名之间一定要用空格隔开。

（4）采用缩进格式，提高程序的可读性。

（5）对于较难理解的语句最好加上注释。

（6）严格按 VB 的规定格式，使用规定的符号来编写程序，特别注意 VB 中的符号常用西文符号，避免在中文状态下输入符号。

2．命令格式中的符号约定

为了便于解释语句、方法和函数的语法格式，在进行语句、方法和函数的语法格式说明时，本书所用的符号采用统一的约定，见表 2—5—1。

表 2—5—1　　约定符号

<table>
<tr><th>符　号</th><th>含　义</th></tr>
<tr><td>< ></td><td>必选项，如果不选会发生语法错误</td></tr>
<tr><td>[ ]</td><td>可选项，选不选由用户确定，不选不影响语句本身</td></tr>
<tr><td>{ }</td><td>包含多选一的各项</td></tr>
<tr><td>|</td><td>选择其中之一</td></tr>
<tr><td>，…</td><td>表示同类项目重复出现</td></tr>
</table>

二、注释语句

为了提高程序的可读性，有必要给项目中关键语句添加注释。注释是给程序阅读者看的，计算机在编译时会直接跳过注释，所以在程序输入时，忽略注释，程序能正常运行。对于输入速度慢的学习者，在时间紧迫的时候，可以暂不输入注释，以保证学习进度，在时间充足的时候，再添加注释，以加深对程序的理解，当达到一定水平时，再在编写代码的同时添加注释。在代码窗体中，注释用不同颜色表示。

在 VB 6.0 中提供了如下两种添加注释的方法。

1．英文单引号

这种添加注释的方法很简单，直接在英文单引号后输入注释内容。这种方法添加的注释既可以放在语句末尾，也可以单独占一行。

如：sum = num1 + num2 '计算两个数的和

很多时候用中文注释，在输入注释时，很容易把英文的单引号输入成中文的单引号，导致错误，所以在输入时要特别注意切换输入法状态。

2．Rem

用 Rem 添加的注释只能独占一行，且不能放在语句的末尾。其语法格式如下：

```
Rem 注释内容
```

如：Rem 计算两个数的和

```
    sum = num1 + num2
```

任务实施

检查自己的代码是否添加了必要的注释，是否采用了缩进格式。例如，相加功能的代码如下：

```
Private Sub cmdadd_Click()'相加
```

```
    '定义变量
    Dim num1 As Integer
    Dim num2 As Integer
    Dim sum As Integer
    '输入数据
    num1 = Txtnum1.Text
    num2 = Txtnum2.Text
    '加工处理
    sum = num1 + num2
    '输出数据
    txtresult.Text = sum
End Sub
```

任务六　巩固训练

一、项目拓展

1. 项目功能扩展

（1）为项目设计一个个性化的图标，并应用到实用计算器项目中。

（2）美化界面，为窗口设置背景，为标签控件设置前景色（也可以把标签控件的内容直接融入背景图片中），为文本框控件设置前景色，将所有按钮设置成图形按钮，要求整个配色美观大方、协调一致。

（3）显示结果的文本框中结果是计算出来的，不需要用户输入，为了防止用户误输入，需要将显示结果的文本框锁定。

（4）仔细观察每次启动程序后，生成的随机数有无关系，如果有，如何解决这个问题？

2. 问题与思考

（1）如果未在文本框中输入值或字符，单击功能按钮，如单击“相加”按钮，会显示图2—6—1所示的对话框，结束就会自动退出应用程序，该如何解决？

图2—6—1　类型不匹配错误

（2）用户在第一个文本框中输入 10，第二个文本框中输入 0（用户误操作），单击“相除”按钮时，会显示图 2—6—2 所示的对话框，结束后就会直接退出程序，该如何解决？

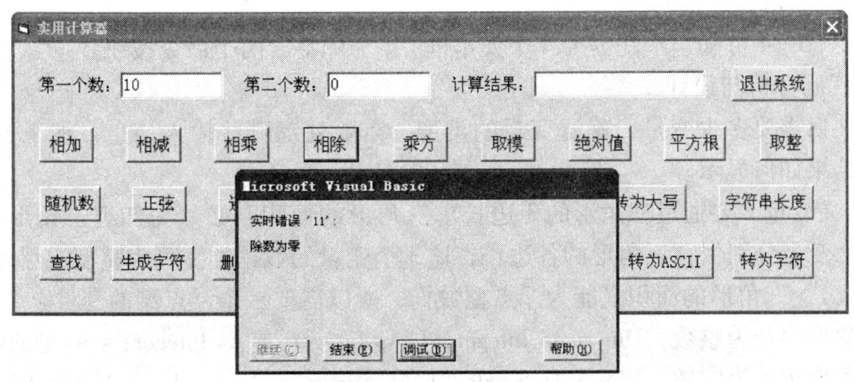

图 2—6—2　除数为 0 错误

（3）在第一、二个文本框中输入 1 000 000 后，单击“相加”按钮，显示图 2—6—3 所示的对话框，是什么错误？该如何解决？

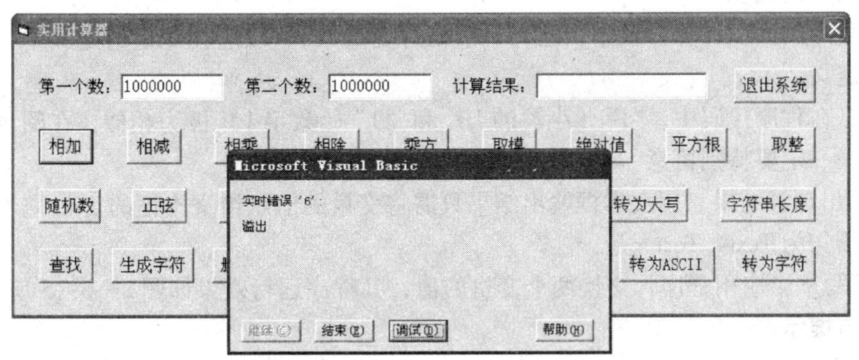

图 2—6—3　数据溢出错误

二、延伸训练

1. 李明是公司的测绘员，每天都要进行大量的计算，其中很多时候都会碰到如下这种情况：已在现场测出三角形的 3 边长，要计算三角形的面积。手工计算工作非常烦琐，效率低下，且容易出错，请设计一个应用程序，自动完成三角形的面积计算，其程序界面如图 2—6—4 所示。

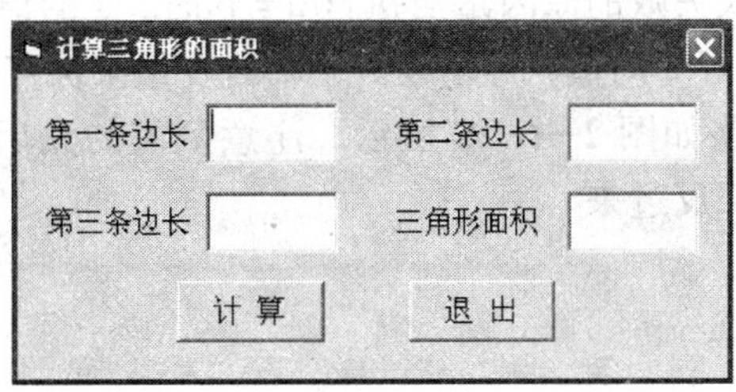

图 2—6—4　计算三角形面积的程序界面

三角形面积 s = Sqr（l·（l - a）·（l - b）·（l - c）），其中 l =（a + b + c）/ 2。

分析与提示

（1）界面设计

由图 2—6—4 可知，本题需要 4 个文本框、4 个标签、两个命令按钮。

（2）代码分析与设计

确定项目需要多少变量，确定变量的类型，需要处理哪些输入信息，加工过程如何设计，计算结果如何显示。

1）定义变量。要通过三角形的 3 边长求三角形的面积，必须先知道三角形的 3 边长，需要用 3 个变量分别保存三角形的各边长，这 3 个变量的数据类型可为整型或浮点型（处理的范围更大），三角形的面积只能为浮点型数据，所以需要一个浮点型的变量。

若三角形边长为整数：Dim a As Integer，b As Integer，c As Integer，s As Single。

若三角形边长为实数：Dim a As Single，b As Single，c As Single，s As Single。

2）输入数据。三角形边长值的输入，只需将文本框的 Text 属性值转为数值型后，赋给对应的边长变量即可。例如，a = Val（Text1. Text）。

3）计算处理。题目已提示通过 3 边长求三角形面积的公式。直接将 3 边长套入公式即可算出三角形的面积。

在三角形的面积计算公式中，还有一个临时变量 l，所以应在变量的定义中，再添加一个变量的定义。

注意：在程序代码中，“l”（小写的 L）和“1”（数字 1）极为相似，在阅读和输入程序代码时，一定要特别留意。

4）输出计算结果。用文本框输出结果只需将变量的值赋给文本框的 Text 属性即可。所以，输出语句为 Text4. Text = s。

2. 编写一个应用程序，交换两个变量的值，其程序运行效果如图 2—6—5 所示。

分析与提示

（1）界面设计

由图 2—6—5 可知，本程序需要 4 个标签、4 个文本框、两个命令按钮。其中，4 个文本框处于锁定状态，因此应将各个文本框的 Locked 属性值设为 True。

（2）程序代码分析与设计

交换两个数 a 和 b，很容易想到：先执行 a = b，后执行 b = a，其实，只要仔细分析，就会发现这样的交换结果是 a 和 b 都变为 b 的值。因为执行 a = b 时，a 已变为 b 的值，它的原来值已被覆盖（变量喜新厌旧），再执行 b = a 时，实际上是将 b 的值赋给 b。

从以上分析可知，交换失败的原因是当执行 a = b 时，a 的值被覆盖，所以问题的关键是在执行 a = b 之前先保护好 a 的值，可增设一个临时变量来保存 a 的值。

交换两个数的基本思路如图 2—6—6 所示。注意赋值的先后顺序，即图 2—6—6 中的①②③位置，当然也可全部反过来。

关键代码如下：

```
Dim a As int,b As int,temp As int
a = Text1.text
b = Text2.Text
```

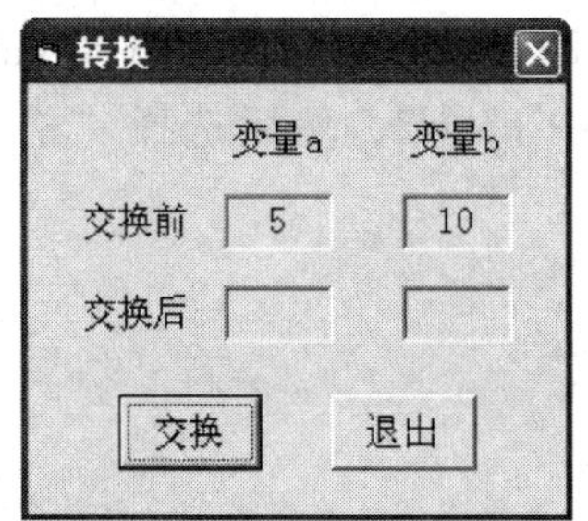

图 2—6—5　交换两个变量的值的程序运行效果

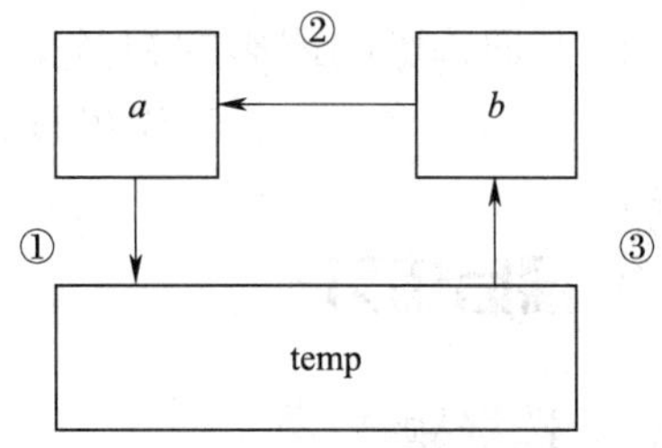

图 2—6—6　交换两个数的基本思路

```
temp = a
a = b
b = temp
Text3.Text = a
Text4.Text = b
```

由本题很容易想到如下代码。

```
Text3.Text = Text2.Text
Text4.Text = Text1.Text
```

以上两个语句完全可实现题目功能。其实，当交换两个变量或文本框的值时，如果结果是保存到另外两个变量中，则可直接赋值给对应的目标变量或文本框。但本题设计 4 个文本框的主要目的是让读者清楚地对比交换前后两个变量的值。所以不建议这种方法。

3. 很多软件都能设置或制作阴影效果，用阴影效果显示“我开始学习 VB 啦!”，文字阴影效果如图 2—6—7 所示，在 VB 中该如何实现呢? 阴影效果就是两个相同的对象叠加在一起，稍稍错位，为了突出效果，底下的对象颜色应尽量阴暗。

图 2—6—7　文字阴影效果

分析与提示

要实现文字的阴影效果，需添加两个一模一样的标签控件，除了少数属性外，其余属性完全一样。部分属性设置见表 2—6—1，其余属性自行设置。

表 2—6—1　　**属性表**

属性	Label1	Label2
ForeColor	H80000012	H8000000C
Left	225	255
Top	480	495
Caption	“我开始学习 VB 啦!”	
AutoSize	True	
BackStyle	0	

说明：其中，Label1 为正常显示文字，Label2 为阴影文字。有时，可能 Label2 显示在 Label1 的上面，影响阴影的视觉效果，此时可先选中 Label2，然后选择“格式”→“顺序”→“置后”命令，将其放在 Label1 的后面即可。

课后练习

一、选择题

1. 1&"1" 的值为______。

A. 11　　B. "11"　　C. 2　　D. "2"

2. 表达式 3^2 * 2 + 200 Mod 16/2 \ 2 的值为______。

A. 17　　B. 18　　C. 19　　D. 0

3. 数学表达式 6 < x < 8，转换为 VB 表达式为______。

A. 6 < x < 8　　B. x < 8 And x > 6　　C. x < 8 Or x > 6　　D. x > 8 Or x < 6

4. 在以下各表达式中，结果为 0 的是______。

A. 1/8　　B. 1 \ 8　　C. 1 Mod 8　　D. 1 * 8

5. Fix（-10.6）和 Int（-10.6）的值分别为______。

A. -10，-10　　B. -11，-11　　C. -10，-11　　D. -11，-10

6. 求一个 3 位正整数 n 的十位上的数字，以下不能实现的方法是______。

A.（n Mod 100）\ 10　　B. n \ 10 -（n \ 100）* 10

C.（n \ 10）Mod 10　　D.（n -（n \ 100） * 100）/10

7. 对一个正实数 x 的第一位小数四舍五入，正确的表达式是______。

A. 0.1 * Int（10 * x + 0.5）　　B. 0.01 * Int（100 * x + 0.5）

C. Int（x + 0.5）　　D. 10 * Int（0.1 * x + 5）

8. 在 VB 中，表达式 0 < x < 10（x 的值不为 Null）的值为______。

A. False　　B. 当 x 的值在（0，10）内时，值为 False

C. True　　D. 当 x 的值在（0，10）外时，值为 False

9. n 是能被 3 或 5 整除的正整数，可表示为______。

A. n > 0 And（n Mod 3 = 0 And n Mod 5 = 0）

B. n > 0 And n Mod 3 = 0 Or n Mod 5 = 0

C. n > 0 Or n Mod 3 = 0 Or n Mod 5 = 0

D. n > 0 And（n Mod 3 = 0 Or n Mod 5 = 0）

10. 在程序代码中，给对象设置焦点的方法是______。

A. GotFocus　　B. LostFocus　　C. SetFocus　　D. TabIndex

二、综合题

1. 在 VB 中，标识符的命名有哪些约定？

2. 在 VB 中，书写代码有哪些约定？

3. 在文本框中输入商品的单价和数量，计算它的金额。程序界面如题图 2—1 所示。

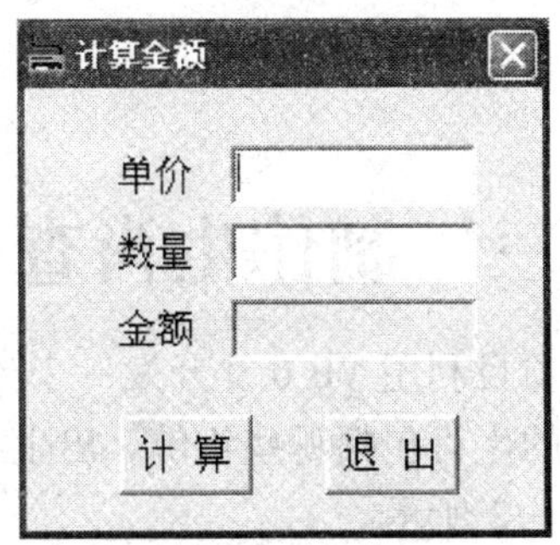

题图 2—1　程序界面

项目三　制作生肖查询器

每个人都有自己的生肖，本项目利用 VB 6.0 开发一个生肖查询器，既可以输入出生年份来查询生肖，也可以查询指定的生肖包括哪些年份。出生年份查生肖及生肖查年份的运行效果分别如图 3—0—1 和图 3—0—2 所示。

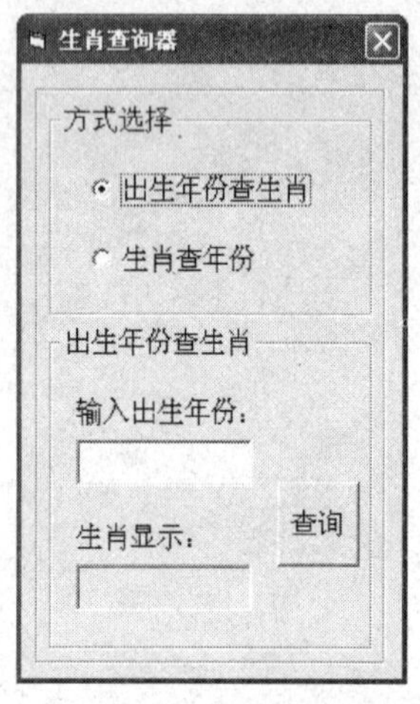

图 3—0—1　出生年份查生肖的运行效果

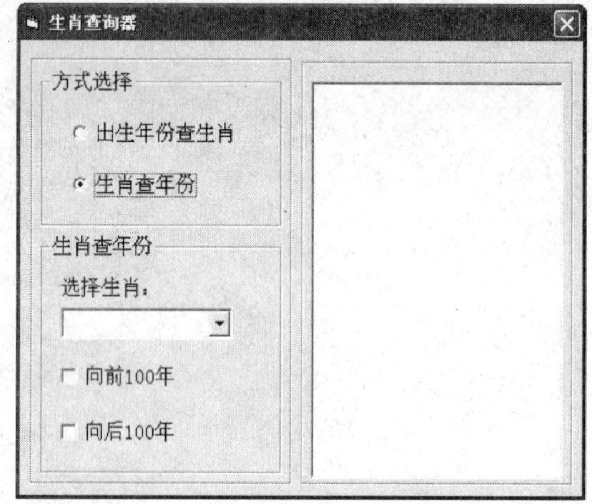

图 3—0—2　生肖查年份的运行效果

本项目将分为以下几个环节来完成。

1. 完成整个项目的界面制作。
2. 完成出生年份查询生肖和生肖查询出生年份两种方式的切换操作。
3. 完成出生年份查询生肖的功能。
4. 完成查询指定生肖包括哪些年份的功能。

任务一　界 面 制 作

学习目标

1. 掌握单选框、复选框、框架的常见属性、方法和事件。
2. 掌握列表框、组合框的常见属性、方法和事件。

任务描述

生肖查询器有两种查询方式，即由出生年份查询生肖和由生肖查询相关年份。因为两种方式的界面元素有一定区别，所以生肖查询器的界面也有两种表现形式，但两种状态属于同一界面，只是对部分显示元素进行处理，本任务完成界面所有元素的制作，生肖查询器界面如图3—1—1所示，其中左下角“生肖查年份”和“出生年份查生肖”两个框架是完全重叠的。

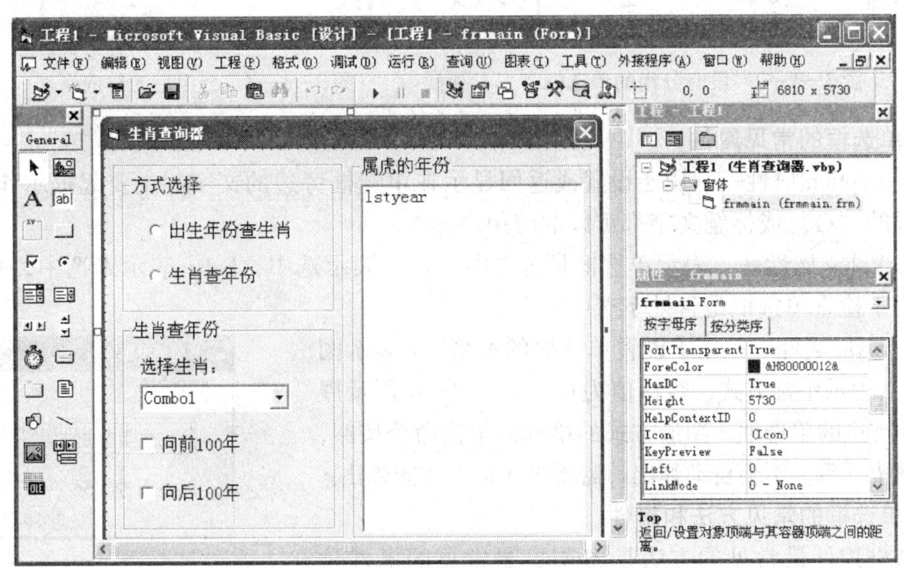

图3—1—1　生肖查询器界面

相关知识

很多应用程序都提供一些选项让用户选择，从而实现间接输入，以提高输入效率，减少输入错误。在VB 6.0的工具箱中，单选框、复选框、列表框、组合框4个内部控件都可实现间接输入。

一、单选框

单选框又称单选按钮，外形为一个“O”，其有两种状态，即选中与未选中。当处于选中状态时，单选框中间有一个黑圆点；当处于未选中状态时，中间的黑圆点消失。单击单选框能改变它所处的状态。

单选框一般成组出现，组内各个单选框间相互排斥，用户任何时候都只能选中其中一个，即当选中组中一个单选框时，组内的其他单选框自动处于未选中状态。

一般情况下，窗体上所有选项按钮都属于同一组，如果要将它们划分为不同的组，必须使用框架控件来实现，将同一组的单选框放在同一个框架控件内。

如图3—1—2所示，有4个单选框，显然是两个主题的信息，即性别信息和政治面貌信息，用户从性别选择“男”后，再在政治面貌中选择“党员”时，“男”单选框就处于未选中状态，显然达不到预期效果。而如图 3—1—3 所示，把性别信息和政治面貌信息分别放在不同的框架中，它们的操作是相互独立的，即可自由选择性别信息和政治面貌信息。

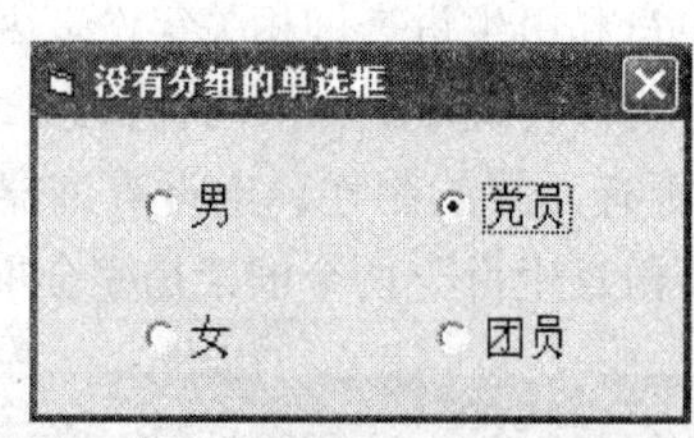

图 3—1—2　没有分组的单选框

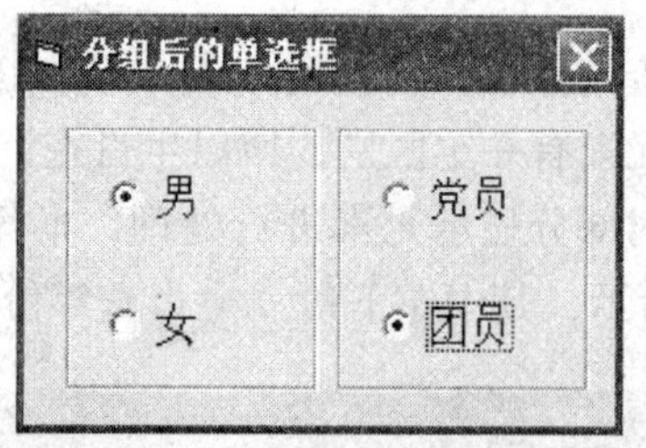

图 3—1—3　分组后的单选框

1. 单选框的常见属性

（1）Caption 属性——用于设置或返回显示在单选框旁边的文字，主要起提示作用。单击单选框的“O”或标题文字都可以响应用户操作。

（2）Value 属性——表示单选框是否选中，True 表示选中，False 表示未选中，Value 属性一般用于检查单选框是否处于选中状态。

（3）Style 属性——用于设置单选框的类型，1 表示图形方式，0 表示正常方式，默认值为 0。图 3—1—4 所示展示了两种类型的单选框，图形方式的单选框很像命令按钮，但单选框按下后，不会自动弹出，需要再次单击才能弹出。

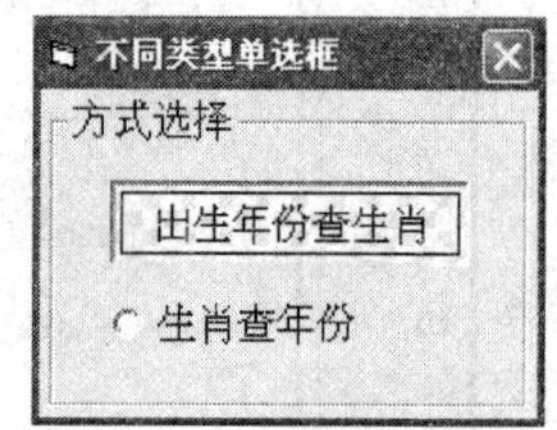

图 3—1—4　不同类型的单选框

2. 单选框的常见方法和事件

单选框控件最常见的方法是 Move，最常见的事件是 Click 事件。

二、框架

框架控件是一个容器控件，主要用于将控件分组，框架内的控件会随着框架一起移动、显示或隐藏。当要将较多元素同时显示或隐藏时，可以借助框架一起显示或隐藏，这样能大大提高操作效率。

在界面设计时，应先画框架控件，然后再在其上添加相关的控件。框架最常用属性是 Caption 属性。框架能响应 Click、DblClick 等事件，但在应用程序中，一般不需要专门为框架编写事件代码。

小提示

如果要将已存在的控件放到框架上，操作方法如下：选中相关控件，将其剪切，然后选中框架，再粘贴。操作成功后，移动框架时，框架和上面的相关控件都会随之移动。

如果采用拖动方式将相关控件移动到框架上，表面上看控件已移到框架上，但只要移动一下框架，就会发现框架和“上面”的控件是完全独立的，根本不会随着框架的移动而移动。

三、复选框

复选框的外形为“□”，复选框有 3 种状态，即选中、未选中和不可用。当处于选中状态时，复选框中间有一个钩；当处于未选中状态时，中间的钩消失；当复选框为灰色时，为不可用状态。单击复选框能改变它的状态。

复选框与单选框完全不同，在同一组内，各个复选框相互独立，即每个复选框选中与否与别的复选框是否选中无关。

复选框常用属性的有 Caption 属性、Value 属性、Style 属性等。Value 属性有 3 个值：0 表示未选中，1 表示选中，2 表示不可用。Style 属性值为 1 表示图形风格，此时，复选框与单选框的外形完全一样，看起来像命令按钮。

复选框最常用的事件是 Click 事件。

四、列表框

列表框（ListBox）控件可列出多个选项供用户选择，用户可从中选择一个或多个选项。如果选项个数超过列表框可显示的数目，则其会自动添加滚动条。

列表框中每个选项均有一个编号，称为索引，选项的索引值从 0 开始。通过这个索引值，可以唯一识别列表框中每个选项。如图 3—1—5 所示，选项“猴”的索引值为 0，选项“鸡”的索引值为 1，选项“狗”的索引值为 2，选项“猪”的索引值为 3。

1. 列表框的常用属性

（1）List 属性——用于存放列表框的各个选项值，它是一个数组，需要通过索引值为有区别的选项值编号，索引值从 0 开始依次增加。

（2）ListCount 属性——用于返回列表框中选项的个数。

（3）ListIndex 属性——用于返回当前项的索引值，如果没有选中项，则其值为 -1。

（4）Text 属性——用于返回当前选项的文本内容，该属性为只读。

（5）Selected 属性——用于表示列表框中的选项是否被选中，用索引来标识对应的选项。如 Selected（3）为 True 表示第 4 个（注意索引从 0 开始）选项选中。

（6）MultiSelect 属性——用于确定是否允许同时选中多个选项，0 表示不允许，每次只能选中一个选项，如图 3—1—5 所示；1 表示允许简单多选，各个选项相互独立，单击选中指定选项，再次单击取消选中该选项，可以同时选中多个选项，如图 3—1—6 所示；2 表示允许扩展多选，按住 Ctrl 键单击鼠标，可以选中不连续的多个选项，按住 Shift 键单击鼠标，可以选中连续的多个选项，如图 3—1—7 所示。默认值为 0。

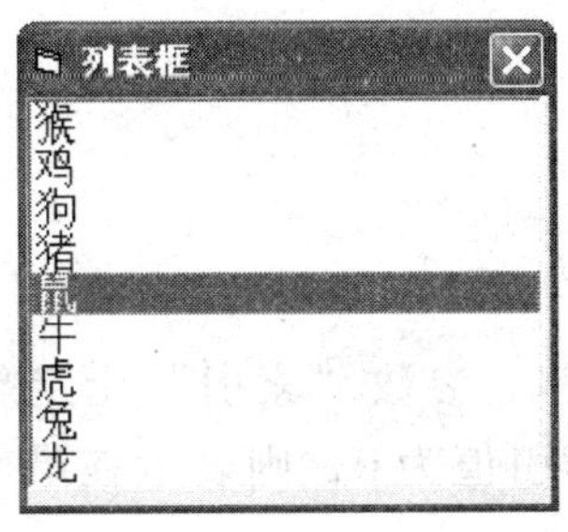

图 3—1—5　MultiSelect 属性为 0 的列表框

图 3—1—6　MultiSelect 属性为 1 的列表框

（7）Style 属性——用于确定列表框的样式，0 表示标准方式，1 表示每个选项前添加一个复选框，默认值为 0。如图 3—1—8 所示展示了两种不同类型的列表框，左边为 Style 属性值等于 0 的列表框样式，右边为 Style 属性值等于 1 的列表框样式。

（8）Columns 属性——当其值为 0 时，一个选项占一行，滚动条为垂直方向；当其值大于 0 时，一行可显示多个选项，滚动条为水平方向。如图 3—1—9 所示，左边为 Columns 属性等于 0 的列表框，右边为 Columns 属性等于 2 的列表框。

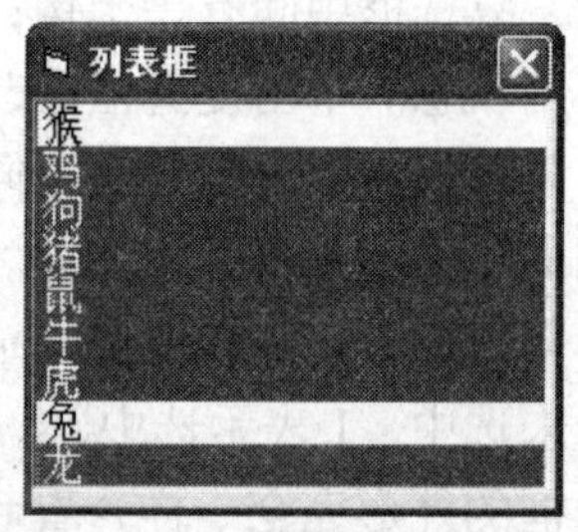

图 3—1—7　MultiSelect 属性为 2 的列表框

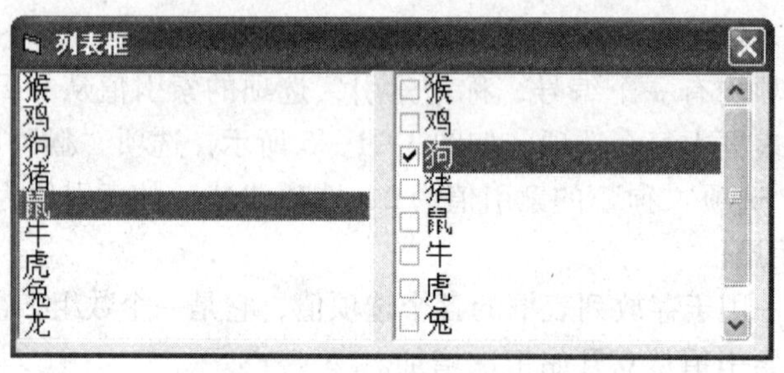

图 3—1—8　两种不同样式的列表框

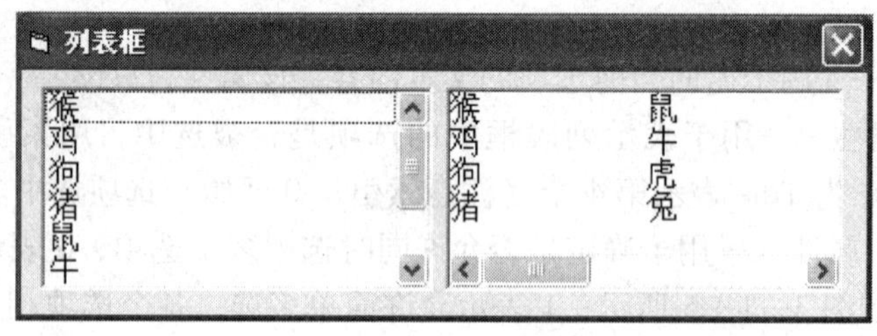

图 3—1—9　不同 Columns 属性值的列表框

（9）SelCount 属性——用于表示列表框中当前选中的选项数目，若没有选中选项，其值为 0，SelCount 属性运行时只读，设计时不可用。

2. 列表框的常用方法和事件

（1）AddItem 方法

该方法用于向列表框中添加选项，其语法格式如下：

```
[对象.]AddItem 列表项[,索引]
```

参数“列表项”指定选项的内容，一般为字符串，参数“索引”指定新增项的位置，若省略索引值，则系统自动给索引值加 1；若索引值为 0，则表示在最前面添加选项。

（2）Clear 方法

该方法用于清除列表框中所有选项，其语法格式如下：

```
[对象.]Clear
```

(3) RemoveItem 方法

该方法用来从列表框中删除指定选项，其语法格式如下：

```
[对象.]RemoveItem 索引
```

参数“索引”指定要删除选项的索引值。

(4) Click 事件

单击列表框的选项时发生。

3. 向列表框中添加选项的方法

向列表框添加选项的方法主要有如下 3 种。

(1) 使用 AddItem 方法

当使用 AddItem 方法时，有以下几种常用形式，请注意其区别。

形式一：

```
List1.AddItem"鼠",0
List1.AddItem"牛",1
List1.AddItem"虎",2
```

形式二：

```
List2.AddItem"鼠",0
List2.AddItem"牛",0
List2.AddItem"虎",0
```

形式三：

```
List3.AddItem"鼠"
List3.AddItem"牛"
List3.AddItem"虎"
```

其中，形式一按指定顺序添加列表框的选项值，即显示“鼠”“牛”“虎”；形式二每次都在最上面添加新的选项，即显示“虎”“牛”“鼠”，与形式一显示的顺序刚好相反；形式三每次都在最后面添加新的选项，即显示“鼠”“牛”“虎”，与形式一显示的顺序相同。其运行效果如图 3—1—10 所示。

(2) 使用 List 属性

```
List3.List(0)="鼠"
List3.List(1)="牛"
List3.List(2)="虎"
```

(3) 在属性窗口添加

在窗体中选中指定的列表框对象，在属性窗口找到 List 属性，单击向下的三角形按钮打开一个空白方框，可在其中输入选项。当输入完一个选项后，按“Ctrl + Enter”组合键输入下一个选项，输完所有选项后按 Enter 键，关闭输入选项方框结束输入。

五、组合框

组合框（ComboBox）兼有文本框和列表框两者的功能，用户既可以通过组合框来输入文本，也可以从选项列表中选择选项。由于组合框的许多属性与方法和列表框控件相同，而

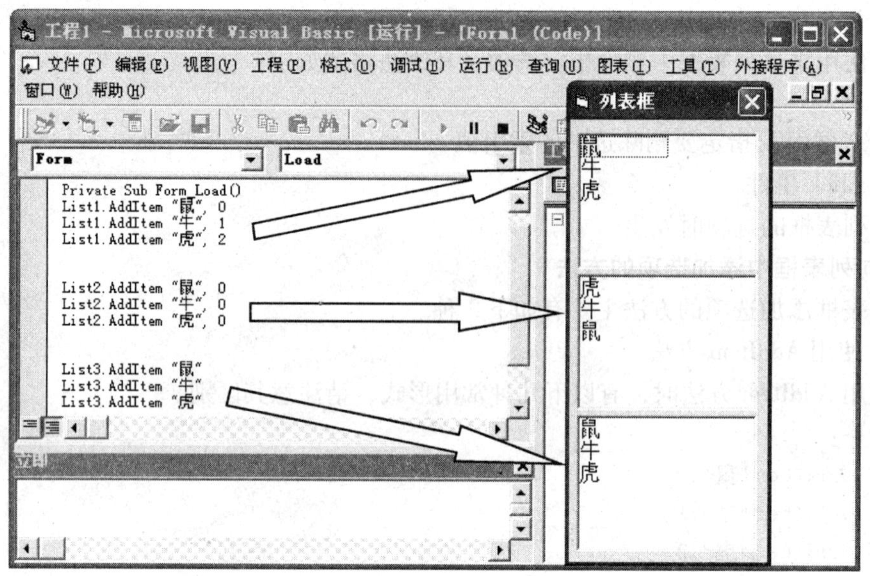

图 3—1—10　AddItem 方法的运行效果

且意义也相似，因此可以参考列表框的相关属性和方法。

组合框有 3 种类型，由其属性 Style 值决定：Style 属性值为 0 表示下拉组合框、Style 属性值为 1 表示简单组合框、Style 属性值为 2 表示下拉列表框，如图 3—1—11 所示，从左到右，3 个组合框的 Style 属性分别为 0、1、2。下拉组合框和简单组合框可在文本框中直接输入值，但在下拉列表框中不能直接输入值。

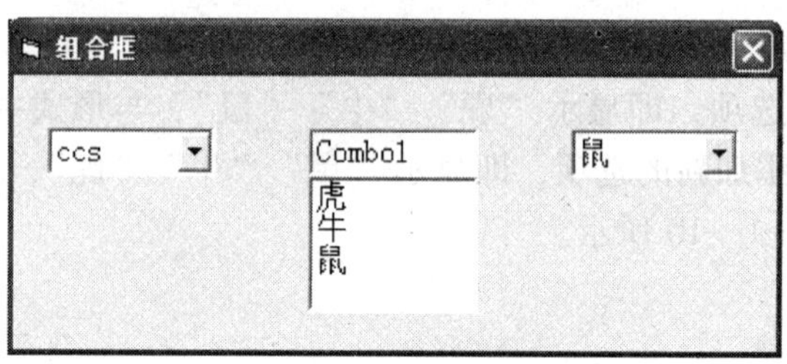

图 3—1—11　3 种类型的组合框

在以上 3 种组合框中，下拉列表框较常用，默认值为下拉组合框。

任务实施

一、确定属性表

生肖查询器界面元素比较多，表 3—1—1 中列出了主要界面元素的主要属性。

二、绘制控件

在生肖查询器项目界面中，框架应用较多，在绘制控件时，先绘制框架。当框架相互嵌

表 3—1—1　　　　　　　　　　　　　　主要界面元素的主要属性

对象	属性	属性值	对象	属性	属性值
窗体	Caption	生肖查询器	单选框	Caption	出生年份查生肖
	Name	frmmain		Name	optway1
	Width	6810		Font	宋体，小四
	Height	5730	单选框	Caption	生肖查年份
	BorderStyle	1		Name	Optway2
	Font	宋体，小四		Font	宋体，小四
命令按钮	Caption	查询	文本框	Text	
	Name	cmdquery		Name	txtyear
	Width	735		Font	宋体，小四
	Height	735	文本框	Text	
	Font	宋体，小四		Name	txtresult
框架	Caption	出生年份查生肖		Font	宋体，小四
	Name	fway1	组合框	Name	cmbdata
	Width	2895		Style	2
	Height	2775		Font	宋体，小四
	Font	宋体，小四	复选框	Caption	向前 100 年
框架	Caption	生肖查年份		Name	chkfront
	Name	fway2		Font	宋体，小四
	Width	2895	复选框	Caption	向后 100 年
	Height	2775		Name	chkback
	Font	宋体，小四		Font	宋体，小四
框架	Caption	动态提示，内容不定	列表框	Name	lstyear
	Name	fyear		Style	0
	Width	5505		MultiSelect	0
	Height	3255		Columns	0
	Font	宋体，小四		Font	宋体，小四

套时，先绘制下层的框架，再绘制上层的框架，即先绘制容器控件再绘制其内的控件。

当界面元素较多，且窗体空间比较少时，可以先把窗体拉大，把相关控件绘制好并完成布局后，再精确设置窗体大小，从而提高操作效率。

在本项目中，有两组界面元素完全重叠，可以先分别完成两组界面元素的绘制和内部布局，再确定显示位置。如图 3—1—12 所示展示了生肖查询器的所有界面元素，最后界面只要把“生肖查年份”框架放置到目标位置，即“出生年份查生肖”框架位置，设置好窗体的宽度，就能完成整个项目的界面制作。最终的界面如图 3—1—1 所示。

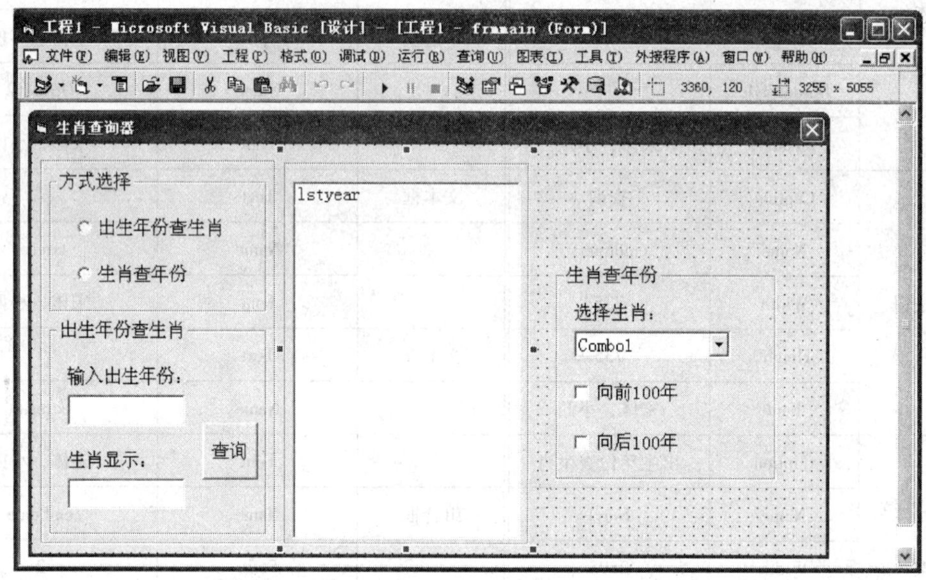

图 3—1—12　生肖查询器的所有界面元素

任务二　查询方式选择功能的实现

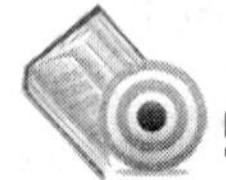

学习目标

1. 理解选择结构程序设计的特点。
2. 掌握 If 语句。

任务描述

任务一完成了生肖查询器所有界面元素的设计，但要根据用户选择的查询方式来决定显示哪些界面元素，隐藏哪些界面元素，这需要通过代码来控制，本任务的主要任务是实现查询方式的选择，用户界面会随着用户选择的改变而改变。出生年份查生肖的界面效果如图 3—2—1 所示，生肖查年份的界面效果如图 3—2—2 所示。

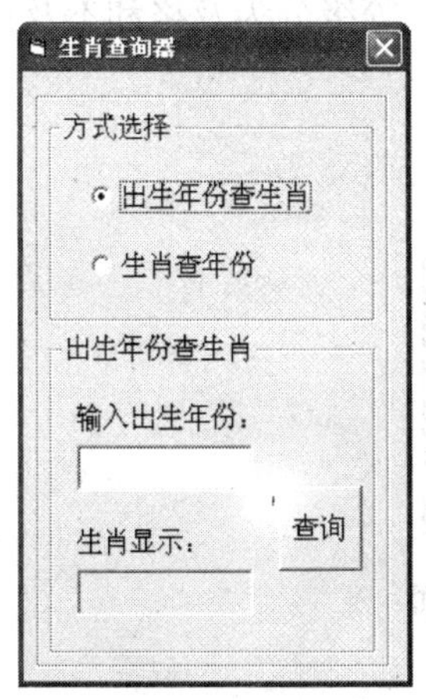

图 3—2—1　出生年份查生肖的界面效果

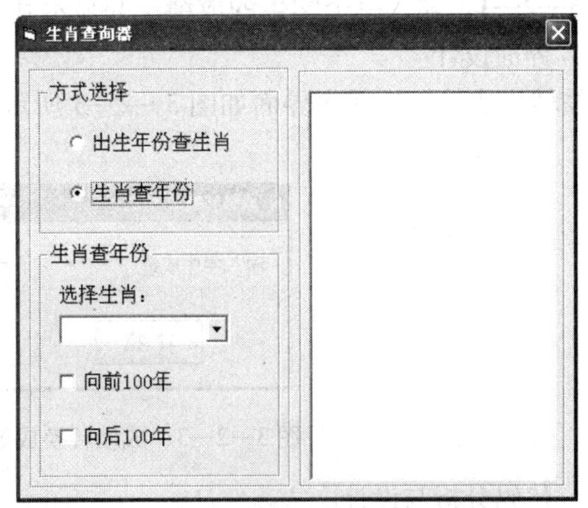

图 3—2—2　生肖查年份的界面效果

相关知识

在人们的日常生活和工作中，经常需要对给定的条件进行分析、比较和判断，并根据判断结果选择不同的操作。例如，如果明天没下雨，就去白云山写生，否则就在校图书馆欣赏书画展，明天到底做什么由明天的天气决定。

在 VB 程序设计中，也经常会碰到选择问题。例如，在制作实用计算器项目中，如果除数为 0，则会出错。对于用户来说，肯定不想因为自己的输入失误而出错，而是希望计算机能指出错误，并能继续正常运行。因此，计算机需要对用户输入的数据进行检查，如果数据有效，则继续运行，如果数据无效，则提示用户重新输入。这种需要根据某个条件来决定下一步执行哪段代码的程序设计称为选择结构程序设计。

选择结构程序设计的特点如下：根据所给定的条件成立与否，决定从各个实际可能的执行分支中，选且只选一个分支执行。因此，选择结构程序设计要解决两个关键问题：一是确定条件，二是条件有哪些值，每个值对应哪些操作。

在 VB 6.0 中，实现选择结构的语句主要有 If 语句和 Select Case 语句。

一、If 语句

1. 单行结构 If 语句

单行结构 If 语句的语法格式如下：

```
If  条件表达式  Then  语句块1  [Else   语句块2]
```

说明：

（1）条件表达式一般为关系表达式、逻辑表达式或数值表达式。

（2）如果条件表达式的值为真，则执行语句块 1，否则执行语句块 2（若没有语句块 2，则什么都不执行）。

（3）单行结构 If 语句必须在一行内完成，且末尾不能有 End If。

（4）语句块中可包含一个或多个语句，若为多个语句，则语句间要用冒号隔开。

例 3—2—1 输入一个学生的成绩，并显示其对应的等级，等级分为及格和不及格。

（1）界面设计

成绩转换成等级的程序界面如图 3—2—3 所示。

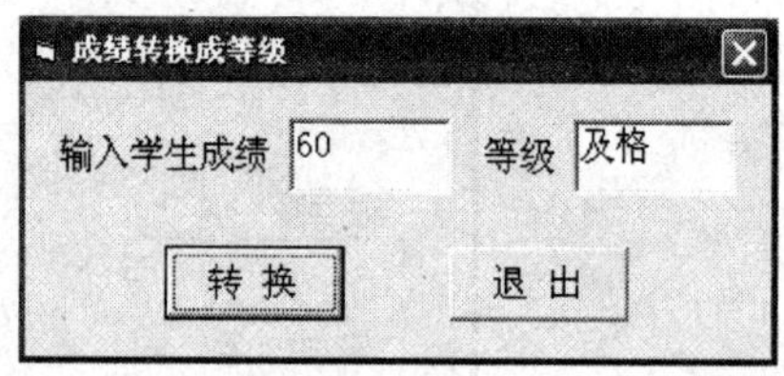

图 3—2—3 成绩转换成等级的程序界面

（2）代码分析与设计

分析：判断条件为成绩是否大于等于 60，如果成立则输出及格，否则输出不及格。

程序代码如下：

```
Private Sub Command1_Click()
  Dim score As Single,grade As String
  score = Val(Text1.Text)
  If score > =60 Then grade = "及格"Else grade = "不及格"
  Text2.Text = grade
End Sub
Private Sub Command2_Click()
   End
End Sub
```

例 3—2—2 完善实用计算器项目的除法功能，让其能稳定运行。

程序代码如下：

```
Private Sub cmddivision_Click()'相除
   '定义变量
   Dim num1 As Integer
   Dim num2 As Integer
   Dim mydivision As Double
   '输入数据
   num1 = Txtnum1.Text
   num2 = Txtnum2.Text
   '加工处理
   If num2 < >0 Then mydivision = num1 / num2
   '输出数据
   txtresult · Text = mydivision
End Sub
```

例 3—2—3 输入 3 个整数，求其最小值。

（1）界面设计

求最小值的程序界面如图 3—2—4 所示。

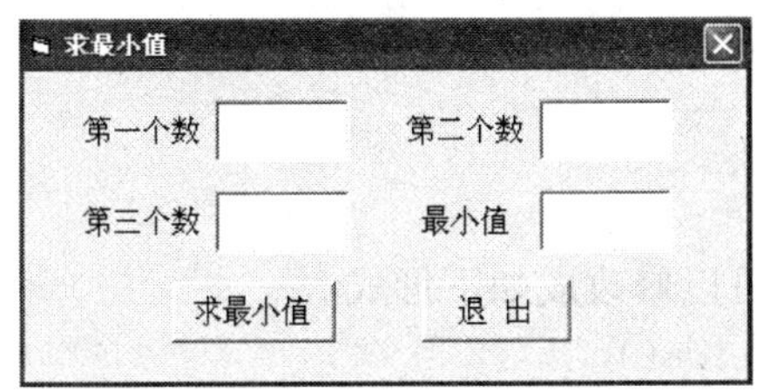

图 3—2—4　求最小值的程序界面

（2）代码分析与设计

分析：可以先假定第一个数最小，因为只是假定，所以还要把这个数与其他数一一进行比较，如果发现其他数比这个数更小，那新的最小数就是该数。

程序代码如下：

```
Private Sub Command1_Click()
    Dim a As Integer,b As Integer,c As Integer
    Dim min As Integer
    a = Val(Text1.Text)
    b = Val(Text2.Text)
    c = Val(Text3.Text)
    min = a '假设 a 最小
    If min > b Then min = b
    If min > c Then min = c
    Text4.Text = min
End Sub
```

2. 块结构 If 语句

块结构 If 语句的语法格式如下：

```
If  条件表达式  Then
    语句块 1
[Else
    语句块 2]
End If
```

说明：

（1）当使用块结构 If 语句时，在 Then 后一定要按 Enter 键，在语句最后一定要以 End If 结束。

（2）块结构 If 语句与单行结构 If 语句功能一样，只是书写形式不同，由于块结构 If 语句条理清楚，因此在程序设计中更常用。

例 3—2—1 的程序代码可以修改成如下形式。

```
Private Sub Command1_Click()
   Dim score As Single,grade As String
   score = Val(Text1.Text)
   If score > =60 Then
      grade = "及格"
   Else
```

```
    grade = "不及格"
  End If
  Text2.Text = grade
End Sub
```

例 3—2—3 的程序代码可以修改成如下形式。

```
Private Sub Command1_Click()
    Dim a As Integer,b As Integer,c As Integer
    Dim min As Integer

    a = Val(Text1.Text)
    b = Val(Text2.Text)
    c = Val(Text3.Text)
    min = a'假设 a 最小
    If min > b Then
       min = b
    End If
    If min > c Then
       min = c
    End If
    Text4.Text = min
End Sub
```

任务实施

一、单击“出生年份查生肖”单选框

单击“出生年份查生肖”单选框要完成的任务如下。

1. 判断单选框是否选中，如果选中才执行相关代码，这显然是一个选择结构，需要用 If 语句来实现
2. 显示与“出生年份查生肖”相关的界面元素
3. 隐藏与“出生年份查生肖”无关的界面元素
4. 初始化相关控件
5. 更改窗体大小

程序代码如下：

```
Private Sub optway1_Click()'单击出生年份查生肖方式
    If optway1.Value = True Then
        '显示相关控件
        fway1.Visible = True
        '隐藏不相关控件
        fway2.Visible = False
        fyear.Visible = False
        '改变窗体大小
```

```
        frmmain.Width = 3500
        '初始化界面
        txtyear.Text = ""
        txtresult.Text = ""
    End If
End Sub
```

二、单击“生肖查年份”单选框

单击“生肖查年份”单选框要完成的任务如下：

1. 判断单选框是否选中，如果选中才执行相关代码，这显然是一个选择结构，需要用 If 语句来实现。
2. 显示与“生肖查年份”相关的界面元素。
3. 隐藏与“生肖查年份”无关的界面元素。
4. 初始化相关控件。
5. 更改窗体大小。

程序代码如下：

```
Private Sub optway2_Click()'单击生肖查年份方式
    If optway2.Value = True Then
        '显示相关控件
        fway2.Visible = True
        fyear.Visible = True
        '隐藏不相关控件
        fway1.Visible = False
        '改变窗体大小
        frmmain.Width = 6810
        '初始化界面
        cmbdata.ListIndex = -1
        lstyear.Clear
        chkfront.Value = 0
        chkback.Value = 0
        fyear.Caption = ""
    End If
End Sub
```

三、窗体的加载事件

窗体启动要设置一种默认的查询方式，这个操作一般在窗体的加载事件 Load 中进行。现在约定，启动窗体后，默认查询方式为“出生年份查生肖”方式，因此需要把“出生年份查生肖”方式的相关代码复制到加载事件中，同时，还需要把数据初始化代码放在加载事件中。在“生肖查年份”方式中，用户通过组合框选择指定生肖，需要在加载事件中为生肖选择组合框提供数据，即添加 12 个生肖选项。程序代码如下：

```
Private Sub Form_Load()
```

```
    '初始化界面,默认是出生年份查生肖方式
    optway1.Value = True
    fway1.Visible = True
    fway2.Visible = False
    fyear.Visible = False
    txtresult.Locked = True
    txtresult.BackColor = &H8000000F
    frmmain.Width = 3500
    txtyear.Text = ""
    txtresult.Text = ""
    cmbdata.AddItem"猴"
    cmbdata.AddItem"鸡"
    cmbdata.AddItem"狗"
    cmbdata.AddItem"猪"
    cmbdata.AddItem"鼠"
    cmbdata.AddItem"牛"
    cmbdata.AddItem"虎"
    cmbdata.AddItem"兔"
    cmbdata.AddItem"龙"
    cmbdata.AddItem"蛇"
    cmbdata.AddItem"马"
    cmbdata.AddItem"羊"
End Sub
```

一、IIF 函数

对于一些简单的选择结构，还可以用 IIF 函数来实现。IIF 函数的语法格式为：

IIF(<条件表达式>,<表达式1>,<表达式2>)

说明：当条件表达式的值为真时，返回表达式 1 的值，否则返回表达式 2 的值。

例如，Max = IIF(x >y,x,y)。

相当于：If x >y Then Max = x Else Max = y。

二、复杂的判断

在 If 语句中，判断条件既可以是简单的单个条件，也可以是用逻辑运算符连接起来的复杂条件，如判断 3 边是否构成三角形，数学中简单的一句话：两边之和大于第三边，在 VB 中，需要用 3 个关系表达式来表示，中间用逻辑运算符连接。

例 3—2—4 输入三角形的 3 边长，计算三角形的面积。

(1) 界面设计

计算三角形面积的程序界面如图 3—2—5 所示。

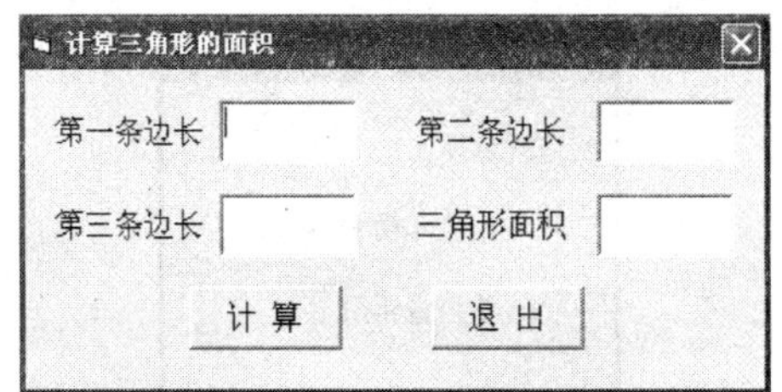

图 3—2—5　计算三角形面积的程序界面

（2）代码分析与设计

判断三角形的三边长是否构成三角形的条件如下：任意两边之和大于第三边，即 a + b > c And a + c > b And b + c > a。

程序源代码如下：

```
Private Sub Command1_Click()
  Dim a As Single,b As Single,c As Single
  Dim s As Single,l As Single
  a = Val(Text1.Text)
  b = Val(Text2.Text)
  c = Val(Text3.Text)
  If(a + b > c)And(b + c > a)And(a + c > b)Then
     l = (a + b + c)/2
     s = Sqr(l * (l - a) * (l - b) * (l - c))
  Else
      s = 0
  End If
  Text4.Text = s
End Sub
```

任务三　出生年份查生肖功能的实现

学习目标

1. 掌握多分支选择结构程序方法。
2. 理解嵌套的 If 语句和 Select Case 语句。

任务描述

选择“出生年份查生肖”方式后，输入人的出生年份，系统将计算出该年份对应的生肖，并返回给用户。例如，当用户输入“1986”后，单击“查询”按钮，结果为“虎”，其运行结果如图 3—3—1 所示。

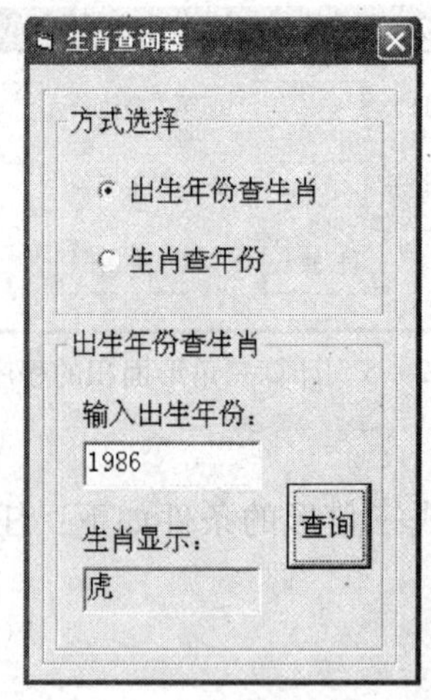

图3—3—1　出生年份查生肖的运行结果

相关知识

应用If语句可以轻松地将成绩转化为及格和不及格两个等级，但在实际教学中，需要将成绩细分为更多等级，如不及格、及格、中等、良好、优秀。因为每个If语句只能处理两种情况，所以需要多个If语句，而且条件比较复杂。有没有更好的方法简化程序呢？其实，VB 6.0中提供了两种方法来解决以上问题（一般称为多分支结构），一个是嵌套的If语句，另一个是多分支Select Case语句。

一、If语句的嵌套

在一个If语句中，又包含另一些If语句称为If语句的嵌套。If语句的嵌套有很多种形式，结构比较复杂，应用比较灵活，学习难度也较大。本书主要介绍ElseIf形式的嵌套结构。

ElseIf的语法格式如下：

```
If 条件表达式1  Then
    语句块1
ElseIf 条件表达式2  Then
    语句块2
…
ElseIf 条件表达式n  Then
    语句块n
[Else
    语句块n+1]
End If
```

说明：

（1）ElseIf子句可选，数目不限，但须位于If子句与Else子句（若有Else子句）之间。

（2）注意ElseIf的书写形式，中间没有空格。

（3）每个 Then 后要按 Enter 键，整个 If 语句只有一个 End If。

（4）执行过程是先判断条件表达式 1，若其值为真，则执行语句块 1，结束整个 If 语句，否则判断条件表达式 2，若条件表达式 2 的值为真，则执行语句块 2，结束整个 If 语句，依此类推，当判断条件表达式 n 不满足时，若最后有 Else 子句则执行 Else 子句，否则结束 If 语句的执行。

（5）ElseIf 是在否决前一个条件的基础上再进一步判断，所以看程序时，要前后结合起来看，才能真正理解各个条件判断。

例 3—3—1 输入学生成绩，显示对应的等级，转换规则如下：成绩高于等于 90 分，对应优秀；成绩高于等于 80 分，对应良好；成绩高于等于 70 分，对应中等；成绩高于等于 60 分，对应及格；成绩低于 60 分，对应不及格。

（1）界面设计

成绩转化为等级的程序运行界面如图 3—3—2 所示。

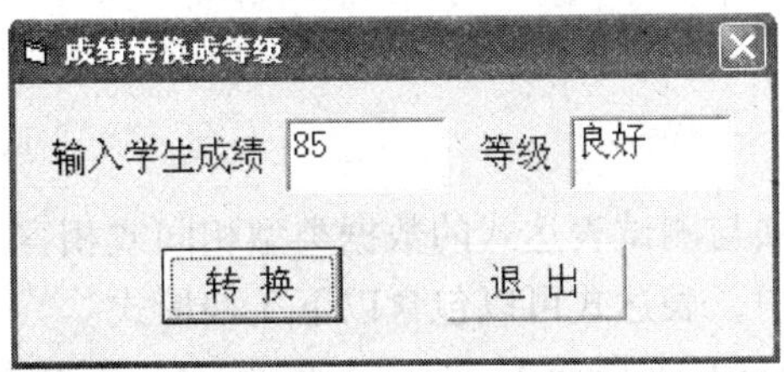

图 3—3—2 成绩转化为等级的程序运行界面

（2）代码分析与设计

程序代码如下：

```
Private Sub Command1_Click()
  Dim score As Single,grade As String
  score = Val(Text1.Text)
  If score > =90 Then
     grade = "优秀"
  ElseIf score > =80 Then
     grade = "良好"
  ElseIf score > =70 Then
     grade = "中等"
  ElseIf score > =60 Then
     grade = "及格"
  Else
     grade = "不及格"
  End If
  Text2.Text = grade
End Sub
```

说明：在“ElseIf score > =80 Then”中，只有一个条件“score > =80”，但 ElseIf 本身就是否决前一个条件“score > =90”，即 score <90，结合起来确定“良好”等级的条件为：score <90 And score > =80，而不是简单的“score > =80”。

二、Select Case 语句

使用嵌套的 If 语句可实现多分支结构，但其结构不够简明。因此，VB 提供了一个专门的多分支结构语句，即 Select Case 语句，其语法结构如下：

```
Select Case <测试表达式>
  [Case 表达式列表 1
     语句块 1]
  [Case 表达式列表 2
     语句块 2]
…
  [Case 表达式列表 n
     语句块 n]
  [Case Else
     语句块 n+1]
End Select
```

说明：

（1）各表达式列表必须与测试表达式的数据类型相同或相容。

（2）在各表达式列表中，表达式可以包含以下 3 种形式。

1）一个或一组值：Case 1 或 Case 1，2，3，4，5，6，7，8。中间用逗号隔开。

2）两个值间范围：Case 1 to 100，表示 1 ~ 100 的范围。

3）Is 关系表达式：Case Is <100，表示小于 100 的范围。

（3）执行过程是先计算测试表达式的值，然后从上至下，在各表达式列表中查找匹配的值，若能找到匹配的值，则执行该 Case 子句对应的语句块，结束整个 Select Case 语句，若找不到，则匹配下一个 Case 子句，若都不匹配，则什么都不执行。

（4）如果各表达式列表相互独立，且没有一点关联性，那么各 Case 子句的顺序可以自由安排，否则要按各表达式列表间的关联关系来安排 Case 子句的顺序。

例 3—3—2 将成绩转换成等级用 Select Case 语句来实现。

程序代码如下：

```
Private Sub Command1_Click()
    Dim score As Single,grade As String
    score = Val(Text1.Text)
    Select Case score
        Case Is <60
            grade = "不及格"
        Case Is <70
            grade = "及格"
        Case Is <80
            grade = "中等"
        Case Is <90
            grade = "良好"
        Case 90 To 100
```

```
            grade = "优秀"
    End Select
    Text2.Text = grade
End Sub
```

任务实施

一、思路分析

十二生肖有 12 种判断路径，属于典型的多分支结构，可用嵌套的 If 语句或 Select Case 语句来实现。

出生年份是一个整数，远不止 12 个值，但生肖只有 12 个，因此两者肯定不是一一对应关系。每个人都有唯一的生肖，这是因为生肖是循环出现的，每隔 12 年重复一次，如 1974 年是虎年，1986 年和 1998 年也是虎年。通过分析可知，这些数字都有一个共同的特点，除以 12 的余数相同（每次增加值为 12 的倍数），把出生年份除以 12 取余数，每个余数对应一个生肖，因此可建立出生年份除以 12 所得余数和生肖间的映射关系。

余数如何与生肖对应呢？每个人肯定知道自己的生肖，可以把自己出生年份的余数算出来，这样就建立一个映射关系，再把其他对应关系推导出来，建立一个完整的映射关系。

二、关键代码

```
Private Sub cmdquery_Click()'查询
    Dim tyear As Integer
    Dim tint As Integer
    Dim result As String
    tyear = Val(txtyear.Text)
    tint = tyear Mod 12
    If (tint = 0)Then
       result = "猴"
    ElseIf(tint = 1)Then
       result = "鸡"
    ElseIf(tint = 2)Then
       result = "狗"
    ElseIf(tint = 3)Then
       result = "猪"
    ElseIf(tint = 4)Then
       result = "鼠"
    ElseIf(tint = 5)Then
       result = "牛"
    ElseIf(tint = 6)Then
```

```
        result = "虎"
    ElseIf(tint = 7)Then
        result = "兔"
    ElseIf(tint = 8)Then
        result = "龙"
    ElseIf(tint = 9)Then
        result = "蛇"
    ElseIf(tint = 10)Then
        result = "马"
    Else
        result = "羊"
    End If
    txtresult.Text = result
End Sub
```

知识拓展

一、If 语句的其他嵌套形式

If 语句的嵌套还有很多其他的形式，如以下程序段。

```
If x > 0 Then
  y = 1
ElseIf x = 0 Then
  y = 0
  Else
  y = -1
End If
```

上面的程序段还可以改写为如下两种形式。

形式一：

```
If x > 0 Then
  y = 1
else
  If x = 0 Then
     y = 0
  Else
     y = -1
  End If
End If
```

形式二：

```
If x > = 0 Then
   If x = 0 Then
        y = 0
```

```
      Else
          y =1
    End If
else
    y = -1
End If
```

在以上程序中，要特别注意 End If 与 If 的配对。在形式一中，按从上到下顺序第一个 End If 与第二个 If 配对，第二个 End If 与第一个 If 配对。

配对的原则是从 End If 开始向上寻找第一个没配对的 If（如果找到的 If 已与别的 End If 配对，则继续向前找），即满足“最近未配对”原则。

二、条件的设置技巧

对于多分支结构而言，一般都有很多个可能值，而且这些值之间一般有很强的关联性，如果条件划分不好，会影响程序的效率，甚至经常出错。熟练掌握条件的划分方法，是学好 ElseIf 结构的关键之一。

一个简单的解决办法如下：先画一根数轴，按顺序标出各个条件，按一个固定方向选取条件。

例如，将成绩转换为等级，转换规则如下：不及格（<60）、及格［60~69］、中等［70~79］、良好［80~89］、优秀［90~100］。

分析：先画一个数轴，在其上标注各个条件值（注意端点值，图 3—3—3 中未标明），在编写 ElseIf 结构时，按一定顺序（既可以从左到右，也可从右到左，但一定要注意保持一致）逐个选取条件。

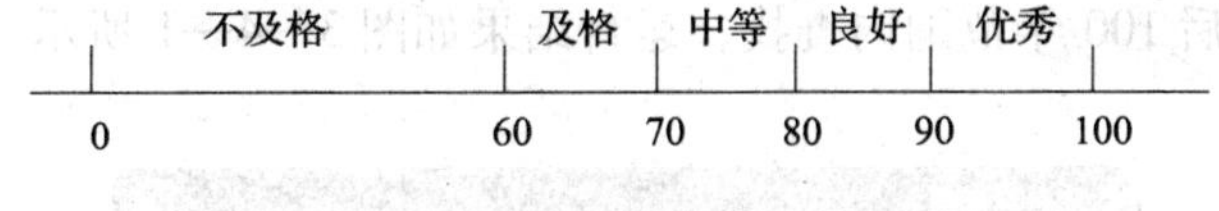

图 3—3—3　成绩等级条件划分示意图

从左到右选取条件的代码如下：

```
If score <60 Then
    grade = "不及格"
ElseIf score <70 Then'相当于 60 < =score <70
    grade = "及格"
ElseIf score <80 Then'相当于 70 < =score <80
    grade = "中等"
ElseIf score <90 Then'相当于 80 < =score <90
    grade = "良好"
Else'相当于 score > =90
    grade = "优秀"
End If
```

从右到左选取条件的代码如下：

```
If score > =90Then
```

```
    grade = "优秀"
ElseIf score > =80 Then '相当于 80 < =score <90
    grade = "良好"
ElseIf score > =70 Then '相当于 70 < =score <80
    grade = "中等"
ElseIf score > =60 Then '相当于 60 < =score <70
    grade = "及格"
Else '相当于 score <60
    grade = "不及格"
End If
```

任务四　生肖查年份功能的实现

学习目标

1. 理解循环结构程序的特点。
2. 掌握各个循环结构实现语句的语法及应用。

任务描述

用户在生肖组合框中任选一个生肖，系统将自动找出指定范围内该生肖的所有年份，如用户选择虎年，在前后100年范围内查找，运行结果如图3—4—1所示。

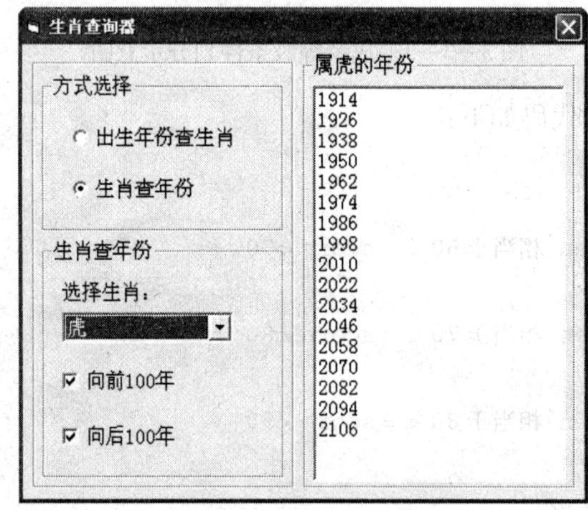

图3—4—1　生肖查年份运行效果

相关知识

对于反复进行的操作可通过 VB 6.0 提供的循环结构程序设计来解决问题。

在 VB 6.0 中，程序设计有 3 种基本结构，即顺序结构程序设计、选择结构程序设计、循环结构程序设计。

循环结构程序设计的特点如下：在满足条件（称为循环条件）的情况下，反复执行某段代码（称为循环体），直到不满足条件时结束循环。

在进行循环结构程序设计时，关键是要正确选取循环条件和循环体。若循环条件设置不当，则可能导致循环的次数偏多或偏少，甚至死循环；若循环体设置不好，则可能导致多做或少做部分工作，甚至出现逻辑错误（如将变量初始化语句放在循环体内）。

在 VB 6.0 中，实现循环结构的语句有 For...Next 语句、Do...Loop 语句、While...Wend 语句、For Each...Next 语句、Goto 语句等，其中最常用的是 For...Next 语句和 Do...Loop 语句。

一、For...Next 语句

1. For...Next 的语法格式

For...Next 的语法格式如下：

```
For <循环控制变量> = <初值> To <终值>[Step <步长>]
          [循环体]
Next[ <循环控制变量>]
```

说明：

（1）步长的默认值为 1，当初值 > 终值时；步长为负；当初值 < 终值时，步长为正。要遵守让初值能逐步接近终值的原则，否则循环永远不会结束（即出现死循环）。

（2）一般情况下，只有当循环条件不满足时，才能退出循环，但可用 Exit For 提前结束循环，Exit For 可放在循环体的任何位置，且 Exit For 一般要与 If 语句一起使用。

（3）Next 后可省略循环控制变量，但为了提高程序的可读性，建议不省略。

例 3—4—1 计算 1 + 2 + 3 + … + 100 的值。

（1）界面设计

求和程序运行界面如图 3—4—2 所示。

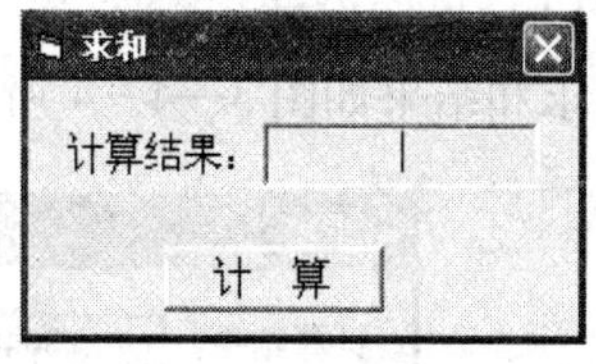

图 3—4—2 求和程序运行界面

（2）代码分析与设计

分析：对于循环而言，要找出循环的初值、终值和步长。显然本项目的初值为 1，终值为 100，步长为 1。对于求和而言，和变量的初值一般置为 0。

程序关键代码如下：

```
Private Sub Command1_Click()
    Dim i As Integer,s As Integer
    s = 0
    For i = 1 To 100
```

```
    s = s + i
    Nexti
    Text1.Text = s
End Sub
```

2. For...Next 语句的执行过程

For...Next 语句的执行过程如下所述。

(1) 求出循环的初值、终值和步长，并保存起来准备循环。

(2) 将初值赋给循环变量。

(3) 判断循环变量值是否超过终值（步长为正，判断是否大于终值；步长为负，判断是否小于终值），如果未超过终值则转到第（4）步，如果超过终值则结束循环。

(4) 执行循环体。

(5) 执行 Next 子句，将循环变量的值增加一个步长值，再转到第（3）步。

说明：

如果循环正常结束，一定是在第（3）步结束，循环结束后，循环变量的值是第一个不满足循环条件的值，如果循环中有 Exit For 语句，则循环将提前结束，且属于非正常结束循环。

例 3—4—2 计算 1 ×4 ×7 ×10 ×13 的值。

(1) 界面设计

求积程序运行界面如图 3—4—3 所示。

(2) 代码分析与设计

分析：循环初值为 1，终值为 13，步长为 3。对于求积而言，积变量的初值一般置为 1。

程序关键代码如下：

```
Private Sub Command1_Click()
    Dim i As Integer,s As Integer
    s = 1
    For i = 1 To 13 Step 3
        s = s * i
    Next i
    Text1.Text = s
End Sub
```

例 3—4—3 计算 1 +1/2 +1/3 +1/4 + ··· +1/100 的值。

(1) 界面设计

求和结果如图 3—4—4 所示。

图 3—4—3 求积程序运行界面

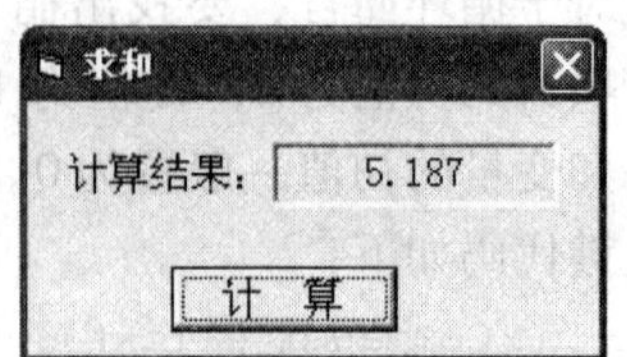

图 3—4—4 求和结果

(2) 代码分析与设计

分析：初步分析，1/2、1/3、1/4……既不是等比数列，也不是等差数列，很难直接用循环来实现，但很容易发现分母很有规律，是典型的等差数列，因此可以针对分母进行循环控制。

程序关键代码如下：

```
Private Sub Command1_Click()
    Dim i As Integer
    Dim s As Double'注意 S 要为浮点型数据
    s =0
    For i =1 To 100
        s =s +1/i
    Next i
    Text1.Text =Format(s,"0.000")'显示 3 位小数
End Sub
```

二、Do...Loop 语句

For...Next 语句常用于循环次数确定的循环中，对于循环次数不确定的循环一般采用 Do...Loop 语句。Do...Loop 有前测型循环结构和后测型循环结构两种。

1. 前测型 Do...Loop 语句

前测型 Do...Loop 循环结构的特点如下：先判断循环条件，根据条件值决定是否要执行循环。如果第一次就不满足循环条件，则循环体一次也不执行。

前测型 Do...Loop 语句的语法格式如下：

```
Do{While |Until}循环条件
    循环体
Loop
```

说明：

(1) While 表示满足循环条件时执行循环，否则结束循环。

(2) Until 表示满足循环条件时结束循环（与 While 刚好相反），否则继续执行循环。

(3) 在循环体中，可用 Exit Do 提前结束循环，且 Exit Do 一般与 If 语句配合使用。

(4) 使用 Do...Loop 进行循环结构程序设计时，没有 For...Next 那么方便，循环变量的处理要单独进行，且必须在循环前先给循环变量赋初值，循环体中处理步长，在循环条件中体现终值。

若例 3—4—1 改用前测型 Do...Loop 语句（用 While）实现，则关键代码如下。

```
Private Sub Command1_Click()
    Dim i As Integer,s As Integer
    s =0
    i =1
    Do While i < =100
       s =s +i
       i =i +1
    Loop
```

```
    Text1.Text = s
End Sub
```

若例 3—4—2 改用前测型 Do... Loop 语句（用 Until）实现，则关键代码如下。

```
Private Sub Command1_Click()
    Dim i As Integer,s As Long
    s = 1
    i = 1
    Do Until i > 13
       s = s * i
       i = i + 3
    Loop
    Text1.Text = s
End Sub
```

例 3—4—4 输入两个正整数，并计算它们的最大公约数和最小公倍数。

（1）界面设计

程序界面如图 3—4—5 所示。

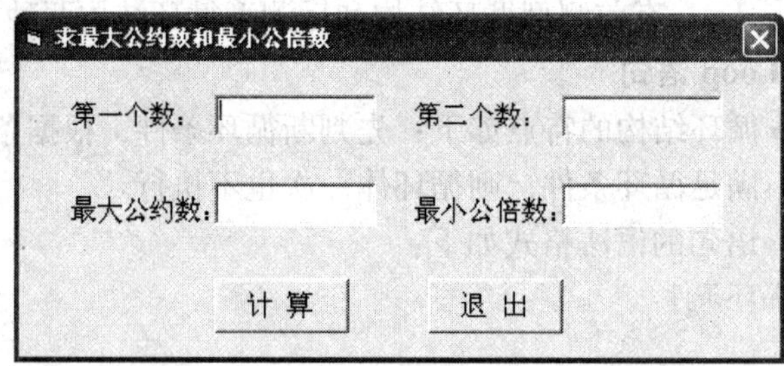

图 3—4—5 程序界面

（2）代码分析与设计

分析：求两个数的最大公约数可用辗转相除法，将两个数的大数除以小数取余数，如果余数不为 0，则将小数变大数，余数变小数；继续取余数，直到余数为 0 结束，此时的小数即为最大公约数。

将两个数乘积除以最大公约数可得到最小公倍数。

程序关键代码如下：

```
Private Sub Command1_Click()
    Dim a As Integer,b As Integer,n As Integer
    Dim r As Integer,t As Integer
    a = Val(Text1.Text)
    b = Val(Text2.Text)
    n = a * b
    If a < b Then
       t = a
       a = b
       b = t
```

```
    End If
    r = a Mod b
    Do While r > 0
       a = b
       b = r
       r = a Mod b
    Loop
    Text3.Text = b
    Text4.Text = n/b
End Sub
```

2. 后测型 Do...Loop 语句

后测型 Do...Loop 循环结构的特点如下：先执行循环体，再判断循环条件，根据条件决定是否要再次执行循环体。不管是否满足循环条件，循环体至少要执行一次。

后测型 Do...Loop 语句的语法格式如下：

```
Do
    循环体
Loop{While|Until}循环条件
```

说明：后测型 Do...Loop 语句与前测型 Do...Loop 语句很相似，只是循环条件的放置位置不同。

若例 3—4—1 改用后测型 Do...Loop 语句（用 While）实现，则关键代码如下。

```
Private Sub Command1_Click()
    Dim i As Integer,s As Integer
    s = 0
    i = 1
    Do
       s = s + i
       i = i + 1
    Loop While i < = 100
    Text1.Text = s
End Sub
```

若例 3—4—2 改用后测型 Do...Loop 语句（用 Until）实现，则关键代码如下。

```
Private Sub Command1_Click()
    Dim i As Integer,s As Long
    s = 1
    i = 1
    Do
       s = s * i
       i = i + 3
    Loop Until i > 13
    Text1.Text = s
End Sub
```

小提示

前测型 Do...Loop 语句与后测型 Do...Loop 语句的功能一致，只是条件判断位置不同，在很多情况下都可以通用，但两者有细微的区别，前测型 Do...Loop 语句因为要检查循环条件，因此如果第一次就不满足循环条件，则循环体一次也不会执行；而后测型 Do...Loop 语句则先执行循环体再判断循环条件是否满足，即使循环条件一次也不满足，循环体至少也要执行一次。

三、While...Wend 语句

While...Wend 循环与前测型 Do...Loop 循环非常相似，功能也一致。While...Wend 语句是早期 Basic 语言的循环语句，但现在已较少使用。

While...Wend 的语法格式如下：

```
While 条件
    [循环体]
Wend
```

若例 3—4—1 改用 While...Wend 语句实现，则关键代码如下。

```
Private Sub Command1_Click()
    Dim i As Integer,s As Integer
    s =0
    i =1
    While i < =100
       s =s +i
       i =i +1
    Wend
    Text1.Text =s
End Sub
```

四、循环的嵌套

在一个循环语句的内部又包含另外一些循环语句，称为循环的嵌套。嵌套在内部的循环称为内层循环，包含别的循环的循环称为外层循环，内外循环不能交叉，应遵循“先进后出，后进先出”的原则。不同的循环语句可以相互嵌套，所以循环的嵌套形式也有很多种，应用也比较灵活。

在循环的嵌套中，不同循环要用不同的循环控制变量。

例 3—4—5 打印九九乘法表。

（1）界面设计

九九乘法表程序运行效果如图 3—4—6 所示。

（2）代码分析与设计

分析：在九九乘法表中，两个乘数同时有规则的变化，对于每一列，前面的数是变化的，而后一个数是固定的，对于每一行，前面的数是固定的，而后面的数是变化。可以总结为每一行，前面的数不变，后面数从 1 增加到与前面数相同为止，每增加一行，前

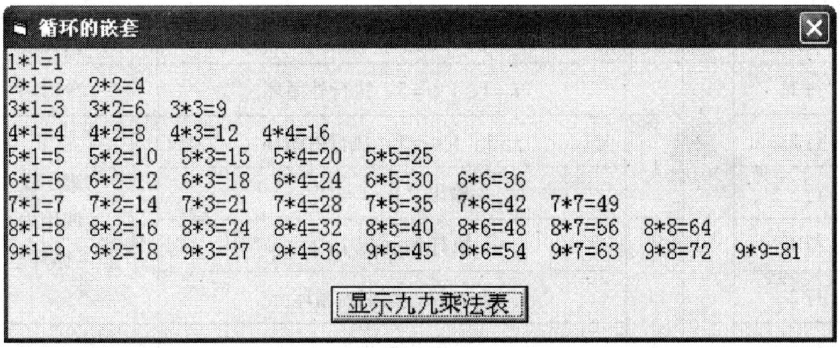

```
循环的嵌套
1*1=1
2*1=2  2*2=4
3*1=3  3*2=6   3*3=9
4*1=4  4*2=8   4*3=12  4*4=16
5*1=5  5*2=10  5*3=15  5*4=20  5*5=25
6*1=6  6*2=12  6*3=18  6*4=24  6*5=30  6*6=36
7*1=7  7*2=14  7*3=21  7*4=28  7*5=35  7*6=42  7*7=49
8*1=8  8*2=16  8*3=24  8*4=32  8*5=40  8*6=48  8*7=56  8*8=64
9*1=9  9*2=18  9*3=27  9*4=36  9*5=45  9*6=54  9*7=63  9*8=72  9*9=81
显示九九乘法表
```

图 3—4—6　九九乘法表程序运行效果

面的数增加 1。因此，需要一个变量 i 来控制前面数的变化，另一个变量 j 来控制后面数的变化，i 变化范围是 1 ~9，当 i 不变时，j 开始变化，变化范围为 1 ~ i，这是一个典型的循环嵌套。

程序关键代码如下：

```
Private Sub Command1_Click()
    Dim i As Integer,j As Integer
    Cls
    For i =1 To 9 '外循环
        For j =1To i'内循环
        Print i &" * "&j&" = ";Trim(i * j);"  ";
    Next j'内循环结束
    Print '换行
  Next i'外循环结束
End Sub
```

(3) 程序的执行

以 1 ~5 的乘法表为例说明循环嵌套的执行过程，同时给关键代码加上行号，如图 3—4—7 所示。代码的详细执行过程见表 3—4—1，循环控制变量的值变化过程如图 3—4—8 所示。

Dim i As Integer,j As Integer	
For i =1 To 5　　'外循环	行 1
For j =1 To i　'内循环	行 2
Print i &"*"&j&"=";Trim(i * j),	行 3
Next j　　'内循环结束	行 4
Print　　'换行	行 5
Next i　　'外循环结束	行 6

图 3—4—7　关键代码

表 3—4—1　　　　　　　　　　　　详细执行过程

序号	语句行	i	j	备　注	内循环	外循环
1	行 1	1		$i=1$，$i<=5$，执行外循环		外循环执行过程
2	行 2		1	$j=1$，$1<=1$，执行内循环	第一次调用内循环	
3	行 3			输出“1 * 1 = 1”		
4	行 4		2	执行 Next j，$j=2$		
5	行 2			$2<=1$，结束内循环		
6	行 5			执行 Print 即换行		
7	行 6	2		执行 Next i，$i=2$		
8	行 1			$2<=5$，继续外循环		
9	行 2		1	$j=1$，$1<=2$，执行内循环	第二次调用内循环	
10	行 3			输出“2 * 1 = 2”		
11	行 4		2	执行 Next j，$j=2$		
12	语 2			$2<=2$，继续内循环		
13	行 3			输出“2 * 2 = 4”		
14	行 4		3	执行 Next j，$j=3$		
15	行 2			$3<=2$，结束内循环		
16	行 5			执行 Print 即换行		
17	行 6	3		执行 Next i，$i=3$		
18	行 1			$3<=5$，继续外循环		
19	行 2		1	$j=1$，$1<=3$，执行内循环	第三次调用内循环	
20	行 3			输出“3 * 1 = 3”		
21	行 4		2	执行 Next j，$j=2$		
22	行 2			$2<=3$，继续内循环		
23	行 3			输出“3 * 2 = 6”		
24	行 4		3	执行 Next j，$j=3$		
25	行 2			$3<=3$，继续内循环		
26	行 3			输出“3 * 3 = 9”		
27	行 4		4	执行 Next j，$j=4$		
28	行 2			$4<=3$，结束内循环		
29	行 5			执行 Print 即换行		
30	行 6	4		执行 Next i，$i=4$		
…						
	行 1			$6<=5$，结束外循环		

循环的嵌套

```
i   j          i   j          i   j          i   j          i   j
1 * 1 = 1
2 * 1 = 2      2 * 2 = 4
3 * 1 = 3      3 * 2 = 6      3 * 3 = 9
4 * 1 = 4      4 * 2 = 8      4 * 3 = 12     4 * 4 = 16
5 * 1 = 5      5 * 2 = 10     5 * 3 = 15     5 * 4 = 20     5 * 5 = 25
```

显示九九乘法表

图 3—4—8　循环控制变量值变化过程

例 3—4—6　打印图 3—4—9 所示的图形。

（1）界面设计

程序的界面如图 3—4—9 所示。

图 3—4—9　程序的界面

（2）代码分析与设计

分析：由图 3—4—9 可知，打印图形为很多行星号，因此需要循环来实现，而每一行又包含数量不等的星号，也可用循环来实现，因此，需用循环的嵌套来解决本题。

打印图形上下对称，对于图形上半部分，星号数目 M 与行号 N 有明显的对应关系，$M=2\cdot(N-1)+1$，星号前面的空格也与行号有关，每增加一行，空格数减 1；而图形下半部分则刚好相反。

程序关键代码如下：

```
Private Sub Command1_Click()
    Dim i As Integer,j As Integer
    Dim n As Integer
    For i =1 To 15
        If(i <8)Then'图形上下两部分的区别
           n = i'图形上半部分,行号与空格数和星号数正相关
        Else
```

```
        n =15 - i'图形下半部分,行号与空格数和星号数负相关
    End If
    For j =1 To 20 -n'打印空格
        Print"";
    Next j
    Forj =1 To (n -1) *2 +1'打印星号
        Print" * ";
    Next j
    Print
  Next i
End Sub
```

任务实施

一、思路分析

1. 事件选择

若用户在生肖组合框中选择生肖，则立即显示对应结果，可以选择组合框的 Click 事件。

2. 范围选择

通过复选框来选择查找范围，当确定范围时，要检查复选框的状态。首先，获得当前的日期，从中提取当前年份，并以其作为查找范围的基准值；其次，检查“向前 100 年”复选框，如果选中，则由当前年份加上 100 作为范围的终值，否则把当前年份作为范围的终值；最后，检查“向后 100 年”复选框，如果选中，则由当前年份减去 100 作为范围的起点值，否则把当前年份作为范围的起点值。

3. 动态提示信息的生成

“属虎的年份”这是一个动态提示信息，因为其中“虎”是生肖，它与用户的选择相关，因此，在程序中不能直接使用字符串“属虎的年份”，而需要拆分这个字符串，找出字符串固定信息和变化信息，显然在“属虎的年份”中，固定信息有“属”和“的年份”，变化信息为生肖。在生成动态提示信息时，固定信息直接用字符串常量即可，对于动态信息一般要用变量（如 str1）来传值，再将所有信息按顺序连接起来：fyear. Caption = "属" + str1 + " 的年份"。

4. 将生肖选项转为对应的余数

根据任务三建立的映射关系，反过来查寻即可。

5. 查找指定生肖对应的年份

在时间范围内一年一年的判断，如果该年份除以 12 对应的余数为指定生肖对应的余数，则将该年份添加到年份列表框中。这需要用循环结构来解决问题。

二、关键代码

可用 Select Case 语句查找指定生肖对应的余数，但代码较长，其实通过控制组合框选项

顺序可以简化程序，可以把生肖组合框的选项索引值与生肖对应的余数直接关联起来，即直接按余数的顺序来安排十二生肖选项的位置。

查找指定生肖的年份可逐年判断，但效率比较低。根据生肖的特点，无须逐年判断，只要找到第一个满足要求的年份，其他年份可以直接将步长值改为12。

程序关键代码如下：

```
Private Sub cmbdata_Click() '选择生肖
    Dim str1 As String
    Dim n As Integer '生肖对应的余数
    Dim i As Integer
    Dim curyear As Integer
    Dim startyear As Integer, endyear As Integer
    lstyear.Clear
    If (cmbdata.ListIndex > -1) Then
        str1 = cmbdata.List(cmbdata.ListIndex)
        n = cmbdata.ListIndex
        curyear = Year(Date)
        fyear.Caption = "属" + str1 + "的年份"
        If(chkback = 1) Then
            endyear = curyear + 100
        Else
            endyear = curyear
        End If
        If(chkfront = 1) Then
            startyear = curyear - 100
        Else
            startyear = curyear
        End If
        Fori = startyear To endyear
            If(i Mod 12 = n) Then lstyear.AddItem i
                i = i + 11 '改变步长值
            End If
        Next i
    End If
End Sub
```

一、事件调用

在“生肖查年份”方式中，一定要先选择范围，再选择生肖，这样才能找出相关年份，当修改查找范围后，即使是相同的生肖，也要再次选择生肖，查找结果才会更新。因此，有必要完善程序，当用户改变查找范围时也要执行查找功能。所以，需要把生肖组合框单击事件的代码复制到两个复选框的单击事件中。由于查找功能的代码本来就比较长，因此复制后，整个应用程序的代码量会更大，而且不方便修改，如果要修改其中一行代码，就需要修改 3 次。为了使编程更方便，可以直接调用相关事件代码，具体代码如下。

```
Private Sub chkback_Click()
    cmbdata_Click
End Sub
Private Sub chkfront_Click()
    cmbdata_Click
End Sub
```

二、Goto 语句

Goto 语句可以无条件地执行指定位置代码，具有强制性。由于程序中过多的出现 Goto 语句会使程序看起来很乱，不方便阅读和理解，所以现在已较少使用。但在某些特殊情况下，偶尔使用 Goto 语句能使程序更简洁。

1. Goto 语句

Goto 语句的语法格式如下：

Goto 标号 | 行号

说明：标号由一个标识号后面加冒号构成。

可以用 Goto 语句实现循环，如计算 1 +2 +3 + … +100 的值，用 Goto 语句实现的代码如下。

```
    Dim i As Integer
    Dim s As Integer
    s = 0
    i = 1
lbl:'标号
    s = s + i
    i = i +1
    If(i < =100)Then GoTo lbl
    Print s
```

2. On...Goto 语句

On...Goto 语句的语法格式如下：

On 数值表达式 Goto 标号 | 行号

说明：先计算数值表达式的值，并四舍五入得到一个整数，根据这个整数值决定跳到第几行或由哪个标号去执行代码，如果计算出来的整数值为 0 或大于行号 | 标号列表中的项数，则自动跳转到 On...Goto 语句后面的语句去执行。

例 3—4—7 设计一个应用程序，单击“问问”按钮，显示一所大学的名称，备选的大学有 4 所：清华大学、北京大学、中山大学、华南理工大学。

（1）界面设计

程序运行界面如图 3—4—10 所示。

（2）代码分析与设计

分析：4 所大学随机显示，可以为 4 所大学编号，如 1 表示清华大学，2 表示北京大学，3 表示中山大学，4 表示华南理工大学，系统生成一个 1 ~4 的随机数，根据以上编号规则很容易找到对应大学。

图 3—4—10　程序运行界面

程序关键代码如下：

```
Private Sub Command1_Click()
    Dim n As Integer
    Randomize
    n = Int(Rnd * 4) +1
    On n GoTo l1,l2,l3,l4
l1:
    Label1.Caption = "清华大学"
    Exit Sub'表示退出事件过程,即不再执行后面的代码
l2:
    Label1.Caption = "北京大学"
    Exit Sub
l3:
    Label1.Caption = "中山大学"
    Exit Sub
l4:
    Label1.Caption = "华南理工大学"
    Exit Sub
End Sub
```

任务五　巩 固 训 练

一、项目拓展

1. 项目功能扩展

（1）为项目设计一个个性化的图标，并应用到生肖查询器项目中。

（2）美化界面，为窗口设置背景，为标签控件设置前景色（也可以把标签控件的内容直接融入背景图片中），为文本框控件设置前景色，将所有按钮设置成图形按钮，要求整个配色美观大方、协调一致。

2. 问题与思考

（1）目前生肖查年份的范围只有两个选项，“向前 100 年”和“向后 100 年”，局限性很大，如何将程序改为用户可以自由选择要向前或向后多少年？

（2）在出生年份查生肖方式中，用户输入出生年份后，需要单击“查询”按钮才显示结果，如何才能实现用户输入出生年份后，直接按 Enter 键就显示结果呢？

（3）在出生年份查生肖方式下，如果用户输入字母或其他非数字字符后按 Enter 键，生

肖查询结果为猴，结果显然不合理，如图 3—5—1 所示，如何完善程序实现图 3—5—2 所示的效果？

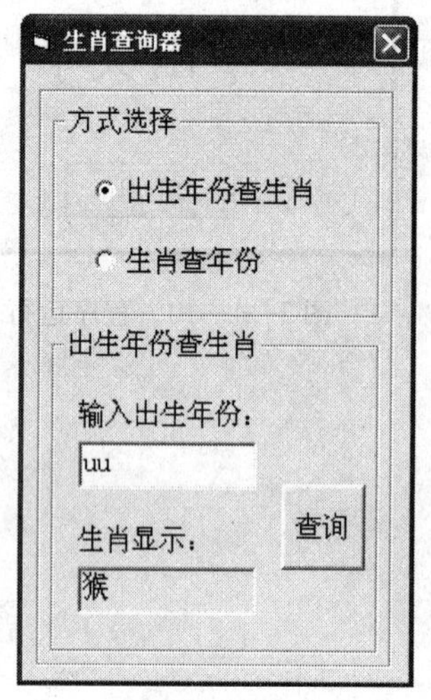

图 3—5—1 数据溢出错误

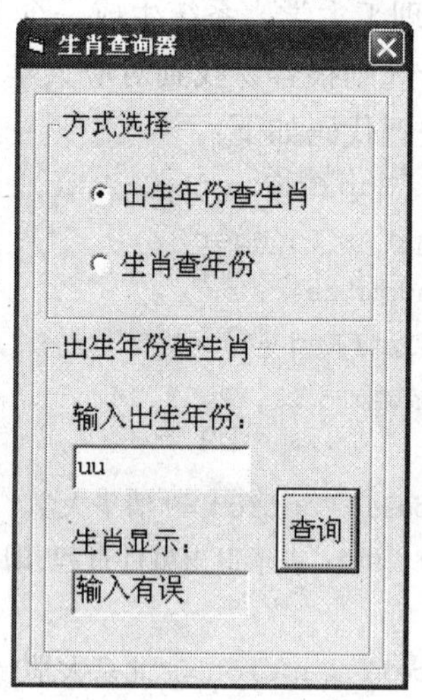

图 3—5—2 出错提示

二、延伸训练

1. 猜拳游戏

计算机自动出拳，由用户来猜，若猜对则提示“猜拳正确！恭喜你”，否则提示“欠点运气！祝你下次好运”，单击“答案”按钮进行答案判断，判断完后正确答案显示在 Text2 中。猜拳游戏的程序界面如图 3—5—3 所示。

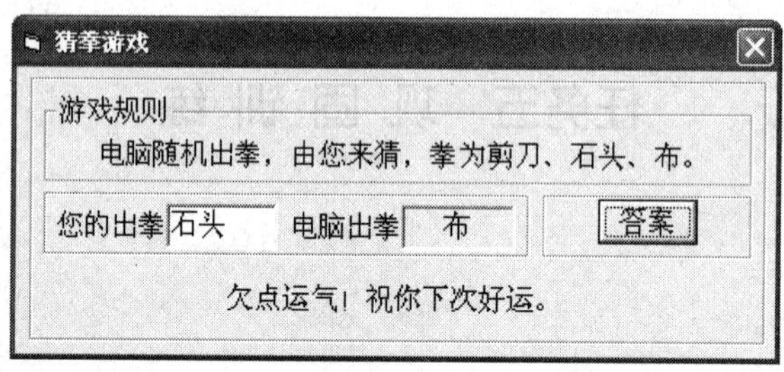

图 3—5—3 猜拳游戏的程序界面

（1）界面设计

猜拳游戏项目的界面包括 4 个框架，其中 3 个框架的标题属性为空；4 个标签用来提示相关信息；两个文本框，一个用于接收用户输入，另一个用于显示结果锁定不能输入，其背景颜色为系统色“按钮表面”，居中对齐；一个命令按钮，用于执行检查操作。项目中所有文字均为宋体、小四。

（2）代码分析

猜拳游戏项目关键是要解决计算机的自动出拳问题，计算机的出拳是随机产生的，随机产生可用 Rnd 函数来实现。但用 Rnd 函数产生的是随机数，不能随机产生文字，而出拳结果为文字，显然两者不一致。

解决办法是对3种出拳形式采用数字编码。例如，0对应石头，1对应剪刀，2对应布，这种对应关系的实现一般可用Select Case语句来实现，其关键代码如下：

```
n = Int(3 * Rnd)                    '产生0、1、2共3个整型随机数
Select Case n
    Case 0
        Strres = "石头"
    Case 1
        Strres = "剪刀"
    Case 2
        Strres = "布"
End Select
```

答案的判断只需将用户在Text1中输入的内容与计算机自动产生的“拳”（Strres）比较即可，可用一个简单的If语句实现。

2. 新大新商场在春节即将来临之际举行大型购物优惠活动。当购物少于100元时，不优惠；当购物满100元时，优惠5%；当购物满200元时，优惠10%；当购物满500元时，优惠15%；当购物满1 000元时，优惠20%；当购物满10 000元时，优惠25%。设计一个应用程序，当顾客输入其购物款后，能算出其应付款。要求应付款保留一位小数，且用ElseIf语句实现。购物优惠程序的运行界面如图3—5—4所示。

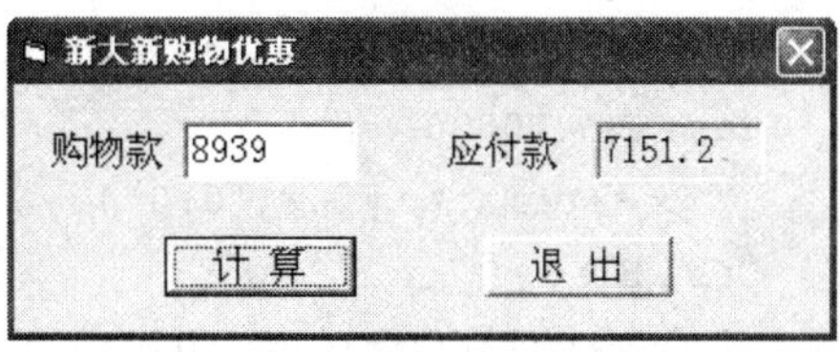

图3—5—4　购物优惠程序的运行界面

（1）界面设计

购物优惠计算项目的界面比较简单，包括两个标签、两个文本框和两个按钮，其中一个文本框用于显示计算结果且处于锁定状态，其背景颜色为系统色“按钮表面”。项目中所有文字均为宋体、小四。

（2）代码分析

这是一个典型的多分支选择结构程序设计。可用嵌套的If语句或Select Case语句来实现。

若用If语句实现，其关键代码如下：

```
If c < 0 Then
    x = "非法输入"
ElseIf c < 100 Then
    x = Format(c,"0.0")
ElseIf c < 200 Then
    x = Format(c * 0.95,"0.0")
ElseIf c < 500 Then
    x = Format(c * 0.9,"0.0")
ElseIf c < 1000 Then
    x = Format(c * 0.85,"0.0")
ElseIf c < 10000 Then
    x = Format(c * 0.8,"0.0")
```

```
  Else
      x = Format(c * 0.75,"0.0")
End If
```

若用 Select Case 语句实现，其关键代码如下：

```
  Select Case c
  Case Is < 0
      x = "非法输入"
  Case Is < 100
      x = Format(c,"0.0")
  Case Is < 200
      x = Format(c * 0.95,"0.0")
  Case Is < 500
      x = Format(c * 0.9,"0.0")
  Case Is < 1000
      x = Format(c * 0.85,"0.0")
  Case Is < 10000
      x = Format(c * 0.8,"0.0")
  Case Else
      x = Format(c * 0.75,"0.0")
End Select
```

题目要求保留一位小数，可用 Format 函数进行格式化，格式字符串可用" 0.0"。如输出保留一位小数形式的变量 mynumber 可用格式：Format（mynumber," 0.0"）。

3. 设计一个选择题的考试阅卷程序，考试阅卷程序界面如图 3—5—5 所示。选择题分单选题和多选题，题目内容如图 3—5—5 所示，用户可以单击鼠标选择答案。单击“机器阅卷”按钮对用户的答案进行检查，根据评分标准给出成绩（显示在 Text1 中），同时，用标签提示正确答案。

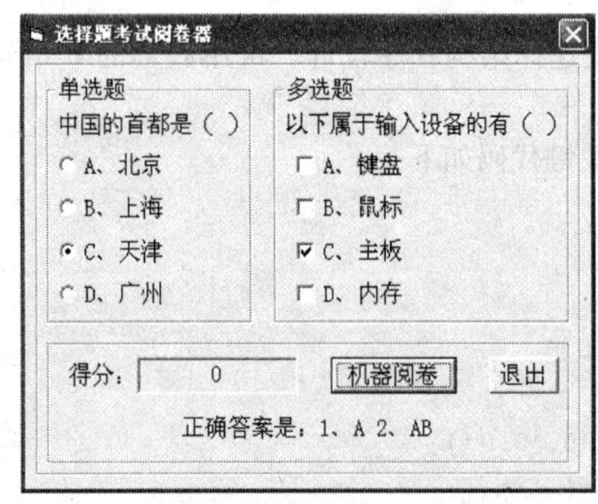

图 3—5—5　考试阅卷程序界面

（1）界面设计

考试阅卷项目的界面包括 4 个框架，其中两个框架的标题属性为空；4 个标签用来提示相关信息；一个文本框用于显示分数并锁定不能输入，其背景颜色为系统色“按钮表面”，居中对齐；4 个单选框用于显示单选题的选项；4 个复选框用于显示多选题的选项；两个命令按钮，一个用于阅卷操作，一个用于退出系统。项目中所有文字均为宋体、小四。

（2）代码分析

考试阅卷项目的关键是要将用户选择的单选按钮或复选框的操作转为相应的答案选项 A、B、C、D。对于单选题，只能一个选中，只要找到用户答案，后面的单选框就不用再判断，因此单选题（单选按钮）可用 Select Case 语句来判断用户所选答案。对于多选题（需要选多个选项），每个复选框都要判断，所以多选题（复选框）要由 4 个独立的 If 语句来实现。其关键代码如下：

```
Select Case True                      '查找单选题的用户答案
    Case Option1.Value                '选项按钮 Option1 对应答案 A
        key1 = "A"
    Case Option2.Value                '选项按钮 Option2 对应答案 B
        key1 = "B"
    Case Option3.Value                '选项按钮 Option3 对应答案 C
        key1 = "C"
    Case Option4.Value                '选项按钮 Option4 对应答案 D
        key1 = "D"
End Select
key2 = ""                             '以下 4 行代码是查找多选题的用户答案
If Check1.Value Then key2 = key2 & "A"  'Check1 对应答案 A
If Check2.Value Then key2 = key2 & "B"  'Check2 对应答案 B
If Check3.Value Then key2 = key2 & "C"  'Check3 对应答案 C
If Check4.Value Then key2 = key2 & "D"  'Check4 对应答案 D
```

答案转换完成后，只要将用户答案与标准答案进行比较即可完成机器阅卷。

课后练习

一、选择题

1. 一般可用________控件对选项按钮进行分组。

A. 窗体　　B. 框架控件　　C. 单选框控件　　D. 复选框控件

2. 在同组选项按钮中，最多有________个选项按钮可以同时选中。

A. 0　　B. 1　　C. 2　　D. 3

3. 在块结构 If 语句中，可以没有________。

A. If　　B. Then　　C. Else　　D. EndIf

4. Select Case 语句必须以________结尾。

A. Exit Select　　B. End Select Case　　C. End Case　　D. End Select

5. 选择结构程序设计的特点是________。

A. 从上至下逐个语句执行　　B. 根据判断条件选择其中一个分支执行

C. 反复执行某段代码　　D. 随机执行某段代码

6. 在 Case 后的表达式列表中，若有多个表达式，则表达式间用________隔开。

A. 逗号　　　B. 分号　　　C. 冒号　　　D. 顿号

7. 在循环结构中反复执行的那段代码称为________。

A. 循环结构　　B. 循环条件　　C. 循环体　　D. 选择结构

8. 在以下选项中，不属于结构化程序设计 3 种基本结构的是________。

A. 顺序结构　　B. 选择结构　　C. 循环结构　　D. 简单结构

9. 在以下选项中，不能实现循环的语句是________。

A. For...Next 语句　　B. Do...Loop 语句

C. While...Wend 语句　　D. Select Case 语句

10. 列表框当前选项的索引值对应的属性为________。

A. Index　　B. ListIndex　　C. List　　D. ListCount

二、综合题

1. 输入星期的中文名，显示它的英文名。运行效果如题图 3—1 所示。

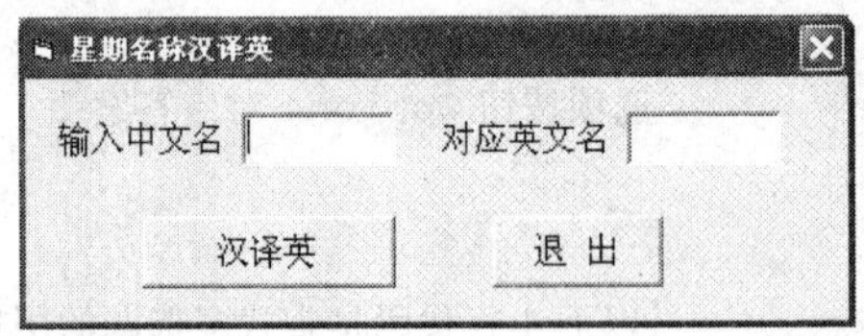

题图 3—1　星期名称汉译英

2. 经过讨论，大宝公司决定执行新提薪计划。新计划细则如下：若现在的薪水高于 10 000元，则提高 10%；若现在的薪水在 5 001 ~ 10 000 元范围内，则提高 15%；若现在的薪水在 1 000 ~ 5 000 元，则提高 20%；若现在的薪水小于 1 000 元，则提高 30%。请为该公司设计一个薪水查询器，以方便公司员工查询提薪后的月薪。程序运行效果如题图 3—2 所示。

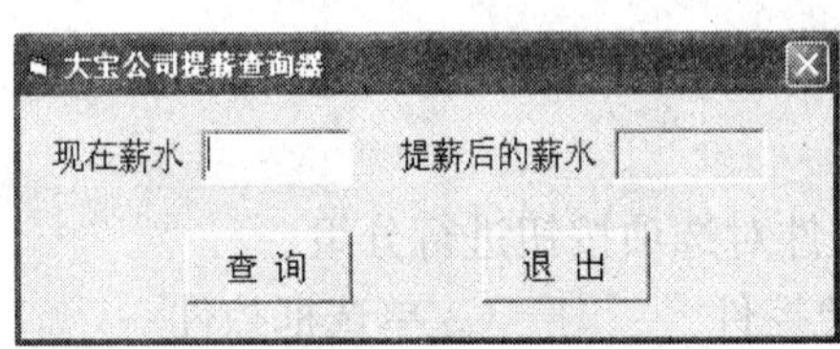

题图 3—2　加薪计算

3. 计算 10!，程序运行效果如题图 3—3 所示。

提示：注意数据类型。

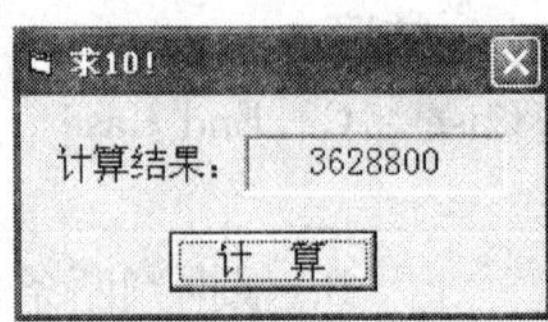

题图 3—3　计算 10!

项目四　制作“打飞机”游戏

VB 6.0 除了可以在程序窗口中实现数据的输入输出外，还可以制作简单的动画游戏。本项目就利用 VB 6.0 制作一个“打飞机”小游戏，如图 4—0—1 所示。

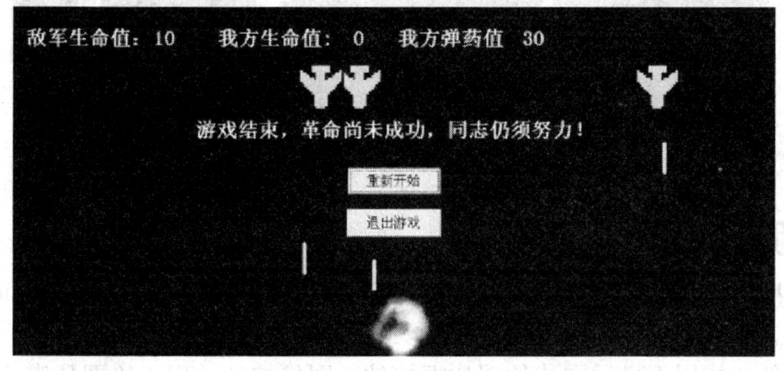

图 4—0—1 “打飞机”游戏的运行效果

本项目将分为以下几个环节来完成。

1. 完成整个项目的界面制作。
2. 完成“打飞机”游戏相关功能。

任务一　界 面 制 作

学习目标

1. 掌握图片控件、图像控件的常见属性、方法和事件。
2. 掌握时钟控件的常见属性、方法和事件。

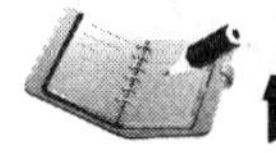

任务描述

“打飞机”游戏的程序界面如图 4—1—1 所示，包括 3 架敌军飞机和一架我军飞机，对应 4 个图片，有 4 颗黄色的子弹和一颗红色的加分子弹，对应 5 个图形，子弹爆炸对应一个图片。另外，还包括 5 个标签，4 个时钟，两个命令按钮。

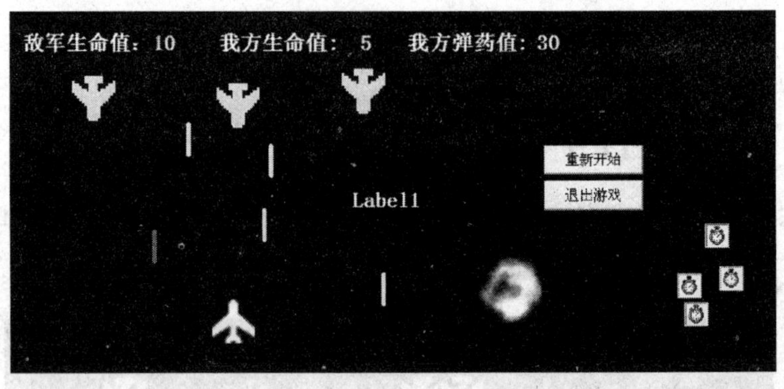

图 4—1—1 “打飞机”游戏的程序界面

相关知识

在 VB 6.0 中，可以通过 Icon 属性设置窗体的图标，可以通过对象的 Picture 属性为对象添加背景图形，以达到美化程序界面的效果。其实，VB 6.0 还提供了专门用于绘制、显示、处理图形的控件，如用于显示图片的图片框控件、图像控件，用于绘图的直线控件和形状控件，它们可更加方便、自由、灵活地处理图形、图片。

图片框控件和图像控件可以显示多种格式的图形，如位图（.bmp）、图标（.ico）、图元（.wmf）、JPEG（.jpg）、GIF（.gif）等。

绘图控件可用来在窗体表面、图片框和框架中绘制图形。绘图控件所绘图形只能用于表面装饰，不支持任何事件。常用的绘图控件有形状控件（Shape）和直线控件（Line）。

一、形状控件

形状控件预定义了 6 种形状：一般矩形、正方形、椭圆形、圆形、圆角矩形、圆角正方形，通过设置 Shape 属性值可绘制不同形状的图形。Shape 属性值见表 4—1—1。

表 4—1—1　　Shape 属性值

属性值	常　数	说明
0	vbShapeRectangle	一般矩形
1	vbShapeSquare	正方形
2	vbShapeOval	椭圆形
3	vbShapeCircle	圆形
4	vbShapeRoundedRectangle	圆角矩形
5	vbShapeRoundedSquare	圆角正方形

形状控件的常用属性如下。

1. BorderColor 属性——用于设置或返回对象的边框颜色。

2. BackStyle 属性——用于设置 Shape 控件的背景样式是否透明，0 表示透明，1 表示不透明。

3. BorderStyle 属性——用于设置对象的边框样式，有 7 个不同的值：0 - TransParent 表示采用容器背景色即无边框颜色；1 - Solid 表示实线；2 - Dash 表示虚线；3 - Dot 表示点线；4 - Dash - Dot 表示点划线；5 - Dash - Dot - Dot 表示双点划线；6 - Inside Solid 表示内实线。默认值为 1。

4. BorderWidth 属性——用于设置或返回控件的边框宽度，注意它的单位不是缇，而是像素，且设置值不要太大。

5. DrawMode 属性——用于设置 Shape 控件输出时的外观，有 16 个不同的值：1—VbBlackness 表示黑色；2—VbNotMergePen 表示非或笔，与 15 相反；3—VbMaskNotPen 表示与非笔，即背景色以及画笔反相两者共有颜色的组合；4—VbNotCopyPen 表示非复制笔，与 13 反相；5—VbMaskPenNot 表示与笔非，即画笔以及显示反相两者共有颜色的组合；6—VbInvert 表示反转，即显示颜色的反相；7—VbXorPen 表示异或笔，即画笔的颜色以及显示颜色的组合，只取其一；8—VbNotMaskPen 表示非与笔，9 的反相；9—VbMaskPen 表示与笔，即画笔和显示两者共有颜色的组合；10—VbNotXorPen 表示非异或笔，7 的反相；11—VbNop 表示无操作，输出保持不变，该设置实际上关闭画图；12—VbMergeNotPen 表示或非笔，显示颜色与画笔颜色反相的组合；13—VbCopyPen 表示复制笔，即由 ForeColor 属性指定的颜色；14—VbMergePenNot 表示或笔非，即画笔颜色与显示颜色的反相的组合；15—VbMergePen 表示或笔，即画笔颜色与显示颜色的组合；16—VbWhiteness 表示白色。默认值为 13。

6. FillColor 属性——用于设置或返回填充形状所使用的颜色。

7. FillStyle 属性——用于设置或返回 Shape 控件的填充样式，有 8 个不同值：0 - Solid 表示实心填充；1—TransParent 表示透明；2—Horizontal Line 表示水平线填充；3—Vertical Line 表示垂直线填充；4—Upward Diagonal 表示向上对角线填充；5—Downward Diagonal 表示向下对角线填充；6—Cross 表示交叉线填充；7—Diagonal Cross 表示对角交叉线填充。默认值为 1。

形状控件可以设置背景色、填充色、边框色，这 3 个颜色容易混淆，图 4—1—2 所示直观地展示了 3 种颜色的设置效果。

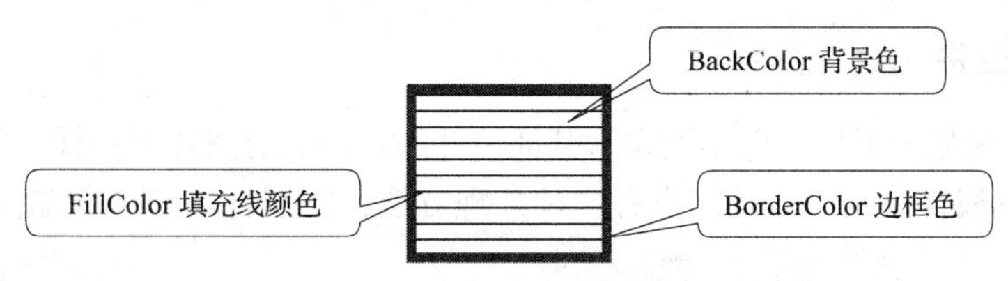

图 4—1—2　背景色、填充色、边框色设置效果

8. Width 属性、Height 属性、Left 属性、Top 属性——用于确定形状控件的大小和位置。

形状控件不能响应事件，但支持 Move 等方法。

二、直线控件

直线控件用于绘制直线。直线控件的 BorderColor、BorderStyle、BorderWidth、DrawMode 属性与形状控件的相关属性相似。但直线控件通过 X1、X2、Y1、Y2 4 个属性来确定直线的起点和终点，其没有 Top 属性、Left 属性、Width 属性、Height 属性。

直线控件不支持 Move 方法。

三、计时器控件

在应用程序中，计时器控件（Timer，也称时钟控件）可以以一定的时间间隔产生一个事件，即可定时、反复执行某个事件，利用计时器控件的这一特点，能改变对象的位置、大小或其他特征，实现简单动画功能。

计时器控件是一个运行时不可见的控件。它常用的属性有两个，一个是 Enabled 属性，可以用来启动和关闭计时器控件；另一个是 Interval 属性，用来设置或返回计时器控件两次调用 Timer 事件间的毫秒数，即计时器的周期，单位为毫秒（1 ms = 1/1 000 s），Interval 属性的取值范围为 0 ~ 65 535，当其值为 0 时，计时器无效。

计时器控件只支持一个事件——Timer 事件。

小提示

在应用程序中，一般先设置时钟控件的 Enabled 属性值为 False，即关时钟，然后在需要时钟的地方启动时钟，即把 Enabled 属性值设为 True，通过 Enabled 属性可以自由、灵活地关闭和启动时钟，尽管通过 Interval 属性也可关闭和打开时钟，但较少使用。

四、图片框控件

图片框控件（PictureBox）既可用来显示图片，显示绘图方法和 Print 方法的输出内容，也可用来作为其他控件的容器。

图片框控件实际显示的图片由 Picture 属性决定，Picture 属性值既可在属性窗口中设置，也可在代码中动态加载。

图片框控件支持 AutoSize 属性，当其值为 True 时，图片框能自动调整大小，与显示的图形匹配；当其值为 False 时，图形和图片框控件均按原尺寸显示，若图形大于图片框，则超出的部分将被截去。

五、图像控件

图像控件只能显示图形，而不能作为其他控件的容器。与图片框一样，图像控件显示的图形也由 Picture 属性决定，而且，也有两种处理方法：在属性窗口中设置和在代码中动态加载。

图像控件不支持 AutoSize 属性，但支持 Stretch 属性。当 Stretch 属性值为 True 时，加载的图形可自动调整大小以适应图像控件的大小；当其值为 False 时，图像控件自动调整大小，以适应其显示图形的大小。图片框的 AutoSize 属性和图像控件的 Stretch 属性对比如图 4—1—3 所示。

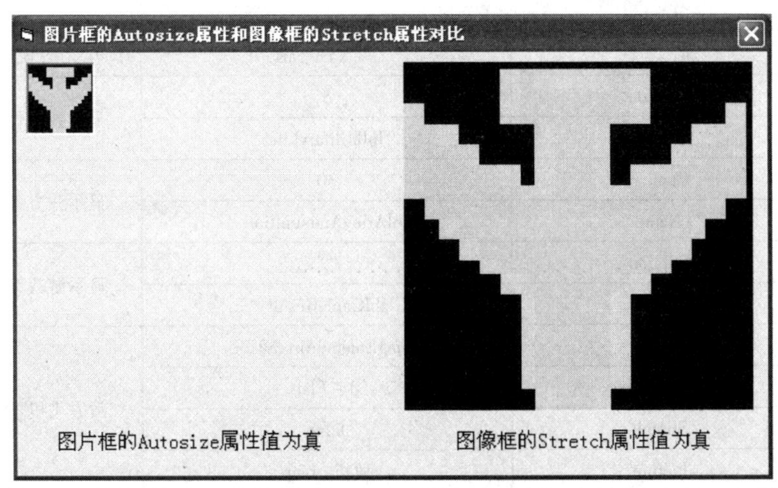

图 4—1—3　图片框的 AutoSize 属性和图像控件的 Stretch 属性对比

任务实施

一、确定属性表

根据应用程序需求完成简易属性表，见表 4—1—2，其中只列出了重要控件的关键属性，根据属性表完成应用程序界面的设计制作。应用程序所有相关文字均为宋体、小四号字。

表 4—1—2　　简易属性表

对象	属　　性	属　性　值	说　　明
窗体	Name	frmmain	
	BorderStyle	0	
	BackColor	黑色	
	StartUpPosition	2 - 屏幕中心	
	WindowState	2 - 最大化	
	KeyPreview	True	窗体优先接受键盘事件
命令按钮	Caption	开始游戏 / 重新开始	
	Name	cmdreplay	
标签	Caption	敌军生命值： 我方生命值： 我方弹药值：	注意字符中的空格，用于显示动态信息提示
	Name	lbltip	
标签	Caption	10	显示敌军生命值
	Name	lblEnemyLife	

续表

对象	属　性	属 性 值	说　明
标签	Caption	5	显示我方生命值
	Name	lblMilitaryLife	
标签	Caption	30	显示我方弹药值
	Name	lblArmyAmmunition	
标签	Caption	“ ”	显示游戏结果
	Name	lblGameResult	
图像	Name	imgEmemyAircraft1	敌方飞机
	Appearance	0 – Flat	
	Stretch	false	
	Picture	敌机 . bmp	
图像	Name	imgEmemyAircraft2	敌方飞机
	Appearance	0 – Flat	
	Stretch	false	
	Picture	敌机 . bmp	
图像	Name	imgEmemyAircraft3	敌方飞机
	Appearance	0 – Flat	
	Stretch	false	
	Picture	敌机 . bmp	
图像	Name	imgMilitaryAircraft	我方飞机
	Appearance	0 – Flat	
	Stretch	false	
	Picture	我机 . bmp	
图像	Name	imgbomb	爆炸效果
	Appearance	0 – Flat	
	Stretch	false	
	Picture	爆炸 . bmp	
直线	Name	bullet1	我方子弹
	BackColor	黄色	
	BorderWidth	5	
直线	Name	Bullet2	敌方子弹
	BackColor	黄色	
	BorderWidth	5	
直线	Name	Bullet3	敌方子弹
	BackColor	黄色	
	BorderWidth	5	

续表

对象	属　性	属 性 值	说　明
直线	Name	Bullet4	敌方子弹
	BackColor	黄色	
	BorderWidth	5	
直线	Name	lAddscore	加分弹
	BackColor	红色	
	BorderWidth	5	
计时器	Name	Timer1	控制敌机位置
	Interval	200	
计时器	Name	Timer2	控制子弹
	Interval	30	
计时器	Name	Timer3	控制爆炸效果
	Interval	100	
计时器	Name	Timer4	控制加分项
	Interval	100	

二、绘制控件与分局

1. 提示信息的显示

游戏信息显示“敌军生命值：10　我方生命值：5　我方弹药值：30”，显然可分为两类信息：固定信息和动态信息。把固定信息显示在一个标签 lbltip 中，3 段动态信息用 3 个标签 lblEnemyLife、lblMilitaryLife、lblArmyAmmunition 显示，因此只需 4 个标签即可。注意显示静态信息标签 lbltip 的标题属性，中间有很多空格，这是给动态信息显示标签 lblEnemyLife、lblMilitaryLife、lblArmyAmmunition 预留的显示位置，把标签 lblEnemyLife、lblMilitaryLife、lblArmyAmmunition 移到标签 lbltip 上面即可。

2. 飞机、子弹和爆炸效果的处理

敌方飞机、我方飞机、爆炸效果都应用外部图片，通过图像控件来显示，在工具箱里选择图像控件后，在窗体绘制 5 个图像控件，设置好相关属性，通过 Picture 属性把外部图片加载进来。值得注意的是，图片背景可能与应用程序背景不一致，可以先通过图形图像处理软件预处理一下。在本项目中，窗体的背景为黑色，所以飞机和爆炸效果相关图片的背景都改为黑色。

子弹则直接采用直线控件绘制，在窗体上绘制 5 条垂直线，即 X1 和 X2 值相同的直线，设置线度为 5 像素，线长为 500 缇。

3. 添加计时器控件

“打飞机”游戏项目需要 4 个计时器控件，用来控制敌军飞机移动、子弹移动、爆炸效果显示和加分弹移动，在工具箱中选择计时器控件后，到窗体绘制 4 个计时器，设置各个控件的 Interval 属性，计时器控件运行时不可见，添加后可不考虑控件位置。

4. 其他界面元素的处理

“打飞机”游戏运行后，全屏黑底显示，需要设置窗体对象的相关属性。同时，还需要绘制两个命令按钮，其中一个命令按钮有两个标题值，即“开始游戏”和“重新开始”，这显然需要用代码来实现，在窗体设计器中可以忽略该属性值。界面中很多元素没有布局，因为这些界面元素需要使用代码完成布局，所以这些元素在窗体设计中可先忽略，设计好的界面如图4—1—1所示。

任务二　游戏功能实现

学习目标

1. 理解和掌握各个键盘事件。
2. 掌握MsgBox和InputBox函数的使用方法。

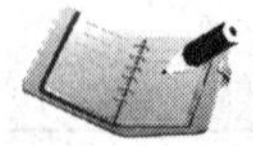

任务描述

完成任务一后，“打飞机”游戏的所有元素就都制作好了，不过还只是静静地待在窗体上，无法进行游戏，任务二的主要任务是按游戏规则让相关元素动起来。游戏规则及要求如下。

1. 进入游戏时，在屏幕中间位置显示两命令按钮，在屏幕顶部显示各项参数值，即“敌军生命值10，我方生命值5，我方弹药值30”，在参数提示下面显示3架敌军飞机，3架飞机尽量拉开防止重叠，屏幕的下方显示一架我军飞机，如图4—2—1所示。

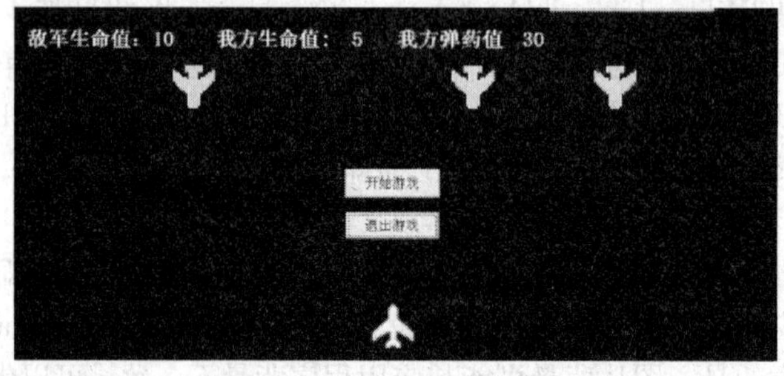

图4—2—1　游戏初始状态

2. 单击“开始游戏”按钮，游戏正式开始，3架敌军飞机不断向下发射子弹，每架飞机发射子弹的飞行速度随机生成，敌军子弹击中我军飞机，我方生命值减1，用户可以按向上、向下、向左、向右的方向键控制飞机移动，避开敌军子弹和找到最佳发射位置，我方飞机只能在屏幕下半部活动，按Space键发射子弹，每发一颗，我方弹药值减1，我方子弹击中敌军飞机，敌军生命值减1，敌军3架飞机不断做左右运动（向左的概率远高于向右的概率），任一架飞机一次只能发一发子弹，只有子弹击中目标或飞出有效范围后才能再次发射子弹，如图4—2—2所示。

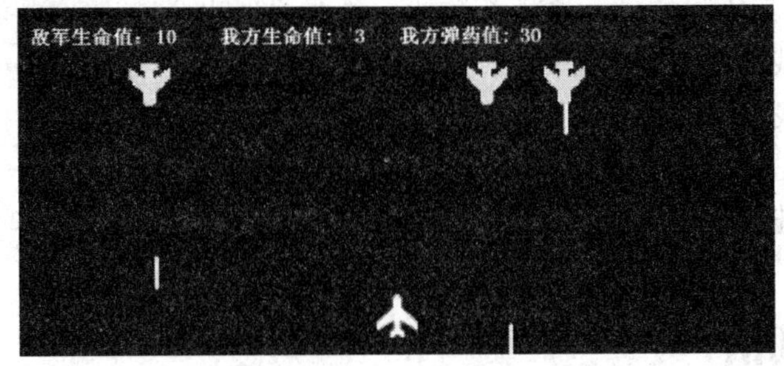

图 4—2—2　游戏状态

3. 当击中一架敌军飞机时，屏幕上方会随机显示一颗红色的加分弹，我方飞机若能抢到，则我方生命值加 1，如图 4—2—3 所示。

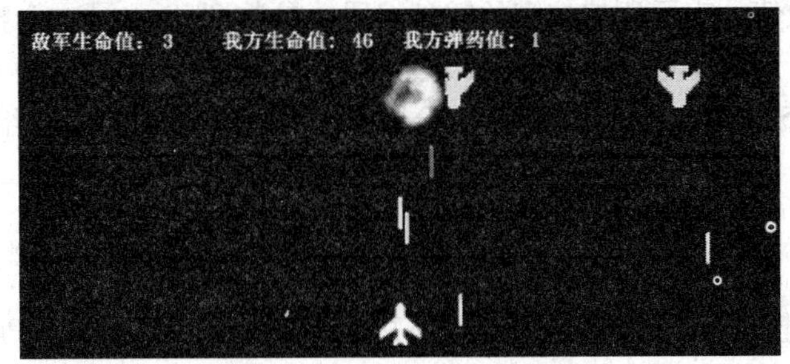

图 4—2—3　显示红色加分弹

4. 当我方生命值为 0 或我方弹药值为 0 时，游戏结束，敌军胜利，显示“游戏结束，革命尚未成功，同志仍须努力！”，如图 4—2—4 所示。当敌军生命值为 0 时，游戏结束，我军胜利，显示“游戏结束，恭喜你，伟大的胜利者！”，如图 4—2—5 所示。

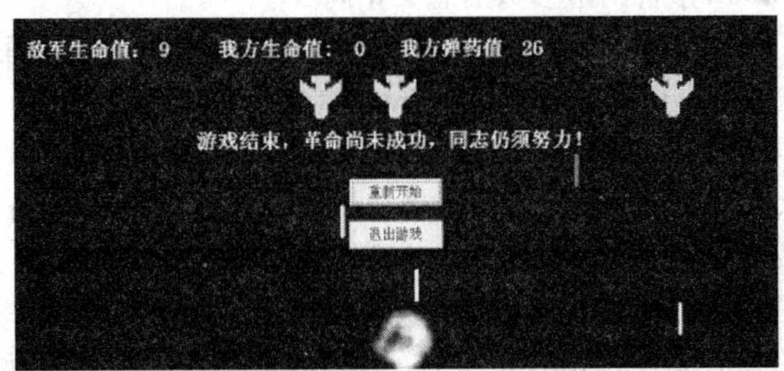

图 4—2—4　游戏结束，敌军胜利

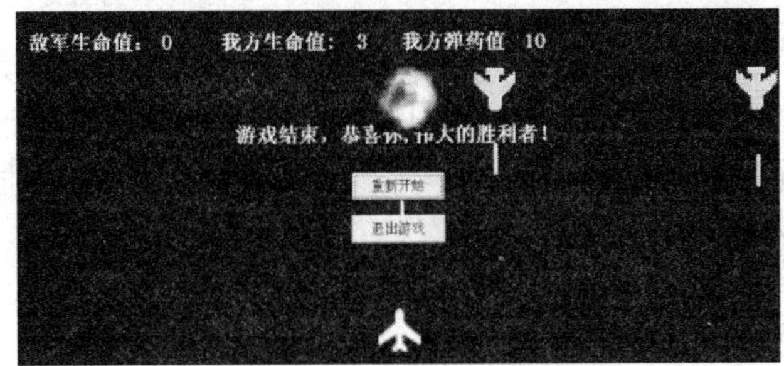

图 4—2—5　游戏结束，我方胜利

5. 单击“重新开始”按钮，进入新游戏，单击“退出游戏”按钮结束游戏，在游戏过程中，“退出游戏”按钮隐藏，如果要退出游戏可单击窗体，显示如图4—2—6所示的系统提示；单击“是”按钮退出游戏，单击“否”按钮恢复游戏界面，继续进行游戏。

图4—2—6　系统提示

相关知识

一、KeyDown 事件

在对象上按下键盘上某个按键会激发 KeyDown 事件。KeyDown 事件有两个参数：参数 KeyCode 是一个整数值，表示所按按键的键盘编码；参数 Shift 也是一个整数，其有 8 个值：0 表示没按转换键；1 表示按了 Shift 键；2 表示按了 Ctrl 键；3 表示按下 Ctrl + Shift 组合键；4 表示按了 Alt 键；5 表示按下 Alt + Shift 组合键；6 表示按下 Alt + Ctrl 组合键；7 表示按下 Alt + Ctrl + Shift 组合键。

二、KeyPress 事件

在对象上按下键盘上某个按键，当其按下之后弹起之前会激发 KeyPress 事件。KeyPress 事件只有一个参数 KeyAscii，它是一个整数，表示对应字符的 ASCII 码。

三、KeyUp 事件

在对象上按下键盘上某个按键弹起后会激发 KeyUp 事件，KeyUp 事件有两个参数，两个参数的意义与 KeyDown 事件对应参数的意义相同。

KeyDown 事件、KeyUp 事件、KeyPress 事件之间有一定的联系，当用户按下键盘上某个按键时，很多时候会按 KeyDown 事件、KeyPress 事件、KeyUp 事件顺序同时激发这 3 个事件，但有些控制键，不激发 KeyPress 事件，如图 4—2—7 所示。

输入序列：输入大写字母 A；按大写字母切换键，输入小写字母 a；按 Shift + a 组合键输入大写字母 A；按功能键 F1，按小键盘上的数字“1”；按主键盘上的数字“1”；按 Ctrl + C组合键。为了让用户清楚地看到显示效果，每操作一次，显示一个空行。显然，有些按键会激发 KeyDown 事件、KeyUp 事件，如大写字母切换键；而有些按键会激发 KeyDown 事件、KeyPress 事件、KeyUp 事件，如输入大写字母 A。

四、MsgBox 函数

MsgBox 函数在对话框中显示信息，等待用户单击按钮时响应，用户响应后能返回一个整数，标识用户单击了哪个按钮。MsgBox 函数在应用程序开发中应用非常广泛，经常用于计算机与操作者之间进行信息交流。

MsgBox 函数的简单语法格式如下：

```
MsgBox(提示信息[,对话框类型][,标题])
```

说明：

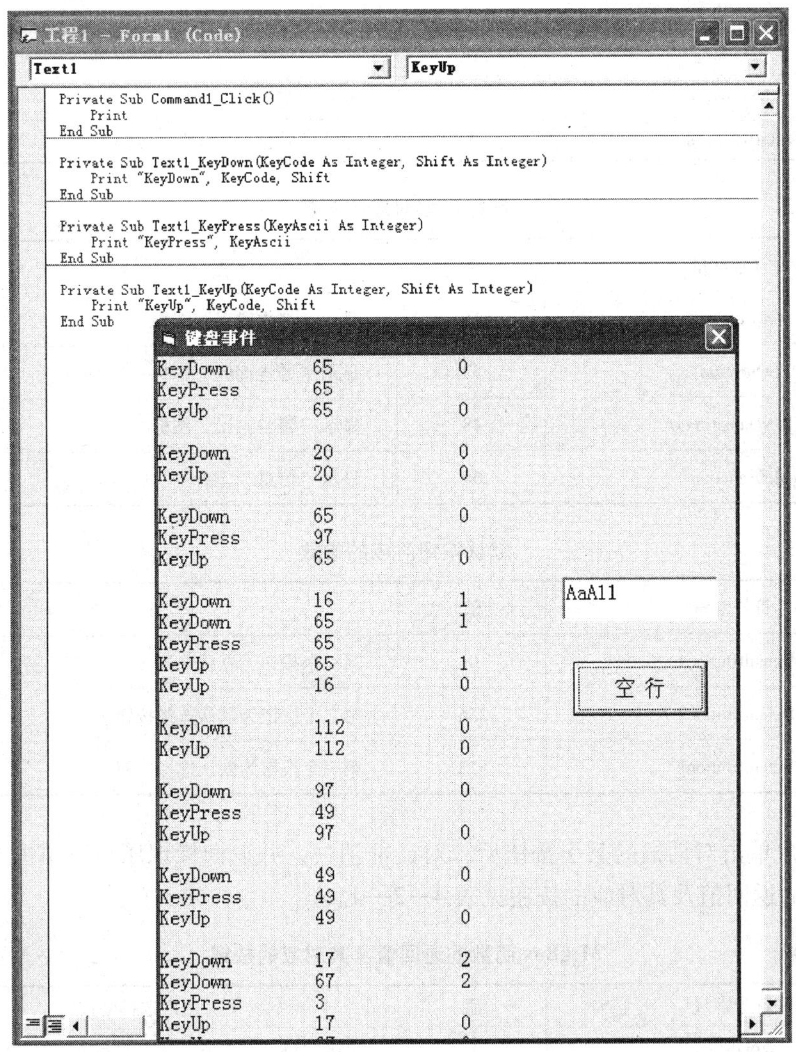

图 4—2—7　键盘事件

1. 提示信息。它是显示在对话框中的文本内容，提示信息中可用 vbCRLF 或 Chr（13）来换行，从而实现多行文字输出。

2. 对话框类型。可设置对话框中显示的按钮、图标类型和默认按钮等。按钮对应的常数见表 4—2—1，图标类型对应的常数见表 4—2—2，默认按钮对应的常数见表 4—2—3，不同类别的常数，可组合使用即相加。但同一类型的常数，最多只能选一个。

表 4—2—1　　　　按钮对应的常数

VB 符号常量	值	功　能
vbOKOnly	0	显示“确定”按钮
VbOKCancel	1	显示“确定”“取消”按钮
VbAbortRetryIgnore	2	显示“终止”“重试”“忽略”按钮
VbYesNoCancel	3	显示“是”“否”“取消”按钮

续表

VB 符号常量	值	功　能
VbYesNo	4	显示“是”“否”按钮
VbRetryCancel	5	显示“重试”“取消”按钮

表 4—2—2　　图标类型对应的常数

VB 符号常量	值	功　能
VbCritical	16	显示“严重错误”图标
VbQuestion	32	显示“警告询问”图标
VbExclamation	48	显示“警告错误”图标
VbInformation	64	显示“信息”图标

表 4—2—3　　默认按钮对应的常数

VB 符号常量	值	功　能
VbDefaultButton1	0	第一个按钮为默认选择按钮
VbDefaultButton2	256	第二个按钮为默认选择按钮
VbDefaultButton3	512	第三个按钮为默认选择按钮

3．当用户单击对话框的某个按钮后，对话框消失，并返回标识用户所单击按钮的整数。MsgBox 函数的返回值及其对应的按钮见表 4—2—4。

表 4—2—4　　MsgBox 函数的返回值及其对应的按钮

VB 符号常量	值	用户选择的按钮
VbOK	1	单击“确定”按钮
VbCancel	2	单击“取消”按钮
VbAbort	3	单击“终止”按钮
VbRetry	4	单击“重试”按钮
VbIgnore	5	单击“忽略”按钮
VbYes	6	单击“是”按钮
VbNo	7	单击“否”按钮

小提示

MsgBox 函数有两种应用方式：一种方式是不接受返回值，参数不需要用括号括起来，如 MsgBox “您好!”，vbOKOnly，“系统提示”；另一种方式是接受返回值，参数一定要用括号括起来，如 res = MsgBox （“您过来吃饭吗?”，vbYesNo，“系统提示”），可以用 If 语句来判断处理用户的按键。

五、InputBox 函数

InputBox 函数显示一个能接受用户输入的对话框，当用户输入信息且确定后，能返回用户在对话框中输入的信息。

InputBox 函数的一般语法格式如下：

```
InputBox(提示信息[,标题][,默认值][,横坐标位置][,纵坐标位置])
```

说明：

1. 提示信息是显示在对话框中的提示文本，标题是显示在对话框标题栏的文本，需要注意的是，其所处的位置与 MsgBox 函数中标题参数所处的位置不同。

2. 默认值可设置对话框的默认输入内容。

3. 横坐标位置和纵坐标位置用于指定对话框的显示位置。

例如，myname = InputBox（" 请输入姓名:"," 系统提示"），其运行结果如图 4—2—8 所示。

图 4—2—8　没有默认值的 InputBox

score = Val（InputBox（" 请输入成绩:"," 系统提示"," 92"）），其运行结果如图 4—2—9所示。

图 4—2—9　有默认值的 InputBox

六、简单动画

动画是指物体的某些性质发生改变，如位置改变等。在 VB 6.0 中，通过计时器控件和 Move 方法、Left 属性、Top 属性、Width 属性、Height 属性可自动改变对象的大小和位置，从而实现简单的动画。

小提示

在 VB 6.0 中，屏幕左上角为坐标原点，X 轴正方向向右，Y 轴正方向向下，Y 轴正方向与数学平面坐标的 Y 方向相反。对象要向上运动，需要减少 Top 属性值；向下运动，需要增加 Top 属性值；向左运动，需要减少 Left 属性值；向右运动，需要增加 Left 属性值。

Exit Sub 表示退出事件过程，即 Exit Sub 后面的程序代码不再执行。

任务实施

一、游戏初始化

游戏的初始化一般放在窗体的加载事件中。主要任务如下。

1. 显示窗体

尽管已设置窗体的 WindowState 属性值为 2，但 Load 事件运行时窗体依旧不可见，窗体还是在窗体设计器中设置的大小，因此必须先用 Show 方法把窗体显示出来，再根据窗体大小计算各个对象的显示位置。

2. 飞机布局

敌军飞机的 Top 属性值固定为 1 000 缇，3 架飞机分区域随机出现在屏幕上方，把屏幕分为 3 个区域，每个区域两边各空 1 000 缇。我方飞机水平居中，机尾距离屏幕下方 200 缇。

3. 其他布局

按钮和游戏结果提示标签水平居中，垂直方向也处于中间位置。

4. 隐藏敌军子弹、我方子弹、加分弹、爆炸效果等对象

直接设置相关对象的 Visible 属性值为 False 即可。

5. 设置敌军子弹、我方子弹、加分弹长度及飞行速度

子弹长度固定为 500 缇，速度随机生成，速度范围为［200，700）。

初始化的源代码如下：

```
Private Sub Form_Load()'初始化
    Dim fwidth As Long,fheight As Long
    Dim fpos As Long
    Show'最大化显示
    fwidth = frmmain.ScaleWidth
    fheight = frmmain.ScaleHeight
    Randomize
   '敌机初始位置,3 架飞机分区域随机出现在屏幕上方,把屏幕分为 3 个区域,每个区域两边各空 1 000
    imgEmemyAircraft1.Top = 1000
    imgEmemyAircraft2.Top = 1000
    imgEmemyAircraft3.Top = 1000
    airwidth = imgEmemyAircraft1.Width
    fpos = ((fwidth - 6000) / 3) * Rnd
    imgEmemyAircraft1.Left = 1000 + fpos
    fpos = ((fwidth - 6000) / 3) * Rnd
    imgEmemyAircraft2.Left = 3000 + (fwidth - 6000) / 3 + fpos
    fpos = ((fwidth - 6000) / 3) * Rnd
    imgEmemyAircraft3.Left = 5000 + (fwidth - 6000) * 2 / 3 + fpos
    '我机初始位置
    imgMilitaryAircraft.Top = fheight - imgMilitaryAircraft.Height - 200
```

```
    imgMilitaryAircraft.Left = (fwidth - imgMilitaryAircraft.Width)/2
    '结果提示初始位置
    lblGameResult.Top = fheight/2 - lblGameResult.Height - cmdreplay.Height
    lblGameResult.Left = (fwidth - lblGameResult.Width)/2
    lblGameResult.Caption = ""
    '按钮初始位置
    cmdreplay.Top = lblGameResult.Top + lblGameResult.Height + cmdreplay.Height/2
    cmdreplay.Left = (fwidth - cmdreplay.Width)/2
    cmdreplay.Caption = "开始游戏"
    cmdexit.Top = cmdreplay.Top + 3 * cmdreplay.Height/2
    cmdexit.Left = cmdreplay.Left
    '隐藏子弹
    bullet1.Visible = False
    bullet2.Visible = False
    bullet3.Visible = False
    bullet4.Visible = False
    '子弹速度设置
    bullet1.Tag = Rnd * 500 + 200 '我方子弹速度
    bullet2.Tag = Rnd * 500 + 200 '敌军子弹速度1
    bullet3.Tag = Rnd * 500 + 200 '敌军子弹速度2
    bullet4.Tag = Rnd * 500 + 200 '敌军子弹速度3
    lAddscore.Tag = Rnd * 500 + 200 '加分弹速度
    '其他处理
    frmmain.Tag = 500 '子弹长度
    imgbomb.Visible = False '隐藏爆炸效果
    lAddscore.Visible = False '隐藏加分弹
End Sub
```

二、开始游戏

单击“开始游戏”按钮进入游戏，此后此按钮的标题改为“重新开始”，开始游戏主要完成以下任务。

1. 隐藏“开始游戏/重新开始”按钮、“退出游戏”按钮、“结果提示”标签、加分图像控件、爆炸图像控件、我方子弹控件。

2. 飞机定位。每次游戏开始，敌军飞机和我方飞机均要重新复位，飞机定位方法与窗体加载事件的处理方法一致。

3. 子弹定位。飞机定位后，将子弹定位在飞机头部位置，并把敌军子弹显示出来，把我方子弹隐藏，只有发射后我方子弹才显示。

4. 设置各个参数初始值。设定敌军生命值为10，我方生命值为5，我方弹药值为30。

5. 启动敌军飞机控制时钟和子弹控制时钟，游戏正式开始。

开始游戏的代码如下：

```
Private Sub cmdreplay_Click()'开始游戏
    Dim fwidth As Long,fheight As Long
    fwidth = frmmain.ScaleWidth
    fheight = frmmain.ScaleHeight
    Randomize
    '本按钮除了第一次显示为"开始游戏",其余情况均显示为"重新开始"
    cmdreplay.Caption = "重新开始"
    '隐藏相关控件
    cmdreplay.Visible = False
    cmdexit.Visible = False
    lblGameResult.Visible = False
    imgbomb.Visible = False
    lAddscore.Visible = False
    bullet1.Visible = False
    '敌机初始位置,3 架飞机分区域随机出现在屏幕上方,把屏幕分为 3 个区域,每个区域两边各
空1000
    imgEmemyAircraft1.Top = 1000
    imgEmemyAircraft2.Top = 1000
    imgEmemyAircraft3.Top = 1000
    airwidth = imgEmemyAircraft1.Width
    fpos = ((fwidth - 6000) / 3) * Rnd
    imgEmemyAircraft1.Left = 1000 + fpos
    fpos = ((fwidth - 6000) / 3) * Rnd
    imgEmemyAircraft2.Left = 3000 + (fwidth - 6000) / 3 + fpos
    fpos = ((fwidth - 6000) / 3) * Rnd
    imgEmemyAircraft3.Left = 5000 + (fwidth - 6000) * 2 / 3 + fpos
    '我机初始位置
    imgMilitaryAircraft.Top = fheight - imgMilitaryAircraft.Height - 200
    imgMilitaryAircraft.Left = (fwidth - imgMilitaryAircraft.Width) / 2
    '我方子弹定位
    bullet1.X1 = imgMilitaryAircraft.Left + imgMilitaryAircraft.Width / 2
    bullet1.Y1 = imgMilitaryAircraft.Top
    bullet1.X2 = bullet1.X1
    bullet1.Y2 = bullet1.Y1 + Val(frmmain.Tag)
    '敌军子弹定位,子弹定位在敌机前方
    bullet2.X1 = imgEmemyAircraft1.Left + imgEmemyAircraft1.Width / 2
    bullet2.Y1 = imgEmemyAircraft1.Top + imgEmemyAircraft1.Height
    bullet2.X2 = bullet2.X1
    bullet2.Y2 = bullet2.Y1 + Val(frmmain.Tag)
    bullet2.Visible = True
    bullet3.X1 = imgEmemyAircraft2.Left + imgEmemyAircraft2.Width / 2
    bullet3.Y1 = imgEmemyAircraft2.Top + imgEmemyAircraft2.Height
    bullet3.X2 = bullet3.X1
```

```
    bullet3.Y2 = bullet3.Y1 + Val(frmmain.Tag)
    bullet3.Visible = True
    bullet4.X1 = imgEmemyAircraft3.Left + imgEmemyAircraft3.Width/2
    bullet4.Y1 = imgEmemyAircraft3.Top + imgEmemyAircraft3.Height
    bullet4.X2 = bullet4.X1
    bullet4.Y2 = bullet4.Y1 + Val(frmmain.Tag)
    bullet4.Visible = True
    '设置初始值
    lblEnemyLife = 10 '敌军生命值为 10
    lblMilitaryLife = 5 '我方生命值为 5
    lblArmyAmmunition = 30 '我方子弹为 30
    '启动相关时钟,开始游戏
    Timer1.Enabled = True '敌机控制
    Timer2.Enabled = True '子弹控制
End Sub
```

三、我方飞机控制和子弹发射

通过键盘控制我方飞机和子弹发射，因此控制代码可以写在 Form_ KeyDown 事件中。因为窗体的 KeyPreview 属性设置为真，因此可以优先接收键盘的输入，所以选 Form 作为接收键盘输入的对象。控制我方飞机和子弹发射主要任务如下。

1. 按键的接收与识别

通过参数 KeyCode 获得当前按键的键盘编码，用 If 语句进行判断识别。4 个光标方向键可控制我方飞机向上、下、左、右 4 个方向移动，每次移动 80 缇。单击 Space 键可以发射子弹。

2. 子弹发射处理

每次发射子弹，我方弹药值减 1，如果弹药值为 0，则提示用户游戏结束，否则先把子弹定位在我方飞机当前位置的头部，显示我方子弹，再由子弹控制时钟控制其飞行。

3. 游戏结束时

显示游戏结果，显示命令按钮，关闭所有时钟，等待用户操作。

程序代码如下：

```
Private Sub Form_KeyDown(KeyCode As Integer, Shift As Integer) '键盘控制飞机和发射子弹
    Dim pos As Long
    Dim num As Integer
    If KeyCode = 38 Then '飞机向上移动
        pos = imgMilitaryAircraft.Top - 80
        If pos < frmmain.ScaleHeight/2 Then pos = frmmain.ScaleHeight/2
        imgMilitaryAircraft.Top = pos
    ElseIf KeyCode = 39 Then '飞机向右移动
        pos = imgMilitaryAircraft.Left + 80
```

```
        If pos > frmmain.ScaleWidth - 1000 Then pos = frmmain.ScaleWidth - 1000
        imgMilitaryAircraft.Left = pos
    ElseIf KeyCode = 40 Then'飞机向下移动
        pos = imgMilitaryAircraft.Top + 80
        If pos > frmmain.ScaleHeight - imgMilitaryAircraft.Height - 200 Then pos = frm-
main.ScaleHeight - imgMilitaryAircraft.Height - 200
        imgMilitaryAircraft.Top = pos
    ElseIf KeyCode = 37 Then'飞机向左移动
        pos = imgMilitaryAircraft.Left - 80
        If pos < 100 Then pos = 100
        imgMilitaryAircraft.Left = pos
    ElseIf KeyCode = 32 Then'发射子弹,当子弹在飞行则不能发射
        If bullet1.Visible = False Then
            num = Val(lblArmyAmmunition.Caption)
            num = num - 1
            If num < 1 Then'子弹用完
                lblArmyAmmunition.Caption = 0
                Timer1.Enabled = False
                Timer2.Enabled = False
                Timer3.Enabled = False
                Timer4.Enabled = False
                lblGameResult.Caption = "游戏结束,革命尚未成功,同志仍须努力!"
                cmdreplay.Visible = True
                cmdexit.Visible = True
                lblGameResult.Visible = True
            Else
                lblArmyAmmunition.Caption = num
                bullet1.X1 = imgMilitaryAircraft.Left + imgMilitaryAircraft.Width/2
                bullet1.Y1 = imgMilitaryAircraft.Top
                bullet1.X2 = bullet1.X1
                bullet1.Y2 = bullet1.Y1 + Val(frmmain.Tag)
                bullet1.Visible = True
            End If
        End If
    End If
End Sub
```

四、敌军飞机移动控制

设计一个专门的计时器控件来控制敌军飞机移动。要求敌军飞机能左右移动，以避开我方子弹攻击，但敌机总的运行方向由右向左运动（即随机左右运行时，向左的概率远大于向右的概率），如果已运行到容器的边缘，则移动容器的另一侧继续运动。敌军每次移动距离和方向均随机生成，每次移动的范围为［0，500），方向值的范围为［0，5），1 表示向

正方向运行，其他值表示向负方向运行。敌军飞机每次移动前要进行范围检查，如果超出范围会适当修正。

敌军飞机控制的源代码如下：

```
Private Sub Timer1_Timer()'控制敌军飞机(从右到左做水平运动)
    Dim dis As Integer,t As Integer
    Dim fwidth As Long
    Dim pos As Long
    Dim airwidth As Long
    Randomize
    fwidth = frmmain.ScaleWidth
    airwidth = imgEmemyAircraft1.Width
    dis =500 * Rnd'飞机每次移动的随机范围
    t =5 * Rnd'随机产生飞机方向选择
    If t < >1 Then t = -1'1 表示向右运行,-1 表示向左运行,显然向左移动的概率高,偶尔向右
只是让飞机移动更动感
    pos = imgEmemyAircraft1.Left +t * dis
    If pos <10 Then pos = fwidth - airwidth -10'超左边界移到最右边
    If pos > fwidth - airwidth -10 Then pos =10'超右边界移到最左边
    imgEmemyAircraft1.Left = pos
    dis =500 * Rnd
    t =5 * Rnd
    If t < >1 Then t = -1'1 表示向右运行,-1 表示向左运行
    pos = imgEmemyAircraft2.Left +t * dis
    If pos <10 Then pos = fwidth - airwidth -10'超左边界移到最右边
    If pos > fwidth - airwidth -10 Then pos =10'超右边界移到最左边
    imgEmemyAircraft2.Left = pos
    dis =500 * Rnd
    t =5 * Rnd
    If t < > 1 Then t = -1'1 表示向右运行,-1 表示向左运行
    pos = imgEmemyAircraft3.Left +t * dis
    If pos <10 Then pos = fwidth - airwidth -10'超左边界移到最右边
    If pos > fwidth - airwidth -10 Then pos =10'超右边界移到最左边
    imgEmemyAircraft3.Left = pos
End Sub
```

五、子弹控制

子弹控制的处理逻辑比较复杂，相关代码较多。敌军有 3 颗子弹，我方有 1 颗子弹，这 4 颗子弹都独立判断，单独控制。对子弹的控制主要需完成以下任务。

1. 子弹的移动

每颗子弹的飞行速度在对应图像控件的 Tag 属性中，当子弹飞行时，水平坐标不变，垂直坐标每次改变这个速度值，在子弹移动前，先要检查子弹是否飞出指定范围，如果已飞出指定范围，则该子弹失效。当子弹回到飞机发射位置时，飞机可以发射下

一颗子弹。

2. 子弹击中飞机判断

在子弹飞行过程中，子弹头进入飞机坐标范围，子弹尾还没有离开飞机坐标范围，而且水平方向两者也重叠，可判断子弹击中飞机。例如，敌军子弹从上往下飞行，其攻击的目标是我方飞机，我方飞机头朝上尾在后，所以其是否击中我方飞机的判断条件如下：（pos2 > = imgMilitaryAircraft. Top And pos1 < = （imgMilitaryAircraft. Top + imgMilitaryAircraft. Height））And（bullet2. X1 > = imgMilitaryAircraft. Left And bullet2. X1 < = （imgMilitaryAircraft. Left + imgMilitaryAircraft. Width））。其中，pos2 为子弹头位置；pos1 为子弹尾位置；imgMilitaryAircraft. Top 为我方飞机头部；（imgMilitaryAircraft. Top + imgMilitaryAircraft. Height）为我方飞机尾部。对于敌军子弹而言只要判断一架飞机即可，对我方飞机发射的子弹要独立判断是否击中3架飞机的某架。

3. 子弹击中飞机的处理

对于敌军子弹，当击中我方飞机后，我方生命值减1，在我方飞机位置显示爆炸效果图，启动爆炸效果控制计时器。对于我方子弹，击中敌军飞机中的任一架，敌军生命值减1，在对应的敌军飞机位置显示爆炸效果图，启动爆炸效果控制计时器；同时，完成红色的加分弹定位和显示，加分弹初始位置与敌军飞机在同一水平线，Left 值随机生成，启动加分弹控制计时器。子弹击中飞机后，子弹失效，当子弹回到飞机发射位置时，飞机可以发射下一颗子弹。

4. 游戏结束

当敌军生命值为0时，游戏结束，我方胜利；当我方生命值为0或我方弹药值为0时，游戏结束，敌军胜利。当游戏结束时，显示游戏结果，显示命令按钮，关闭所有时钟，等待用户操作。

子弹控制的源代码如下：

```
Private Sub Timer2_Timer()'子弹控制
    Dim pos1 As Long, pos2 As Long
    Dim num1 As Integer
    Dim flag1 As Boolean, flag2 As Boolean, flag3 As Boolean
    pos1 = Val(bullet2.Tag) + bullet2.Y1
    pos2 = Val(bullet2.Tag) + bullet2.Y2
    If pos1 > frmmain.ScaleHeight Then'到屏幕底部重新开始
        bullet2.X1 = imgEmemyAircraft1.Left + imgEmemyAircraft1.Width /2
        bullet2.Y1 = imgEmemyAircraft1.Top + imgEmemyAircraft1.Height
        bullet2.X2 = bullet2.X1
        bullet2.Y2 = bullet2.Y1 + Val(frmmain.Tag)
    ElseIf (pos2 > = imgMilitaryAircraft.Top And pos1 < = (imgMilitaryAircraft.Top + imgMilitaryAircraft.Height)) And (bullet2.X1 > = imgMilitaryAircraft.Left And bullet2.X1 < = (imgMilitaryAircraft.Left + imgMilitaryAircraft.Width)) Then'击中我方飞机重新开始
        num1 = Val(lblMilitaryLife.Caption)'成绩计算
        num1 = num1 - 1 '我方生命值减 1
```

```
    imgbomb.Visible = True'爆炸效果显示
    imgbomb.Top = imgMilitaryAircraft.Top - 100
    imgbomb.Left = imgMilitaryAircraft.Left - 100
    Timer3.Enabled = True
    If (num1 < = 0) Then'游戏结束
      lblMilitaryLife.Caption = 0
      Timer1.Enabled = False
      Timer2.Enabled = False
      Timer3.Enabled = False
      Timer4.Enabled = False
      lblGameResult.Caption = "游戏结束,革命尚未成功,同志仍须努力!"
      cmdreplay.Visible = True
      cmdexit.Visible = True
      lblGameResult.Visible = True
   Else
      lblMilitaryLife.Caption = num1
      bullet2.X1 = imgEmemyAircraft1.Left + imgEmemyAircraft1.Width /2
      bullet2.Y1 = imgEmemyAircraft1.Top + imgEmemyAircraft1.Height
      bullet2.X2 = bullet2.X1
      bullet2.Y2 = bullet2.Y1 + Val(frmmain.Tag)
  End If
 Else
    bullet2.Y1 = pos1
    bullet2.Y2 = pos2
  End If
  pos1 = Val(bullet3.Tag) + bullet3.Y1
  pos2 = Val(bullet3.Tag) + bullet3.Y2
  If pos1 > frmmain.ScaleHeight Then'到屏幕底部重新开始
    bullet3.X1 = imgEmemyAircraft2.Left + imgEmemyAircraft2.Width /2
    bullet3.Y1 = imgEmemyAircraft2.Top + imgEmemyAircraft2.Height
    bullet3.X2 = bullet3.X1
    bullet3.Y2 = bullet3.Y1 + Val(frmmain.Tag)
 ElseIf (pos2 > = imgMilitaryAircraft.Top And pos1 < = (imgMilitaryAircraft.Top + imgMilitaryAircraft.Height)) And (bullet3.X1 > = imgMilitaryAircraft.Left And bullet3.X1 < = (imgMilitaryAircraft.Left + imgMilitaryAircraft.Width)) Then '击中我方飞机重新开始
      num1 = Val(lblMilitaryLife.Caption)'成绩计算
      num1 = num1 - 1'我方生命值减1
      imgbomb.Visible = True'爆炸效果显示
      imgbomb.Top = imgMilitaryAircraft.Top - 100
      imgbomb.Left = imgMilitaryAircraft.Left - 100
      Timer3.Enabled = True
      If (num1 < = 0) Then'游戏结束
```

```
            lblMilitaryLife.Caption = 0
            Timer1.Enabled = False
            Timer2.Enabled = False
            Timer3.Enabled = False
            Timer4.Enabled = False
            lblGameResult.Caption = "游戏结束,革命尚未成功,同志仍须努力!"
            cmdreplay.Visible = True
            cmdexit.Visible = True
            lblGameResult.Visible = True
        Else
            lblMilitaryLife.Caption = num1
            bullet3.X1 = imgEmemyAircraft2.Left + imgEmemyAircraft2.Width /2
            bullet3.Y1 = imgEmemyAircraft2.Top + imgEmemyAircraft2.Height
            bullet3.X2 = bullet3.X1
            bullet3.Y2 = bullet3.Y1 + Val(frmmain.Tag)
        End If
    Else
        bullet3.Y1 = pos1
        bullet3.Y2 = pos2
    End If
    pos1 = Val(bullet4.Tag) + bullet4.Y1
    pos2 = Val(bullet4.Tag) + bullet4.Y2
    If pos1 > frmmain.ScaleHeight Then'到屏幕底部重新开始
       bullet4.X1 = imgEmemyAircraft3.Left + imgEmemyAircraft3.Width /2
       bullet4.Y1 = imgEmemyAircraft3.Top + imgEmemyAircraft3.Height
       bullet4.X2 = bullet4.X1
       bullet4.Y2 = bullet4.Y1 + Val(frmmain.Tag)
    ElseIf (pos2 > = imgMilitaryAircraft.Top And pos1 < = (imgMilitaryAircraft.Top + img-
MilitaryAircraft.Height)) And (bullet4.X1 > = imgMilitaryAircraft.Left And bullet4.X1 <
= (imgMilitaryAircraft.Left + imgMilitaryAircraft.Width)) Then '击中我方飞机重新开始
        num1 = Val(lblMilitaryLife.Caption)'成绩计算
        num1 = num1 - 1'我方生命值减 1
        imgbomb.Visible = True'爆炸效果显示
        imgbomb.Top = imgMilitaryAircraft.Top - 100
        imgbomb.Left = imgMilitaryAircraft.Left - 100
        Timer3.Enabled = True
        If (num1 < = 0) Then'游戏结束
           lblMilitaryLife.Caption = 0
           Timer1.Enabled = False
           Timer2.Enabled = False
           Timer3.Enabled = False
           Timer4.Enabled = False
           lblGameResult.Caption = "游戏结束,革命尚未成功,同志仍须努力!"
```

```
            cmdreplay.Visible = True
            cmdexit.Visible = True
            lblGameResult.Visible = True
        Else
            lblMilitaryLife.Caption = num1
            bullet4.X1 = imgEmemyAircraft3.Left + imgEmemyAircraft3.Width /2
            bullet4.Y1 = imgEmemyAircraft3.Top + imgEmemyAircraft3.Height
            bullet4.X2 = bullet4.X1
            bullet4.Y2 = bullet4.Y1 + Val(frmmain.Tag)
        End If
    Else
        bullet4.Y1 = pos1
        bullet4.Y2 = pos2
    End If
    If bullet1.Visible = True Then
        pos1 = bullet1.Y1 - Val(bullet1.Tag)
        pos2 = bullet1.Y2 - Val(bullet1.Tag)
        If pos1 < 1000 Then'到屏幕顶部隐藏
            bullet1.Visible = False
    ElseIf (pos1 < = (imgEmemyAircraft1.Top + imgEmemyAircraft1.Height) And pos2 > = imgEmemyAircraft1.Top) And (bullet1.X1 > = imgEmemyAircraft1.Left And bullet1.X1 < = (imgEmemyAircraft1.Left + imgEmemyAircraft1.Width)) Then'击中敌机1
            num1 = Val(lblEnemyLife.Caption)'成绩计算
            num1 = num1 - 1'敌军生命值减1
            imgbomb.Visible = True'爆炸效果显示
            imgbomb.Top = imgEmemyAircraft1.Top - 100
            imgbomb.Left = imgEmemyAircraft1.Left - 100
            Timer3.Enabled = True
            bullet1.Visible = False
            If (num1 < = 0) Then'游戏结束
                lblEnemyLife.Caption = 0
                Timer1.Enabled = False
                Timer2.Enabled = False
                Timer3.Enabled = False
                Timer4.Enabled = False
                lblGameResult.Caption = "游戏结束,恭喜你,伟大的胜利者!"
                cmdreplay.Visible = True
                cmdexit.Visible = True
                lblGameResult.Visible = True
            Else
                lblEnemyLife.Caption = num1
                lAddscore.X1 = 1000 + (frmmain.ScaleWidth - 1000) * Rnd
                lAddscore.X2 = lAddscore.X1
```

```
            lAddscore.Y1 = imgEmemyAircraft1.Top + imgEmemyAircraft1.Height
                lAddscore.Y2 = lAddscore.Y1 + Val(frmmain.Tag)
                lAddscore.Visible = True
                Timer4.Enabled = True'显示加分项
            End If
        ElseIf (pos1 < =(imgEmemyAircraft2.Top + imgEmemyAircraft2.Height) And pos2 > =
imgEmemyAircraft2.Top) And (bullet1.X1 > = imgEmemyAircraft2.Left And bullet1.X1 <
=(imgEmemyAircraft2.Left + imgEmemyAircraft2.Width)) Then
            num1 = Val(lblEnemyLife.Caption)'成绩计算
            num1 = num1 - 1'敌军生命值减1

            imgbomb.Visible = True'爆炸效果显示
            imgbomb.Top = imgEmemyAircraft2.Top - 100
            imgbomb.Left = imgEmemyAircraft2.Left - 100
            Timer3.Enabled = True
            bullet1.Visible = False
            If (num1 < =0) Then'游戏结束
                lblEnemyLife.Caption = 0
                Timer1.Enabled = False
                Timer2.Enabled = False
                Timer3.Enabled = False
                Timer4.Enabled = False
                lblGameResult.Caption = "游戏结束,恭喜你,伟大的胜利者!"
                cmdreplay.Visible = True
                cmdexit.Visible = True
                lblGameResult.Visible = True
            Else
                lblEnemyLife.Caption = num1
                lAddscore.X1 =1000 + (frmmain.ScaleWidth - 1000) * Rnd
                lAddscore.X2 = lAddscore.X1
            lAddscore.Y1 = imgEmemyAircraft2.Top + imgEmemyAircraft2.Height
                lAddscore.Y2 = lAddscore.Y1 + Val(frmmain.Tag)
                lAddscore.Visible = True
                Timer4.Enabled = True'显示加分项
            End If
        ElseIf (pos1 < =(imgEmemyAircraft3.Top + imgEmemyAircraft3.Height) And pos2
> = imgEmemyAircraft3.Top) And (bullet1.X1 > = imgEmemyAircraft3.Left And bullet1.
X1 < =(imgEmemyAircraft3.Left + imgEmemyAircraft3.Width)) Then
            num1 = Val(lblEnemyLife.Caption)'成绩计算
            num1 = num1 - 1'敌军生命值减1
            imgbomb.Visible = True'爆炸效果显示
            imgbomb.Top = imgEmemyAircraft3.Top - 100
            imgbomb.Left = imgEmemyAircraft3.Left - 100
```

```
        Timer3.Enabled = True
        bullet1.Visible = False
        If (num1 < =0) Then'游戏结束
            lblEnemyLife.Caption = 0
            Timer1.Enabled = False
            Timer2.Enabled = False
            Timer3.Enabled = False
            Timer4.Enabled = False
            lblGameResult.Caption = " 游戏结束,恭喜你,伟大的胜利者! "
            cmdreplay.Visible = True
            cmdexit.Visible = True
            lblGameResult.Visible = True
        Else
            lblEnemyLife.Caption = num1
            lAddscore.X1 =1000 + (frmmain.ScaleWidth - 1000) * Rnd
            lAddscore.X2 = lAddscore.X1
lAddscore.Y1 = imgEmemyAircraft3.Top + imgEmemyAircraft3.Height
            lAddscore.Y2 = lAddscore.Y1 + Val(frmmain.Tag)
            lAddscore.Visible = True
            Timer4.Enabled = True'显示加分项
        End If
    Else
        bullet1.Y1 = pos1
        bullet1.Y2 = pos2
    End If
  End If
End Sub
```

六、爆炸效果控制计时器

爆炸效果控制计时器的功能是定时隐藏爆炸效果图片，同时关闭爆炸效果控制计时器，其代码比较简单，程序源代码如下：

```
Private Sub Timer3_Timer()'控制爆炸效果
    imgbomb.Visible = False
    Timer3.Enabled = False
End Sub
```

七、加分弹控制计时器

加分弹控制计时器的功能是控制加分弹的飞行和加分判断。加分弹的运行速度也在对应的图像控件的 Tag 属性中控制。当加分弹飞出有效范围或被我方飞机捡到后，定时器失效。加分弹击中我方飞机即为加分成功，当加分成功时，我方生命值加 1。加分弹击中我方飞机的判断方法与子弹击中飞机的判断方法一致。

```
Private Sub Timer4_Timer()'控制加分效果
```

```
    Dim pos1 As Long, pos2 As Long
    Dim num1 As Integer
    If lAddscore.Visible = True Then
        pos1 = Val(lAddscore.Tag) + lAddscore.Y1
        pos2 = Val(lAddscore.Tag) + lAddscore.Y2
        If pos2 > frmmain.ScaleHeight Then'到屏幕底部消失
            lAddscore.Visible = False
            Timer4.Enabled = False
        ElseIf (pos1 > = imgMilitaryAircraft.Top And pos2 < = imgMilitaryAircraft.
Top + imgMilitaryAircraft.Height) And (lAddscore.X1 > = imgMilitaryAircraft.Left
And lAddscore.X1 < = (imgMilitaryAircraft.Left + imgMilitaryAircraft.Width)) Then'
击中我方飞机重新开始
            num1 = Val(lblMilitaryLife.Caption)'成绩计算
            num1 = num1 + 1 '我方生命值加 1
            lAddscore.Visible = False
            lblMilitaryLife.Caption = num1
            Timer4.Enabled = False
        Else
            lAddscore.Y1 = pos1
            lAddscore.Y2 = pos2
        End If
    End If
End Sub
```

八、退出游戏

有两种退出游戏的方法。当“退出游戏”按钮可见时，直接单击该按钮即可退出游戏。当“退出游戏”按钮不可见时，单击窗体会暂停游戏并显示一个对话框，询问用户是否真的退出游戏，若用户单击“否”按钮，将返回游戏界面，继续游戏；反之，若用户单击“是”按钮则结束游戏，退出系统。

```
Private Sub Form_Click()'当退出按钮隐藏时,单击窗体结束游戏,用于在游戏中退出游戏
    Dim f1 As Boolean, f2 As Boolean, f3 As Boolean, f4 As Boolean, f5 As Boolean'记
录各个时钟的状态
    If (cmdexit.Visible = False) Then'右击,当设置框和退出按钮不显示时才执行
        '记录各个时钟的状态
        f1 = Timer1.Enabled
        f2 = Timer2.Enabled
        f3 = Timer3.Enabled
        f4 = Timer4.Enabled
        '暂停各个时钟
        Timer1.Enabled = False
        Timer2.Enabled = False
        Timer3.Enabled = False
```

```
        Timer4.Enabled = False
        If MsgBox("您是否要中断游戏?", vbYesNo,"系统提示") = vbYes Then
            End
        Else
            '恢复各个时钟状态
          Timer1.Enabled = f1
          Timer2.Enabled = f2
          Timer3.Enabled = f3
          Timer4.Enabled = f4
        End If
    End If
End Sub
Private Sub cmdexit_Click()'结束游戏
    End
End Sub
```

一、强制中断程序运行

有时候一个简单的程序运行很长时间都没结束，这个时候程序就可能出现了死循环，想检查和修改程序，但因为程序正在运行中，没办法修改。此时，可以按“Ctrl + Break”组合键中断程序运行，有时需要多次按“Ctrl + Break”组合键才能中断。中断后，VB 6.0 进入中断（Break）模式，再单击“结束”按钮，可进入编辑状态。

二、LoadPicture

LoadPicture 函数可在代码中动态加载图片。LoadPicture 函数的简单格式如下：

```
LoadPicture([文件名])
```

其中，参数“文件名”是一个包含文件名（也可包含路径）的字符串，若文件名为空则可清除已加载的图形。

例如：

```
Form1.Picture = LoadPicture("我机.BMP")      '加载图片
Picture1.Picture = LoadPicture()      '可清除原有图片
```

三、Screen 对象

Screen 对象即屏幕对象，在 VB 6.0 中，其指整个屏幕，利用这个对象可以更加自由、灵活地控制窗体的显示位置。

可以通过 Screen 对象的 Width 属性和 Height 属性来获得屏幕的大小，可通过 TwipsPerPixelX 属性和 TwipsPerPixelY 属性来获得当前屏幕水平和垂直方向每个像素点是多少缇。

例如，以下代码可以把窗体定位于窗体左上角，而且占屏幕的$\frac{1}{4}$。

```
Form1.Top = 0
Form1.Left = 0
Form1.Width = Screen.Width/2
Form1.Height = Screen.Height/2
```

四、Debug 对象

Debug 对象一般用于调试程序，它有一个非常常用的方法 print，用于在“立即窗口”显示变量或表达式的值，通过这个方法，可以实时了解各个变量的当前值以及值的变化过程。

小提示

如果程序运行没有显示“立即窗口”，则可通过单击“视图”→“立即窗口”选项，显示“立即窗口”。

五、App 对象

App 对象包括当前应用程序的一些相关信息，是一个比较常用的对象，其具有如下几个重要的属性。

1. Path 属性：包含当前应用程序所在的路径。
2. ExeName 属性：当前应用程序的名称。
3. CompanyName 属性：开发应用程序的公司。
4. Major 属性：应用程序的主版本号。

小提示

通过 App. Path 获得的路径要检查一下最后一个字符是否为“\”，如果不是“\”，如“c：\work”，则一般需要在其后添加一个“\”，可用以下代码来实现。

```
Dim filepath as String
Filepath = App.Path
If Right(filepath, 1) <> "\" Then filepath = filepath + "\"
```

任务三　巩固训练

一、项目拓展

1. 项目功能扩展

（1）很多用户在玩“打飞机”游戏时，很难胜利，为了不让用户失去信心，现准备扩展一个功能：当每个用户进入系统时，先显示设置框，让用户根据自己的游戏水平设置各个参数。确定后才进入系统，进入系统后则不能再修改参数，如图 4—3—1 所示。

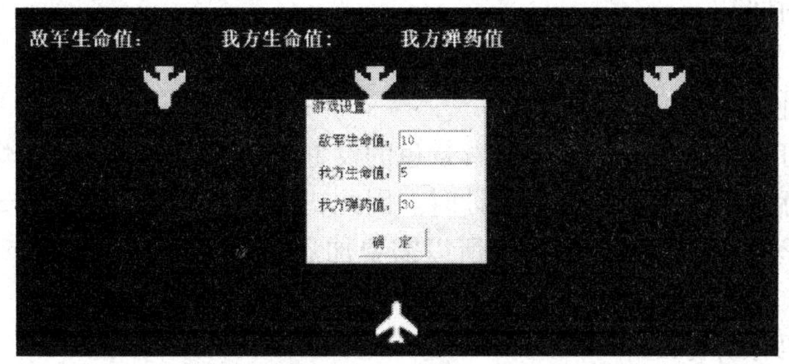

图 4—3—1　游戏设置

(2) 有些用户反映，在游戏过程中，加分效果不明显，有时候有没有成功加分都不知道。现准备扩展一个功能：当加分弹击中我方飞机时要有明显的提示，既可以像子弹击中飞机那样显示爆炸图，也可以用文字提示，明确告诉用户已加分成功。加分提示效果如图 4—3—2 所示。

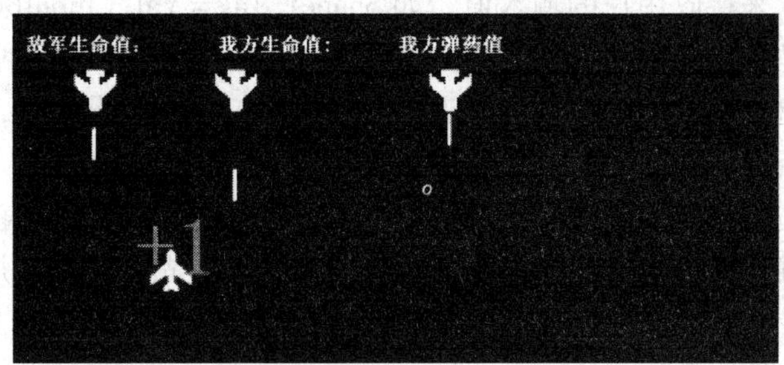

图 4—3—2　加分提示效果

(3) 在游戏设置中，各个参数值均为数值，为了提高用户效率，对应的文本框只允许用户输入数字 0 ~ 9 和退格键，其他键均屏蔽掉。

2. 问题与思考

(1) 细心的用户发现，在游戏设置或显示游戏初始界时，按光标方向键可以控制飞机，按 Space 键也有相应的响应，如何完善程序，使其只能在游戏过程中，才能让光标方向键和 Space 键有效？

(2) 在游戏过程中，只要单击鼠标即会显示“是否退出游戏”的对话框，这样很容易引起误操作，现计划改为只有右击时，才显示“是否退出游戏”对话框，该如何修改？

(3) “打飞机”游戏逻辑比较复杂，程序源代码较长，而且有些代码是重复的，如何进行优化呢？

二、延伸训练

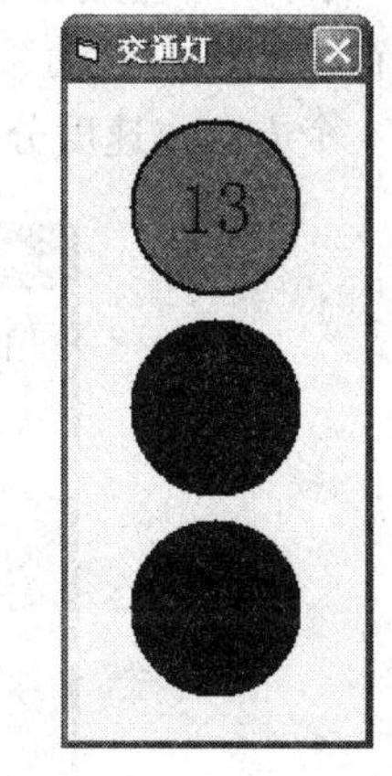

图 4—3—3　交通灯控制程序运行效果

1. 设置一个应用程序控制十字路口交通灯控制，其程序运行效果如图 4—3—3 所示。初始情况时，设定红灯亮 30 s 后转为黄灯，黄灯亮 5 s 后转为绿灯，绿灯亮 15 s 后转为黄灯，黄灯亮 5 s 后转为红灯，红灯亮 30 s 后转为黄灯，按这个转换规则进行全天候的工作。操作者可以单击窗体设置红、绿、黄灯的控制时间。

分析与提示

（1）界面设计

红、绿、黄灯可用圆来表示，通过背景色的设置来实现灯的效果。在灯的中间位置，用一个背景透明的标签来显示当前灯的倒计时。因此，需要 3 个形状控件和 3 个标签控件。因为交通灯的控制是通过时钟来控制的，所以需要加添加一个计时器控件，并设置其 Interval 属性值为 1 000。

（2）程序代码分析与设计

1）初始化设置。设置红、绿、黄灯的背景色为黑色，表示 3 盏灯都不亮；设置 3 盏灯倒计时标签的可见性为 False；设置 3 盏灯的控制时间，这个时间需要在以后的控制中用到，需要长久保存，可将其值放在对应形状控件的 Tag 属性中。

2）设置控制时间。在程序界面中，由于没有专门设置文本框来接收用户输入的设置值，因此，需用 InputBox 来接收用户的输入值，如 Shape1. Tag = Val（InputBox（" 请输入红灯开通时间：","系统提示"，Shape1. Tag）），然后及时更新对应灯的倒计时标签，如 Label1. Caption = Shape1. Tag。用户输入值时需要时间，建议在用户设置时，交通灯暂停，当用户设置完成后再重新启动。

3）控制交通灯。当倒计时没有结束时，灯不变，只是倒计时每次值减 1。当倒计时为 0 后，需要切换交通灯，切换交通灯需要完成的任务如下：首先打开指定灯，并关闭其他两只灯；其次，更新倒计时，前两项任务都不难。现在最困难的问题是第三个问题，即如何知道该切换到哪种颜色的灯。

分析一下题目中亮灯的顺序（从 0 开始）：0 为红灯、1 为黄灯、2 为绿灯、3 为黄灯、4 为红灯、5 为黄灯、6 为绿灯、7 为黄灯、8 为红灯、9 为黄灯、10 为绿灯、11 为黄灯……很容易发现，亮灯的顺序按固定顺序重复出现，与出生年份查生肖查的情况完全相似，因此也可用余数来处理。一个完整的过程有 4 个状态，即红、黄、绿、黄，显然要取 4 的余数：当余数为 0 时，红灯亮；当余数为 2 时，绿灯亮；当余数为 1 和 3 时，黄灯亮。可以设置一个控制变量来控制各灯的切换顺序，每次切换后，控制变量的值加 1，然后取的 4 的余数。

2. 设计一个应用程序实现书的移动，程序运行效果如图 4—3—4 所示。程序运行后，一本书在移动区内自动移动，用户可以控制书的移动方向和速度，移动方向分为上、下、左、右 4 个方向，速度分为停、慢、中、快 4 个档次。

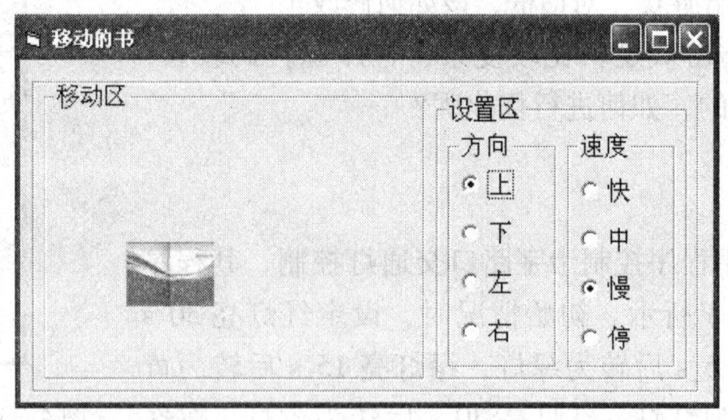

图 4—3—4　移动的书程序运行效果

分析与提示

（1）界面设计

移动的书项目界面比较简单，共有5个框架、1个图像控件、8单选框，单选框分两组，一组用于控制移动方向，另一组用于控制移动速度，控制书移动还需要一个计时器控件，设置计时器的Interval属性值为100。

（2）程序代码分析与设计

1）程序初始化。设置默认的移动方向和移动速度，本项目初始的移动方向向下，初始的移动速度为慢，因为移动方向和移动速度在书移动控制中多次用到，因此将其的值分保存在图像控制和窗体的Tag属性中。

2）速度控制。速度共分4个挡次，0表示速度为0即停止，1表示慢速，2表示中速，3表示快速，真正的速度值为速度对应的挡次编号乘以30。例如：

```
Private Sub Option5_Click()'快
    frmmain.Tag = 3
End Sub
```

3）方向的控制，给4个方向编号：0表示向上，1表示向下，2表示向左，3表示向右。当单选控制方向的单选框时，记录这个编号值，例如：

```
Private Sub Option1_Click()'上
    Image1.Tag = 0
End Sub
```

4）计时器处理。首先获取方向编号，根据方向编号来实现真正的移动，每次移动时，先根据速度来计算移动距离，其次对移动距离进行有效性判断，检查其是否已超书的移动范围，如果已超出范围则进行适当修正，最后才真正移动对象。关键代码如下：

```
        n = Val(Image1.Tag)
        Select Case n
        Case 0 '上
            pos = Image1.Top - 30 * Val(frmmain.Tag)
            If pos < 0 Then pos = 0
            Image1.Top = pos
        Case 1 '下
            pos = Image1.Top + 30 * Val(frmmain.Tag)
             If pos > Frame2.Height - Image1.Height Then pos = Frame2.Height - Image1.
Height
            Image1.Top = pos
        Case 2 '左
            pos = Image1.Left - 30 * Val(frmmain.Tag)
            If pos < 0 Then pos = 0
            Image1.Left = pos
        Case 3 '右
            pos = Image1.Left + 30 * Val(frmmain.Tag)
            If pos > Frame2.Width - Image1.Width Then pos = Frame2.Width - Image1.Width
            Image1.Left = pos
```

```
End Select
```

3. 设计一个图片浏览器，其运行效果如图4—3—5所示，单击“第一张”按钮，显示第一张图片，单击“上一张”按钮，显示上一张图片，直到显示到第一张图片时才不能继续向前，单击“下一张”按钮，显示下一张图片，直到显示到最后一张图片时才不能继续向后，单击“最后一张”按钮，将显示最后一张图片，要求图片显示在图片浏览区的中间位置。

图4—3—5　图片浏览器的运行效果

分析与提示

可用LoadPicture在代码中动态加载图片。为了方便管理图片，图片可以采用一定的规则命名，如可用“pic1”“pic2”“pic3”“pic4”…，在代码设计一个变量n来控制当前图片。

(1) 界面设计

图片浏览器项目界面比较简单，需要一个框架来表示显示区间，用一个图像控件来显示图片，4个命令按钮来控制图片显示即可。

(2) 程序代码分析与设计

1) 初始化。作为图片浏览器，启动程序时就会显示图片，本项目约定，图片浏览器启动时显示第一张图片，所以把Command1_Click放在窗体加载事件中。

2) 显示第一张图片。第一张图片的编号为1，由于编号需要长久使用，因此图片编号值应保存在frmmain. Tag中，动态生成第一张图片的文件标识符：通过App. Path获得当前应用程序的路径，然后加上图片文件名公共部分“pic”，再加图片编号，最后加上文件扩展名“. jpg”，由这四部分动态组成图片文件的标识符。有了文件标识符后，可用LoadPicture加载指定图片。因为项目要求图片居中显示，因此还要动态计算图像控件的Top属性和Left属性，程序代码如下：

```
Private Sub Command1_Click()'第一张
```

```
    Dim filepath As String
    Dim n As Integer
    '计算图片编号
    n = 1
    frmmain.Tag = n
    '加载图片
    filepath = App.Path
    If Right(filepath, 1) < > "\" Then filepath = filepath + "\"
    Image1.Picture = LoadPicture(filepath + "pic" + Trim(Str(n)) + ".jpg")
    '居中显示
    Image1.Left = (Frame1.Width - Image1.Width) /2
    Image1.Top = (Frame1.Height - Image1.Height) /2
End Sub
```

3）其他控制按钮的实现。其他控制按钮的处理内容与“第一张”按钮相同，只是图片编号的计算不同。“上一张”按钮中图片编号的计算方法为 n = n - 1：If n < 1 Then n = 1；“下一张”按钮中图片编号的计算方法为 n = n + 1：If n > 8 Then n = 8；“最后一张”按钮中图片编号的计算方法为 n = 8。因为本项目只提供了 8 张图片，所以图片的最大编号为 8。

课后练习

一、选择题

1. 在以下选项中，________属于运行时不可见控件。

A. 计时器控件　　B. 按钮控件　　C. 图片框控件　　D. 图像控件

2. 通过修改 Shape 控件的________属性，可绘制不同形状的图形。

A. Icon　　B. Picture　　C. Shape　　D. Style

3. 默认情况下，VB 图形坐标的原点在容器的________。

A. 左上角　　B. 左下角　　C. 右上角　　D. 右下角

4. 在以下选项中，确定控件的位置和大小所用属性与其他控件不同的是________。

A. Shape 控件　　B. Line 控件　　C. TextBox 控件　　D. Label 控件

5. 时钟控件的________属性可设置两个 Timer 事件间的毫秒数。

A. Enabled　　B. Interval　　C. Index　　D. Tag

6. 图片框控件的________属性可令图片框自动调整大小以适应图像的大小。

A. AutoSize　　B. Size　　C. Stretch　　D. Picture

7. 当图像控件的________属性值为________时，图像自动调整大小以占满图像控件。

A. AutoSize True　　B. AutoSize False　　C. Stretch True　　D. Stretch False

8. KeyDown 事件的 Shift 参数的值不包括________。

A. 1　　B. 2　　C. 16　　D. 4

9. 以下不属性对象键盘相关事件的是________。

A. KeyDown　　B. KeyPress　　C. KeyUp　　D. KeyMove

10. A 对应的 ASCII 码为________。

A. 48　　B. 65　　C. 97　　D. 0

二、综合题

1. 设计一个密码验证程序，程序界面如题图 4—1 所示。要求对用户名和密码进行非空判断和合法性检查。当用户名为空时，提示用“请输入用户名!”，当密码为空时，提示用户“请输入密码!”，当用户名不正确时，提示用户“用户名输入错误!”，当密码不正确时，提示用户“密码输入错误!”，如果用户名和密码均正确，则显示“恭喜你通过验证！可以进入美好生活了。”，密码字符设置为“*”。用户输入用户名后按 Enter 键后，光标移动至密码框，输入密码按 Enter 键后，执行“登录”按钮的代码。

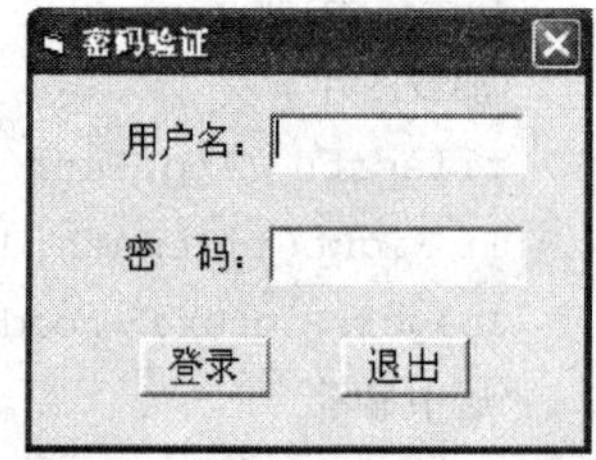

题图 4—1　密码验证程序界面

2. 设计一个倒计时程序，其运行效果如题图 4—2 所示，在窗体上方显示“新年即将来临，让我们闭上眼睛，用心去数，迎接那个激动人心时刻的到来!”，在窗体中心位置显示倒计时牌，显示内容设置宋体、加粗、一号字，倒计时结束在计时牌中显示“新年到!”，窗体下方是“倒计时”按钮，单击该按钮即开始倒计时，同时该按钮变为不可以用状态，直到倒计时结束。当“倒计时”按钮为有效状态时，可单击窗体显示一个输入框来实现倒计时秒数。

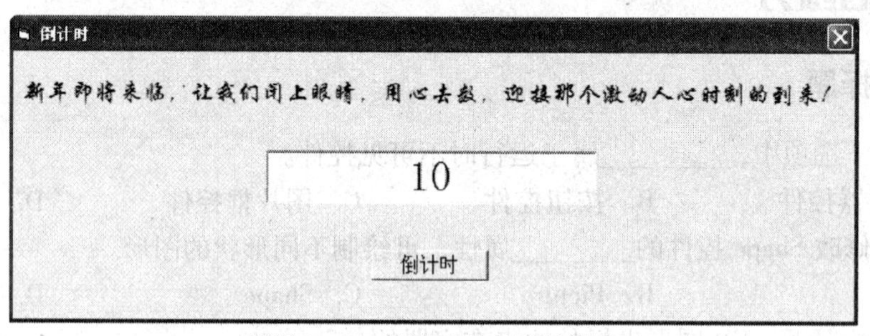

题图 4—2　倒计时程序运行效果

3. 设计一个查询小工具，其运行效果如题图 4—3 所示，在文本框中输入字符，动态显示字符对应的 ASCII 码和键盘编码，在窗体的右边显示查询历史。当输入字符能激发 KeyPress事件（包括不可见字符）时，结果提示用输入字符，如查询历史列表框的第 1 项；当输入字符不能激发 KeyPress 事件时，结果提示中直接用“按键”表示输入字符，如查询历史列表框的第 2 项。

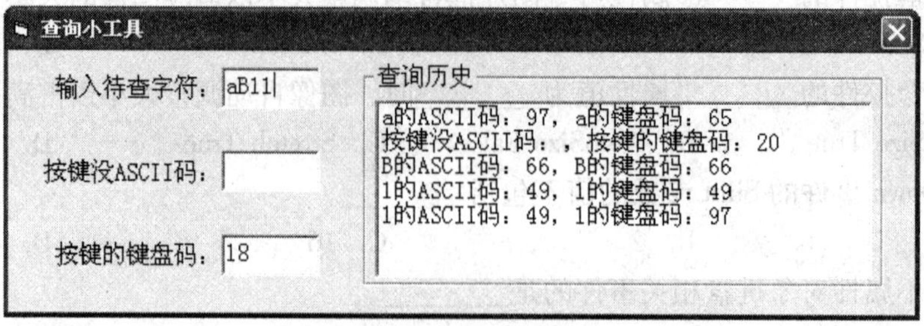

题图 4—3　查询小工具的运行效果

项目五　制作“随手涂鸦”

本项目用 VB 6.0 设计一个随手涂鸦应用程序，能让用户非常安全非常文明地自由涂鸦。程序的运行效果如图 5—0—1 所示。

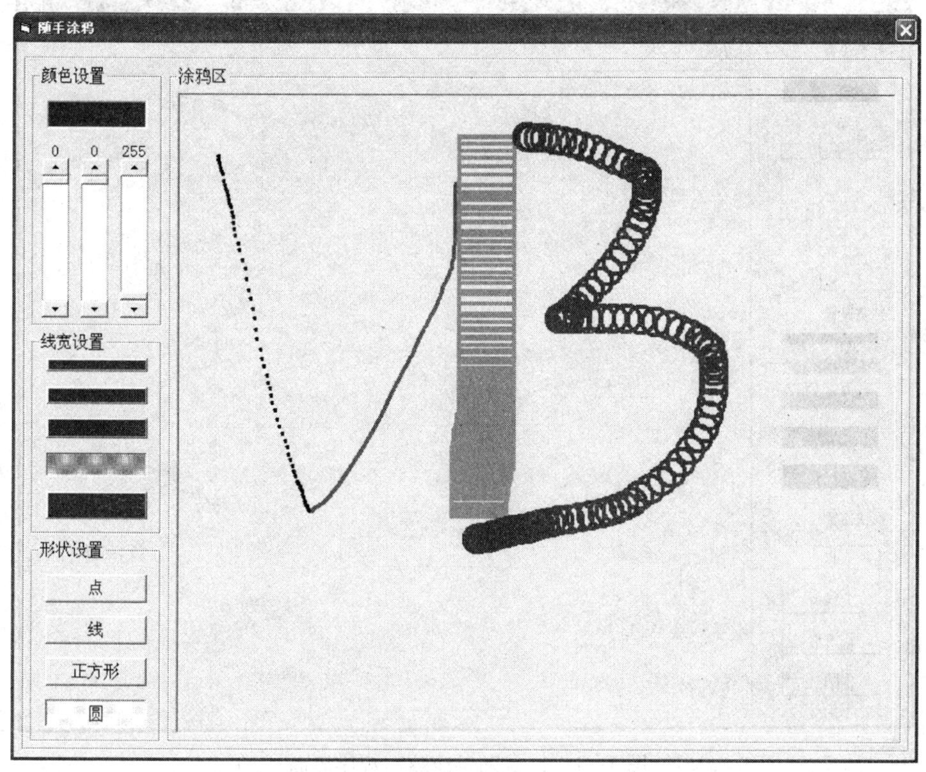

图 5—0—1　“随手涂鸦”程序的运行效果

本项目将分为以下几个环节来完成。

1. 完成项目界面制作。
2. 利用鼠标的按下、弹出、移动等事件，实现随手涂鸦功能。

任务一　界 面 制 作

学习目标

1. 掌握滚动条控件的常见属性、方法和事件。
2. 灵活应用单选框控件。

任务描述

“随手涂鸦”程序界面如图5—1—1所示。颜色的设置通过红、绿、蓝3个颜色分量值由RGB函数实现，分量值的调节通过滚动条来实现，而且要求及时显示对应值和调节的颜色。对于线宽设置，提供5种不同的线宽选择，分别为1个像素、2个像素、3个像素、4个像素、5个像素；形状设计有4个选择，分别为点、线、正方形、圆。

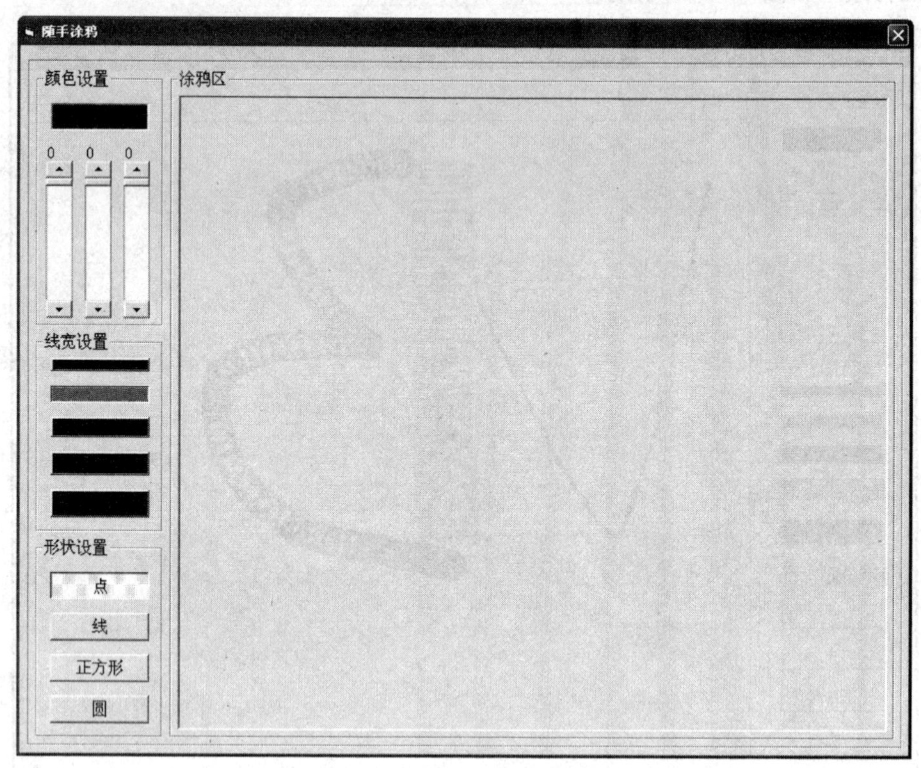

图5—1—1 “随手涂鸦”程序界面

相关知识

滚动条可分为水平滚动条和垂直滚动条两种，分别通过水平滚动条控件和垂直滚动条控件来创建。两种滚动条只是方向不同，其功能和操作完全相同。

水平滚动条的最左端代表最小值，最右端代表最大值；垂直滚动条的最上端代表最小值，最下端代表最大值；单击滚动条两端的三角形能移动的距离，称为最小改变值；单击滚动条两端与滑块间的空白区域能移动的距离，称为最大改变值。

一、滚动条控件的常用属性

1. Min属性——用于设置或返回滚动条的最小值，其取值范围为 – 32 768 ~ 32 767，Min属性的默认值为0。

2. Max属性——用于设置或返回滚动条的最大值，其取值范围为 – 32 768 ~ 32 767，

Max 属性的默认值为 32 767。

3. Value 属性——用于设置或返回滚动条的当前值。

4. SmallChange 属性——表示最小改变值，即单击滚动条两端的箭头时滚动条的改变值。

5. LargeChange 属性——表示最大改变值，即单击滚动条的空白处时滚动条的改变值。

二、滚动条的常用事件

1. Scroll 事件——当鼠标拖动滚动块时，触发该事件。

2. Change 事件——当改变滚动条的值（Value）时，触发该事件。

任务实施

一、确定属性表

根据应用程序需求完成属性表，主要对象的关键属性见表 5—1—1，然后根据属性表完成应用程序界面的设计制作。程序中所有显示文字均为宋体、小四号字。

表 5—1—1　　主要对象的关键属性

对象	属　性	属　性　值	说　　明
窗体	Caption	随手涂鸦	
	Name	frmmain	
	Width	13395	
	Height	10800	
	Borderstyle	1	
滚动条	Name	vsbred	控制红色分量值调节
	Max	255	
	Min	0	
	SmallChange	1	
	LargeChange	10	
滚动条	Name	vsbgreen	控制绿色分量值调节 其他属性同 vsbred
滚动条	Name	vsbblue	控制蓝色分量值调节 其他属性同 vsbred
标签	Name	lblred	显示红色分量值
标签	Name	lblgreen	显示绿色分量值
标签	Name	lblblue	显示蓝色分量值
标签	Name	lblbkcolor	颜色预览
单选框	Name	optl1	1 个像素宽度线宽
单选框	Name	Optl2	2 个像素宽度线宽
单选框	Name	Optl3	3 个像素宽度线宽
单选框	Name	Optl4	4 个像素宽度线宽
单选框	Name	Optl5	5 个像素宽度线宽
单选框	Name	optshape1	点状态

续表

对象	属　　性	属 性 值	说　　明
单选框	Name	Optshape2	线状态
单选框	Name	Optshape3	正方形状态
单选框	Name	Optshape4	圆状态
图片框	Name	picdraw	涂鸦绘图区
框架	Name	Frame4	
	Caption	颜色设置	
框架	Name	Frame2	
	Caption	线宽设置	
框架	Name	Frame5	
	Caption	形状设置	
框架	Name	Frame3	
	Caption	涂鸦区	

二、控件绘制与布局

在窗体中，添加一个没有标题的框架作为整个应用程序的框架，然后在左边添加 3 个宽度为 1 935 缇的框架，垂直排列，分别用于显示颜色设置、线宽设置和形状设置，右边是一个大框架，中间绘制一个图片框作为涂鸦绘图区，程序界面如图 5—1—2 所示。

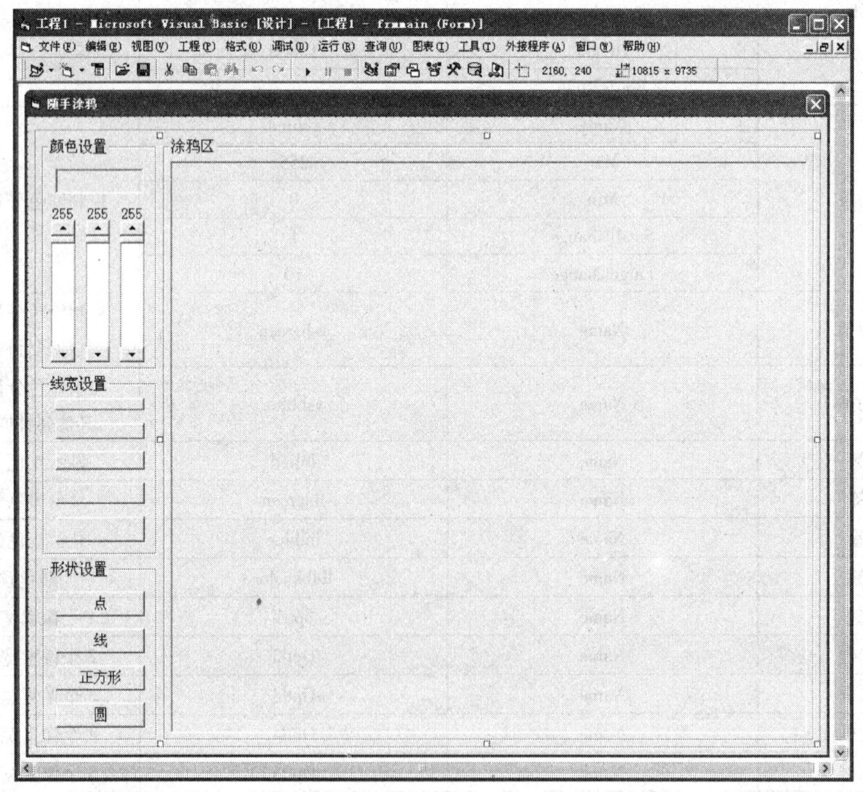

图 5—1—2　程序界面

任务二　游戏功能的实现

学习目标

1. 理解 VB 6.0 中坐标的特点。
2. 掌握 VB 6.0 提供的绘图方法。
3. 掌握鼠标相关事件。

任务描述

任务一完成界面制作后，尽管看起来，制作出的应用程序与项目要求差不多，但项目一运行，所有操作都达不到预期效果，因此任务二的主要任务是完成游戏的各个功能，能让用户开心随手涂鸦，“随手涂鸦”程序的运行效果如图 5—2—1 所示。

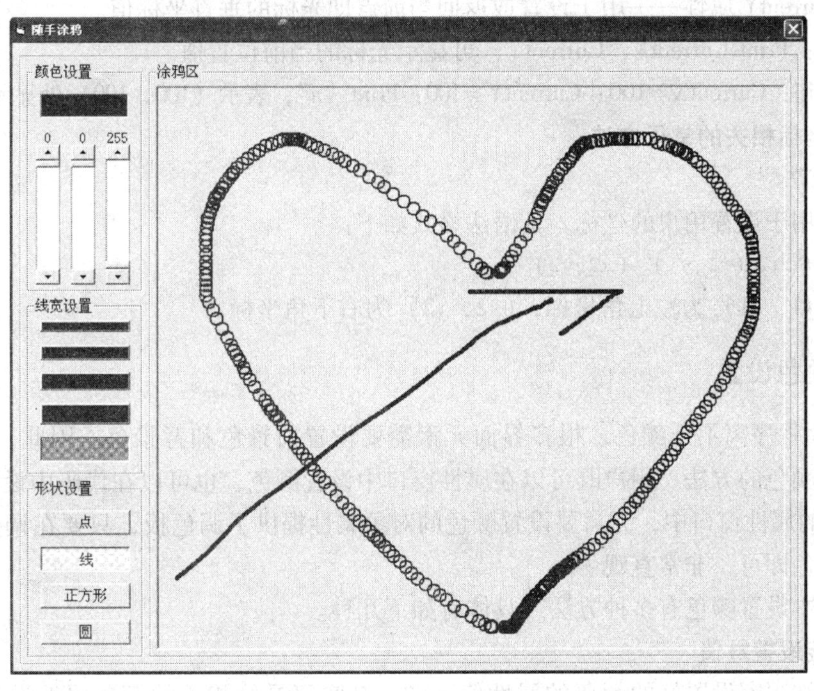

图 5—2—1　“随手涂鸦”程序的运行效果

相关知识

一、Visual Basic 的图形坐标系

在 VB 中，每个容器都有一个对应的坐标系，容器内每个对象都可通过该坐标系确定对

象的位置和大小。

默认情况下，坐标原点位于容器的左上角，X 轴的正方向向右，Y 轴的正方向向下，刻度单位为缇（Twip），但坐标原点、坐标轴方向和刻度均可根据需要改变。

1. 与坐标相关的常见属性

（1）ScaleMode 属性——用于设置或返回对象坐标的度量单位，其有 8 个值：0 - user 表示用户自定义；1 - twip 表示缇，系统默认设置；2 - point 表示磅，每英寸约为 72 磅；3 - pixel 表示像素，像素是监视器或打印机分率的最小单位，每英寸里像素的数目由系统设备的分辨率决定；4 - character 表示字符，打印时，一个字符高 1/6 英寸，宽 1/12 英寸；5 - inch 表示英寸，每英寸为 2.54 cm；6 - millimeter 表示毫米；7 - centimeter 表示厘米。默认值为 1（vbTwip）。

（2）ScaleLeft 属性——用于返回/设置对象左边界的水平坐标。

（3）ScaleTop 属性——用于返回/设置对象上边界的垂直坐标。

（4）ScaleWidth 属性——用于返回/设置对象内部的水平度量的单位数。

（5）ScaleHeight 属性——用于返回/设置对象内部的垂直度量的单位数。

（6）CurrentX 属性——用于设置或返回当前点即光标的水平坐标值。

（7）CurrentY 属性——用于设置或返回当前点即光标的垂直坐标值。

如语句：Print CurrentX，CurrentY，可显示光标的当前位置值。

又如语句：CurrentX = 100：CurrentY = 100：Print “a”，表示（100，100）处显示字符“a”。

2. 与坐标相关的常见方法

Scale 方法

该方法用于设置用户的坐标。其语法格式如下：

```
[对象.]Scale(x1,y1)-(x2,y2)
```

其中（x1，y1）为左上角坐标，（x2，y2）为右下角坐标。

二、颜色设置

VB 应用程序离不开颜色，很多界面元素需要设置前景色和背景色。因此，VB 也提供了多种设置颜色的方法。用户既可以在属性窗口中设置颜色，也可以在代码中设置颜色。

在 VB 的属性窗口中，为需要设置颜色的对象属性提供了调色板，只要在调色板中直接选择所需颜色即可，非常直观。

在代码中设置颜色有多种方法，具体有如下几种。

1. 直接设置数值

通过仔细观察设置好的颜色的属性值可知，其实只是给相关的颜色属性设置了一个数值，因此可通过直接设置或修改该数值来修改颜色值。设置值既可以用十进制数，也可以用十六进制数，一般常用十六制数。如 Form1. BackColor = &H8000000F&。

2. 直接设置颜色常数

在 VB 中，已预先定义好部分颜色常数，例如，vbRed 表示红色，vbBlue 表示蓝色，vbBlack 表示黑色，vbGreen 表示绿色，vbWhite 表示白色。因此，可以直接将颜色常数赋给相关属性，如 Form1. BackColor = vbBlue。

3. 使用 QBColor 函数

QBColor 函数起源于早期的 Basic 版本 QBasic，它是根据颜色码来确定对应的颜色的。QBColor 函数的语法格式如下：

QBColor（颜色码）

其中，颜色码的取值范围为 0～15。颜色码与颜色对应表见表 5—2—1。

表 5—2—1 颜色码与颜色对应表

颜色码	颜　色	颜色码	颜　色
0	黑色	8	灰色
1	蓝色	9	亮蓝色
2	绿色	10	亮绿色
3	青色	11	亮青色
4	红色	12	亮红色
5	洋红色	13	亮洋红色
6	黄色	14	亮黄色
7	白色	15	亮白色

例如，Form1. BackColor = QBColor（4），表示设置窗体的背景颜色为红色。

4. 使用 RGB 函数

红、绿、蓝是 3 种基本颜色，由这 3 种基本颜色可组合产生出各种颜色。RGB 函数是根据输入的代表红、绿、蓝 3 种颜色的数值来产生颜色的。

RGB 函数的语法格式如下：

```
RGB(red,green,blue)
```

其中，red、green、blue3 个参数分别表示所产生的颜色中红色的成分、绿色的成分、蓝色的成分，3 个参数的取值范围均为 0～255。

如设置窗体的背景色为红色：Form1. BackColor =RGB（255，0，0）。

常用标准颜色的 RGB 值为黑色（RGB（0，0，0））、蓝色（RGB（0，0，255））、绿色（RGB（0，255，0））、红色（RGB（255，0，0））、白色（RGB（255，255，255））、青色（RGB（0，255，255））、洋红色（RGB（255，0，255））、黄色（RGB（255，255，0））。

三、绘图方法

VB 不仅提供了绘图控件，而且还提供了一些绘图方法，可以更加灵活地绘制图形。

1. 画点方法

画点方法（PSet）可以在对象的指定位置按指定的颜色画点。

PSet 方法的语法格式如下：

```
[对象]Pset [Step](x,y)[,颜色]
```

说明：

（1）x 和 y 指定画点位置，颜色参数指定画点颜色。

（2）Step 指明 x 和 y 不是绝对坐标值，而是相对于当前点的相对坐标。

例如，在窗体的中间点画一个红点，可用以下两种方法。

```
(1)PSet(ScaleWidth/2,ScaleHeight/2),vbRed
```

```
(2)CurrentX = ScaleWidth/2
   CurrentY = ScaleHeight/2
   PSet Step(0,0),vbRed
```

2. 画直线、矩形的方法

画直线、矩形均使用 Line 方法。

Line 方法的语法格式如下：

```
[对象.]Line [Step](x1,y1) - [Step](x2,y2)[,<颜色>][,B[F]]
```

说明：

（1）（x1，y1）-（x2，y2）指定直线的两端点或矩形的左上角与右下角两个顶点坐标。

（2）Step 指定坐标为相对坐标。

（4）颜色指定绘图颜色。

（5）B 表示画矩形，只有选中 B 才能选 F，F 表示要填充矩形。

（6）执行 Line 方法后，当前点位于（x2，y2）处。

如：

```
Line(200,200) - (800,200),vbRed          '画一条红色的水平线
Line(100,100) - (500,500),vbRed,BF       '画一个填充的红色正方形
```

3. 画圆方法

画圆方法（Circle）可用来画圆、椭圆、圆弧或扇形。

Circle 方法的语法格式如下：

```
[对象.]Circle [Step](x,y),半径[,颜色,起点,终点,纵横比]
```

说明：

（1）（x，y）指定圆心，可用 Step 来指定相对坐标。

（2）半径指定圆的大小。

（3）颜色为圆的绘图颜色。

（4）起点和终点按逆时针方向指定画圆弧或扇形的起点和终点，以弧度为单位，起点的默认值为 0，终点的默认值为 2 π。若起点和终点均为正数则画圆弧，若其中有一个值为负数，则多画一条从圆心引出的线段，若两个值均为负数，则画一个封闭的扇形。

（5）纵横比指定圆的纵轴与横轴的尺寸比。当纵横比为 1 时，画一个正圆，当纵横比大于 1 时，画一个拉高的椭圆，当纵横比小于 1 时，画一个压扁的椭圆。

（6）除了半径和圆心参数外，其他参数均可省略，但若省略前面的参数，前面参数后的逗号不能省略。

小提示

用绘图方法绘图时，可用 DrawWidth 属性来改变边线的粗细，可用 DrawStyle 属性来设置线的样式。

如：

```
Form1.DrawWidth = 3
Circle(2000,2000),1000,vbRed,,,2      '画一个拉高的椭圆
```

注意：纵横比参数“2”前有 3 个逗号，因为其省略了画圆的起点和终点参数，因此其后的逗号仍然要保留。

4. 清除图形方法

清除图形方法（Cls）可清除窗体或图片框中由图形语句绘制的图形，清除后被清除区域以背景色填充，而且当前点也移到了坐标原点，即 CurrentX = 0，CurrentY = 0。

四、鼠标事件

很多对象不仅支持 Click 事件和 DblClick 事件，而且还支持 MouseDown 事件、MouseMove 事件和 MouseUp 事件。

1. MouseDown 事件

在对象上按下鼠标时，会激发 MouseDown 事件，MouseDown 事件的语法格式如下：

对象_MouseDown（Button As Integer，Shift As Integer，X As Single，Y As Single）

说明：

（1）参数 Button 是一个整数，表示用户按下鼠标哪个按键，其有 8 个值：0 表示没有按键；1 表示左键；2 表示右键；3 表示中键；4 表示左右键；5 表示左中键；6 表示右中键；7 表示左中右键。

（2）参数 Shift 是一个整数，表示当鼠标按下时，Shift 键、Ctrl 键、Alt 键是否同时按下，其有 8 个值：0 表示没按 Shift 键；1 表示按了 Shift 键；2 表示按了 Ctrl 键；3 表示按下“Ctrl + Shift”组合键；4 表示按了 Alt 键；5 表示按下“Alt + Shift”组合键；6 表示按下“Alt + Ctrl”组合键；7 表示按下“Alt + Ctrl + Shift”组合键。

（3）参数 X 和 Y，表示鼠标指针的坐标位置。

2. MouseMove 事件

在对象上移动鼠标时，会激发 MouseMove 事件，MouseMove 事件的语法格式如下：

对象_MouseMove（Button As Integer，Shift As Integer，X As Single，Y As Single）

MouseMove 事件的各个参数与 MouseDown 事件的参数意义完全相同。

3. MouseUp 事件

在对象上按下鼠标，释放时会激发 MouseUp 事件，MouseUp 事件的语法格式如下：

对象_MouseUp（Button As Integer，Shift As Integer，X As Single，Y As Single）

MouseUp 事件的各个参数与 MouseDown 事件的参数意义完全相同。

任务实施

一、系统初始化

系统初始化的主要任务如下。

1. 初始化颜色设置区。

2. 设置初始绘图色，线宽选择选项的背景会随绘图颜色的改变而改变，因此要及时用绘图颜色更新各个线宽选项的背景色。

3. 设置初始线宽和形状。

4. 设置 3 个控制变量的初值，一个控制变量用来标识是否已处于画线状态：1 表示未处于画线状态，2 表示已处于画线状态；另两个控制变量用于保存上一点的坐标值，这些值需要在两个事件中使用，且需要将其保存在 Tag 属性中。

相关代码如下：

```
Private Sub Form_Load()'初始化
    Dim r As Integer
    Dim g As Integer
    Dim b As Integer
    '初始化颜色设置区
    lblred.Caption = vsbred.Value
    lblgreen.Caption = vsbgreen.Value
    lblblue.Caption = vsbblue.Value
    r = Val(vsbred.Value)
    g = Val(vsbgreen.Value)
    b = Val(vsbblue.Value)
    lblbkcolor.BackColor = RGB(r,g,b)
    '设置初始绘图色
    picdraw.ForeColor = lblbkcolor.BackColor
    optl1.BackColor = lblbkcolor.BackColor
    optl2.BackColor = lblbkcolor.BackColor
    optl3.BackColor = lblbkcolor.BackColor
    optl4.BackColor = lblbkcolor.BackColor
    optl5.BackColor = lblbkcolor.BackColor
    '设置初始线宽
    optl2.Value = True
    picdraw.DrawWidth = 2
    '设置初始形状
    optshape1.Value = True
    '处理 3 个重要数据
    picdraw.Tag = 1  '将是否已画线标志保存在绘图图片框的 Tag 属性中
    Frame3.Tag = 0  '将 y 保存在绘图图片框外的框架的 Tag 属性中
    Frame1.Tag = 0  '将 x 保存在最外层框架的 Tag 属性中
End Sub
```

二、颜色设置处理

通过 3 个滚动条来调整 RGB 3 个颜色分量值，3 个垂直滚动条的实现方法几乎完全一致，主要完成以下任务。

1. 更新滚动条上方保存对应颜色分量值的标签标题属性值。
2. 获得 3 个滚动条的当前值，通过 RGB 获得对应的颜色，并更新颜色预览标签的背景色。
3. 更新绘图颜色和各个线宽选择选项单选框的背景色。

控制蓝色分量的滚动条控制代码如下：

```
Private Sub vsbblue_Change()
    Dim r As Integer
    Dim g As Integer
```

```
    Dim b As Integer
    lblblue.Caption = vsbblue.Value
    r = Val(vsbred.Value)
    g = Val(vsbgreen.Value)
    b = Val(vsbblue.Value)
    lblbkcolor.BackColor = RGB(r,g,b)
    picdraw.ForeColor = lblbkcolor.BackColor
    optl1.BackColor = lblbkcolor.BackColor
    optl2.BackColor = lblbkcolor.BackColor
    optl3.BackColor = lblbkcolor.BackColor
    optl4.BackColor = lblbkcolor.BackColor
    optl5.BackColor = lblbkcolor.BackColor
End Sub
```

三、线宽设置

线宽设置很简单，只需改变 picdraw. DrawWidth 的值即可。选择线宽为 1 的控制代码如下：

```
Private Sub optl1_Click()
    picdraw.DrawWidth = 1
End Sub
```

四、形状选择与随手涂鸦

形状的选择直接在随手涂鸦中处理。随手涂鸦控制代码写在 picdraw_MouseMove 事件中，其中主要任务如下。

1. 识别选择的绘图形状，通过检查绘图形状对应单选框是否选中来识别用户选择了哪个绘图形状。

2. 拖动鼠标左键绘图，检查当前按键是否为左键。

3. 绘制点、正方形、圆都只与鼠标的当前位置有关，直接用相关绘图方法绘图即可。正方形的绘制规则是，以鼠标当前点为中心，边长值为线宽值乘以 200；圆的绘制规则是，以光标的当前点为圆心，以线宽值乘以 100 为半径。

4. 画线功能是将上一点与当前点连接起来，需要获得前一点的坐标。通过 3 个变量来控制：一个变量为标志变量，用于判断是否刚开始画线；另两个变量用于保存上一点的坐标值。在非画线方式时，标志变量值为 1；在画线方式时，其值为 2。当系统进入画线方式时，先检查标志变量的值来判断是否刚进入画线状态，若其值为 1，表示首次进入画线状态时，此时上一点的位置就是当前位置，即刚进入画线状态不画线而是画一个点，保存当前点坐标作为下次画线的起点，同时修改该标志变量的值为 2；若其值为 2，表示非首次进入的画线状态，需要把上一点和当前点连接起来，同时，把保存的当前点作为下一次画线的起点。

程序源代码如下：

```
Private Sub picdraw_MouseMove(Button As Integer,Shift As Integer,X As Single,Y As Single)'绘图
    Dim LineDraw As Integer
    Dim lastx As Long,lasty As Long
```

```
    LineDraw = picdraw.DrawWidth
    If Button = 1 Then
        Select Case True
        Case optshape1.Value'点
            picdraw.PSet(X,Y)
            picdraw.Tag = 1
        Case optshape2.Value'线
            If Val(picdraw.Tag) = 1 Then
                lastx = X
                lasty = Y
                picdraw.Tag = 2
            Else
                lastx = Val(Frame1.Tag)
                lasty = Val(Frame3.Tag)
            End If
            picdraw.Line(lastx,lasty) - (X,Y)
        Case optshape3.Value'正方形
            picdraw.Line(X - LineDraw * 100,Y - LineDraw * 100) - (X + LineDraw * 100,Y
+ LineDraw * 100),,B
            picdraw.Tag = 1
        Case optshape4.Value'圆
            picdraw.Circle(X,Y),LineDraw * 50
            picdraw.Tag = 1
        End Select
        Frame1.Tag = X
        Frame3.Tag = Y
    End If
End Sub
```

五、其他代码编写

1. MouseUp 事件

以上的随手涂鸦代码运行后，每次从其他方式转为画线状态时，程序很正常，但连续两次画线时，便会发现后一次的画线总从上一条线的末尾位置开始，严重影响随手涂鸦的自由性。通过分析发现，画线标志变量在画线结束后没有改变，在第二次画线时，系统认为是上一次的画线的延续，因此，上一条线的最后点便成了新线的起点。为此，需要在画线结束时，改变标志变量的值，那如何来判断画线是否已结束呢？用户按下鼠标开始画线，画线结束后松开鼠标，由此可知，用户松开鼠标即表示画线结束，因此可把改变标志变量和坐标变量的值的相关代码放在 MouseUp 事件中。其程序代码如下：

```
Private Sub picdraw_MouseUp(Button As Integer,Shift As Integer,X As Single,Y As
Single)
    '处理 3 个重要数据
        picdraw.Tag = 1  '将是否已画线标志保存在绘图图片框的 Tag 属性中
```

```
        Frame3.Tag = 0  '将 y 保存在绘图图片框外的框架的 Tag 属性中
        Frame1.Tag = 0  '将 x 保存在最外层框架的 Tag 属性中
End Sub
```

2. 清空图形

按下鼠标右键清除所画图形，清除程序代码如下：

```
Private Sub picdraw_MouseDown(Button As Integer,Shift As Integer,X As Single,Y As Single)'清除
    If Button = 2 Then
        picdraw.Cls
    End If
End Sub
```

一、鼠标按钮常量

在鼠标事件中，可用数字来表示鼠标按钮，但意义不明确。其实，VB 提供了专门的常量来表示各个鼠标按钮：vbLeftButton 表示鼠标左键；vbRightButton 表示鼠标右键；vbMiddleButton 表示鼠标中键。

二、改变鼠标指针

在 VB 中，通过 MousePointer 属性和 MouseIcon 属性可以改变鼠标指针。

1. MousePointer 属性

MousePointer 属性用于设置鼠标指针的形状。在程序运行时，鼠标经过控件就会显示出 MousePointer 属性设置的形状。

对于窗体对象，当鼠标经过空白区域或窗体中 MousePointer 属性值为 0 的控件时，鼠标会显示窗体的 MousePointer 属性值设置的形状。

MousePointer 属性的各个常数值及其描述见表 5—2—2。

表 5—2—2　　MousePointer 属性的各个常数值及其描述

常数	值	描述	常数	值	描述
vbDefault	0	默认值	vbSizeNWSE	8	左上—右下尺寸线
vbArrow	1	箭头	vbSizeWE	9	水平尺寸线
vbCrosshair	2	十字线	vbUpArrow	10	向上箭头
vbIbeam	3	I 型标	vbHourglass	11	沙漏
vbIconPointer	4	图标	vbNoDrop	12	不允许放下
vbSizePointer	5	尺寸线	vbArrowHourglass	13	箭头和沙漏*
vbSizeNESW	6	右上—左下尺寸线	vbArrowQuestion	14	箭头和问号*
vbSizeNS	7	垂直尺寸线	vbSizeAll	15	四向尺寸线*
vbCustom	99	通过 MouseIcon 属性所指定的自定义图标			

* 仅在 32 位 Visual Basic 5.0 中使用。

2. MouseIcon 属性

在 VB 6.0 中，不但可以选用系统预定义的鼠标指针形状，而且还可以使用自定义的鼠标指针形状，当 MousePointer 属性为 99 时，可通过 MouseIcon 属性来加载自定义的鼠标指针。与 Icon 或 Picture 属性一样，单击 MouseIcon 属性栏右边的省略号，会显示一个“加载图标”的对话框，通过该对话框找到指定的图标文件后，单击“打开”按钮确定即可。

任务三　巩固训练

一、项目拓展

1. 项目功能扩展

（1）在已完成的随手涂鸦程序中，线宽的 5 个选项只是改变绘图对象的 DrawWidth 属性值，对于画点和画线，完全能满足绘图控制的需要；而对于画正方形和画圆，还需一个参数来控制正方形或圆的大小，请增加一个功能控制图形大小，并在形状设置框架中的选项“圆”的下方，增加一个标签和一个文本框，用来提示和接受用户输入图形大小的设置值，在画点和画线时，应将该功能锁定；在画正方形和画圆时，可通过该功能来设置图形的大小，如图 5—3—1 所示。

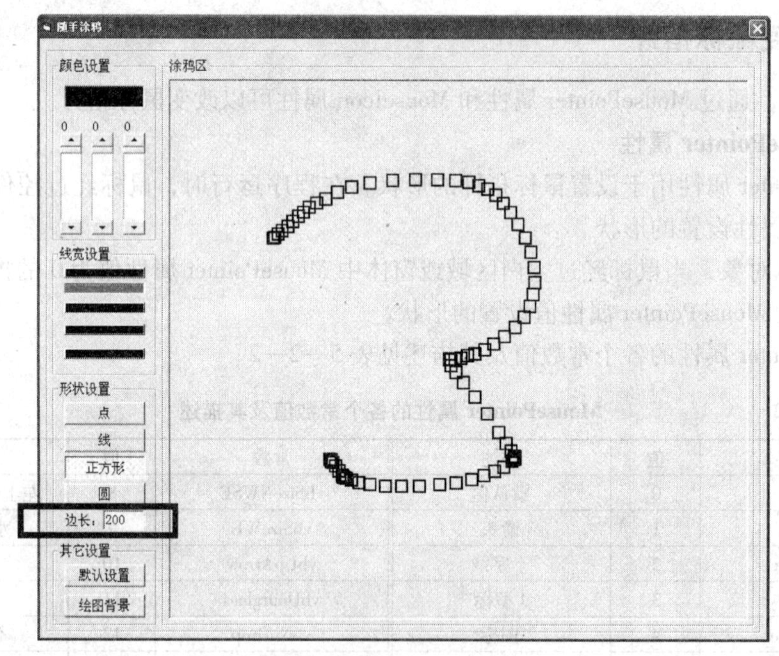

图 5—3—1　增加图形大小设置功能

（2）很多软件都可以隐藏工具栏或设置区，现增加一个功能，单击“涂鸦区”框架，可以显示或隐藏左边的设置区，隐藏设置区后的程序运行效果如图 5—3—2 所示。

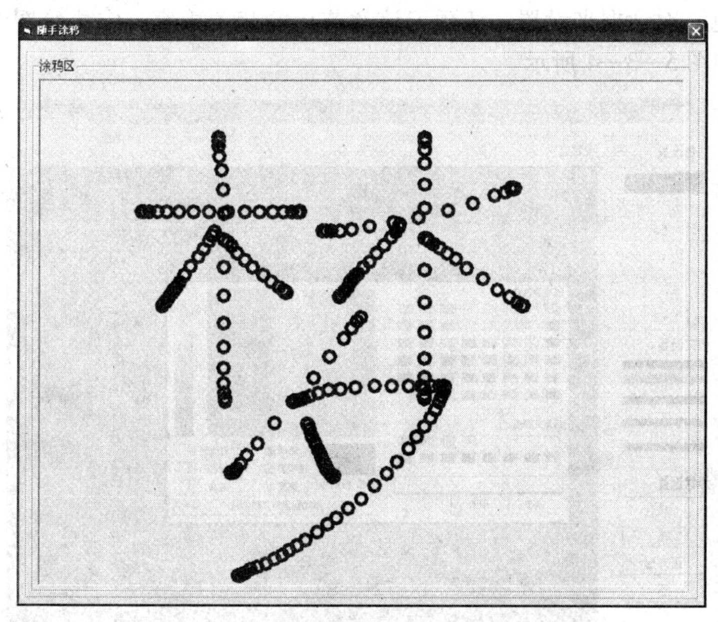

图 5—3—2　隐藏设置区后的程序运行效果

（3）在“形状设置”框架的下方增加一个“其他设置”框架，然后在其上添加命令按钮“默认设置”，其功能是恢复程序刚启动时的各个选项值，即黑色、2 个像素宽度、画点，如图 5—3—3 所示。

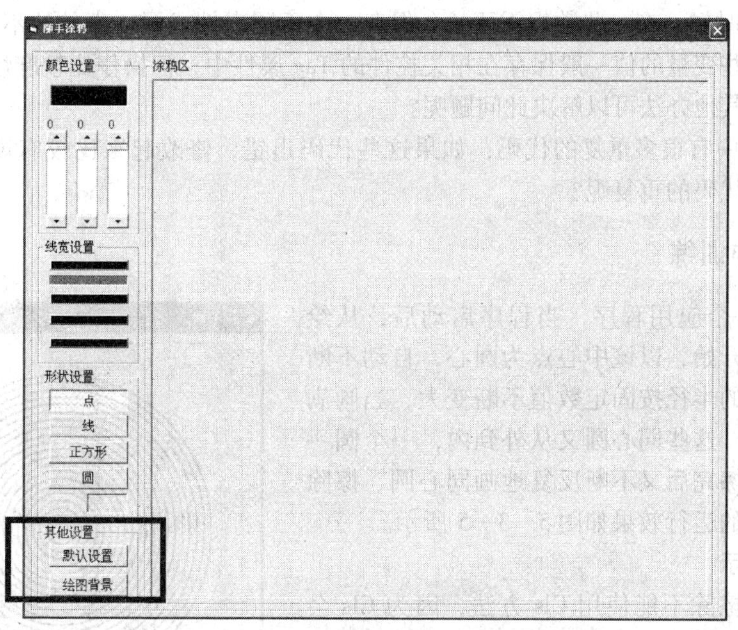

图 5—3—3　增加“默认设置”按钮

2. 问题与思考

（1）在“其他设置”框架中再增加一个命令按钮“绘图背景”，其主要功能是设置绘图区的背景，因为屏幕高度限制，不能在界面上直接增加设置界面，因此需要使用后继章节中学习的“颜色”对话框来设置，请预习该章节后的相关内容，完成绘图背景颜色设置功能，最终效果如图 5—3—4 所示。

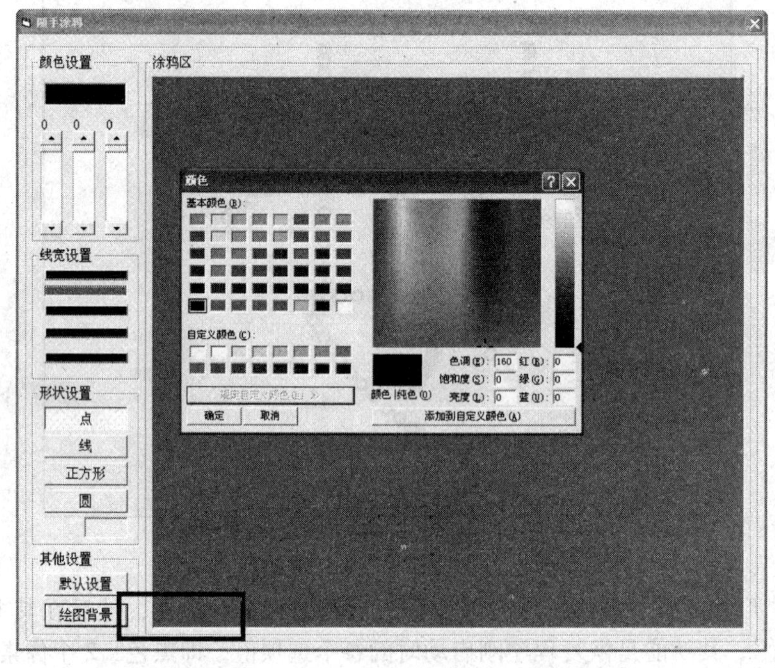

图 5—3—4　设置绘图背景颜色后的最终效果

（2）很多时候，有一些数据需要长久保存，在不同事件或同一事件的不同执行过程中，多次使用，这些变量的值一般保存在相关控件的 Tag 属性中，但操作比较麻烦，而且不太好理解，有没有其他办法可以解决此问题呢？

（3）项目中有很多重复的代码，如果这些代码出错，修改起来比较麻烦，有没有比较好的方法减少代码的重复呢？

二、延伸训练

1. 设计一个应用程序，当程序启动后，从绘图区中心位置开始，以该中心点为圆心，自动不断画同心圆，圆的半径按固定数值不断变大，当画满整个绘图区后，这些同心圆又从外到内，一个圆一个圆的擦除，擦完后又不断反复地画同心圆、擦除同心圆，程序的运行效果如图 5—3—5 所示。

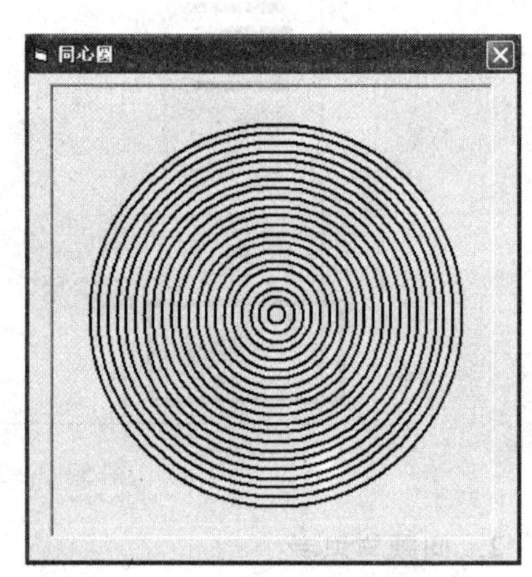

图 5—3—5　不断反复地画同心圆、擦除同心圆程序的运行效果

分析与提示

同心圆的擦除不能使用 Cls 方法，因为 Cls 会清除所有图形，对于部分图形的擦除应该用特殊的方法。例如，在同心圆位置用容器背景颜色再画一个完全一样的圆，就能遮住原来的同心圆，从而达到视觉上的擦除效果。

（1）界面设计

程序的界面很简单，在窗体上添加一个图片框控件，要求图片框控件为一个正方形，再添加一个计时器控件，计时器的 Interval 属性值为 100。

（2）代码分析与设计

自动反复画同心圆可以在计时器的 Timer 事件中实现，不断增加圆的半径值，即可实现画同心圆的效果，这部分功能比较简单，目前的困难是如何擦除同心圆，如何控制什么时候画同心圆、什么时候擦除同心圆。

擦除同心圆可在同心圆的位置再用容器背景颜色再画一个同样大小的圆，那如何知道要擦除同心圆的位置呢？这就要求同心圆有一定规律，任何时候都能很方便地定位圆的位置，本程序设计一个同心圆计数器 n，每个同心圆的半径都是由该计数器乘以 100 后算出的，因此只要确定计数器 n 的值，就能确定同心圆的位置，画同心圆时，计数器 n 的值从 1 开始，不断增加，每次变化值为 1，当达到一定数目时，计数器 n 从最大值开始，不断减少，每次的变化值也是 1，再设置一个方向控制变量 t，当 t 为 1 时，n 的值不断增加，当 t 为 -1 时，n 的值不断减少，分别为 t 的两个值设置不同的绘图颜色，当 n 的值到临界点 1 或最大值时，将 t 取相反数。程序主要代码如下：

```
Private Sub Timer1_Timer()
    Dim n As Integer
    Dim t As Integer
    Dim r As Integer
    Dim x As Long
    Dim y As Long
    Dim mycolor As Long
    n = Val(frmmain.Tag)
    t = Val(Picture1.Tag)
    r = n * 100
    If t = 1 Then
        n = n + 1
        mycolor = vbBlack
    Else
        n = n - 1
        mycolor = frmmain.BackColor
    End If
    If(n > 35 Or n < 1)Then
        t = -t
    End If
    x = Picture1.Width / 2
    y = Picture1.Height / 2
    Picture1.Circle(x,y),r,mycolor
    Picture1.Tag = t
    frmmain.Tag = n
End Sub
```

2. 设计一个应用程序，实现梦幻屏幕效果，如图 5—3—6 所示。程序启动后，满屏显示，黑色背景，屏幕上不断出现不同形状、不同大小、不同线型、不同颜色的图形，文字“变幻的世界，遐想无限”随机地在屏幕上出现，每次出现时先由小变大再由大变小，颜色不断变化，给人非常动感的感觉，当单击窗体时，显示一个文本框，用于接收用户输入的退出密码，如果密码正确，则结束应用程序。

图 5—3—6　梦幻屏幕效果

分析与提示

(1) 界面设计

设置窗体的背景色为黑色，无边框，再添加 3 个计时器控件和一个文本框控件，控制画图的计时器控件的 Interval 属性值为 100，控制文字变化的计时器控件的 Interval 属性值为 50，控制文字显示位置的计时器控件的 Interval 属性值为 800。

(2) 代码分析与设计

1) 初始化

在初始化处理中，实现窗体的最大化，设置关键参数的初始值，确定文本框的显示位置。主要代码如下：

```
Private Sub Form_Load()'窗体占满整个屏幕
    frmmain.Move 0,0,Screen.Width,Screen.Height
    Label1.Caption = "变幻的世界,遐想无限"
    frmmain.Tag = 0     '标签字体变化次数计数
    Label1.Tag = 1  '标签字体变大变小标志
    Text1.Move ScaleWidth/2,ScaleHeight/2
End Sub
```

2) 画变幻图形

随机生成圆的圆心坐标和半径、正方形的起点和边长、绘图颜色、绘图线宽、绘图线的样式，再通过随机数来控制是画圆还是画矩形，程序主要代码如下：

```
Private Sub Timer1_Timer()
    Dim x As Long,y As Long,r As Long,c As Integer,k As Integer
    x = Int(frmmain.Width * Rnd)
    y = Int(frmmain.Height * Rnd)
    r = Int(Rnd * 300)
    c = Int(16 * Rnd)
    frmmain.DrawWidth = Int(Rnd * 2 + 1)
```

```
        frmmain.DrawStyle = Int(Rnd * 6)
        k = Int(Rnd * 2)
        If k = 1 Then
            Circle(x,y),r,QBColor(c)
        Else
            Line(x,y) - Step(r,r),QBColor(c),B
        End If
    End Sub
```

3）文字变化

文字的颜色变化直接用随机数实现即可，字体从小到大后再从大到小的变化与延伸训练题 1 的处理逻辑相似，可参考实训题的相关指导。实现文字变化的主要代码如下：

```
    Private Sub Timer2_Timer()
        Dim n As Integer,m As Integer
        Label1.ForeColor = QBColor(Int(Rnd * 16))
        n = Val(frmmain.Tag)
        m = Val(Label1.Tag)
        n = n + 1
        If n > 5 Then '字体变化每轮只改变 6 次
            n = 0
            m = - m '改变字体大小变化方向
        End If
        Label1.FontSize = Label1.FontSize + 2 * m
        frmmain.Tag = n
        Label1.Tag = m
    End Sub
```

4）文字位置的变化

文字位置变化比较简单，直接用随机函数生成相关坐标即可，注意控制文字位置的计时器控件 Timer3，它的 Interval 属性与 Timer2 的 Interval 属性有一定关系，比较理想的效果是文字完成整个大小变化后，再改变其显示位置，因此 Timer3 的 Interval 属性，应该由 Timer2 的 Interval 属性乘以文字变化所需的时间间隔数来确定。

5）退出应用程序

可在窗体的单击事件中添加显示文本框的代码。在文本框显示后，输入密码且按 Enter 键确认，如果密码是“1234”，则退出应用程序；否则，程序继续运行。

3. 设计一个随手涂鸦的应用程序，如图 5—3—7 所示。

分析与提示

（1）界面设计

本项目设计的随手涂鸦与项目五制作的随手涂鸦界面非常相似。界面上的主要区别是颜色的设置方式不同。本项目通过设置 5 个单选框来表示 5 种不同颜色，供用户选择。

（2）代码分析与设计

在功能上，本项目设计的随手涂鸦与项目五制作的随手涂鸦也非常相似。主要不同点是通过单击单选框来确定绘图颜色。

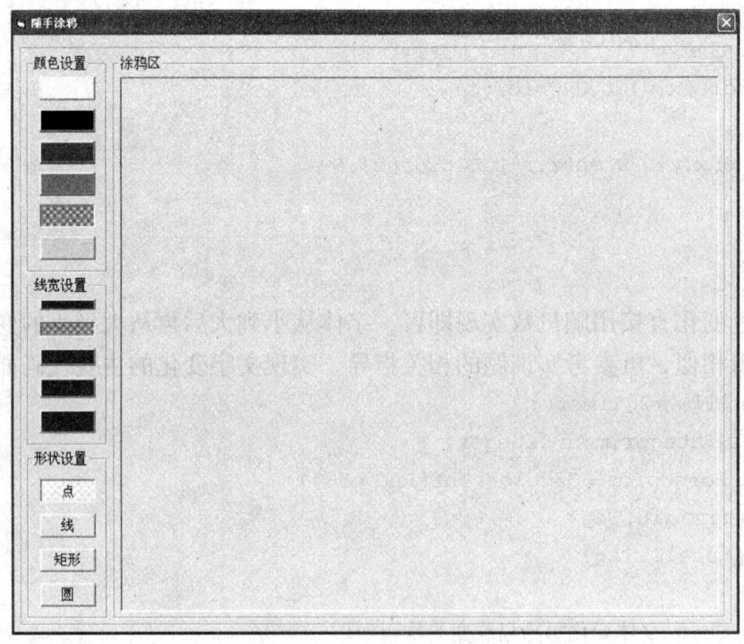

图 5—3—7　随手涂鸦

在系统初始化时，需要给各个单选框设置对应的背景颜色，同时，设置默认颜色，并修改各个线宽单选框的背景颜色，程序关键代码如下：

```
'设置颜色设置各个选项背景色
    optwhite.BackColor = vbWhite
    optblack.BackColor = vbBlack
    optred.BackColor = vbRed
    optgreen.BackColor = vbGreen
    optblue.BackColor = vbBlue
    optyellow.BackColor = vbYellow
    '设置初始绘图色
    optblue.Value = True
    picdraw.ForeColor = vbBlue
    optl1.BackColor = vbBlue
    optl2.BackColor = vbBlue
    optl3.BackColor = vbBlue
    optl4.BackColor = vbBlue
    optl5.BackColor = vbBlue
```

单击颜色选择单选框会改变相应的颜色，其主要任务如下：改变单选框的选中状态，更新绘图颜色，更新各个线宽选项单选框的背景颜色。例如，选择黑色的程序代码如下：

```
Private Sub optblack_Click()'黑色
    optblack.Value = True
    picdraw.ForeColor = vbBlack
```

```
    opt11.BackColor = vbBlack
    opt12.BackColor = vbBlack
    opt13.BackColor = vbBlack
    opt14.BackColor = vbBlack
    opt15.BackColor = vbBlack
End Sub
```

课后练习

一、选择题

1．滚动条控件的________属性可设置或返回当用户单击滚动条空白区域时，滚动条的 Value 属性改变的数量。

A．Change　B．SmallChange　C．Value　D．LargeChange

2．在 VB 的颜色常数中，________表示白色。

A．vbRed　B．vbBlue　C．vbGreen　D．vbWhite

3．能够区分各鼠标按钮与 Shift、Ctrl、Alt 键的事件过程是________。

A．Click　B．DblClick　C．KeyPress　D．MouseDown

4．在 MouseDown 事件中，参数 Button 的值为 1，表示________。

A．鼠标左键　B．鼠标右键　C．鼠键中键　D．不确定

5．默认情况下，在 VB 6.0 中，容器坐标的原点在________。

A．容器左上角　B．容器左下角　C．容器右下角　D．容器右上角

6．默认情况下，在 VB 6.0 中，默认的刻度单位是________。

A．磅　B．缇　C．英寸　D．厘米

7．Line（100，200）－Step（300，300），B 所画的图形是________。

A．直线　B．边长为 300 的正方形

C．长 100 宽 200 的矩形　D．半径为 300 的圆

8．Circle（100，1000），500，1，2 所画的图形是________。

A．正圆　B．椭圆　C．弧　D．扇形

9．当用户自定义鼠标指针形状时，除要对 MouseIcon 属性进行设置外，还必须将 MousePointer 属性设置为________。

A．0　B．1　C．99　D．999

10．PSet Step（0，0）表示在________画一个点。

A．原点　B．左上角　C．当前点　D．不确定

二、综合题

1．编写一个应用程序，在窗体的中间绘制一个正方形的图片框作为绘图区，程序启动后，从绘图区的中心位置，以绘图区中心点为圆心，不断画同心圆，每个同心圆的半径比其里层同心圆半径大 100，画完 50 个同心圆后，清除所有同心圆，然后重新绘制，程序的运行效果如题图 5—1 所示。

题图 5—1 同心圆程序的运行效果

2. 设计一个调色板应用程序，如题图 5—2 所示。左边为颜色预览区，右边为设置区，用户既可以通过水平滚动条来调节各个颜色分量值，也可以直接在文本中输入对应的颜色分量值，无论使用哪种方式设置，文本框的显示值和滚动条的当前值都会时刻保持一致。

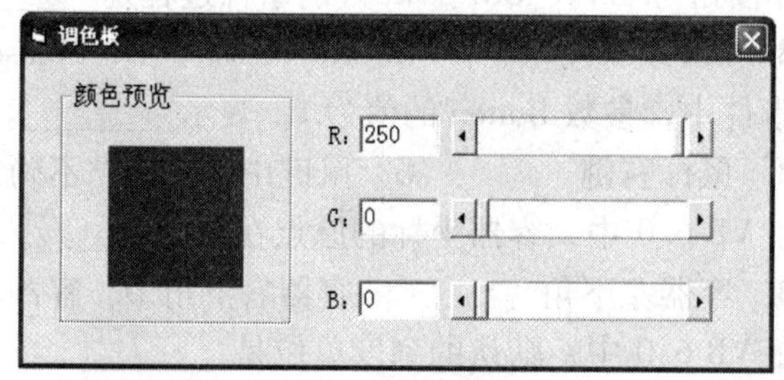

题图 5—2 调色板

3. 设计一个应用程序，绘制变化的声柱，如题图 5—3 所示。模拟声波的变化，随机产生的声柱起伏变化，为了美化效果，每个声柱的颜色随机选择，声柱从左到右不断增加，满屏后清除所有声柱，然后重新开始。

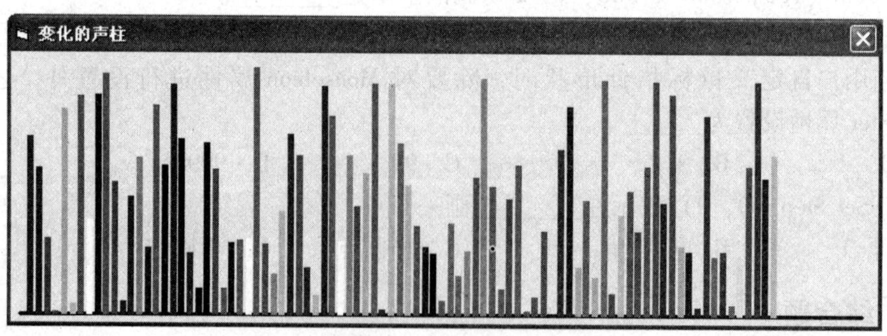

题图 5—3 变化的声柱

项目六　制作播放器

播放器是人们日常生活、工作和娱乐中最常用的工具之一，本项目将利用 VB 6.0 制作一个可以播放音频、视频的播放器，其运行效果如图 6—0—1 所示。

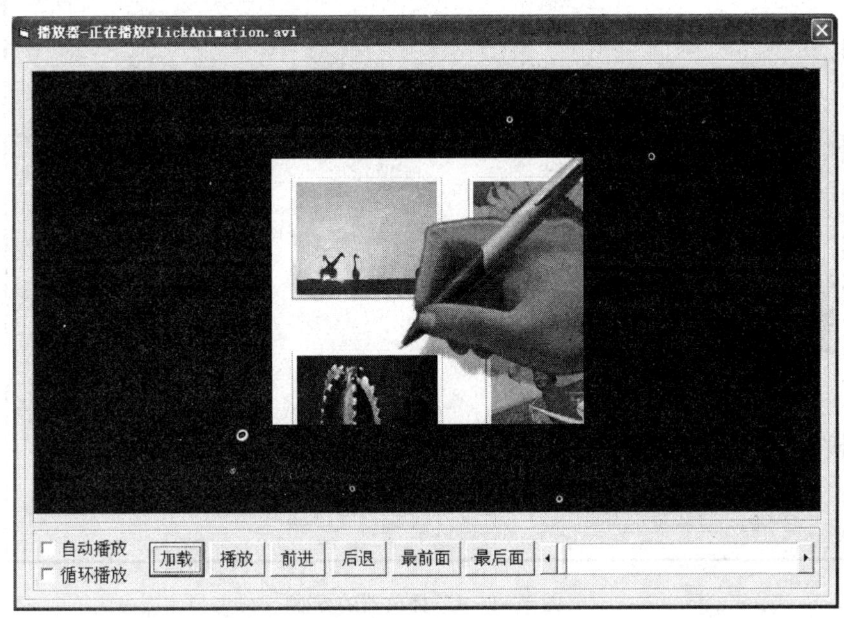

图 6—0—1　播放器的运行效果

本项目将分为以下几个环节来完成。

1. 完成播放器的主要界面制作。
2. 使用 Animation 控件实现播放功能。
3. 使用 Multimedia 控件实现播放功能。
4. 使用 MediaPlayer 控件实现播放功能。

任务一　界面制作

学习目标

1. 掌握外部控件的加载方法。
2. 掌握公共对话框的使用方法。
3. 了解文件相关控件的使用方法。

任务描述

播放器的界面比较简单，如图6—1—1所示。在窗体中绘制一个大框架作为整个应用程序的边框，大框架的上半部分为显示区，下半部分为控制区。在控制区中，可以设置自动播放和循环播放，并显示播放进度；此外，还有6个命令按钮，用于控制播放节奏。

图6—1—1　播放器的界面

相关知识

一、驱动器列表框

驱动器列表框（DriveListBox）提供一个下拉列表框，其中显示了计算机中所有驱动器的清单。

1. 驱动器列表框的常用属性

Drive属性——用来指定当前驱动器，设计时不可用。

2. 驱动器列表框的常用事件

Change事件——更改驱动器或修改Drive属性时触发Change事件。

二、目录列表框

目录列表框（DirListBox）提供一个列表框，其中显示了当前驱动器中默认的文件夹或指定文件夹的结构。

1. 目录列表框的常用属性

Path属性——用于返回或设置路径，设计时不可用。

2. 目录列表框的常用事件

Change 事件——更改路径或修改 Path 属性时触发 Change 事件。

三、文件列表框

文件列表框（FileListBox）提供一个列表框，其中显示了当前文件夹或指定文件夹下的所有文件。

1. 文件列表框的常用属性

（1）Path 属性——用于返回或设置文件列表框的路径，设计时不可用。

（2）FileName 属性——用于返回或设置所选文件的路径和文件名，设计时不可用。

（3）MultiSelect 属性——用于决定是否允许用户同时选择多个文件。

（4）Pattern 属性——用于设置允许显示文件名的文件类型，即设置文件显示的过滤器。文件类型用字符串表示，可用“*”和“?”两个通配符设置各种文件过滤器，如要显示所有文本文件，可用“File1. Pattern = *. txt”；如要显示所有以“AB”开头的位图文件，可用“File1. Pattern = AB *. Bmp”；如要显示两个字符组成的文件名，可用“File1. Pattern = ??. *”。

（5）ReadOnly 属性——用于决定是否可以显示 ReadOnly 属性的文件。

2. 文件列表框的常用事件

Click 事件——单击文件名时触发。

当驱动器列表框、目录列表框、文件列表框组合使用时，它们相互独立，不会同步更新，需要手工添加代码来实现同步变化：在驱动器列表框的 Change 事件中，更新目录列表框的当前路径；在目录列表框的 Change 事件中，更新文件列表框的当前路径。一般可用以下代码实现同步更新。

```
Private Sub Dir1_Change()
    File1.Path = Dir1.Path
End Sub
Private Sub Drive1_Change()
    Dir1.Path = Drive1.Drive
End Sub
```

例 6—1—1 设计一个简易图片浏览器，如图 6—1—2 所示，左边为文件选择区域，右边为图片显示区域，要求文件列表框只显示 jpg 文件。

（1）界面设计

在窗体上添加 1 个图片框控件，用于显示图片，在窗体的左边绘制 1 个驱动器列表框、1 个目录列表框和 1 个文件列表框，用于操作者选择欲浏览的图片文件。

（2）代码分析与设计

分析：文件类型的过滤设置，可用 File1. Pattern = " *.jpg" 实现。要使驱动器列表框、目录列表框、文件列表框关联起来，需要在驱动器列表框、目录列表框的 Change 事件中添加路径更新代码。当单击文件列表框控件中的图片文件时，把选中的图片作为图片框控件图片来源，实现图片显示效果。

程序源代码如下：

图 6—1—2　简易图片浏览器

```
Private Sub Dir1_Change()
    File1.Path = Dir1.Path
End Sub
Private Sub Drive1_Change()
    Dir1.Path = Drive1.Drive
End Sub
Private Sub File1_Click()
    Dim f_name As String
    If Right(File1.Path,1) = "\" Then
        f_name = File1.Path + File1.FileName
    Else
        f_name = File1.Path + "\" + File1.FileName
    End If
    On Error Resume Next
    Picture1.Picture = LoadPicture(f_name)
End Sub
Private Sub Form_Load()
    File1.Pattern = "*.jpg"
End Sub
```

四、加载外部控件

在 VB 6.0 的工具箱中有很多工具，一般将这些控件称为内部控件，对于一些简单的应用程序开发，内部控件已基本够用。但在实际开发过程中，项目的需求很复杂，内部控件很难甚至不能满足实际应用的需要，因此，需要对内部控件进行扩展，扩展的控件称为外部控件。对于外部控件而言，因为工具箱本身不包含这些控件，所以，在使用外部控件时，首先要把外部控件加载到工具箱，然后再像内部控件一样使用已加载的外部控件。

外部控件非常丰富，播放器项目中就会使用多个外部控件，如 Animation、CommonDialog、ShockwaveFlash、MMControl 等，加载这些外部控件前，要先了解这些外部控件的全称或包含指定外部控件的工具集的全称。如 CommonDialog 的全称为 Microsoft Common Dialog Control 6.0。

下面以 CommonDialog 为例，介绍外部控件的加载方法。

1. 执行“工程”→“部件”命令，弹出“部件”对话框。

2. 在“部件”对话框中，选中“Microsoft Common Dialog Control 6.0”选项，如图 6—1—3 所示。

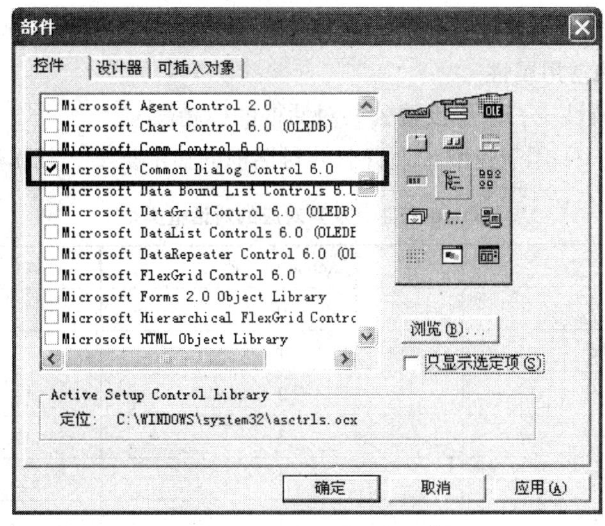

图 6—1—3 “部件”对话框

3. 单击“确定”按钮，返回 VB 开发环境，此时，工具箱下方就多了一个控件，如图 6—1—4 所示。

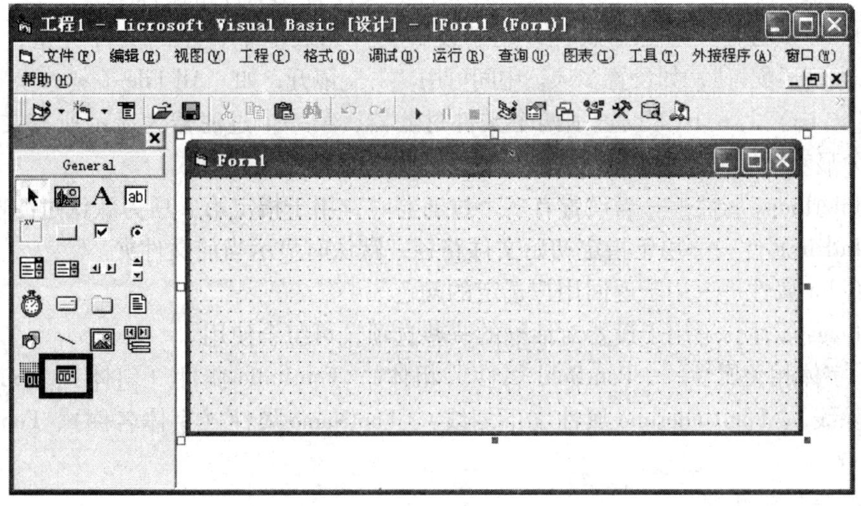

图 6—1—4 加载 CommonDialog 控件

五、公共对话框

例6—1—1中制作的图片浏览器比项目四中延伸训练题3中制作的图片浏览器更灵活，用户可以选择要浏览的图片，但例6—1—1也存在一个问题，即驱动器列表框、目录列表框和文件列表框占用的显示空间比较多，减少了图片的显示空间。其实，VB还提供了一个更好的路径选择工具——公共对话框，它不占窗体显示空间、功能强大、交互性强。

公共对话框（Common Dialog）控件为用户提供了一组标准的系统对话框，使用它可显示、打开和保存文件，设置打印选项、字体和颜色，提供Windows帮助引擎等用户交互操作界面，不过设置后的操作效果还必须手工编写相关代码才能实现。本项目主要利用公共对话框控件的文件打开功能，其他功能将在后续章节中介绍。

1. 公共对话框的常用属性

（1）DialogTitle属性——用于设置公共对话框的标题。

（2）Action属性——用于返回或设置公共对话框的显示类型，其属性值见表6—1—1。

表6—1—1　　Action属性值及其对应的对话框类型

对话框类型	Action属性值	方　法
无对话框	0	
“打开”对话框	1	ShowOpen
“另存为”对话框	2	ShowSave
“颜色”对话框	3	ShowColor
“字体”对话框	4	ShowFont
“打印”对话框	5	ShowPrinter
“帮助”对话框	6	ShowHelp

（3）FileName属性——用于设置或返回对话框中用户选择的路径和文件名。

（4）FileTitle属性——用于返回要打开文件的文件名（不含路径）。

（5）Filter属性——过滤器属性，用于设置文件列表框中显示的文件类型，其格式为“描述符|类型通配符”，如设置多项，中间可用“|”隔开，如“All File（*.*）|*.*|Text File（*.txt）|*.txt”设置了两个文件过滤器，第一个过滤器为显示所有文件，第二个过滤器为显示所有文本文件。

（6）FilerIndex属性——当设置有多个过滤器时，用于指定第n项为默认过滤器。

（7）IniDir属性——用于指定初始文件路径，默认时显示当前文件夹。

（8）Color属性——用于返回用户选定的颜色。

（9）Flags属性——用于设置对话框的一些选项，可组合使用。

（10）字体相关属性——FontBold属性（粗体）、FontItalic属性（斜体）、FontStrikethru属性（删除线）、FontUnderline属性（下划线）、FontName属性（字体名称）、FontSize属性（字体大小）。

2.“打开”对话框

将对话框的Action属性设为1或用ShowOpen方法打开公共对话框，可显示“打开”对话框，如图 6—1—5 所示。在显示前可用 Filter 属性指定文件类型，当用户关闭对话框后，可用 FileName 获取用户指定的路径和文件名，然后编写打开该文件的程序代码。

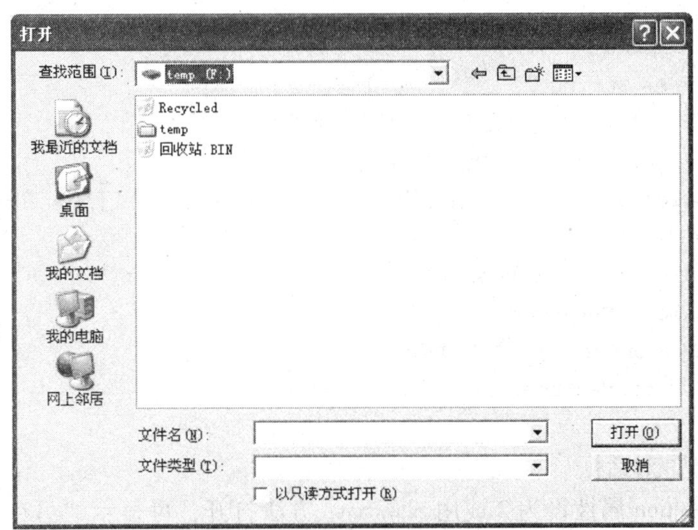

图 6—1—5 “打开”对话框

例 6—1—2 利用公共对话框制作一个图片浏览器，如图 6—1—6 所示。

图 6—1—6 图片浏览器

(1) 界面设计

程序界面非常简单，在窗体上绘制一个图片框控件和一个命令按钮控件即可。

(2) 代码分析与设计

分析：通过 DialogTitle 属性修改对话框的标题为“打开图片文件”。通过 InitDir 属性设置对话框的初始路径。通过 Filter 属性设置过滤文件类型，本项目设置了 3 个文件过滤器：

一个为显示所有文件，一个为显示 jpg 图片文件，一个为显示 bmp 图片文件，默认为显示 jpg 图片文件。

程序源代码如下：

```
Private Sub Command1_Click()
    Dim f_name As String
    CommonDialog1.DialogTitle = "打开图片文件"
    CommonDialog1.InitDir = App.Path
    CommonDialog1.Filter = "所有文件(*.*)|*.*|jpg 图片文件(*.jpg)|*.jpg|bmp 图片文件(*.bmp)|*.bmp"
    CommonDialog1.FilterIndex = 2
    CommonDialog1.ShowOpen
    f_name = CommonDialog1.FileName
    Picture1.Picture = LoadPicture(f_name)
End Sub
```

（3）“另存为”对话框

将对话框的 Action 属性设为 2 或用 ShowSave 方法打开，可显示“另存为”对话框，如图 6—1—7 所示。在显示前可用 Filter 属性指定文件类型，当用户关闭对话框后，可用 FileName 属性获取用户指定的路径和文件名，然后编写保存该文件的程序代码。

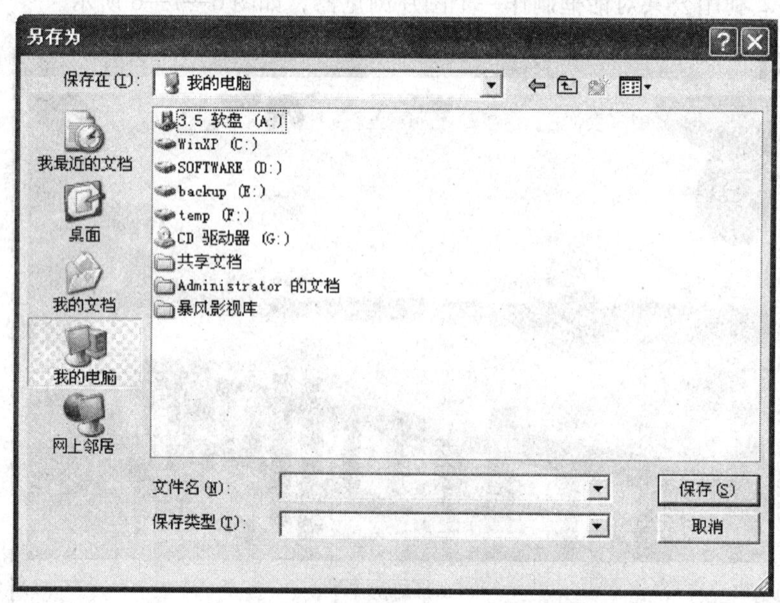

图 6—1—7 “另存为”对话框

任务实施

一、确定属性表

根据应用程序需求完成属性表，项目主要控件的关键属性设置见表 6—1—2，然后根据属性表完成应用程序界面的设计制作。项目中所有显示文本均使用宋体、小四号字。

表 6—1—2　　　　项目主要控件的关键属性设置

对　象	属　性	属 性 值	说　明
窗体	Caption	播放器	
	Name	frmmain	
	Width	11940	
	Height	8415	
	Borderstyle	1	
框架	Name	fdisplay	视频显示区
公共对话框	Name	CommonDialog1	选择文件
复选框	Name	chkauto	
	Caption	自动播放	
复选框	Name	chkloop	
	Caption	循环播放	
命令按钮	Name	cmdload	
	Caption	加载	
命令按钮	Name	cmdplay	
	Caption	播放/暂停	
命令按钮	Name	cmdfront	
	Caption	前进	
命令按钮	Name	cmdback	
	Caption	后退	
命令按钮	Name	cmdfirst	
	Caption	最前面	
命令按钮	Name	cmdlast	
	Caption	最后面	
水平滚动条	Name	HScroll1	显示播放进度
	LargeChange	10	

二、控件绘制与布局

设置好窗体相关属性后，在窗体上绘制一个框架，使其基本占满整个窗体有效区域，并以其作为整个应用程序的边框，然后再绘制一个框架，在该框架上添加两个复选框“自动播放”和“循环播放”，使两个复选框左对齐，并将其定位在框架最左端，然后绘制 6 个命令按钮，分别为“加载”“播放”“前进”“后退”“最前面”“最后面”，在该框架的最后端添加一个水平滚动条作为播放进度条。当布局好框架内控件后，将整个框架定位在大框架的底部，然后在大框架中再添加一个框架作为视频显示区的边框，完成后的播放器设计界面如图 6—1—8 所示。

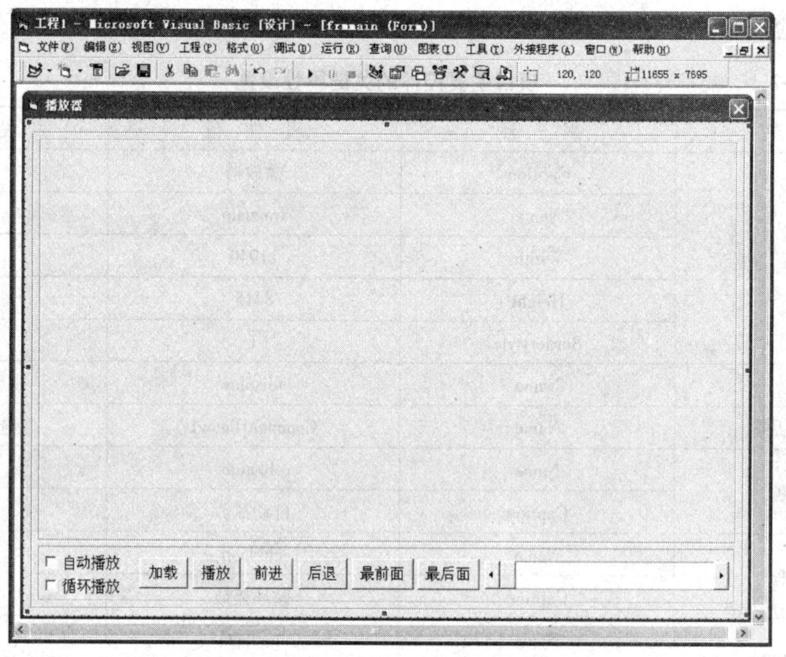

图 6—1—8　完成后的播放器界面设计

一、设置“部件”对话框中只显示选中项

在“部件”对话框中，有很多外部文件，当修改已选中的外部文件时，需要从上到下拖动滑动块查找指定文件，操作起来很麻烦，在“控件”对话框的右下位置有一个“只显示选定项”复选框，选中该复选框后，部件列表框中将只显示已选中的 4 项，简洁明了，如图 6—1—9 所示。

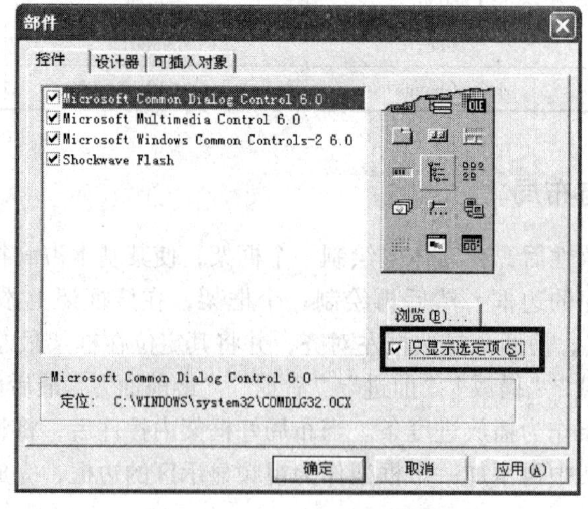

图 6—1—9　只显示选定项

二、查看外部控件对应文件

有时候，别人能正常加载指定的外部控件，而自己在“部件”对话框中却找不到对应的选项，这可能是因为你的计算机中没有安装相关软件，此时，可以打开能正常加载的计算机，查看一下指定的外部控件在哪个文件中，如图6—1—10所示。在“部件”对话框的“确定”按钮上方，能清楚地看到CommonDialog控件对应的文件为“C：\ WINDOWS \ system32 \ COMDLG32. OCX”，然后在自己的计算机上查找COMDLG32. OCX是否存在，如果不存在，则想办法找到此文件，然后复制到自己的计算机的指定位置，同时注册该控件即可。

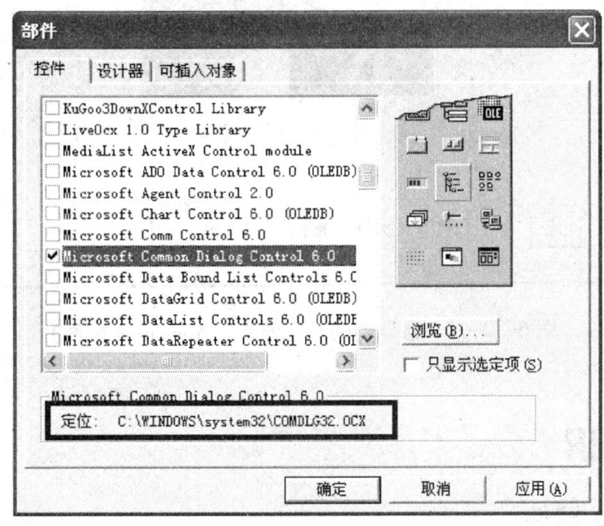

图6—1—10　查看外部控件对应的文件

任务二　用Animation控件实现播放功能

学习目标

1. 理解Animation控件的常见属性、方法和事件。
2. 掌握Animation控件的应用方法。

任务描述

任务一完成项目界面制作后，虽然界面上已有对应的界面元素，但还不能播放任何音频、视频，任务二的主要任务是尝试利用Animation控件实现播放器的相关功能，其运行效果如图6—2—1所示。

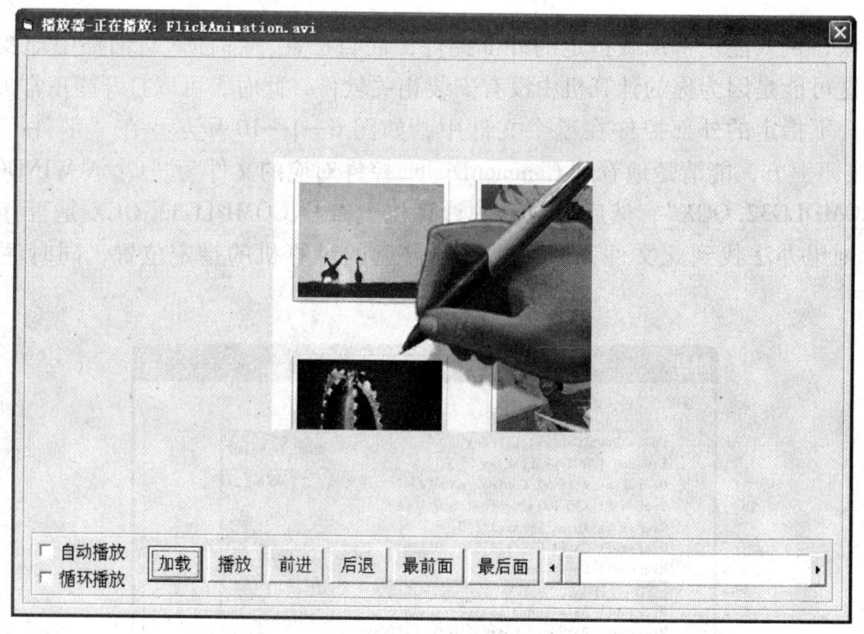

图 6—2—1　播放器的运行效果（Animation 控件）

相关知识

一、Animation 控件

Animation 控件用来播放未压缩的或已用行程编码压缩的 AVI 动画文件。

1. Animation 控件的加载

由于 Animation 控件属于外部控件，因此需要在“部件”对话框中，选中“Microsoft Windows Common Controls - 2 6.0（SP2）”选项，然后单击“确定”按钮，才能把 Animation 控件添加到工具箱中。

2. Animation 控件的常用属性

（1）AutoPlay 属性——用于设置是否自动播放。当其值为 True 时，只要 Animation 控件加载 avi 文件，就会连续循环自动播放，即使用 Stop 方法也不能停止；当其值为 False 时，只有使用 Play 方法才会播放。

（2）BackSytle 属性——用于设置 Animation 控件的背景是否透明。

（3）Center 属性——用于设置 Animation 控件内的图像是否居中。当其值为 True 时，在控件定义区中心显示 . avi 文件；当其值为 False 时，. avi 文件根据动画的大小调整自身大小，且将动画显示在控件的左上角。默认值为 True。

3. Animation 控件的常用方法

（1）Play 方法

该方法用于播放文件，其语法格式如下：

```
[对象.]Play[=repeat,start,end]
```

说明：参数 repeat 用于指定重复次数，其默认值为 -1（次数不受限制）；参数 start 用于指定开始播放的帧，其默认值为 0；参数 end 用于指定播放结束的帧，其默认值为 -1。

（2）Stop 方法

该方法用于终止播放。

（3）Open 方法

该方法用于打开一个要播放的.avi 文件，其语法格式如下：

```
[对象.] Open 文件名
```

说明：参数"文件名"表示要打开视频文件的文件名，如果该文件名为空或不是 Animation 控件所支持的.avi 文件则会出错。

（4）Close 方法

该方法用于关闭已打开的.avi 文件，如果没有加载任何文件，则不执行任何操作。

二、错误处理

1. On Error Resume Next

On Error Resume Next 表示碰到错误时，移动到下一行继续执行，即可以跳过错误行。在 VB 应用程序开发中，经常使用。

2. ERR 对象

通过 On Error Resume Next 虽然可以有效地跳过错误行，但程序究竟碰到什么错误，程序并没有处理，如何来主动捕捉程序错误呢？VB 6.0 提供了一个专门的错误捕捉和处理对象——Err 对象。ERR 对象的常见属性和方法如下。

（1）Number 属性——错误编号，每个错误都对应一个唯一的错误号，通过该错误号，结合 VB 的开发技术文档就能找到对应的错误，如果错误号为 0，则表示没有错误。如"文件名或文件号"的错误编号为 52，"不能打开.avi 文件"的错误编号为 35752。

（2）Description 属性——错误描述。

（3）Clear 方法——清除 Err 的内容，即清除错误。

任务实施

一、添加 Animation 控件

在任务一制作的程序界面中，添加 Animation 控件，名称采用系统默认名称，并设置其 Center 属性值为 True。

二、加载视频功能的实现

用户在公共对话框中选择视频文件，然后播放。公共对话框提供两个文件类型过滤器：显示所有文件和显示 AVI 文件。当用户选择文件出错时，有相应提示。如果用户已选中"自动播放"复选框，则将 Animation1. AutoPlay 属性设为 True。

程序源代码如下：

```
Private Sub cmdload_Click()'加载
    Dim filepath As String
    CommonDialog1.DialogTitle = "打开视频文件"
    CommonDialog1.Filter = "avi 视频文件(*.avi)|*.avi|所有文件(*.*)|*.*"
    CommonDialog1.ShowOpen
    filepath = CommonDialog1.FileName
    On Error Resume Next
    Animation1.Open filepath
    If Err.Number > 0 Then
      MsgBox Err.Description + "(错误号:" + Str(Err.Number) + ")。" +
vbCrLf + vbCrLf + "请重新选择视频文件!",vbOKOnly,"出错提示"
    End If
    Animation1.AutoPlay = chkauto.Value '检查自动播放
    Animation1.Move 0,0,fdisplay.Width,fdisplay.Height
    frmmain.Caption = "播放器 - 正在播放:" + CommonDialog1.FileTitle
End Sub
```

三、播放/暂停功能的实现

“播放/暂停”按钮有两个功能，即播放和暂停功能，通过命令的标题属性来识别和执行指定功能。只有“自动播放”复选框的值为 False 时，“播放/暂停”按钮才有效，因此代码需要对“自动播放”复选框的值进行判断。当 Animation 控件没有加载视频时，不能使用 Play 方法来播放视频，因此，需要编写代码对 Animation1. Play 进行保护，当其出错时，直接跳到下一条语句执行。程序源代码如下：

```
Private Sub cmdplay_Click()'播放
    If chkauto.Value <> 1 Then
        If cmdplay.Caption = "播放" Then
            On Error Resume Next
            Animation1.Play
            If Err.Number = 0 Then
                cmdplay.Caption = "暂停"
            End If
        Else
            On Error Resume Next
            Animation1.Stop
            If Err.Number = 0 Then
                cmdplay.Caption = "播放"
            End If
        End If
    End If
End Sub
```

四、自动播放

直接把“自动播放”复选框的值赋给 Animation 控件的 AutoPlay 属性，但有一个问题，当 AutoPlay 属性改为 False 时，视频暂停，可能与“播放/暂停”按钮的状态不一致，因此，需要根据“播放/暂停”按钮的标题决定是否播放视频。由于改变 AutoPlay 属性的值会引起控件大小的变化，因此需要用 Animation1. Move 0，0，fdisplay. Width，fdisplay. Height 重新确定其位置和大小。程序源代码如下：

```
Private Sub chkauto_Click()'自动播放
    On Error Resume Next
    Animation1.AutoPlay = chkauto.Value
    Animation1.Move 0,0,fdisplay.Width,fdisplay.Height
    If cmdplay.Caption = "暂停" Then
        On Error Resume Next
            Animation1.Play
    End If
End Sub
```

播放器项目还有很多功能没有实现，但很明显，由于 Animation 控件提供的属性、方法和事件有限，相关功能的实现非常困难，甚至不可能实现。因此，项目组应该考虑采用其他技术来实现项目功能。

任务三　用 Multimedia 控件实现播放功能

学习目标

1. 理解 Multimedia 控件的常见属性、方法和事件。
2. 掌握 Multimedia 控件的应用方法。

任务描述

由于任务二只能完成播放器的部分功能，因此任务三改用 Multimedia 控件尝试实现播放器的功能，Multimedia 控件本身提供了一组控制按钮来控制视频的播放，为了让程序更好地控制视频播放，其将视频播放控制按钮隐藏起来，通过应用程序提供的相关按钮来控制视频播放，其运行效果如图 6—3—1 所示。

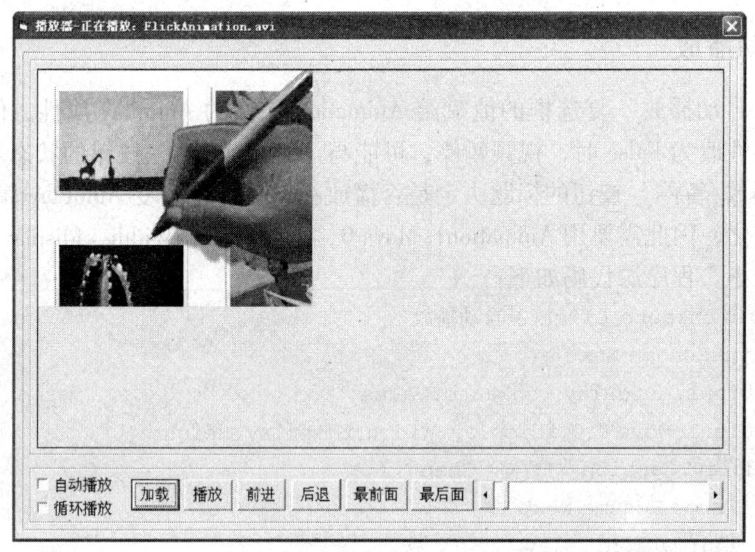

图 6—3—1　播放器的运行效果（Multimedia 控件）

相关知识

Multimedia 控件可用于管理媒体控制接口（MCI）设备，如声卡、MIDI 发生器、CD-ROM 驱动器、音频播放器、视频播放器和视频磁带录放器等。

一、Multimedia 控件的加载

Multimedia 控件也是一个外部控件，在“部件”对话框中，选择“Microsoft Multimedia Control 6.0”选项，然后单击“确定”按钮，可将其添加到工具箱中。

二、Multimedia 控件介绍

在窗体中绘制 Multimedia 控件后，默认情况下会显示一组控制按钮，如图 6—3—2 所示，从左到右依次为前一个（Prev）、下一个（Next）、播放（Play）、暂停（Pause）、后退（Back）、前进（Step）、停止（Stop）、录制（Record）、弹出（Eject）。每个按钮均对应两个属性，用来设置该按钮是否可用和是否可见，例如，暂停按钮对应 PauseEnabled 属性和 PauseVisible 属性，当设置 PauseEnabled 属性值为 True 时，暂停按钮有效，此时该按钮显示为黑色；当设置 PauseEnabled 属性值为 False 时，暂停按钮无效，显示为灰色；当设置 PauseVisible 属性值为 True 时，暂停按钮可见；当设置 PauseVisible 属性值为 False 时，暂停按钮不可见。

图 6—3—2　Multimedia 控件

三、Multimedia 控件的常用属性

1．AutoEnable 属性——用于设置 Multimedia 控件是否能自动启动或禁止控件中的每个按钮。

2．DeviceType 属性——用于指定打开的 MCI 设备类型，如 AVIVideo（视频文件）、CDAudio（音频 CD）、DAT（数字音频）、DigitalVideo（数字视频）、WaveAudio（波形音频文件）等。

3．Command 属性——用于指定要执行的命令，如 Open、Close、Play、Pause、Stop、

Back、Step、Prev、Next、Save 等，如 MMControl1. Command = " Open" 。

4. UpdateInterval 属性——用于指定连续两个 StatusUpdate 事件间的毫秒数。

5. Filename 属性——用于指定 Open 或 Save 命令操作的文件名。

6. Wait 属性——用于确定 Multimedia 控件是否等到下一条命令执行完后，才将控制权还给程序。

7. Notify 属性——若其值为 True，则表示在下一条命令完成时，产生一个回调事件，该事件提供有用的反馈信息，指出命令是否成功执行。

8. hWndDisplay 属性——用于设置视频显示对象的句柄。

四、使用 Multimedia 控件的一般步骤

1. 通过 DeviceType 属性设置多媒体设备类型。
2. 当涉及媒体文件时，通过 FileName 属性指定文件名。
3. 通过 Command 属性的 Open 命令打开媒体设备。
4. 播放视频，可用 Command 属性的各个命令控制视频播放。
5. 其他特殊处理。
6. 播放结束后，用 Command 属性的 Close 命令关闭媒体设备。

任务实施

一、添加 Multimedia 控件

在任务一完成的项目界面中，添加一个 Multimedia 控件，一个图片框控件，将图片框控件作为视频显示对象，添加一个计时器控制，用于实现延时效果，设置其 Interval 属性值为 1 ms。

二、初始化

在窗体的加载事件中，对 MMControl1 进行设置，初始化实现代码如下：

```
Private Sub Form_Load()'初始化
    MMControl1.AutoEnable = False
    MMControl1.Wait = False
    MMControl1.Visible = False
    MMControl1.hWndDisplay = picdisplay.hWnd
    MMControl1.UpdateInterval = 10
End Sub
```

三、加载视频

用户在公共对话框中，选择指定的视频文件，然后打开 Multimedia 控件，但此时视频显示控件并没有显示任何视频，因此本项目采用了特殊的处理方法：先用 Play 方法播放视频，然后通过计时器控件，以 1 ms 为单位计时，只要视频加载成功，就暂停视频播放，同时还应及时更新水平滚动条的最大值。加载视频实现代码如下：

```
Private Sub cmdload_Click()'加载
```

```
    Dim filepath As String
    CommonDialog1.DialogTitle = "打开文件"
    CommonDialog1.Filter = "AVI 文件(*.avi)|*.avi|所有文件(*.*)|*.*"
    CommonDialog1.InitDir = App.Path
    On Error Resume Next
    CommonDialog1.ShowOpen
    filepath = CommonDialog1.FileName
    MMControl1.FileName = filepath
    MMControl1.Command = "Open"
    MMControl1.Command = "Play"
    If chkauto.Value <> 1 Then '自动播放
      Timer1.Enabled = True
    End If
    frmmain.Caption = "播放器 - 正在播放:" + CommonDialog1.FileTitle
    HScroll1.Max = Me.MMControl1.Length
End Sub
```

四、播放/暂停

“播放/暂停”按钮有两个功能，通过按钮的标题属性可识别该按钮的具体状态和决定执行哪个功能。只有当 Multimedia 控件已打开视频文件，且没有选中“自动播放”复选框时，才能操作该按钮。

```
Private Sub cmdplay_Click()'播放
    If chkauto.Value <> 1 And MMControl1.FileName <> "" Then
        If cmdplay.Caption = "播放" Then
           cmdplay.Caption = "暂停"
           MMControl1.Command = "Play"
        Else
           cmdplay.Caption = "播放"
           MMControl1.Command = "Pause"
        End If
    End If
End Sub
```

五、自动播放

当选中“自动播放”复选框时，视频会自动播放；当没有选中该复选框时，如果“播放/暂停”按钮标题为“播放”，视频也要播放。自动播放的代码如下：

```
Private Sub chkauto_Click()'自动播放
    If(chkauto.Value = 1 Or cmdplay.Caption = "播放")And MMControl1.FileName <> ""
Then
        MMControl1.Command = "Play"
    End If
End Sub
```

六、进度更新

当 Multimedia 控件播放视频时，会定时触发 StatusUpdate 事件，可在 StatusUpdate 事件中及时把视频播放的当前位置值（即 Position 属性值）赋给水平滚动条。进度更新的实现代码如下：

```
Private Sub MMControl1_StatusUpdate()'进度更新
    Dim n As Long
    n = Me.MMControl1.Position
    If n > HScroll1.Max Then
        n = HScroll1.Max
    End If
    HScroll1.Value = n
End Sub
```

七、前进和后退

通过 Command 属性的 Back 命令可以让视频后退，通过其的 Step 命令可以让视频前进。具体实现代码，读者可自行编写。

至此，已基本完成播放器的绝大多数功能，同时，问题也出来了，因为 Multimedia 控件的 Position 属性为只读，因此不能给它赋值，所以只能查询当前播放位置，而很难修改播放位置，导致加载后显示视频不是在开头位置，以致“最前面”和“最后面”按钮功能难以实现；还有一个比较突出的问题是，因为 AVI 文件解码器比较复杂，有些 AVI 文件只有声音没有视频，会显示图 6—3—3 所示的错误信息。

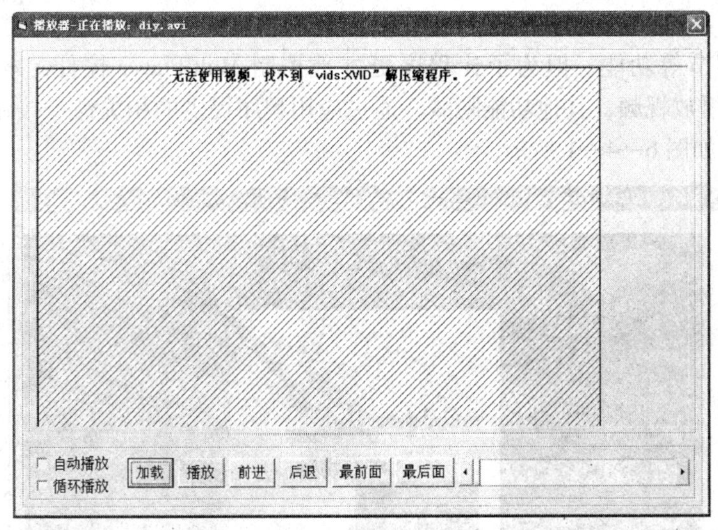

图 6—3—3　解码器出错

Multimedia 控件有两个专门处理错误的属性：Error 和 ErrorMessage。其中，Error 属性返回错误编号，ErrorMessage 属性返回错误描述。

使用 Error 和 ErrorMessage 属性可以处理 Multimedia 控件产生的错误。在每个命令后可以检查错误情况。例如，在 Open 命令之后，可用下面的代码检查 Error 属性的值，以判断是否存在 CD 驱动器。如果没有可用的 CD 驱动器，则返回错误信息。

```
If Form1.MMControl1.Error Then
MsgBox "未安装 CD 播放器或 CD 播放器不能正常工作(" + Form1.MMControl1.
ErrorMessage + ")",vbCritical,"系统提示"
End If
```

任务四　用 MediaPlayer 控件实现播放功能

学习目标

1. 理解 Shock Wave Flash 控件和 MediaPlayer 控件的常见属性、方法和事件。
2. 掌握 MediaPlayer 控件的应用方法。

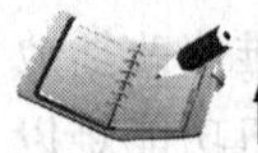

任务描述

任务三用 Multimedia 控件制作的播放器，其功能比任务二用 Animation 控件制作的播放器明显强大很多，但还是没完全达到项目所要求的功能，因此，任务四尝试用 MediaPlayer 控件来完成播放器的相关功能，虽然 MultiPlayer 控件本身提供了视频播放的各个控制按钮、进度条、声音调节等功能，但为了让程序更好地控制 MultiPlayer 控件，本项目只是利用 MultiPlayer 控件播放视频，其他功能隐藏，通过应用程序提供的相关命令按钮来控制视频播放，其运行效果如图 6—4—1 所示。

图 6—4—1　播放器的运行效果（MediaPlayer 控件）

相关知识

一、MediaPlayer

在 VB 中，可使用 Windows 提供的 MediaPlayer 控件播放音频和视频，MediaPlayer 控件支持多种格式文件，使用简单方便，而且随着 Windows 的 MediaPlayer 软件不断更新，功能也越来越强大。

1. MediaPlayer 控件加载

MediaPlayer 控件是一个外部控件，需要在“部件”对话框中选中“Windows Media Player”选项，然后单击“确定”按钮，才可将其添加工具箱中，然后再将其应用到程序中。

2. MediaPlayer 控件常见属性

（1）url 属性——用于设置或返回 MediaPlayer 控件播放的文件名，设置了文件名后，播放器可以自动播放指定文件。

（2）fullScreen 属性——当其值为 True 时，MediaPlayer 控件全屏播放；当其值为 False 时，恢复正常大小播放。

（3）uiMode 属性——用于设置播放器的界面模式，可为“Full”“Mini”“None”。其中“Full”表示完全模式，显示所有控制键；“None”表示不显示控制键；“Mini”显示部分控制键。

（4）settings 属性——设置属性，它本身又是一个对象，其具有自身的属性和方法。

（5）autoStart 属性——它是 settings 的属性，表示是否自动播放，当其值为 True 时，自动播放；为 False，则不自动播放。

（6）mute 属性——它是 settings 的属性，表示是否静音。

（7）playCount 属性——它是 settings 的属性，表示播放次数。

（8）Volume 属性——它是 settings 的属性，可以调节音量大小，取值为 0～100。

（9）currentMedia 属性——表示当前媒体，即正在播放的视频，它本身又是一个对象，其有自身的属性和方法。

（10）durationString 属性——它是 currentMedia 的属性，表示媒体的长度，以字符串表示。

（11）duration 属性——它是 currentMedia 的属性，表示媒体的长度，以数值表示。

（12）controls 属性——对当前媒体进行控制的对象，它本身又有自身的属性和方法。

（13）currentPosition 属性——它属于 controls 对象，表示当前进度，数值形式。

（14）currentPositionString 属性——它属于 controls 对象，表示当前进度，字符串格式。

（15）playState 属性——用于设置播放状态，其值为 1 表示停止，2 表示暂停，3 表示播放，6 表示正在缓冲，9 表示正在连接，10 表示准备就绪。

（16）enableContextMenu 属性——用于设置播放器的快捷菜单是否可见，当其值为 True 时，在播放区单击鼠标右键会显示快捷菜单；当其值为 False 时，不显示。

3. MediaPlayer 控件的常见方法

（1）OpenPlayer 方法——独立打开 Windows 的 Media Player 软件窗口，与 VB 程序完全独立。

（2）Close 方法——关闭当前播放的音频或视频。

（3）Play 方法——属于 controls 对象，用于播放视频。

（4）Pause 方法——属于 controls 对象，用于暂停视频。

（5）Stop 方法——属于 controls 对象，用于停止视频播放。

（6）FastForward 方法——属于 controls 对象，用于视频快进。

（7）FastReverse 方法——属于 controls 对象，用于视频快退。

（8）Next 方法——属于 controls 对象，用于播放下一曲。

（9）Previous 方法——属于 controls 对象，用于播放上一曲。

（10）GetItemInfo 方法——属于 currentMedia 对象，用于获得当前视频的相关信息，其语法如下：

```
[对象 .] getItemInfo(字符串)
```

其中，字符串可以为"Title"（媒体标题）" Author"（艺术家）" Copyright"（版权信息）" Description"（媒体内容描述）" Duration"（持续时间，单位秒）" FileSize"（文件大小）" FileType"（文件类型）" sourceURL"（原始地址）。

二、ShockWaveFlash 控件

在 VB 中，还可通过 ShockWaveFlash 控件来播放 Flash 动画。部分商业软件在应用程序启动时就会先播放一段 Flash 动画。

1. ShockWaveFlash 控件的加载

ShockWaveFlash 控件属于外部控件，需要在“部件”对话框中选择“Shockwave Flash”选项，然后单击“确定”按钮，才能将其添加到工具箱中。

2. ShockWaveFlash 控件常见属性

（1）Movie 属性——用来设置要播放 Flash 动画的文件路径和文件名。

（2）Playing 属性——可播放或暂停播放 Flash 动画。

（3）Loop 属性——可设置是否循环播放 Flash 动画。

（4）TotalFrames 属性——动画总帧数。

3. ShockWaveFlash 控件的常见方法

（1）Play 方法——可用于播放 Flash 动画。

（2）Stop 方法——可用于暂停 Flash 动画的播放。

（3）LoadMovie 方法——可用于加载动画，其语法格式如下：

Object. LoadMovie（layer as long，url as string）

其中，参数 layer 表示加载后，动画在窗体显示的层级；参数 url 表示加载动画文件的路径信息。

（4）Back 方法——可用于动画回退。

（5）Forward 方法——可用于动画前进。

（6）CurrentFrame 方法——可用于设置动画播放时的当前帧。

4. 利用 ShockWaveFlash 控件播放动画

利用 ShockWaveFlash 控件播放动画，只要设置几个关键属性就能轻松播放动画。

任务实施

一、添加控件

在任务一已完成的项目主要界面的基础上，再在窗体上添加一个 MediaPlayer 控件 WindowsMediaPlayer1，两个时钟 Timer1 和 Timer2，Timer1 用于控制播放进度，设置其 Interval 属性值为 100；Timer2 用于控制加载视频后显示视频画面，设置其 Interval 属性值为 100。

二、初始化

初始化的主要任务是设置 MediaPlayer 控件的界面模式和大小。初始化的程序代码如下：

```
Private Sub Form_Load()
    Show
    WindowsMediaPlayer1.uiMode = "none"
    WindowsMediaPlayer1.Move 20,100,Frame3.Width - 40,Frame3.Height - 250
    cmdload.SetFocus
End Sub
```

三、加载

加载模板的主要任务：显示公共对话框，让用户选择要播放的文件；如果“自动播放”复选框选中，则开始自动播放，否则播放一点点视频，让 MediaPlayer 控件能显示出视频的画面；启动时钟，准备进入播放状态；将“播放/暂停”按钮改名为“播放”。加载的源代码如下：

```
Private Sub cmdload_Click()'加载
    Dim filepath As String
    CommonDialog1.DialogTitle = "打开文件"
    CommonDialog1.InitDir = App.Path
    On Error Resume Next
    CommonDialog1.ShowOpen
    filepath = CommonDialog1.FileName
    If chkauto.Value = 1 Then
        WindowsMediaPlayer1.settings.autoStart = True
        WindowsMediaPlayer1.URL = filepath
    Else
        WindowsMediaPlayer1.settings.autoStart = False
        WindowsMediaPlayer1.URL = filepath
        WindowsMediaPlayer1.Controls.play
    End If
    Timer2.Enabled = True
    Timer1.Enabled = True
    pausePosition = 0
    cmdplay.Caption = "播放"
End Sub
```

四、预显示

MediaPlayer 控件成功加载视频后，如果没有播放，就不会显示视频画面，而是显示黑屏。由于黑屏显示界面很不友好，因此，本项目添加了预显示模块，加载后可直接播放，当 MediaPlayer 控件加载完成，真正进入播放状态时，暂停播放，在 Timer2_Timer 中实现暂停功能。

Timer2_Timer 的主要任务：如果“自动播放”复选框没有选中，则暂停视频播放；获得视频长度，并设置进度条的最大值，进度条的值是视频长度的 100 倍，水平滚动条即视频进度条的移动单位为 0.01 s。预显示的程序代码如下：

```
Private Sub Timer2_Timer()
    If WindowsMediaPlayer1.playState = 3 Then
        If chkauto.Value < >1 Then
            WindowsMediaPlayer1.Controls.pause
        End If
        HScroll1.Max = Int(WindowsMediaPlayer1.currentMedia.duration * 100)
        Timer2.Enabled = False
    End If
End Sub
```

五、播放/暂停

只有 MediaPlayer 控件有效加载视频后，“播放/暂停”按钮才有效。“播放”按钮有两个状态：播放和暂停。暂停时，把当前进度保存到 pausePosition 中；播放时，从 pausePosition 开始播放，每次单击“播放/暂停”按钮，便会在两种状态间切换。“播放/暂停”按钮的事件代码如下：

```
Private Sub cmdplay_Click()
    If WindowsMediaPlayer1.playState = 1 Or WindowsMediaPlayer1.playState = 2 Or
WindowsMediaPlayer1.playState = 3 Then
        If cmdplay.Caption = "播放" Then
            cmdplay.Caption = "暂停"
            WindowsMediaPlayer1.Controls.currentPosition = pausePosition
            WindowsMediaPlayer1.Controls.play
        Else
            cmdplay.Caption = "播放"
            pausePosition = WindowsMediaPlayer1.Controls.currentPosition
            WindowsMediaPlayer1.Controls.stop
        End If
    End If
End Sub
```

六、前进

每次单击“前进”按钮，视频会向前 5 s。当时间不够时，就定位在视频最后面，注意 WindowsMediaPlayer1. Controls. currentPosition 的单位为秒，而滚动条的最小单位为 0.01 s，因此要把 HScroll1. Value 的值除以 100。“前进”按钮的事件代码如下：

```
Private Sub cmdfront_Click(),前进
    If WindowsMediaPlayer1.playState =1 Or WindowsMediaPlayer1.playState =2 Or
WindowsMediaPlayer1.playState =3 Then
        If HScroll1.Value +500 < = HScroll1.Max Then
            HScroll1.Value =HScroll1.Value +500
        Else
            HScroll1.Value =HScroll1.Max
        End If
        WindowsMediaPlayer1.Controls.currentPosition =HScroll1.Value/100#
        pausePosition =WindowsMediaPlayer1.Controls.currentPosition
    End If
End Sub
```

七、后退

每次单击“后退”按钮，视频会回退 5 s。当时间不够时，就定位在视频最前面。“后退”按钮的事件代码如下：

```
Private Sub cmdback_Click()'后退
    If WindowsMediaPlayer1.playState =1 Or WindowsMediaPlayer1.playState =2 Or
WindowsMediaPlayer1.playState =3 Then
        If HScroll1.Value -500 >0 Then
            HScroll1.Value =HScroll1.Value -500
        Else
            HScroll1.Value =0
        End If
        WindowsMediaPlayer1.Controls.currentPosition =HScroll1.Value/100#
        pausePosition =WindowsMediaPlayer1.Controls.currentPosition
    End If
End Sub
```

八、最前面

单击“最前面”按钮，把视频的播放头移动到视频的开头位置。其事件代码如下：

```
Private Sub cmdfirst_Click()'最前面
    If WindowsMediaPlayer1.playState =1 Or WindowsMediaPlayer1.playState =2 Or
WindowsMediaPlayer1.playState =3 Then
        HScroll1.Value =0
        WindowsMediaPlayer1.Controls.currentPosition =HScroll1.Value/100#
        pausePosition =WindowsMediaPlayer1.Controls.currentPosition
    End If
End Sub
```

九、最后面

单击“最后面”按钮，把视频的播放头移动到视频的末尾位置。其事件代码如下：

```
Private Sub cmdlast_Click()'最后面
    If WindowsMediaPlayer1.playState = 1 Or WindowsMediaPlayer1.playState = 2 Or
WindowsMediaPlayer1.playState = 3 Then
        HScroll1.Value = HScroll1.Max
        WindowsMediaPlayer1.Controls.currentPosition = HScroll1.Value/100#
        pausePosition = WindowsMediaPlayer1.Controls.currentPosition
    End If
End Sub
```

十、进度控制

通过计时器，及时显示视频播放的当前进度。每100 ms把视频播放当前值赋给水平滚动条，当视频播放结束时，将“播放/暂停”按钮改名为“播放”，当“循环播放”复选框被选中时，则自动从头重新播放，其程序代码如下：

```
Private Sub Timer1_Timer()
    If WindowsMediaPlayer1.playState = 3 Then
       HScroll1.Value = Int(WindowsMediaPlayer1.Controls.currentPosition * 100)
        '播放结束时,将"播放/暂停"按钮改名为"播放"
    ElseIf(WindowsMediaPlayer1.playState = 1)Then
        cmdplay.Caption = "播放"
        If chkloop.Value = 1 Then
            cmdfirst_Click
            WindowsMediaPlayer1.Controls.play
        End If
    End If
End Sub
```

十一、自动播放

当“自动播放”按钮被选中时，设置“播放/暂停”“前进”“后退”“最前面”“最后面”5个按钮的有效性为假，从当前位置开始自动播放；当其未被选中时，设置“播放/暂停”“前进”“后退”“最前面”“最后面”5个按钮的有效性为真，视频暂停播放，“播放/暂停”按钮显示标题为“播放”。自动播放的程序源代码如下：

```
Private Sub chkauto_Click()
    cmdplay.Caption = "播放"
    pausePosition = HScroll1.Value/100#
    WindowsMediaPlayer1.Controls.currentPosition = pausePosition
    If chkauto.Value = 1 Then
        cmdplay.Enabled = False
        cmdfront.Enabled = False
        cmdback.Enabled = False
        cmdfirst.Enabled = False
        cmdlast.Enabled = False
        WindowsMediaPlayer1.Controls.play
```

```
    Else
        cmdplay.Enabled = True
        cmdfront.Enabled = True
        cmdback.Enabled = True
        cmdfirst.Enabled = True
        cmdlast.Enabled = True
        WindowsMediaPlayer1.Controls.pause
    End If
End Sub
```

十二、拖动滑块

成功加载视频后，可通过拖动水平滚动条的滑块来定位视频播放位置。拖动滑块的程序代码如下：

```
Private Sub HScroll1_Scroll()
    If WindowsMediaPlayer1.playState = 1 Or WindowsMediaPlayer1.playState = 2 Or
WindowsMediaPlayer1.playState = 3 Then
        WindowsMediaPlayer1.Controls.currentPosition = HScroll1.Value/100#
        pausePosition = WindowsMediaPlayer1.Controls.currentPosition
    End If
End Sub
```

十三、全屏播放

直接利用 MediaPlayer 控件提供全屏操作完成本项目的全屏播放功能，不需要编写任何代码。当播放视频时，双击视频画画进入全屏播放模式，再次双击返回正常播放状态。

在视频播放画面中单击鼠标右键，会显示图 6—4—2 所示的播放器快捷菜单，也可通过其对视频播放进行控制。

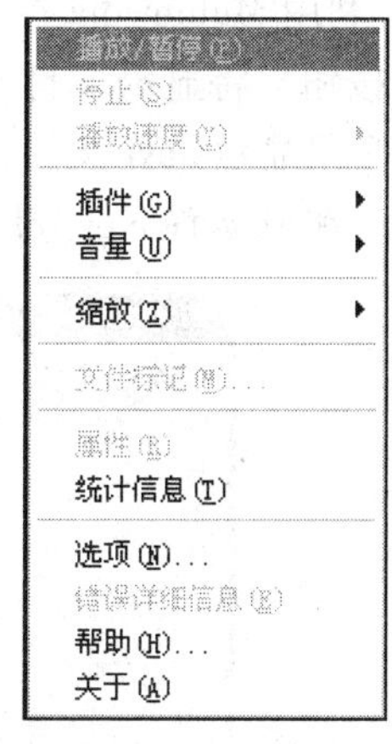

图 6—4—2　播放器快捷菜单

任务五　巩 固 训 练

一、项目拓展

1. 美化程序界面，为整个应用程序确定一个主题色系，然后应用到项目的背景和各个界面元素中。

2. 在进度条下面再添加一个水平滚动条，并将其作为音量控制条，用于实时显示当前音量设置，通过修改该水平滚动条的值，可以增加或减少音量，如图 6—5—1 所示。

3. 用户发现，当通过播放器的快捷菜单控制视频时，“播放/暂停”按钮的状态不对，为了确保各个按钮和播放器状态一致，须隐藏播放器的快捷菜单。

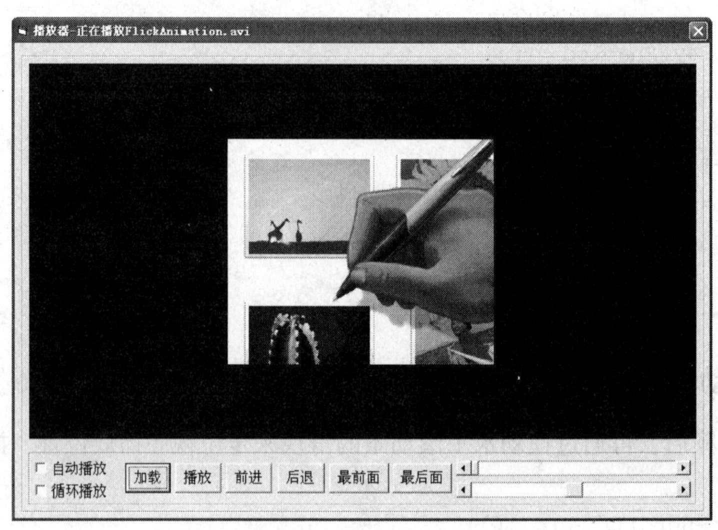

图 6—5—1　音量控制条

二、延伸训练

1. 利用 Multimedia 控件设计一个播放器，其运行效果如图 6—5—2 所示。单击“打开文件”按钮，将显示“打开文件”对话框，该对话框有两个文件过滤器：一个显示所有文件，一个只显示 . avi 文件。用户选择视频文件后，可以通过 MCI 提供的控制面板控制视频的播放，在窗体右下部分用滚动条制作一个视频播放进度条。

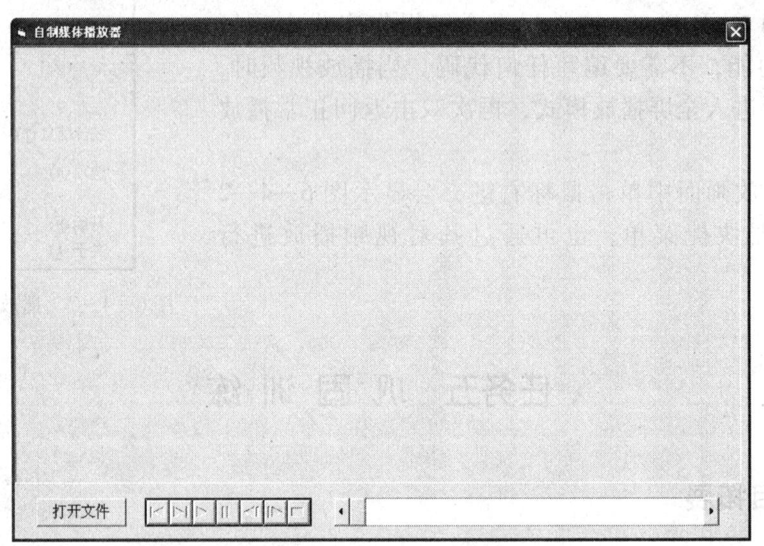

图 6—5—2　播放器的运行效果

分析与提示

(1) 界面设计

在窗体上添加一个图片框作为视频播放区，然后在图片框的下面添加一个命令按钮、一个 MCI 控件、一个公共对话框控件和一个水平滚动条控件。

(2) 代码分析与设计

在窗体的加载事件中，设置 MMControl1 的 AutoEnable 属性和 hWndDisplay 属性。其程序源代码如下：

```
Private Sub Form_Load()
    MMControl1.AutoEnable = True
    MMControl1.hWndDisplay = Picture1.hWnd
End Sub
```

加载视频文件，显示公共对话框让用户选择视频文件，然后将用户选中的文件路径赋给播放器控件，打开视频开始播放，同时把视频文件名显示在窗体标题栏中，把视频长度赋给水平滚动条的最大值，其程序源代码如下：

```
Private Sub Command_Open_Click()
    Dim f_name As String
    CommonDialog1.Filter = "AVI 文件(*.avi)|*.avi|所有文件(*.*)|*.*"
    CommonDialog1.FilterIndex = 1
    CommonDialog1.ShowOpen
    f_name = CommonDialog1.FileName
    If f_name <> "" Then
        MMControl1.FileName = f_name
        Caption = Caption + " - 正在播放:" + f_name
        MMControl1.Command = "Open"
        HScroll1.Max = Me.MMControl1.Length
        HScroll1.Min = 0
    End If
End Sub
```

更新进度，在播放器的 StatusUpdate 事件中，实时根据播放器当前位置更新水平滚动条的当前值，其程序源代码如下：

```
Private Sub MMControl1_StatusUpdate()
    Dim n As Long
    n = Me.MMControl1.Position
    If n > HScroll1.Max Then
       n = HScroll1.Max
    End If
    HScroll1.Value = n
End Sub
```

2. 设计一个应用程序，能播放指定的动画文件，如图 6—5—3 所示。

分析与提示

(1) 界面设计

在窗体上，添加两个框架，一个框架作为整个应用程序的边框，一个用作视频显示的边框；添加一个 ShockWaveFlash 控件，用于播放视频；一个复选框，用于控制是否循环播放；3 个命令按钮，一个用于打开文件，一个用于播放动画，一个用于暂停动画。

(2) 代码分析与设计

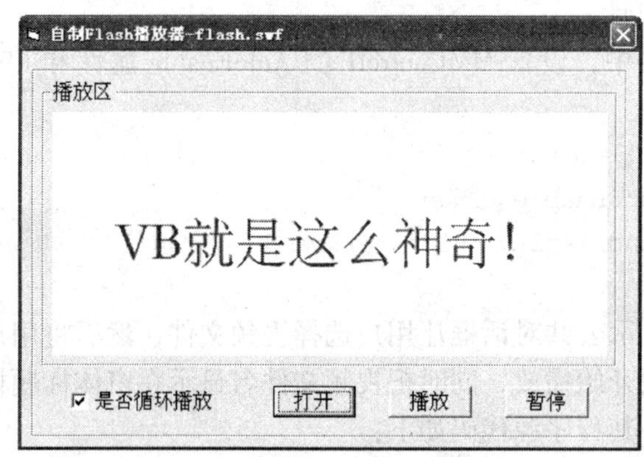

图 6—5—3　播放 Flash 动画

加载动画的主要任务：显示公共对话框，让用户选择要播放的动画文件，然后把用户选中的文件赋给播放器的 Movie 属性，然后更新窗体标题，显示正在播放的动画文件。程序源代码如下：

```
Private Sub Command1_Click()
    Dim f_name As String
    CommonDialog1.DialogTitle = "打开视频文件"
    CommonDialog1.Filter = "Flash 影片文件(*.swf)|*.swf|所有文件(*.*)|*.*"
    CommonDialog1.ShowOpen
    f_name = CommonDialog1.FileName
    If f_name <> "" Then
       If LCase(Right(f_name,4)) = ".swf" Then '检查是否为 Flash 影片文件
          ShockwaveFlash1.Movie = f_name
          ShockwaveFlash1.Playing = False
          Caption = Caption + " - " + CommonDialog1.FileTitle
       End If
    End If
End Sub
```

循环播放控制，用户单击“循环播放”复选框时，直接把复选框的状态值赋给 ShockwaveFlash1. Loop 即可，程序源代码如下：

```
Private Sub Check1_Click()
    ShockwaveFlash1.Loop = Check1.Value
End Sub
```

动画的播放和暂停可用以下代码实现。

```
ShockwaveFlash1.Play
ShockwaveFlash1.Stop
```

3. 用 MediaPlayer 控件制作一个播放器，其运行效果如图 6—5—4 所示，其中滚动条用于控制音量。

分析与提示

(1) 界面设计

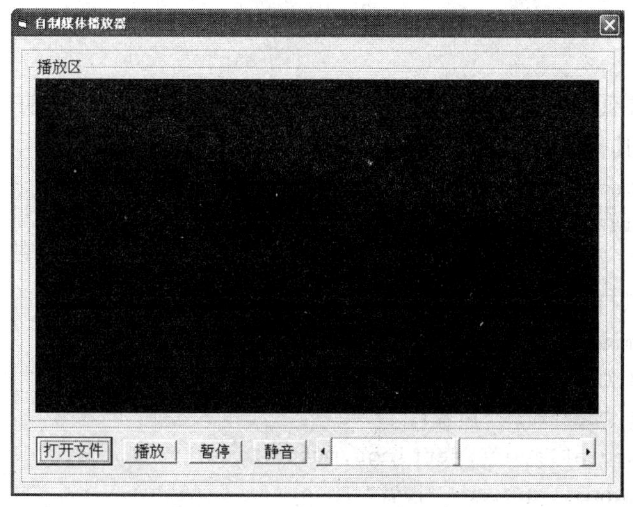

图 6—5—4　播放器的运行界面

在窗体上，添加 3 个框架，一个用作总体框架，另两个框架，一个用作播放视频的边框，一个用作控制按钮的边框；添加一个 MediaPlayer 控件，用于播放视频；一个水平滚动条作为音量调节器；4 个命令按钮，一个用于打开文件，一个用于播放视频，一个用于暂停播放视频，一个用于控制是否静音。设置水平滚动条的最大值为 100，最大改变值为 10，最小值和最小改变值采用默认值。

（2）代码分析与设计

初始化操作，在窗体的加载事件中，设置 WindowsMediaPlayer1 的界面显示模式、自动播放方式、位置和大小，同时，把播放器的当前音量赋给水平滚动条。其程序源代码如下：

```
Private Sub Form_Load()
    WindowsMediaPlayer1.uiMode = "none"
    WindowsMediaPlayer1.settings.autoStart = False
    WindowsMediaPlayer1.Move 100,300,9000,5200
    HScroll1.Value = WindowsMediaPlayer1.settings.volume
End Sub
```

加载视频操作，先显示公共对话框，让用户选择指定的视频文件，然后将该选择赋给播放器的 url 属性，更新播放器窗体的标题属性，显示出正在播放的文件名。其程序源代码如下：

```
Private Sub Command_Open_Click()
    Dim f_name As String
    CommonDialog1.DialogTitle = "打开视频文件"
    CommonDialog1.Filter = "AVI 文件(*.avi)|*.avi|所有文件(*.*)|*.*"
    CommonDialog1.FilterIndex = 1
    On Error Resume Next
    CommonDialog1.ShowOpen
    f_name = CommonDialog1.FileName
    If f_name <> "" Then
       WindowsMediaPlayer1.URL = f_name
       Caption = Caption + " - 正在播放:" + CommonDialog1.FileTitle
```

```
    End If
End Sub
```

音量调节的主要任务：当滚动条的值发生改变时，把滚动条的当前值赋给播放器的 settings. volume 属性。其程序源代码如下：

```
Private Sub HScroll1_Change()
    WindowsMediaPlayer1.settings.volume = HScroll1.Value
End Sub
```

静音控制，可以打开或关闭静音设置。其程序源代码如下：

```
Private Sub Command3_Click()
    If Command3.Caption = "静音" Then
        Command3.Caption = "声音"
        WindowsMediaPlayer1.settings.mute = True
    ElseIf Command3.Caption = "声音" Then
        Command3.Caption = "静音"
        WindowsMediaPlayer1.settings.mute = False
    End If
End Sub
```

视频的播放和暂停可用以下代码实现。

```
WindowsMediaPlayer1.Controls.play
WindowsMediaPlayer1.Controls.pause
```

课后练习

一、选择题

1. 若要在工具箱中添加 Multimedia 控件，需要在“部件”对话框中选择________选项，然后单击“确定”按钮。

A. Microsoft Windows Common Control – 2 6. 0

B. Microsoft Comm Control 6. 0

C. Microsoft Multimedia Control 6. 0

D. Windows Media Player

2. 在以下选项中，________控件不属于基本的内部控件。

A. Timer　　B. TextBox　　C. Shape　　D. Multimedia

3. 在以下选项中，不属于 Multimedia 控件 Command 属性包含的命令的是________。

A. Open　　B. Exit　　C. Play　　D. Stop

4. 在以下选项中，不属于 Multimedia 控件的播放类型的是________。

A. AVIVideo　　B. DAT　　C. CDAudio　　D. MP4

5. 在 Shock Wave Flash 控件中，用于指定播放动画文件的属性是________。

A. FileName　　B. FilePath　　C. Movie　　D. Flash

6. 在 Shock Wave Flash 控件中，________方法能停止正在播放的动画。

A. Close　　B. Exit　　C. Stop　　D. Pause

二、综合题

1. 利用 Animation 控件设计一个播放器应用程序，如题图 6—1 所示。单击“打开”按钮能弹出一个“文件打开”对话框，该对话框只显示 . avi 文件，用户选择一个 . avi 文件且确定后，可以播放选定文件。程序提供两种播放方式：自动播放方式和手动播放方式。当选中“自动播放”复选框时，系统进入自动播放状态，此时“播放”按钮失效；取消“自动播放”复选框，系统进入手工播放方式，单击“播放”按钮，开始播放视频，此时按钮名称改为“暂停”，单击“暂停”按钮，暂停视频播放，此时按钮名称改为“播放”。单击“停止”按钮将关闭视频播放。

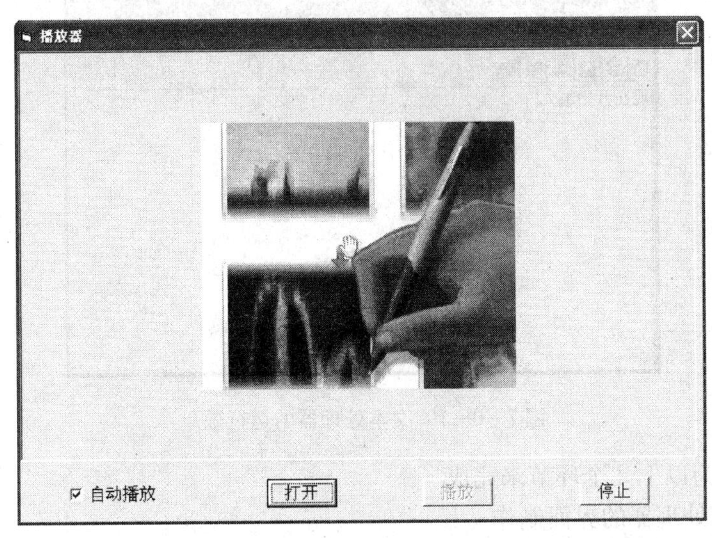

题图 6—1　播放器的运行效果

2. 设计一个自制 Flash 播放器应用程序，如题图 6—2 所示。单击“打开”按钮，显示“打开文件”对话框，该对话框提供两个文件过滤器，一个显示所有文件，一个显示 . swf 文件。用户选择了指定 . swf 文件后打开，此时动画处于暂停状态，单击“播放”按钮播放动画，单击“暂停”按钮暂停动画。播放结束后，若选中了“是否循环播放”复选框，则继续循环播放，否则退出动画。

题图 6—2　自制 Flash 播放器的运行效果

项目七　制作文本处理器

多媒体技术的应用让人们的生活变得丰富多彩，但细心的人不难发现，其实在人们的日常工作和生活中，同样离不开文字，因此，很多时候需要处理文本内容。现利用 VB 6.0 制作一个文本处理器，其运行效果如图 7—0—1 所示。

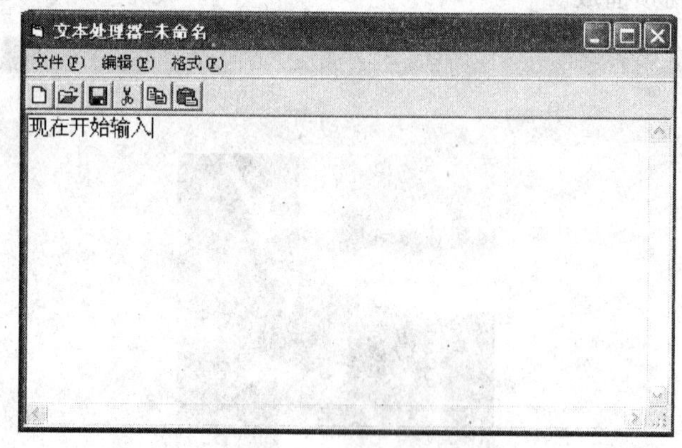

图 7—0—1　文本处理器的运行效果

本项目将分为以下几个环节来完成。

1. 完成文本处理器的界面制作。

2. 完成“编辑”下拉菜单和文本框快捷菜单的相关功能（编辑功能）。

3. 利用公共对话框的“字体”对话框，实现“格式”菜单中的字体设置功能，利用公共对话框的“颜色”对话框，实现“格式”菜单中的背景颜色设置功能。

4. 完成文件的新建、保存、另存为、打开等功能。

5. 减少代码的重复，优化代码，提高代码的可维护性。

6. 实现“格式”菜单中“默认值”设置，以及新建、打开、退出时，如果文件未保存，则提示用户保存文件。

任务一　界面制作

学习目标

1. 掌握菜单编辑器的使用方法，菜单的相关属性、方法和事件。

2. 掌握工具栏、图像列表的常见属性、方法和事件。

任务描述

文本处理器的运行界面如图 7—1—1 所示，有菜单栏和工具栏，菜单栏有“文件”“编辑”“格式”3 个下拉菜单，工具栏有“新建”“打开”“保存”“剪切”“复制”“粘贴”6 个工具，工作区是一个文本框，占满整个工作区，它能随窗体大小变化而自动调整大小。

图 7—1—1　文本处理器的运行界面

相关知识

一、菜单设计

菜单是 Windows 应用程序非常重要的界面元素之一，它以分组的形式组织多个命令或操作，给用户操作应用程序带来了极大的方便，通用的 Windows 应用程序一般都提供了相应的菜单。

1. 菜单分类

菜单可分为下拉式菜单和弹出式菜单两种。

(1) 下拉式菜单

下拉式菜单的结构如图 7—1—2 所示，由图 7—1—2 可知，下拉式菜单中相关成分比较丰富。所有下拉式菜单都集中显示在菜单栏，单击某个下拉式菜单，向下显示该菜单所有菜单选项（也称菜单命令），每个下拉式菜单以及每个菜单项都有一个标题，在标题后可能有一对括号括起来的字母，该字母称为访问键或热键，按 Alt 键 + 热键，可快速打开指定菜单命令。

如果菜单命令后有“…”，表示执行该菜单命令时，会先显示一个对话框；如果菜单命令后面有一个向右的小三角形，表示单击该菜单命令时，会显示对应的子菜单；如果菜单命令后面有组合键，表示该组合键是菜单命令的快捷键，可以通过按该组合键来执行对应的菜单命令。

为了美化显示效果，往往在一组相关的菜单命令后加一个分隔符。

有些菜单有两个状态，如果菜单标题的前面有勾号或点号，表示该菜单选项处于选中状态；否则，处于非选中状态。

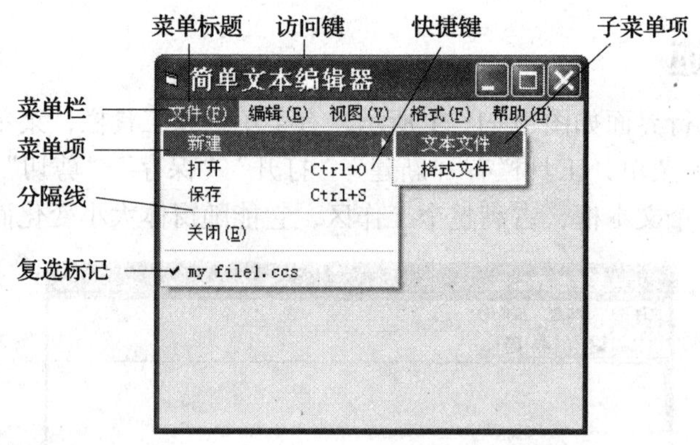

图 7—1—2　下拉式菜单的结构

如果菜单命令为灰色，表示该菜单在当前环境中被禁用。

（2）弹出式菜单

弹出式菜单也称快捷菜单，它在正常情况下不显示，只有单击鼠标右键时，才会显示出来，而且在不同操作阶段、针对不同操作对象，显示的弹出式菜单往往不同。在窗体设计器中，单击鼠标右键会显示图 7—1—3 所示的弹出式菜单。

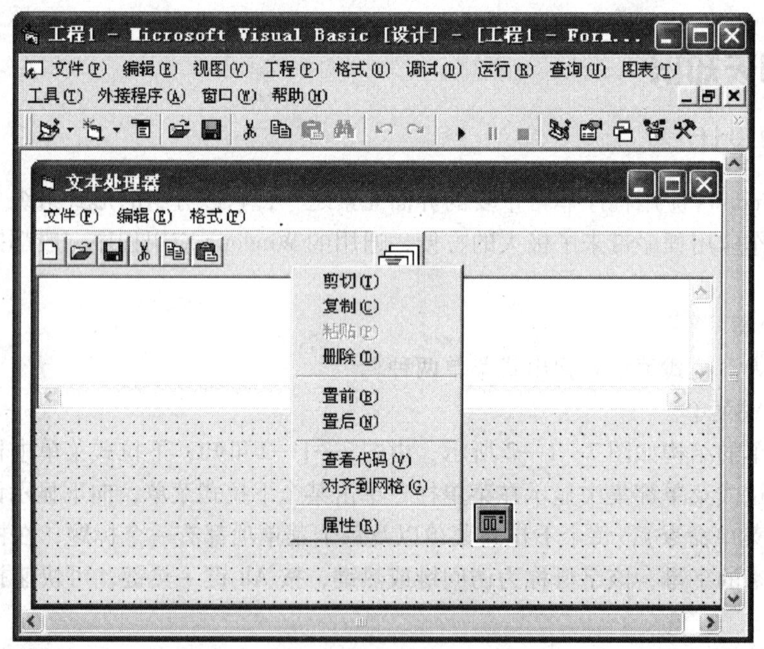

图 7—1—3　弹出式菜单

2. 菜单编辑器

VB 提供了设计菜单的专用工具菜单编辑器。

选择“工具”→“菜单编辑器”命令，或单击工具栏中的“菜单编辑器”工具，即可打开“菜单编辑器”对话框，如图 7—1—4 所示。

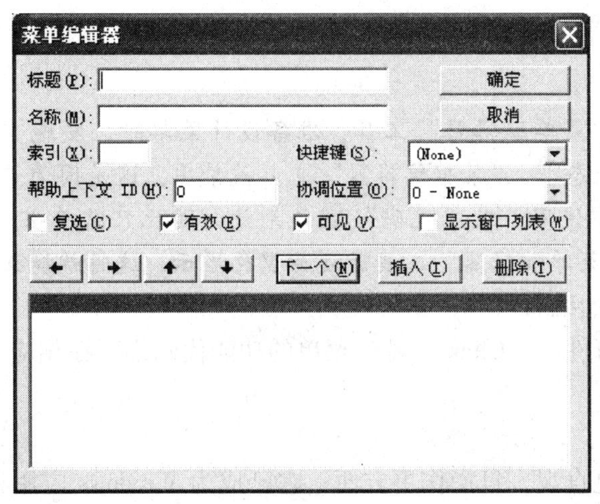

图 7—1—4 “菜单编辑器”对话框

菜单编辑器的主要界面元素介绍如下。

（1）在“标题”文本框中，可输入菜单的标题，对应菜单的 Caption 属性。

小提示

在“菜单编辑器”对话框中的“标题”文本框中，可用“（& 字符）”的形式来定义访问键，如“文件（&F）”“编辑（&E）”显示的结果为“文件（F）”“编辑（E）”。

如果在菜单编辑器的“标题”文本框中输入“-”（英文连接符），可添加一个菜单分隔线。

（2）在“名称”文本框中，可输入菜单的名称，对应菜单的 Name 属性，一般以 mnu 作为前缀。

（3）“索引”文本框，用于建立菜单控件数组，对应菜单的 Index 属性。

（4）在“快捷键”下拉列表框中，可指定菜单的快捷键，对应菜单的 ShortCut 属性，如果菜单为顶层菜单或其有子菜单，则不可设置快捷键。

（5）“复选”复选框，可设置菜单是否选中，对应菜单的 Checked 属性。

（6）“有效”复选框，可设置菜单是否有效，对应菜单的 Enabled 属性。

（7）“可见”复选框，可设置菜单是否可见，对应菜单的 Visible 属性。

（8）“→”“←”按钮可将菜单下移或上移一个层次（在菜单编辑器中表现为添加或减少 4 个点），“↑”“↓”按钮可将菜单上移或下移一个显示位置。点数越多，菜单的层级越低，低层菜单为高层菜单的子菜单，当菜单命令较多时，要特别注意菜单的层级，避免出错。

（9）单击“下一个”按钮，可创建一个新菜单行，单击“插入”按钮可在当前菜单行上方插入一行，单击“删除”按钮可删除当前选中的菜单行。

（10）在“菜单编辑器”对话框下部的列表框中，显示了已创建菜单的有关信息。

有时候，当单击“菜单编辑器”工具，准备设计菜单时，发现“菜单编辑器”工具显示为灰色，说明在该状态下，“菜单编辑器”工具被禁用，这是因为“菜单编辑器”工具只能在“窗体设计器”中使用，在“代码”窗口无效，因此只需单击“窗体设计器”窗口，进入窗体设计状态，“菜单编辑器”工具就变为黑色显示，这时就能正常使用了。

3. 菜单事件代码的编写

菜单只支持一个事件——Click 事件，菜单的功能代码都写在相应菜单的 Click 事件中。

二、工具栏设计

工具栏比菜单栏更直观，且操作更方便，它已成为 Windows 应用程序的标准功能配置。在 VB 中，工具栏用 ToolBar 控件来实现，但工具栏按钮的图形一般用 ImageList 控件来管理。

ToolBar 控件和 ImageList 控件都是外部控件，使用前都应先添加到工具箱。可在“部件”对话框中，通过选择“Microsoft Windows Common Contrl 6. 0”选项来添加 ToolBar 控件和 ImageList 控件，加载了“Microsoft Windows Common Contrl 6. 0”后，工具箱中就多了 9 个工具，如图 7—1—5 所示，其中黑框为新增工具，左边第二个为工具栏控件，右边第三个为图像列表控件。

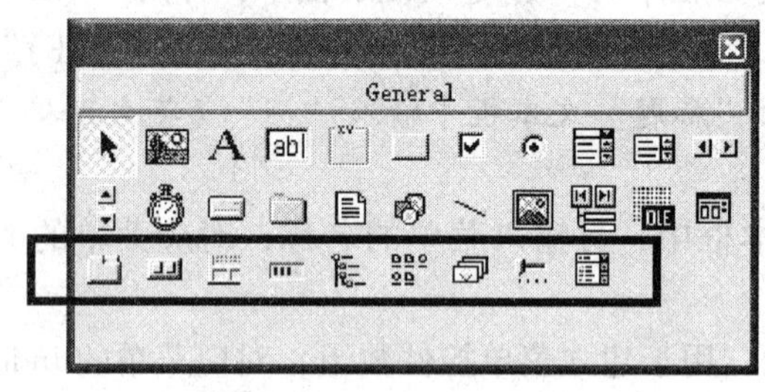

图 7—1—5　工具箱

1. ImageList 控件

在窗体上画好 ImageList 控件后，选中 ImageList 控件后右击，在快捷菜单中选择“属性”命令，会弹出“属性页”对话框。

在“通用”选项卡中，可设置图片大小，一般取各个选项的默认值。单击“图像”选项卡，可管理图像列表控件的图片，如图 7—1—6 所示，单击“插入图片”按钮可添加图片，每幅图片对应一个唯一的索引值和一个唯一的关键字，系统默认的索引值从 1 开始递增，默认的关键字为空，可自行设置，也可以不设置；单击“删除图片”按钮，可以删除选定的图片。

设置好图片后，单击“确定”按钮，关闭属性页对话框，完成图片加载。

2. ToolBar 控件

在窗体上画好 ToolBar 控件后，选中 ToolBar 控件后右击，在快捷菜单中选择“属性”命令，会弹出“属性页”对话框。

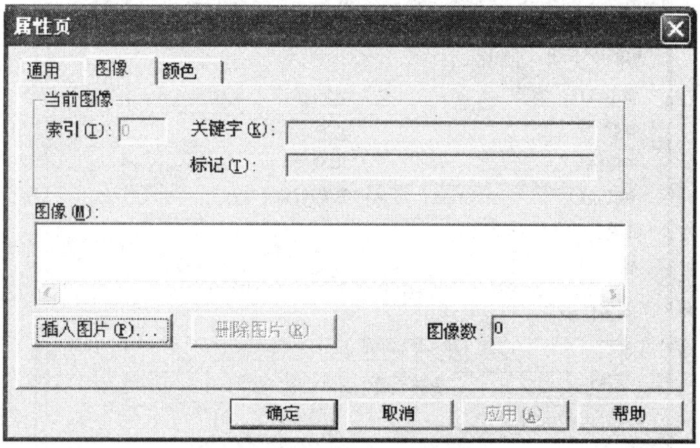

图 7—1—6　图像列表控件属性页

单击“通用”选项卡，在“图像列表”下拉列表框中选择一个 ImageList 控件名称，如图 7—1—7 所示。

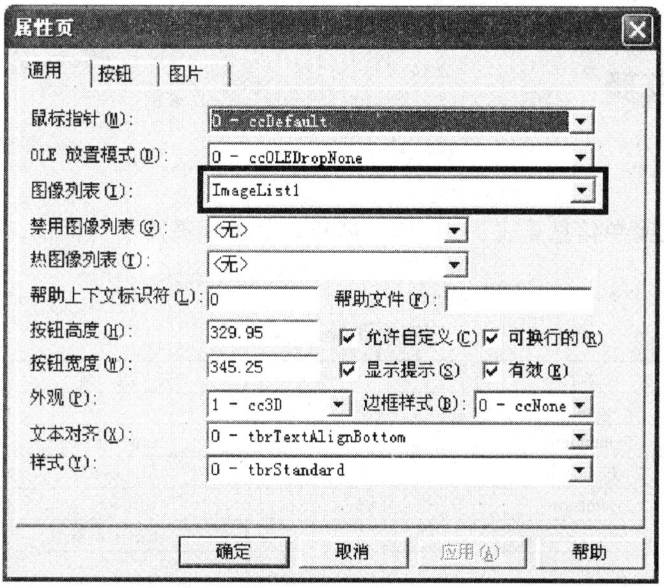

图 7—1—7　“通用”选项卡

单击“按钮”选项卡，如图 7—1—8 所示，单击“插入按钮”按钮，可添加工具命令，单击“删除按钮”按钮，可删除工具命令。

每个按钮对应一个索引值，索引值必须唯一，系统默认的索引值从 1 开始递增，一般采用系统的默认值；“标题”文本框可输入工具标题，一般为空；“关键字”文本框可输入工具命令的关键字，关键字必须唯一，可以为每个工具命令设置一个有意义的关键字，也可以省略；“样式”下拉列表框中提供了多种命令样式；在“图像”文本框中，可输入 ImageList 控件中的图片索引值，用以指定按钮的显示图形；在“工具提示文本”文本框中，可输入工具栏按钮的提示文本，当鼠标光标置于按钮上停留指定时间后显示出来。

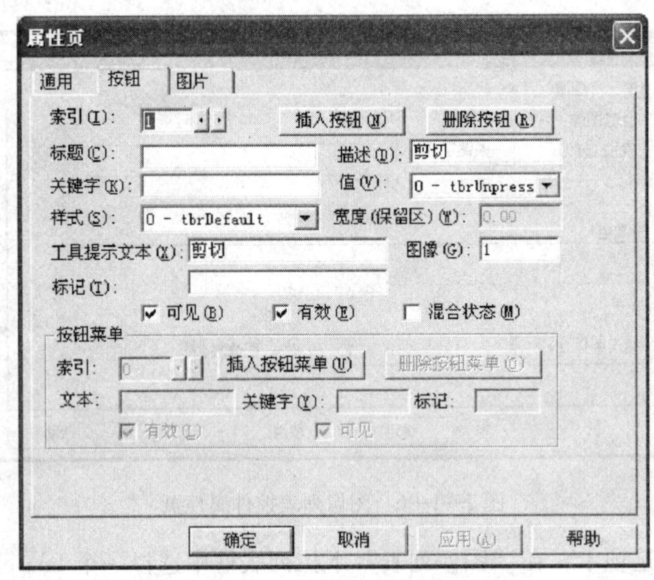

图 7—1—8 “按钮”选项卡

任务实施

一、菜单设计

文本处理器的菜单信息见表 7—1—1，打开“菜单编辑器”对话框，按表 7—1—1 完成项目的菜单设计。

表 7—1—1　　　　文本处理器的菜单信息

菜单标题	菜单名称	访 问 键	快 捷 键	层 级
文件	mnufile	F		1
新建	mnunew	N	Ctrl + N	2
打开	mnuopen	O	Ctrl + O	2
保存	mnusave	S	Ctrl + S	2
另存为	mnusaveas	A	Ctrl + A	2
—	mnublank1			2
退出	mnuexit	X		2
编辑	mnuedit	E		1
剪切	mnucut	T	Ctrl + X	2
复制	mnucopy	C	Ctrl + C	2
粘贴	mnupaste	P	Ctrl + V	2
—	Mnublank2			2
清除	mnuclear		Del	2
格式	mnuformat	F		1
字体	mnufont	M	Ctrl + M	2
—	mnublank3			2
背景颜色	mnucolor	B	Ctrl + B	2
—	Mnublank4			2
默认值	mnudefault	D	Ctrl + D	2

二、工具栏设计

在窗体上添加图像列表 ImageList1，在其属页性中添加新建、打开、保存、剪切、复制、粘贴 6 个工具命令对应的图片；然后，在窗体添加工具栏 Toolbar1，首先设置其图像列表为 ImageList1，然后添加新建、打开、保存、剪切、复制、粘贴 6 个工具命令。

三、自动改变大小

在文本处理器中，文本框总是占满整个工作区，而且文本框会随着窗体大小的改变而自动改变大小。

当窗体的大小改变时，会激发 Resize 事件，可以在窗体的 Resize 事件中添加代码，及时把窗体的大小赋给文本框，注意工具栏会占用一些窗体的有效空间，其实现代码如下：

```
Private Sub Form_Resize()'实现 Text1 随窗体大小的变化而变化
    Text1.Move 0,0 + Toolbar1.Height,ScaleWidth,ScaleHeight - Toolbar1.Height
End Sub
```

小提示

在 Form_ Resize 事件中添加代码后，文本框能随窗体大小的变化而自动变化，但并不说明用户能在文本框中输入多行文本，还要检查文本框控件的 MultiLine 属性是否为真，如要输入多行文本，则必须设置 MultiLine 属性的值为 True。

完成后的文本处理器的界面设计如图 7—1—9 所示。

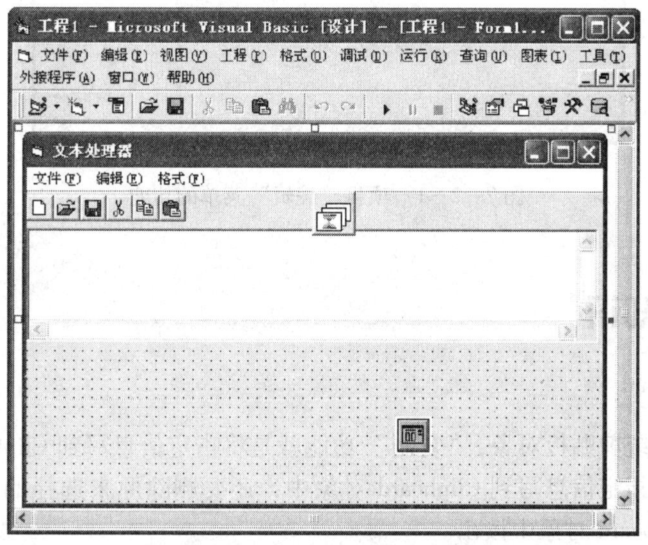

图 7—1—9　完成后的文本处理器的界面设计

任务二 “编辑”菜单功能的实现

学习目标

1. 掌握剪贴板的使用方法。
2. 掌握弹出式菜单的实现方法。

任务描述

为文本处理器的“编辑”菜单编写事件代码，完成“剪切”“复制”“粘贴”“清除”菜单命令的功能，包括“编辑”下拉菜单和在文本框中单击鼠标右键时显示的快捷菜单。项目“编辑”菜单的功能如图 7—2—1 所示。

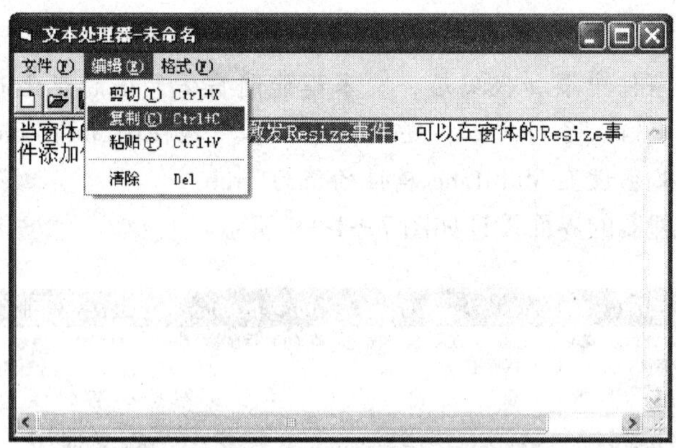

图 7—2—1 项目“编辑”菜单的功能

相关知识

一、Clipboard

Clipboard 为系统剪贴板对象，“复制”功能就是将指定信息写到 Clipboard 对象中；“剪切”功能不但要将指定信息写到 Clipboard 对象中，还要删除原来选择的文本；“粘贴”功能是将信息从 Clipboard 对象中读出。

Clipboard 对象的主要方法如下。

1. Clear 方法——清除系统剪贴板对象的内容。
2. GetData 方法——从 Clipboard 对象返回一个图形。
3. GerFormat 方法——返回一个值，指示 Clipboard 对象中的一项是否与指定格式匹配。

4. GetText 方法——从 Clipboard 对象返回一串文本。

5. SetData 方法——以指定的图形格式，将一个对象放置到 Clipboard 对象中。

6. SetText 方法——以指定的 Clipboard 对象格式，将文本串放到 Clipboard 对象中。

二、菜单命令和工具命令的代码编写

菜单命令只有一个事件，即 Click 事件，对于顶层菜单和有子菜单的菜单，单击菜单或菜单命令，将显示下层菜单，不需要编写事件代码，系统便能自动完成相关功能。

单击工具栏中的工具命令，工具栏对象会激发 ButtonClick 事件，可以在该事件中完成工具命令的各个功能代码，ButtonClick 事件的语法格式如下：

工具栏对象_ ButtonClick（ByVal Button As MSComctlLib. Button）。

说明：参数“Button”表示工具命令，可以通过其索引值或关键字来识别不同的工具命令，然后再执行相应的处理。

三、弹出式菜单

弹出式菜单又称为快捷菜单，是单击鼠标右键时弹出的菜单。在 VB 中，设计弹出式菜单可分以下几步。

1. 在菜单编辑器中设计菜单，可将顶层菜单的“可见”复选框取消，让其不可见。

2. 编写各菜单命令的 Click 事件代码，完成各个菜单对应的功能。

3. 在指定对象的 MouseUp（或 MouseDown）事件中，用 PopupMenu 方法弹出做好的菜单。

PopupMenu 方法的简单使用格式如下：

[对象 .]PopupMenu 菜单名

按多数人的操作习惯，用户一般希望单击鼠标右键时，显示弹出式菜单，因此，在弹出菜单时，需要识别用户操作时的鼠标按钮，一般把代码写在 MouseDown 或 MouseUp 事件中。

小提示

为文本框添加快捷菜单后，每次在文本框中右击时，首先显示的不是自己设计的快捷菜单，而是系统的快捷菜单，如图 7—2—2 所示，这给用户的操作带来一定麻烦。因此，在弹出快捷菜单时需要特殊处理：在显示自己设计的快捷菜单前，先让文本框失效，弹出自己设计的快捷菜单后，再让文本框变为有效，实现代码如下：

```
Text1.Enabled = False '技巧
  PopupMenu mnuedit
  Text1.Enabled = True
```

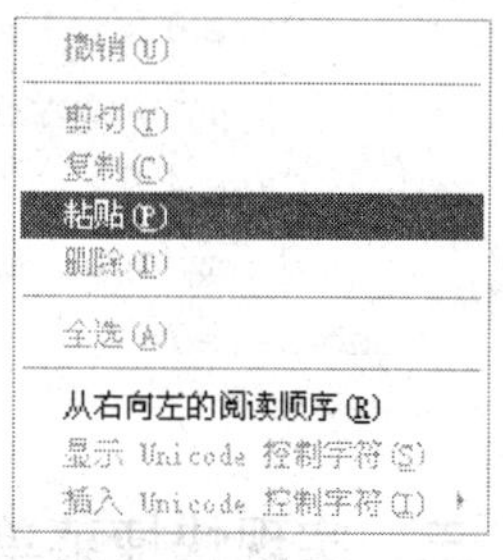

图 7—2—2　系统的快捷菜单

任务实施

一、实现“编辑”菜单的功能

1.“剪切”菜单：把选中的信息存放到系统剪贴板上，然后清除选中的文本，其事件代码如下：

```
Private Sub mnucut_Click()
    Clipboard.SetText Text1.SelText
    Text1.SelText = ""
End Sub
```

2.“复制”菜单：把选中的信息存放到系统剪贴板上，其事件代码如下：

```
Private Sub mnucopy_Click()
    Clipboard.SetText Text1.SelText
End Sub
```

3.“粘贴”菜单：把系统剪贴板上的文本显示在文本框光标所在位置，其事件代码如下：

```
Private Sub mnupaste_Click()
    Text1.SelText = Clipboard.GetText
End Sub
```

4.“清除”菜单：只是把文本框中的内容清除。

二、实现工具栏的功能

工具栏与菜单栏中对应命令的功能完全一致，只是工具栏比菜单操作更加便利，因此工具命令只要执行对应的菜单命令的事件代码即可，其事件代码如下：

```
Private Sub Toolbar1_ButtonClick(ByVal Button As MSComctlLib.Button)
    Select Case Button.Index
        Case 1
            mnucut_Click
        Case 3
            mnucopy_Click
        Case 4
            mnupaste_Click
    End Select
End Sub
```

三、实现快捷菜单功能

程序源代码如下：

```
Private Sub Text1_MouseDown(Button As Integer,Shift As Integer,X As Single,Y As
Single)
     If Button = 2 Then
```

```
        PopupMenu mnuedit
    End If
End Sub
```

任务三 “格式”菜单功能的实现

学习目标

1. 掌握文本格式的设置方法。
2. 掌握调色板的调用方法。

任务描述

任务三的主要任务是完成文本处理器“格式”菜单的相关功能，如图 7—3—1 所示。通过“字体”对话框，可以设置文本的相关格式；通过“颜色”对话框，可以设置文本框的背景颜色。

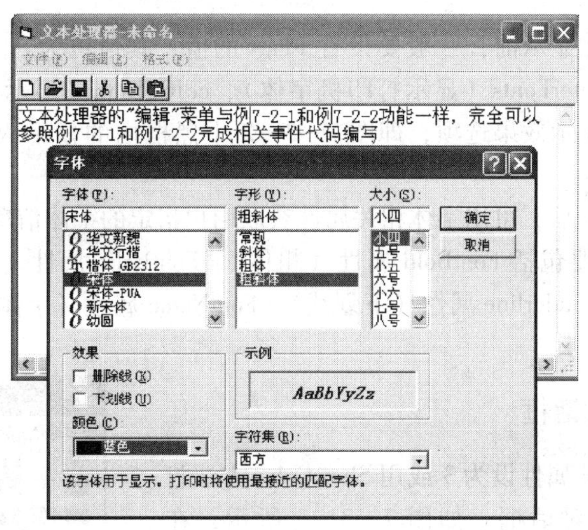

图 7—3—1 格式设置

相关知识

公共对话框（Common Dialog）控件为用户提供了一组标准的系统对话框，使用它可显示、打开和保存文件，设置打印选项，设置字体，设置颜色，提供 Windows 帮助引擎等用户交互操作界面，不过设置后的操作效果还必须手工编写相关代码才能实现。在项目六中，已学习了公共对话框的加载和使用方法，掌握了“打开”和“另存为”

对话框的使用技巧，本节将使用公共对话框中的“字体”和“颜色”对话框完成相关功能。

一、“字体”对话框

将对话框的 Action 属性设为 4 或用 ShowFont 方法打开，可显示“字体”对话框，如图 7—3—2 所示。在“字体”对话框中，可以设置字体、字形、字号大小、删除线、下划线、字体颜色等格式。

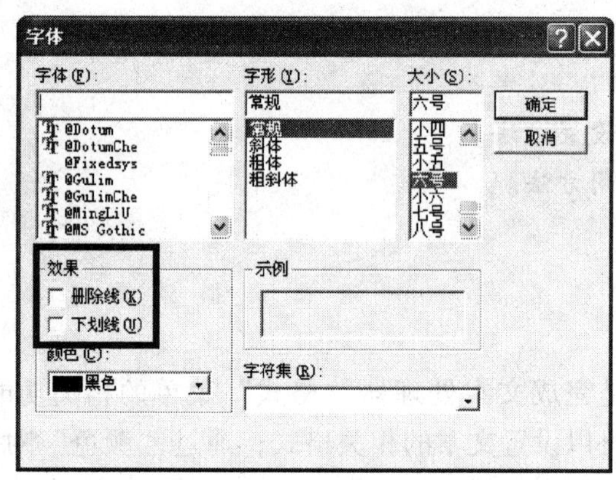

图 7—3—2 “字体”对话框

“字体”对话框在显示前，一般要设置 Flags 的值，其值可为 cdlCFScreenFonts（显示屏幕字体）、cdlCFPrinterFonts（显示打印机字体）、cdlCFBoth（显示屏幕字体和打印机字体）、cdlCFEffects（显示效果选项，即图 7—3—2 中黑框内的显示内容）。一般选择后两个选项。

当用户关闭对话框后，可用字体相关属性获取用户指定的字体信息，然后再编写相关代码。字体相关属性主要包括 FontBold 属性（粗体）、FontItalic 属性（斜体）、FontStrikethru 属性（删除线）、FontUnderline 属性（下划线）、FontName 属性（字体名称）、FontSize 属性（字体大小）。

二、“颜色”对话框

将对话框的 Action 属性设为 3 或用 ShowColor 方法打开，可显示“颜色”对话框，如图 7—3—3 所示，在该对话框中，可以任选一种基本颜色，如果基本颜色不满足实际需要，可单击“规定自定义颜色”按钮，打开自定义颜色区，如图 7—3—4 所示，既可以直接选取颜色，也可以直接输入 R、G、B 值生成颜色，选择颜色后，单击“添加到自定义颜色”按钮，完成自定义颜色操作。

当用户关闭对话框后，可用 Color 属性获取用户指定的颜色，然后再编写相关的代码。

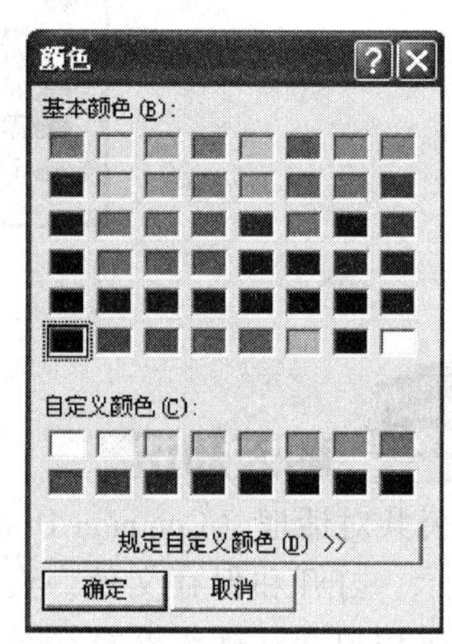

图 7—3—3 “颜色”对话框

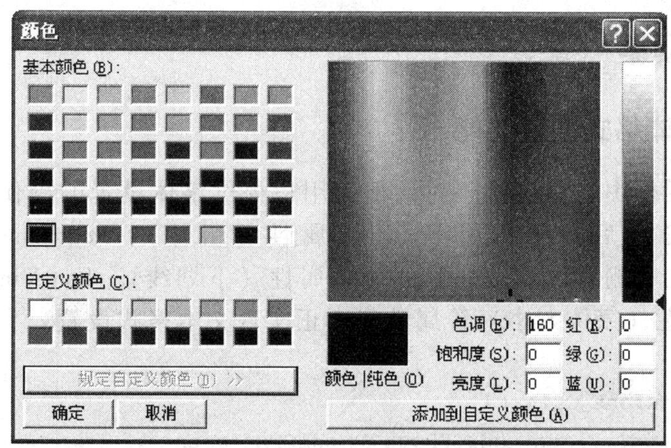

图 7—3—4　添加自定义颜色

三、“打印”对话框

将对话框的 Action 属性设为 5 或用 ShowPrinter 方法打开，可显示“打印”对话框，如图 7—3—5 所示。

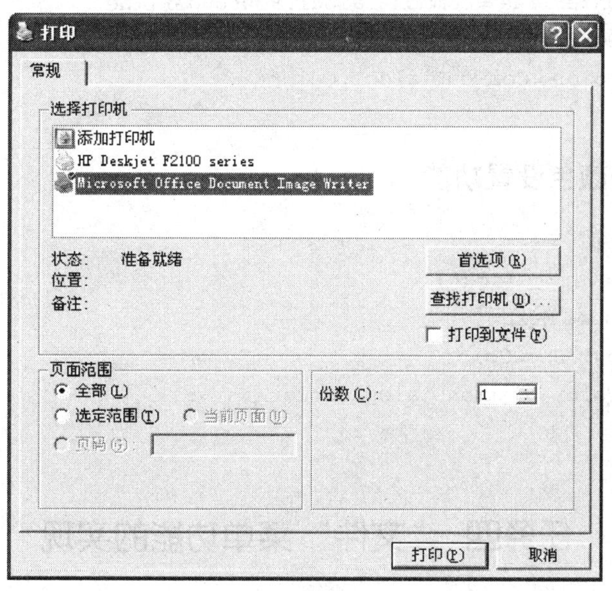

图 7—3—5　“打印”对话框

用户关闭“打印”对话框后，可用 Copies 属性设置打印份数，用 FromPage 属性设置打印起始页号，用 ToPage 属性设置打印终止页号。

四、“帮助”对话框

将对话框的 Action 属性设为 6 或用 ShowHelp 方法打开，可显示“帮助”对话框。

任务实施

一、实现字体格式设置功能

通过公共对话框中的“字体”对话框为用户提供字体设置的操作界面，当用户完成格式设置且确定后，再利用 FontBold 属性（粗体）、FontItalic 属性（斜体）、FontStrikethru 属性（删除线）、FontUnderline 属性（下划线）、FontName 属性（字体名称）、FontSize 属性（字体大小）等属性来真正实现文本格式设置。字体格式设置的事件代码如下：

```
Private Sub mnufont_Click()
    CommonDialog1.Flags = cdlCFBoth Or cdlCFEffects
    On Error Resume Next
    CommonDialog1.ShowFont
    Text1.FontName = CommonDialog1.FontName
    Text1.FontSize = CommonDialog1.FontSize
    Text1.FontBold = CommonDialog1.FontBold
    Text1.FontItalic = CommonDialog1.FontItalic
    Text1.FontUnderline = CommonDialog1.FontUnderline
    Text1.FontStrikethru = CommonDialog1.FontStrikethru
    Text1.ForeColor = CommonDialog1.Color
End Sub
```

二、实现背景颜色设置功能

程序源代码如下：

```
Private Sub mnucolor_Click()
    On Error Resume Next
    CommonDialog1.ShowColor
    Text1.BackColor = CommonDialog1.Color
End Sub
```

任务四　“文件”菜单功能的实现

学习目标

1. 掌握文件打开、读、写、关闭等方法。
2. 了解各类文件的特点。

任务描述

任务四的主要任务是完成文本处理器中“文件”菜单的相关操作，如“新建”“打开”“保存”“另存为”等操作，运行效果如图7—4—1所示。

图7—4—1　“文件”菜单功能的实现

相关知识

到目前为止，人们设计的应用程序都是将数据保存在变量中，当程序运行结束时，所有变量的值就会丢失，等下次执行该应用程序时，又要重复同样的工作，不但浪费时间，而且很容易出错，也许你会想到能不能像Word应用程序一样，可以将当前文档保存起来，下次再打开继续进行编辑？

完全可以，只需把程序和数据分开，并将应用程序所处理的数据保存在专门的数据文件中，需要的时候把文件内容读出来处理，处理结束后，再将数据保存到指定的数据文件中即可。

文件是存放在外存储器上信息的集合。文件可分为程序文件和数据文件。例如，Word属于程序文件，Word文档属于数据文件。

一、数据文件分类

数据文件按数据存放方式，可分以下三类。

1．顺序文件

顺序文件就是普通的文本文件，它以ANSI字符形式存放信息，文件中的内容按顺序一个字节接一个字节地排列。读写数据时，只能按先后顺序进行，缺少灵活性，因此只适用于处理有规律、不经常修改的数据。

2. 随机文件

随机文件以二进制形式存放信息，文件中的每一个记录都有固定的长度，且对应一个唯一的记录号，只需给出记录号，就允许用户存取文件中的任一个记录，而且可以同时进行读或写操作。随机文件读写速度较快，数据容易更新。

3. 二进制文件

二进制文件是字节的集合，可将其理解为长度为 1 的特殊的随机文件，其可用于存放各种类型的数据。二进制文件的灵活性最大，但程序处理的工作量也最大。

二、文件读写的通用步骤

不管是顺序文件，还是随机文件或二进制文件，在进行文件处理时，都要进行以下 3 步操作。

1. 打开文件。一般用 Open 方式打开文件，注意这里的文件打开，不像许多软件的“文件”菜单下的“打开”命令，它只是让文件处于“打开”状态，而不会读出其中内容。
2. 进行读/写操作。不同类型文件的读/写操作方法不一样。
3. 关闭文件。一般用 Close 方式关闭文件。

三、访问顺序文件

1. 打开文件 Open

以 Open 方式打开顺序文件的基本语法格式如下：

```
Open <文件名> For{Input|Output|Append}As [#]<文件号>
```

说明：

（1）参数“文件名”指定要操作的文件，它是一个包含文件名（也可包含路径）的字符串。

（2）参数“Input”模式表示打开一个已存在的文件，准备读取，要求打开的文件必须存在，否则会出错；参数“Output”表示在磁盘上创建一个新文件，准备写入，若与已存在文件同名，则覆盖原有文件；参数“Append”模式表示打开一个已存在的文件，准备在末尾追加写入，当文件不存在时则创建一个新文件。

小提示

从文件中读取内容，对于文件而言是输出，应该用 Output 模式，但对于内存而言是输入，应用 Input 模式。因此，Open 语句的打开模式是相对于内存不是相对于文件的。

（3）参数“文件号”是用来标识打开文件的文件句柄，其值必须是 1 ~ 511 的整数。注意已打开的文件，是通过文件号而不是文件名来进行读写操作的。

2. 读操作

在 VB 中，用 Open 方式打开文件后，可用以下 3 种方法来读取顺序文件的内容。

读出一行信息：`Line Input #<文件号>,<变量名>`。

读出指定字符数：`Input(Length,#<文件号>)`。

读出文件内容：`Input #<文件号>,<变量名列表>`。

3. 写操作

当以 Output 或 Append 方式打开顺序文件后，可用以下两种方法向文件中写入信息。

方法一:Print #<文件号>[,<表达式列表>]。

方法二:Write #<文件号>[,<表达式列表>]。

说明：Write 语句在写入时，会自动用逗号分开各个表达式的值，给字符串加上双撇号，并在写入最后一个字符后，加一个回车换行符。

4. 关闭文件 Close

```
Close  [#文件号1 [,# 文件号2 …] ]
```

四、访问随机文件

在随机文件中，由于记录长度固定，而且结构一致，因此，访问随机文件前，首先需要使用 Type…End Type 来定义记录类型，然后才能进行文件各项操作。

Type…End Type 的一般语法格式如下：

```
Private Type 类型名
    成员1  As 类型
    成员2  As 类型
    成员3  As 类型
      …
End Type
```

说明：成员的定义个数可根据需要确定。

例如，定义一个表示图书简单信息的记录类型如下：

```
Private Type book          '定义记录
    ID As String * 10      '书号
    Name As String         '书名
    Score  As Single       '单价
      Num As Integer       '数量
End Type
```

定义记录类型后，可用该记录类型来定义变量。如 Dim b1 as book。

1. 打开文件 Open

以 Open 方式打开随机文件的语法格式如下：

```
Open 文件名 [For Random] As [#]<文件号> [Len =记录长度]
```

说明：参数“Random”表示打开随机文件，参数“Len”表示记录的长度，即记录各个数据成员所占空间之和。

2. 读信息 Get

Get 的语法格式（随机文件）如下：

```
Get #<文件号>,<记录号>,<变量>
```

3. 写信息 Put

Put 的语法格式（随机文件）如下：

```
Put #<文件号>,<记录号>,<变量>
```

4. 关闭文件 Close

关闭文件的方法与顺序文件相同，其语法格式为

```
Close  [#文件号1[,#文件号2 …]]
```

小提示

在VB 6.0中，随机文件的内容一般保存在.dat文件类型中，因此，操作随机文件时，要注意使用.dat文件扩展名。

五、访问二进制文件

1. 打开文件Open

以Open方式打开二进制文件的语法格式如下：

```
Open 文件名 [For Binary] As [#] <文件号>
```

2. 读信息Get

Get的语法格式（二进制文件）如下：

```
Get #<文件号>,<字节数>,<变量>
```

3. 写信息Put

Put的语法格式（二进制文件）如下：

```
Put #<文件号>,<字节数>,<变量>
```

说明：Get和Put语句中的字节数，表示开始读写位置的字节数。

4. 关闭文件Close

二进制文件的关闭还是Close，其语法格式如下：

```
Close  [#文件号1[,#文件号2 …]]
```

由于二进制文件可被理解为长度为1的特殊的随机文件，因此二进制文件的访问操作与随机文件的访问操作基本一致，只是访问二进制文件时，不需要预先定义相关的记录类型。

任务实施

由于文本处理器主要用于处理文本，所以文件菜单中的“新建”“打开”“”保存“另存为”都是针对顺序文件进行操作。

一、“新建”菜单

“新建”菜单的主要任务：清除文本框的内容，准备接收新文件的内容。

为了保护用户输入内容的安全，在清空文本框前，要先询问用户是否需要保存原来的输入内容，用户有3个选择：选择“是”，表示保存原有内容后清空文本框；选择“否”，表示不保存原有内容，直接清空文本框；选择“取消”，则取消新建操作，直接返回原来的操作界面。清空文本框后，还要将窗体标题改为“文本处理器-未命名”。

“新建”菜单的事件代码如下：

```
Private Sub mnunew_Click()'新建
    Dim res As Integer
   res = MsgBox("您是否需要保存文件?",vbYesNoCancel + vbQuestion + vbDefaultBut-
ton1,"系统提示")
```

```
    If res = vbYes Then
        mnusave_Click
    ElseIf res = vbNo Then
        '不需要处理
    Else
        Exit Sub
    End If
    Text1.Text = ""
    Form1.Caption = "文本处理器 - " + "未命名"
End Sub
```

二、"打开"菜单

"打开"菜单的主要任务：清除原来的显示内容，然后显示新打开文件的内容。

在操作前，为了安全起见，同样需要询问用户是否需要保存信息。用户确认后，显示"打开"对话框，用户选择了打开文件的文件名后，利用 Open、Input、Close 完成文件打开操作。最后，在窗体的标题栏中加上打开的文件名称（不含文件路径）。

"打开"菜单的事件代码如下：

```
Private Sub mnuopen_Click()'打开
    Dim filename As String
Dim strtemp As String
    res = MsgBox("您是否需要保存文件?",vbYesNoCancel + vbQuestion + vbDefaultBut-
ton1,"系统提示")
    If res = vbYes Then
        mnusave_Click
    ElseIf res = vbNo Then
        '不需要处理
    Else
        Exit Sub
    End If
    CommonDialog1.DialogTitle = "打开文件"
    CommonDialog1.Filter = "文本文件(*.txt)|*.txt|所有文件(*.*)|*.*"
    CommonDialog1.InitDir = App.Path
    On Error Resume Next
    CommonDialog1.ShowOpen
    filename = CommonDialog1.filename
    Open filename For Input As #1
    Input #1,strtemp
    Close
    Text1.Text = strtemp
    flagsave = True
    Form1.Caption = "文本处理器 - " + CommonDialog1.FileTitle
End Sub
```

三、“保存”菜单

“保存”菜单的主要任务：把文本框的内容保存到文件中。

首先显示“另存为”对话框，用户选择了文件保存位置和文件名后，利用 Open、Write、Close 完成文件保存操作。最后，在窗体的标题栏中加上打开的文件名称（不含文件路径）。

“保存”菜单的事件代码如下：

```
Private Sub mnusaveas_Click()
    Dim filename As String
    Dim strtemp As String
    strtemp = Text1.Text
    CommonDialog1.DialogTitle = "保存文件"
    CommonDialog1.Filter = "文本文件(*.txt)|*.txt|所有文件(*.*)|*.*"
    CommonDialog1.InitDir = App.Path
    On Error Resume Next
    CommonDialog1.ShowSave
    filename = CommonDialog1.filename
    Open filename For Output As #1
    Write #1,strtemp
    Close
    If Err.Number = 0 Then
    Form1.Caption = "文本处理器 - " + CommonDialog1.FileTitle
    End If
End Sub
```

四、“另存为”菜单

“另存为”菜单的主要任务也是保存文本框中的内容，可直接调用 mnusaveas_ Click 事件代码完成相关功能。

五、退出提示

当用户单击“文件”菜单中的“退出”命令，或单击窗体右上角的“退出”按钮时，系统会提示用户是否保存信息。实现方法可参考“新建”菜单的相关处理思路。

六、工具栏代码编写

文本处理器的工具栏有 6 个工具：“新建”“打开”“保存”“剪切”“复制”“粘贴”，其功能的实现都是借助对应的菜单命令来实现的，工具栏功能的事件代码如下：

```
Private Sub Toolbar1_ButtonClick(ByVal Button As MSComctlLib.Button)'工具栏
    Select Case Button.Index
        Case 1
            mnunew_Click
        Case 2
```

```
            mnuopen_Click
        Case 3
            mnusave_Click
        Case 4
            mnucut_Click
        Case 5
            mnucopy_Click
        Case 6
            mnupaste_Click
    End Select
End Sub
```

任务五　代 码 优 化

学习目标

1. 理解过程的概念。
2. 掌握过程的定义和调用方法。

任务描述

完成任务四后，文本处理器的功能基本上已实现。细看已完成的代码，发现代码的重复性很高，如提示用户是否需要保存已有信息的代码有 4 处，编写代码时，直接通过复制粘贴实现，感觉不到操作的麻烦，但如果不小心写错部分内容或用户的需求发生变化，则需要一一找出这 4 处的代码，仔细修改，很麻烦，而且很容易遗漏，任务五将通过函数和过程来优化程序代码，从而提高应用程序开发的效率和系统的可维护性。

相关知识

一、过程简介

在日常生活和工作中，人们经常会通过把大事化小、小事化无来解决一些重大问题，这样可以大大提高自己的办事能力。

实际上，在程序设计中，对于一个复杂的应用问题而言，也经常采用类似的处理方法，将复杂问题分解成一个个的小问题，然后逐个解决。

每个小问题对应一个基本模块，一般一个基本模块对应一个过程，有时也称为函数。每个过程均能独立完成特定的功能。

在 VB 中，过程有两种类型，通用过程和事件过程。事件过程与某个具体对象有关，它是能被对象识别的一个预先定义好的动作。通用过程与对象无关，它能被不同的事件过程或程序代码调用，从而提高编程的效率。

通用过程需要编写相应的代码，称为过程的定义。定义好的过程就像完工的集成块一样，还需要将它组装到产品中去才能发挥作用，在应用程序中使用定义好的过程，称为过程的调用。若 A 过程调用 B 过程，则称 A 为主调函数（过程），B 为被调函数（过程）。

过程主要是完成特定功能，相当于一个加工设备，加工设备离不开加工材料，过程也离不开数据，从过程外传递给过程的数据称为参数，必须在定义过程时，定义这些参数的个数、类型。在定义过程时用到的参数称为形式参数，它本身暂时没有值，只是“形式”，但可以参与过程的运算处理，当过程被调用时，主调过程给过程传递对应的数据，这些数据称为实际参数，过程调用时，实际参数把值赋给对应的形式参数。

通用过程可分为两类：Sub 过程和 Function 过程。Sub 过程没有返回值，而 Function 过程有相应的数据类型，能返回一个值。Function 过程可以出现在表达式中，Sub 过程不能出现在表达式中。

有些书把带返回值的过程称为函数，不带返回值的过程称为过程。本书不作区分，过程和函数都是指能独立运行的子程序。

小提示

过程就是把相关联的代码从程序中独立出来，成为一个独立体，但两个程序间还需要保存联系，相当于儿子成家后，从上一辈的家庭中独立出来，但两个家庭关系非常密切。

原来的程序根据需要，随时都可以调用独立出来的过程，调用时，可以通过参数把相关信息传递给过程处理，过程处理完后，把处理结果以返回值的形式返回原来的程序，数据又回到原来程序，形成一个完整的数据回路，然后继续对数据进行后续处理。

二、Sub 过程

1. Sub 过程的定义

Sub 过程定义的语法格式如下：

```
Private Sub <过程名>([<形参表>])
  过程体
End Sub
```

说明：

（1）Private 为类型声明符，表示函数是私有的，其他类型的声明符还有 Public 和 Static。

（2）过程名必须遵循标识符的命令约定，且长度不超过 40 个字符。

（3）在过程体中，可用 Exit Sub 提前退出过程。

（4）通用过程不能嵌套定义，但可以嵌套调用。

2. Sub 过程的调用

调用 Sub 过程一般可用以下两种方法。

(1)Call 过程名([实参表])。

(2)过程名 [实参表]。

注意，在第二种调用方法中，省略了 Call，此时不需要括号，否则会出错。

例 7—5—1 应用 Sub 过程开发一个求和应用程序，如图 7—5—1 所示，输入 N 值后，能计算出 1 ~ N 的和。

图 7—5—1 求和应用程序

(1) 界面设计

在窗体上，添加一个框架，作为整个程序的边框；两个标签控件，用于提示相关信息；两个文本框，用于输入和显示结果；一个命令按钮，用于完成计算功能。

(2) 过程定义

由于过程主要是完成特定功能，因此在进行简单程序设计时，重点是找出核心功能，显然，本项目的重点是求和，所以 Sub 过程功能就定义为求和。

计算 1 +2 +3 + … + N 的值，起点固定，只是结束点 N 变化，它需要从主调函数传递过来，因此过程要设一个参数，用于接收 N 的值。过程的定义如下：

```
Private Sub addnum(n As Integer)
    Dim i As Integer
    Dim s As Long
    s = 0
    For i = 1 To n
        s = s + i
    Next i
    Text2.Text = s
End Sub
```

处理结果 S 本来是传回给主程序，但因为 Sub 过程不能返回值，所以只能直接在过程中，将结果赋给文本框显示出来。

(3) 过程调用

在主调函数中，要准备好 N 的值，为了提高系统的健壮性，对输入值进行了适当处理，主调函数的代码如下：

```
Private Sub Command1_Click()
    Dim n As Integer
    n = Val(Text1.Text)
```

```
    If n < 1 Then
        MsgBox "请输入 N 的有效值(N > 0)。"
        Text1.Text = ""
        Text1.SetFocus
        Exit Sub
    End If
  addnum n
End Sub
```

三、Function 过程

1. Function 过程的定义

Function 过程定义的语法格式如下：

```
Private  Function <过程名>([ <形参表> ])[As 数据类型]
  过程体
End Function
```

说明：

（1）Private 为类型声明符，表示函数是私有的，其他类型的声明符还有 Public 和 Static。

（2）在过程体中，可用 Exit Function 提前退出过程。

（3）可用函数名带回返回值，在过程体中，一般有语句：过程名 = 表达式。

（4）过程名不超过 40 个字符，不能嵌套定义，但可以嵌套调用。

2. Function 过程的调用

调用 Function 过程一般可用以下两种方法。

（1）直接调用。将函数名和相应的实参放在一个表达式中即可。当需要接收过程的返回值时，只能使用这种调用方法。

（2）Call 语句调用。使用 Call 语句调用 Function 过程的方法与 Sub 的调用方法相似，此时，Function 过程的返回值将被丢失。

例 7—5—2 用 Function 过程实现例 7—5—1 的功能，运行效果如图 7—5—2 所示。

图 7—5—2 求和程序的运行效果

（1）界面设计

界面与例 7—5—1 几乎完全一样。

（2）过程定义

Function 过程与 Sub 过程设计思路完全一致，只是因为 Function 过程能返回处理结果，所以 Function 过程可利用 addnum = s 把计算结果返回给主调函数，在主调函数中显示结果。过程定义代码如下：

```
Private Function addnum(n As Integer)As Long
    Dim i As Integer
    Dim s As Long
    s = 0
    For i = 1 To n
        s = s + i
    Next i
    addnum = s '返回结果
End Function
```

（3）过程调用

因为在 Function 过程中没有显示结果，所以在主调函数中应该显示最终计算结果。主调函数代码如下：

```
Private Sub Command1_Click()
    Dim n As Integer
    Dim s As Long
    n = Val(Text1.Text)
    If n < 1 Then
        MsgBox "请输入 N 的有效值(N > 0)。"
        Text1.Text = ""
        Text1.SetFocus
        Exit Sub
    End If
  s = addnum(n)
  Text2.Text = s
End Sub
```

四、参数传递

在定义过程时所使用的参数称为形式参数，简称为形参。在调用过程时所使用的参数称为实际参数，简称为实参。当函数被调用时，实参将值或地址传给对应的形参。

参数在传递时，有两种方式：按地址传递和按值传递。

1. 按地址传递 ByRef

按地址传递时，实参变量将地址值（即内存地址）传给形参。实参与形参使用相同的内存单元，当形参修改变量值后，实参变量值也随之变化，从而实现双向传递。按地址传递是 VB 的默认方式，可省略 ByRef。

小提示

老陈与小陈共看一本书，当老陈将书中精彩部分画线后，小陈能看到老陈的画线吗？肯定能，因为他们看的是同一本书，同样的道理，按地址传递，形式参数和实际参数共享同一地址，因此形式参数值的改变肯定会影响实际参数的值。

2. 按值传递 ByVal

按值传递时，实参将数值传给形参。实参与形参对应不同的内存单元，相互独立，当形参的值发生改变时，根本不会影响实参，从而只能单向传递。按值传递时，要使用 ByVal。

小提示

老陈将自己看的书复印一份给小陈看，当老陈将书中精彩部分画线后（在复制后画线），小陈能看到老陈的画线吗？肯定不能，因为他们看的是两本完全不同的书，相互不影响，同样的道理，按值传递时，实际参数只是把自己值复制一份给形式参数，它们相互独立，互不影响。

任务实施

文件操作中，打开文件需要做两件事，一是显示公共对话框，让用户选择文件，二是打开文件；保存文件，只做一件事，把文件保存起来；另存为也要做两件事，一是显示公共对话框，让用户选择文件，二是打开文件。显然在这 3 个操作中，有一些动作是相同的，可以把这些动作定义为过程，然后通过过程来实现功能，以减少代码重复。

已在通用声明中定义了一个模块级变量 filename。

一、获取文件名

Getfilename 过程的返回值是文件名称（不含路径），文件名路径及名称直接保存在模板级变量中。

程序源代码如下：

```
Private Function getfilename(innum As Integer)As String
    Dim tempfilename As String
    CommonDialog1.Filter = "文本文件(*.txt)|*.txt|所有文件(*.*)|*.*"
    CommonDialog1.InitDir = App.Path
    Select Case innum
    Case 1
        CommonDialog1.DialogTitle = "打开文件"
        On Error Resume Next
        CommonDialog1.ShowOpen
    Case 2
        CommonDialog1.DialogTitle = "保存文件"
        On Error Resume Next
        CommonDialog1.ShowSave
    Case 3
        CommonDialog1.DialogTitle = "文件另存为"
        On Error Resume Next
        CommonDialog1.ShowSave
```

```
    End Select
    tempfilename = CommonDialog1.filename
    filename = tempfilename
    getfilename = CommonDialog1.FileTitle
End Function
```

二、保存文件

程序源代码如下：

```
Private Sub savefile(tempfilename As String)
    Dim strtemp As String
    strtemp = Text1.Text
    If filename < > "" Then
        Open filename For Output As #1
        Write #1,strtemp
        Close
        If Err.Number = 0 Then
            flagsave = True
            If tempfilename < > "" Then
                Form1.Caption = "文本处理器 - " + tempfilename
            End If
        Else
            MsgBox "写文件错误,保存失败!"
        End If
    Else
        MsgBox "没有指定文件名称,保存失败!"
    End If
End Sub
```

三、打开文件

程序源代码如下：

```
Private Sub readfile(tempfilename As String)
    Dim strtemp As String
    If filename < > "" Then
        Open filename For Input As #1
        Input #1,strtemp
        Close
        If Err.Number = 0 Then
            Text1.Text = strtemp
            flagsave = True
            Form1.Caption = "文本处理器 - " + tempfilename
        Else
            MsgBox "读文件错误,打开失败!"
```

```
        End If
    Else
        MsgBox "没有指定文件名称,打开失败!"
    End If
End Sub
```

一、过程的嵌套调用

在一个过程中调用另一个过程，称为过程的嵌套调用。

例如，求1！ +2！ +3！ +… +N!，可先定义一个求阶乘的过程 f1，然后再定义一个求和的过程 f2，在 f2 中调用 f1 来计算各个数的阶乘，两个过程的定义代码如下：

```
Private Function f1(num As Long)As Long
    Dim i As Long
    s =1
    For i =1 To num
        s = s * i
    Next i
    f1 = s
End Function
Private Function f2(num As Long)As Long
    Dim i As Long
    s =0
    For i =1 To num
        s = s + f1(i)
    Next i
    f2 = s
End Function
```

二、过程的递归调用

如果一个过程直接或间接调用其自身，称为过程的递归调用，它是一种特殊的嵌套调用。

采用递归来解决问题时，必须符合以下两个条件。

1. 可以把要解决的问题转化为一个新的问题，且这个新问题的解法与原问题解法相同，即可递归。

2. 有一个明确的结束条件，即递归能终止。

例 7—5—3 利用过程的递归调用求 n！程序的运行效果如图 7—5—3 所示。

（1）界面设计

在窗体上添加一个框架作为整个应用程序的边框，然后在其上添加两个标签，两个文本框，两个命令按钮。

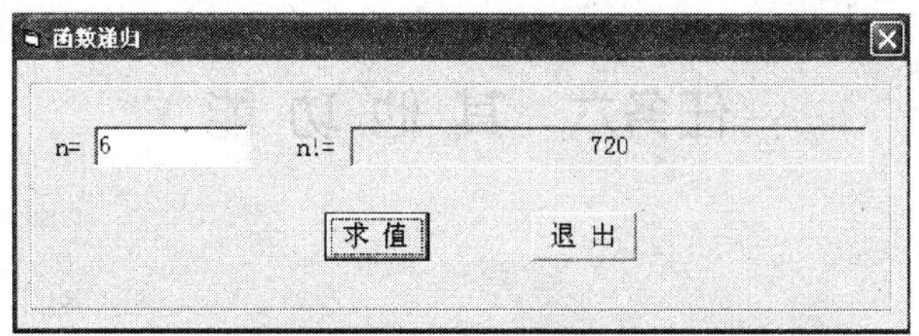

图 7—5—3　计算 n!

（2）代码分析与设计

n！ = （n-1）！ ·n，显然可以把求 n！ 的阶乘转为求（n-1）!，满足采用递归来解决问题的第一个条件；当 n 的值为 1 时，n！ =1，即当 n 的值递减到 1 时结束，满足采用递归来解决问题的第二个条件。因此，完全可以采用递归来实现。

当 n=1 时，n！ =1

当 n>1 时，n！ = （n-1）！ *n

过程的定义如下：

```
Private Function fac(n)As Double
  If n >1 Then
     fac =n * fac(n -1)   '递归调用
  Else
     fac =1               'n =1 时,结束递归
  End If
End Function
```

过程的调用代码如下：

```
Private Sub Command1_Click()
   Dim n As Integer,s As Double
   n =Val(Text1.Text)
   If n >0 Then
      s = fac(n)'此时不能使用第二种调用方法
   Else
      s =0
   End If
   Text2.Text =s
End Sub
Private Sub Command2_Click()
   End
End Sub
```

按 Enter 键直接执行的代码如下：

```
Private Sub Text1_KeyPress(KeyAscii As Integer)
   If KeyAscii =13 Then Command1_Click
End Sub
```

任务六　其 他 功 能

学习目标

1. 了解变量的作用范围和生存周期。

2. 不同类型变量的特点。

任务描述

任务五完成了代码的优化，但项目还有一些问题，即项目中“保存”菜单和“另存为”菜单的功能完全一样，而一般的应用程序，当文件已有文件名时，保存文件不用再让用户选择文件名称，因此，对于“保存”菜单而言，只有没有文件名时才需要选择文件名，如果已有文件名则直接保存即可，因此需要识别文件是否已有文件名。当文件内容没有改变时，询问用户是否保存信息也是多余的，因此需要识别文件内容是否修改过。项目还有一个功能没有实现，即“格式”菜单的“默认值”选项没有写代码，任务六将通过定义模块级的变量来实现相关功能。

相关知识

一个应用程序可包含一个或多个模块（如窗体模块、标准模块、类模块等），每个模块中又可以包含一个或多个过程。显然，应用程序、模块、过程是3个不同的层次，在不同层次定义的变量，其作用范围不同，应用程序级的变量在整个应用程序中均可以使用，它的范围最大，模块级的变量范围要小一些，只能在整个模块中使用，而过程级变量的范围最小，只能在过程内部使用。

从变量的作用空间来说，每个变量均有其作用域；从变量的作用时间来看，每个变量均有自己的生存期。

一、变量的作用域

变量的作用域是指变量的有效范围。按变量的作用域不同，可将变量分为局部变量和全局变量。根据变量的声明位置不同，变量可分为过程级变量和模块级变量。

1. 过程级变量

在一个过程内部定义的变量，称为过程级变量，这种变量只能在定义该变量的过程中使用，一般用 Dim 来定义。

过程级变量属于局部变量，不同过程中定义的局部变量相互独立，所以，不同过程中的局部变量可以同名。

当局部变量与模块级变量同名时，在过程内部局部变量会屏蔽模块级同名变量。

2. 模块级变量

模块级变量既可以在窗体模块的通用声明中声明，也可以在标准模块中声明。一般可用Dim、Private、Public等关键字。在标准模块中，还可用Global关键字。

（1）Dim——用于定义模块级的局部变量。

（2）Private——用于定义模块级私有变量，它只能在模块内部使用，仍属于局部变量。

（3）Public——用于定义模块级公有变量，标准模块中的模块级公有变量可以在整个应用程序中直接使用，属于全局变量；窗体模块的模块级公有变量必须用“窗体名.公有变量名”的形式才能在别的模块中使用，而不能直接使用。

（4）Global——用于定义全局变量，较少使用。

二、变量的生存期

变量的生存期是指变量占用内存的时间。按变量的生存期不同，可将变量分为动态变量和静态变量。

1. 动态变量

当程序运行到变量所在的过程时，才给动态变量分配内存单元，当过程运行结束后，动态变量所占的内存单元会被立即释放，其值丢失。每次进入变量所在的过程时，动态变量都要重新初始化。

2. 静态变量

静态变量与动态变量完全不同，当变量所在过程运行结束后，变量仍然占用相应的内存单元，其值一直保存，当以后再次运行变量所在过程时，不会重新初始化。过程级局部变量一般用Static关键字，将其声明为静态变量。

与变量一样，过程也有其作用范围。在VB中，按过程的作用范围，可将其分为模块级过程和全局级过程，分别用Private和Public来标识。

例7—6—1 程序的代码如下，请分析其运行结果。

```
Private n As Integer '模块级私有变量,整个窗体模块有效
Private Sub Command1_Click()
    Dim n As Integer '过程级局部变量,初值为0
    Dim m As Integer
    m = m + 1
    n = n + 1      '当局部变量与模块级变量同名时,过程内部使用局部变量
    Print "局部变量n的值:"; n,"局部变量m的值:"; m
End Sub
Private Sub Command2_Click()
    n = n + 1
    Print "模块级变量n的值:"; n
End Sub
Private Sub Command3_Click()
    Static m As Integer
    m = m + 1
```

```
    Print "静态变量 m 的值:"; m
End Sub
Private Sub Form_Load()
    n = 10              '修改模块级私有变量的值
End Sub
```

程序的运行界面如图 7—6—1 所示。

图 7—6—1　变量的作用范围

测试程序时，单击 3 次“局部变量”按钮，然后再单击 3 次“模块级变量”按钮，最后单击“静态变量”按钮，运行结果如图 7—6—2 所示。

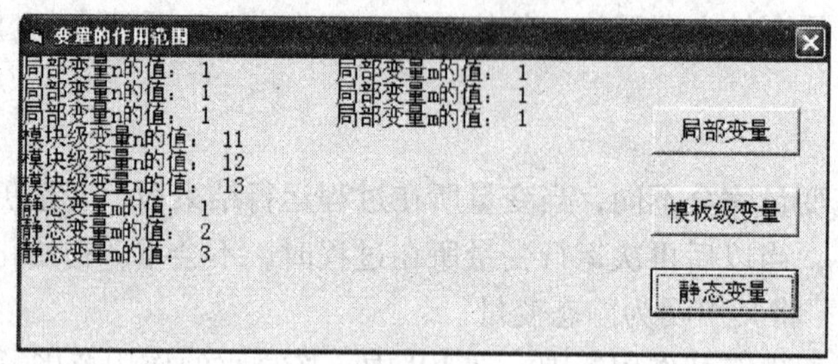

图 7—6—2　运行结果

三、Unload 事件

执行 Unload 方法或单击窗体右上角的“关闭”按钮时，会激发 Unload 事件，Unload 事件的语法格式如下：

对象_ Unload（Cancel As Integer）

说明：如果参数 Cancel 值为 0，则表示正常关闭；如果参数 Cancel 值为非 0，则表示取消关闭。可以用“Cancel = 1”来取消用户已操作的关闭操作。注意，用“End”退出应用程序时，不会激发 Unload 事件。

任务实施

一、“默认值”菜单

“默认值”菜单的主要任务是恢复文本的初始格式设置，需要在启动窗体时，保存文本的格式信息，单击“默认值”菜单时，根据这些保存值格式化文本内容。

要实现“默认值”菜单的功能，首先应在代码窗口左边下拉列表框中选择“通用”选项，然后在右边下拉列表框中选择“声明”选项，定义以下变量。

```
Dim defaultforecolor As Long
Dim defaultbackcolor As Long
Dim defaultfontname As String
Dim defaultfontsize As Integer
Dim defaultfontbold As Boolean
Dim defaultfontunderline As Boolean
Dim defaultfontitalic As Boolean
Dim defaultfontstrikethru As Boolean
```

其次，在窗体的加载事件中，保存文本框的当前格式信息。程序源代码如下：

```
    defaultforecolr = Text1.ForeColor
    defaultbackcolor = Text1.BackColor
    defaultfontname = Text1.Font.Name
    defaultfontsize = Text1.Font.Size
    defaultfontbold = Text1.FontBold
    defaultfontitalic = Text1.FontItalic
    defaultfontunderline = Text1.FontUnderline
    defaultfontstrikethru = Text1.FontStrikethru
```

最后，在“默认值”菜单的事件代码中，将已保存的格式信息赋给文本框相关格式属性。程序源代码如下：

```
Private Sub mnudefault_Click()'默认值
    Text1.ForeColor = defaultforecolr
    Text1.BackColor = defaultbackcolor
    Text1.Font.Name = defaultfontname
    Text1.Font.Size = defaultfontsize
    Text1.FontBold = defaultfontbold
    Text1.FontItalic = defaultfontitalic
    Text1.FontUnderline = defaultfontunderline
    Text1.FontStrikethru = defaultfontstrikethru
End Sub
```

二、文本修改识别

只要在文本框中输入、删除、修改文本，均会激发文本框的 Change 事件，因此只要发生 Change 事件，就说明文本可能已被修改，此时需要保存文件。

三、文件保存标志控制

当文本没有改变时，文件保存标志变量值为真；当文本发生改变时，文件保存标志变量值为假。每次成功保存文件后，文件保存标志变量值为真。

1. 在通用声明中定义一个模块级变量

```
Dim flagsave As Boolean
```

2. 设置 flagsave 的值

在窗体的加载事件中，没有文本不需要保存，设置 flagsave 的值为 True。

在打开文件后，刚打开的文件原来已保存，设置 flagsave 的值为 True。

在新建文件后，没有文本不需要保存，设置 flagsave 的值为 True。

在保存文件后，已保存修改过的内容，设置 flagsave 的值为 True。

在修改文本后，有新的未保存的内容，设置 flagsave 的值为 False。

3. 询问用户是否保存文件

当文本已修改，即有新内容没有保存时，进行“新建”“打开”“退出”操作，或单击窗体右上角的关闭按钮，均要询问用户是否要保存新文件。

询问用户是否保存文件过程 issave 的源代码如下，若其返回值为 True 则表示执行 issave 后，要继续执行主调函数的后续代码；若返回值为 False 则表示提前结束主调函数。

```
Private Function issave()As Boolean'
    Dim res As Integer
    If flagsave = False Then
        res = MsgBox("您是否需要保存文件?",vbYesNoCancel + vbQuestion + vbDefault-
Button1,"系统提示")
        If res = vbYes Then
            mnusave_Click '执行保存菜单功能
            issave = True
        ElseIf res = vbNo Then
            issave = True
        Else
            issave = False
        End If
    Else
        issave = True
    End If
End Function
```

一、多窗体操作

有些应用程序需要添加多个窗体创建工程时，默认只有一个窗体，需要手工添加其他窗体。

1. 添加窗体

添加窗体的方法具体步骤如下。

(1) 单击“工程”→“添加窗体”命令，显示“添加窗体”对话框，如图 7—6—3 所示。

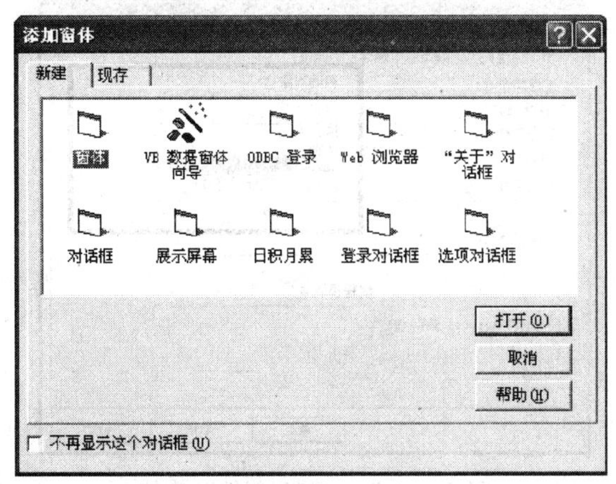

图 7—6—3 “添加窗体”对话框

（2）在“新建”列表框中，选中“窗体”选项，然后单击“打开”按钮，“工程资源管理器”窗口中就多了一个窗体。

窗体成功添加后，可以自由进行界面设计和代码编写。

2. 设置启动窗体

应用程序有多个窗体后，需要设置应用程序的启动窗体，设置启动窗体的操作方法如下。

（1）在“工程资源管理器”窗口中单击工程名称，然后右击，将显示图 7—6—4 所示的工程属性快捷菜单。

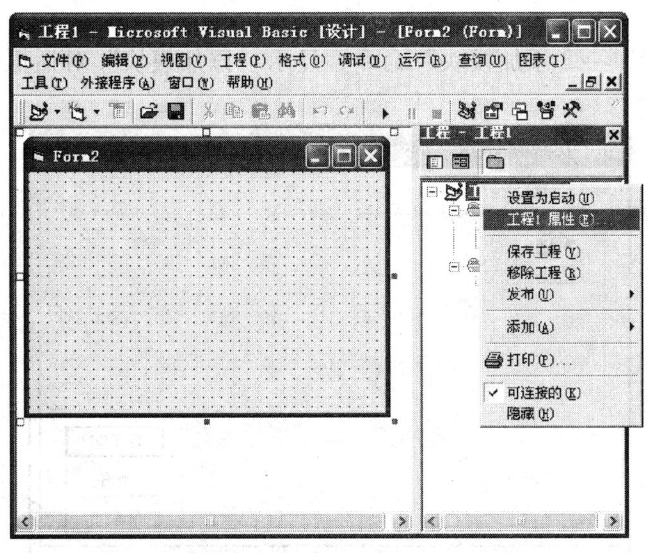

图 7—6—4 工程属性快捷菜单

（2）单击“工程 1 属性”命令，将显示图 7—6—5 所示的“工程属性”对话框，在“启动对象”列表框中选择启动对象，注意图 7—6—5 中的黑框位置。

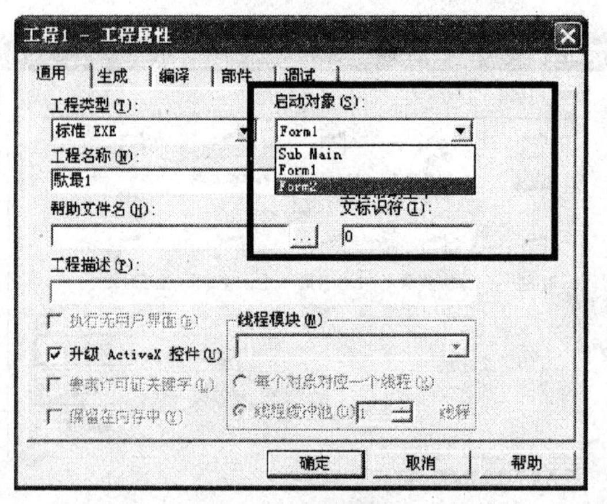

图 7—6—5 “工程属性”窗体

(3) 单击“确定”按钮，完成启动对象设置操作。

3. 多窗体操作

当应用程序有多个窗体时，启动时只能显示一个窗体，其他窗体不会主动显示，因此，需要在启动窗体中，用 show 方法直接或间接加载其他窗体，当窗体完成指定任务需要退出时，不能用 End 退出，而应用 Unload Me 关闭窗体，因为 End 会结束所有窗体，并结束整个应用程序。

二、标准模块

有些应用程序需要添加标准模块，用于保存全局数据和一些通用过程。添加标准模块的方法如下。

1. 单击“工程”→“添加模块”命令，显示“添加模块”对话框，如图 7—6—6 所示。

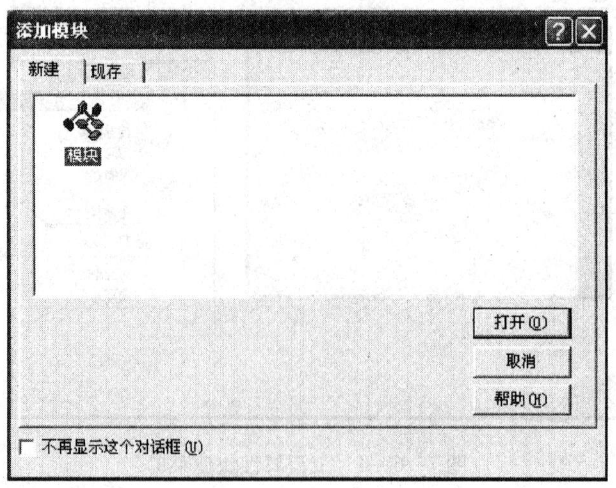

图 7—6—6 “添加模块”对话框

2. 在列表框中选中“模块”，然后单击“打开”按钮，“工程资源管理器”窗口中就多了一个选项“模块”，其下面有一个模块文件“Module1”，如图 7—6—7 所示。

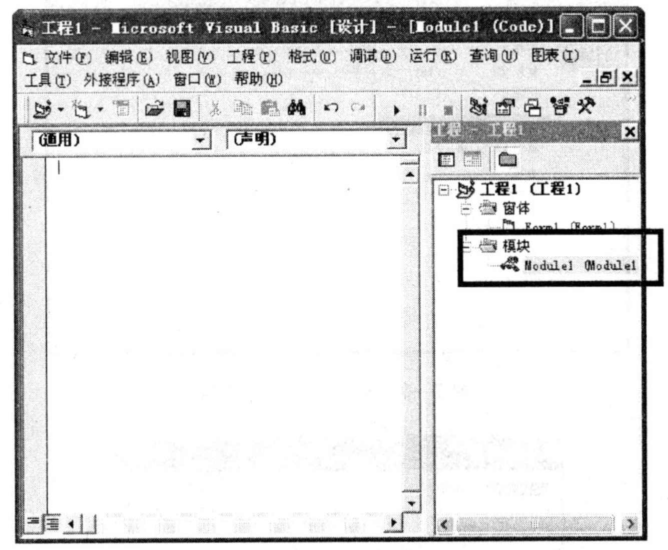

图 7—6—7 添加标准模块效果

标准模块的扩展名为 . bas，它不支持窗体设计器，只能编写代码。成功添加标准模块后，就可以自由添加代码。

任务七 巩固训练

一、项目拓展

1. 项目功能扩展

（1）美化程序界面，为整个应用程序确定一个主题色系，然后应用到项目的背景和各个界面元素中。

（2）很多用户反应，保存文件时，要自己输入扩展名，很麻烦。在很多应用软件中，如果用户没有输入扩展名，系统会自动补上指定的扩展名，请完善文本处理器项目，当用户输入的扩展名不是“. txt”时，自动添加“. txt”，打开文件时，如果用户选择的不是文本则提示用户，文件选择错误。

（3）在“编辑”菜单中，添加两个菜单选项“查找”和“查找下一个”，如图 7—7—1 所示，单击“查找”菜单项，显示图 7—7—2 所示的对话框，用户输入要查找的内容，如“控件”后确定，若文本中有要查找的内容，则反白显示，如图 7—7—3 所示，其中第一个“控件”文字反白显示。已有查找内容后，单击“查找下一个”菜单项，如果找到符合的内容，则将找到内容反白显示，如图 7—7—4 所示，其中第二个“控件”文字反白显示。

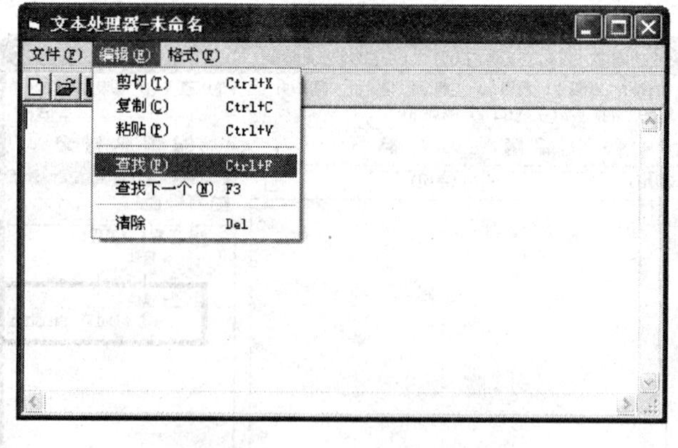

图 7—7—1　新的编辑菜单

图 7—7—2　查找

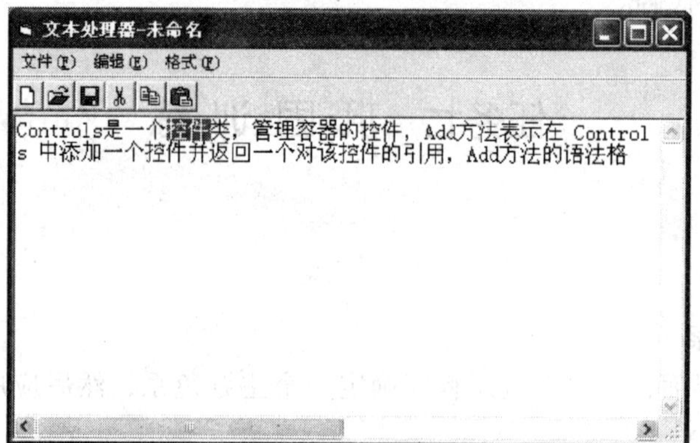

图 7—7—3　查找结果

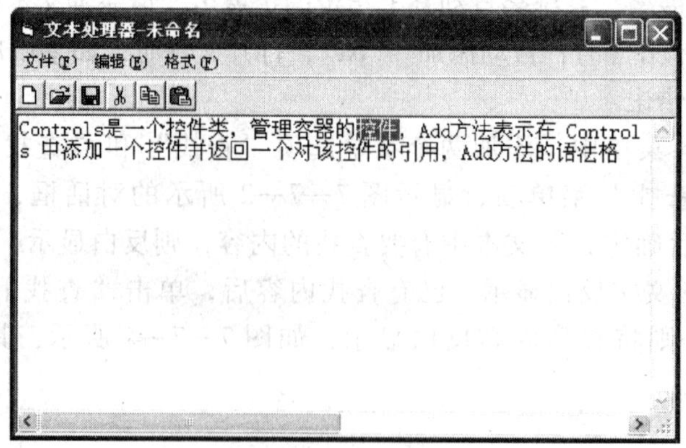

图 7—7—4　查找下一个效果

2. 问题与思考

（1）为文本处理器添加一个显示历史记录功能，在“文件”菜单中的“退出”菜单项下面显示出已操作过的文件列表，单击列表中的选项，可以快速打开对应文件，如图 7—7—5 所示。

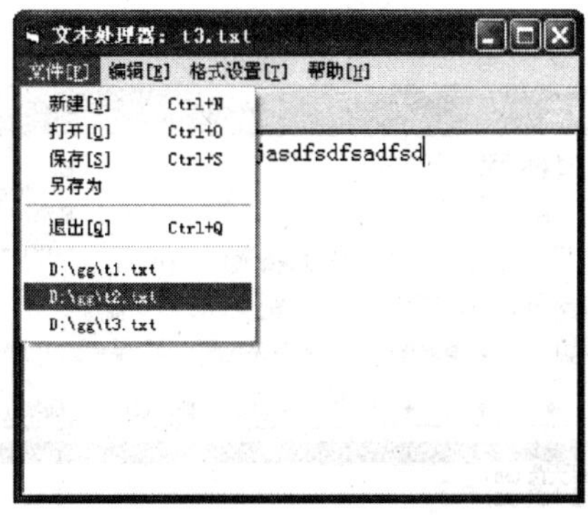

图 7—7—5　历史记录列表

（2）当用户没有选择文本内容时，“剪切”和“复制”菜单呈灰色显示，如图 7—7—6 所示。当用户选择了文本内容后，恢复正常。

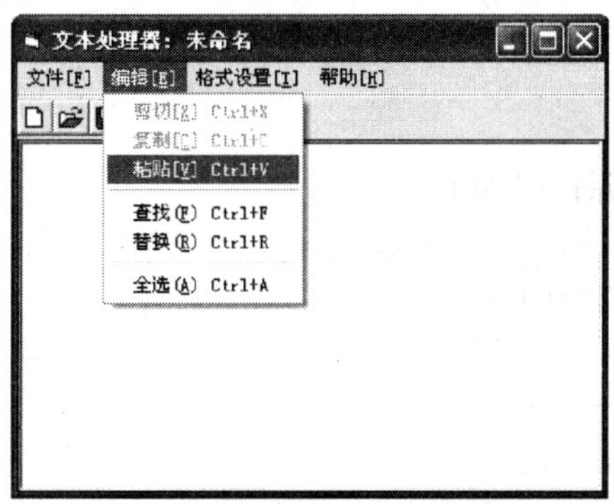

图 7—7—6　控制编辑菜单

二、延伸训练

1. 用菜单实现输入两个数，求最大值、最小值、升序排列、降序排列。程序运行界面如图 7—7—7 所示。

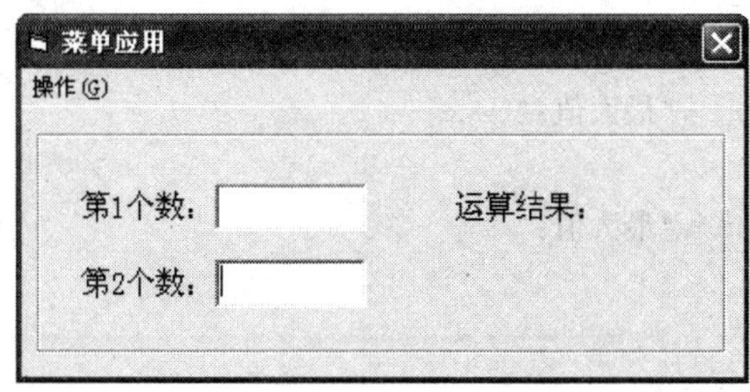

图 7—7—7　程序运行界面（1）

分析与提示

（1）界面设计

利用菜单编辑器完成“操作”菜单设计，如图 7—7—8 所示。然后，在窗体上添加一个框架作为应用程序的边框，在框架上添加两个标签和两个文本框，用于提示和接收两个值的输入，右边显示计算结果。

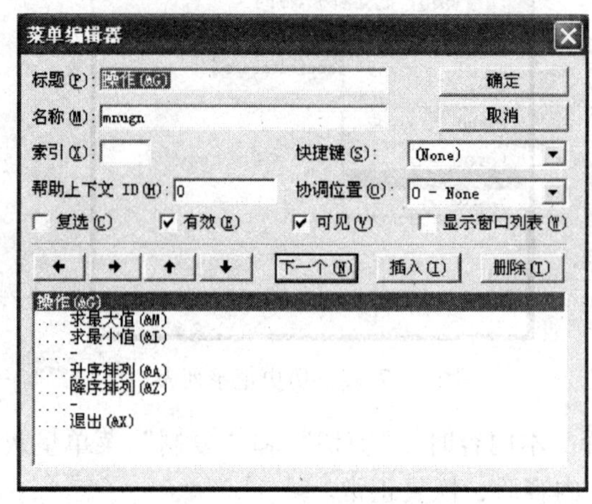

图 7—7—8 “操作”菜单设计

（2）代码分析与设计

程序代码比较简单，其源代码如下：

```
Dim x As Single,y As Single
Private Sub mnuexit_Click()
    End
End Sub
Private Sub mnumax_Click()
    If Text1.Text = "" Or Text2.Text = "" Then
        Label4.Caption = ""
        MsgBox "请输入数据!"
        Exit Sub
    End If
    x = Val(Text1.Text)
    y = Val(Text2.Text)
    If x > y Then
        Label4.Caption = "最大值:" & x
    Else
        Label4.Caption = "最大值:" & y
    End If
End Sub
Private Sub mnumin_Click()
    If Text1.Text = "" Or Text2.Text = "" Then
        Label4.Caption = ""
```

```
        MsgBox "请输入数据!"
        Exit Sub
    End If
    x = Val(Text1.Text)
    y = Val(Text2.Text)
    If x > y Then
        Label4.Caption = "最小值:" & y
    Else
        Label4.Caption = "最小值:" & x
    End If
End Sub
Private Sub mnusorta_Click()
    If Text1.Text = "" Or Text2.Text = "" Then
        Label4.Caption = ""
        MsgBox "请输入数据!"
        Exit Sub
    End If
    x = Val(Text1.Text)
    y = Val(Text2.Text)
    If x > y Then
        Label4.Caption = "升序为:" & x & "," & y
    Else
        Label4.Caption = "升序为:" & y & "," & x
    End If
End Sub
Private Sub mnusortz_Click()
    If Text1.Text = "" Or Text2.Text = "" Then
        Label4.Caption = ""
        MsgBox "请输入数据!"
        Exit Sub
    End If
    x = Val(Text1.Text)
    y = Val(Text2.Text)
    If x < y Then
        Label4.Caption = "降序为:" & x & "," & y
    Else
        Label4.Caption = "降序为:" & y & "," & x
    End If
End Sub
```

2. 用工具栏实现累加和累乘功能，如图 7—7—9 所示，用户输入初值、终值和步长，能计算出对应的累加值和累乘值。

图 7—7—9　程序运行界面（2）

分析与提示

（1）界面设计

在窗体上添加图像列表控件 ImageList1 和工具栏 Toolbar1，在 ImageList1 上添加 3 幅图片，然后在 Toolbar1 中创建 3 个工具命令。在工具栏下方添加一个框架作为边框，在框架中添加 3 个标签，用于提示信息；添加三个文本框，用于接收用户输入，右边为结果显示区。

（2）代码分析与设计

程序比较简单，其源代码如下：

```
Private Sub Toolbar1_ButtonClick(ByVal Button As ComctlLib.Button)
    Dim x As Integer,y As Integer,z As Integer
    Dim i As Integer,s As Double
    x = Val(Text1.Text)
    y = Val(Text2.Text)
    z = Val(Text3.Text)
    Select Case Button.Index
        Case 1
            s = 1
            If z < > 0 Then
                For i = x To y Step z
                    s = s * CDbl(i)
                Next i
                Label4.Caption = "相乘结果为:"
                Label5.Caption = s、
            End If
        Case 2
            s = 0
            If z < > 0 Then
                For i = x To y Step z
                    s = s + i
                Next i
                Label4.Caption = "相加结果为:"
                Label5.Caption = s
            End If
        Case 3
```

```
            End
        End Select
    End Sub
```

3．用 Function 过程实现辗转相除法求最大公约数，程序的运行界面如图 7—7—10 所示。

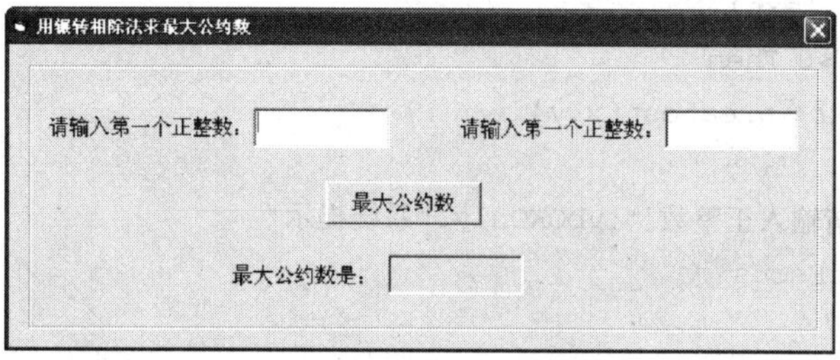

图 7—7—10　辗转相除法求最大公约数程序的运行界面

分析与提示

（1）界面设计

在窗体上添加一个框架作为整个应用程序的边框，在框架上添加 3 个标签，用于显示相关提示信息；添加 3 个文本框，用于接收用户输入和显示结果；添加一个命令按钮，用于完成计算功能。

（2）代码分析与设计

辗转相除法求最大公约数的基本思想是，大数除以小数取余数，如果余数不为 0，则把小数当大数，余数当小数，继续相除取余数，如此反复进行，直到余数为 0 结束，此时的小数就是两个数的最大公约数。

Function 过程的核心功能是求最大公约数，公约数是相对两个数而言的，因此，需要两个参数，计算结果最大公约数通过返回值返回。Function 过程的定义源代码如下：

```
Private Function greatest(x As Integer,y As Integer)As Integer
    Dim r As Integer
    Dim t As Integer
    If x < y Then
        t = x
        x = y
        y = t
    End If
    r = x Mod y
    Do While r > 0
        x = y
        y = r
        r = x Mod y
Loop
    greatest = y
End Function
```

“最大公约数”按钮的功能是，准备数据，调用上述过程获得最大公约数，然后显示出来，其事件代码如下：

```
Private Sub Command1_Click()
    Dim x As Integer
    Dim y As Integer
    x = Val(Text1.Text)
    y = Val(Text2.Text)
    If x > 0 And y > 0 Then
        Text3.Text = greatest(x,y)
    Else
        MsgBox "请输入正整数!",vbOKOnly,"系统提示"
        Text1.SetFocus
    End If
End Sub
```

课后练习

一、选择题

1. 定义静态局部变量要用________关键字。

A. Dim　　B. Private　　C. Public　　D. Static

2. 能返回返回值的是________。

A. Sub 过程　　B. Function 过程　　C. 事件过程　　D. 所有通用过程

3. 过程级变量是________。

A. 局部变量　　B. 全局变量　　C. 公有变量　　D. 静态变量

4. 当文件打开后，系统用________标识调用该文件。

A. 文件名　　B. 文件号　　C. FileName　　D. FileIndex

5. 在公共对话框中，________属性用于返回所选定文件的路径和文件名。

A. FileName　　B. FileTitle　　C. DialogTitle　　D. Path

6. 菜单支持________事件。

A. Click　　B. DblClick　　C. MouseDown　　D. MouseUp

7. 要设置菜单的访问键，可在菜单标题中用________符号后跟一个字母来实现。

A. *　　B. &　　C. %　　D. -

8. 要设置公共对话框文件列表框中所显示文件类型，可用________属性。

A. Filter　　B. FilterIndex　　C. FileType　　D. Type

二、综合题

1. 利用 Function 过程编写一个素数判断的应用程序，其运行界面如题图 7—1 所示。

2. 用递归过程编写一个求 Fibonacci 第 N 项的函数，其运行界面如题图 7—2 所示。Fibonacci 数列第 1 项为 1，第 2 项为 1，从第 3 项开始，每项的值都是前两项之和。

3. 有一对兔子，从出生后第 3 个月起，每个月都生一对兔子，小兔子长到第 3 个月后每个月生一对兔子，假如兔子不死，每个月的兔子数为多少对？编写一个应用程序，用户输

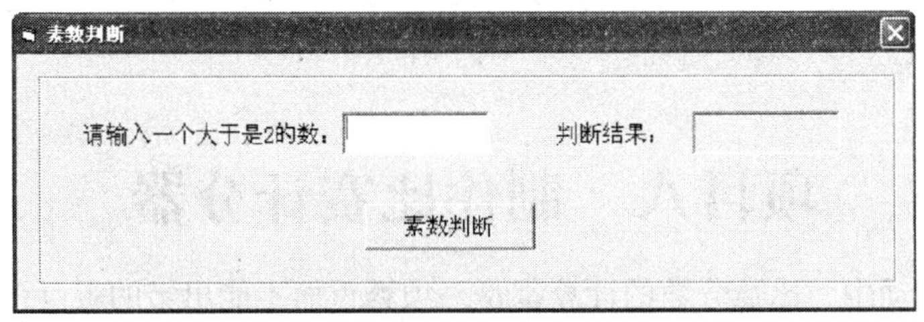

题图 7—1　素数判断程序的运行界面

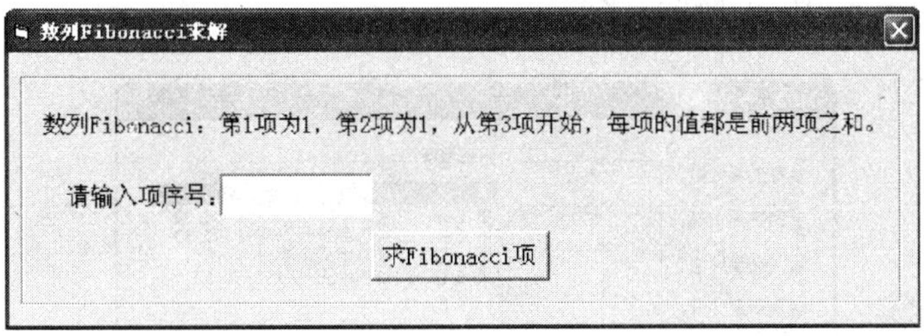

数列Fibonacci求解

数列Fibonacci：第1项为1，第2项为1，从第3项开始，每项的值都是前两项之和。

请输入项序号：

求Fibonacci项

题图 7—2　求 Fibonacci 数据项程序的运行界面

入月份数，计算该月份的兔子数，其运行界面如题图 7—3 所示。要求用 Function 过程，不能用递归。

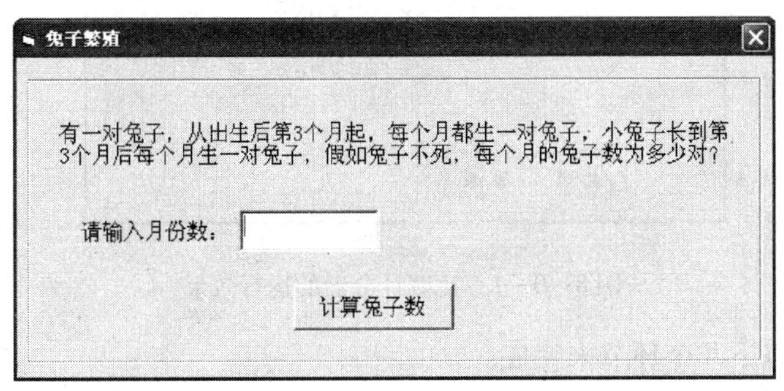

题图 7—3　计算兔子数程序的运行界面

项目八　制作比赛计分器

在各种比赛活动中，比赛分数的计算都是一项繁重而不能出错的艰巨任务。本项目利用 VB 6.0 制作一个比赛计分器，当输入评委对每个参赛选手的评分后，系统不仅能自动计算出每位参赛选手的得分，而且还能对成绩进行排名，并可以设置参赛选手的人数和评委人数，其运行效果如图 8—0—1 所示。

图 8—0—1　比赛计分器的运行效果

本项目将分为以下几个环节来完成。

1. 完成比赛成绩的录入和保存等功能。
2. 根据比赛规则，完成计算每位选手的综合得分和查看选手得分详细情况的功能。
3. 完成综合得分的排名功能和系统复位功能。

任务一　输入比赛成绩

学习目标

1. 理解数组的特点及作用。
2. 掌握一维数组的定义、引用和应用方法。
3. 基本掌握二维数组的操作方法。

4. 熟练掌握控件数组的应用方法。

任务描述

任务一主要完成以下几项任务：①完成项目界面的制作；②完成相关初始化工作，清空显示控件，确定参赛选手人数和评委人数，然后根据参赛选手人数和评委人数，重新定义姓名数组和评分数组两个动态数组；③把用户输入的数据显示在列表框中，同时将其保存到数组中。

输入评委评分后程序的运行效果如图 8—1—1 所示。

图 8—1—1　输入评委评分后程序的运行效果

相关知识

一、数组简介

在实际应用中，经常要进行大批数据处理，如将全校的学生按成绩排名，就需要用大量的变量来保存各个学生的成绩。当变量太多时，不仅取名麻烦，而且管理也更困难。因此，需要用新的处理方法来解决问题。

数组是数据的有序集合，在数组中可以保存很多值，其能有效解决大量数据的存储问题。

数组中的每个元素称为数组元素，每个元素对应一个内部位置编号，称为数组元素的下标。下标可以是常数、变量或表达式，但其必须是一个整数，如果下标不是整数，则应将其四舍五入转换为整数。下标的最大、最小值分别称为数组的上界和下界。

下标的个数称为数组的维数。在 VB 中，常用的数组有一维数组、二维数组和多维数组。

数组的数据类型是指数组能储存什么类型的数据，即数组元素值的数据类型。

数组可分为固定大小的数组和动态数组。固定大小的数组也称静态数组。

二、静态数组

对于静态数组，在定义时，数组的大小必须是确定的；系统在编译时，给数组分配内存空间。

1. 数组的声明

静态数组声明的一般格式如下：

```
Dim  <数组名>(<维数定义>)[As <数据类型>]
```

说明：

（1）Dim 声明数组为局部变量，还可用 Public 或 Private 来声明其他类型的数组。

（2）数组名应遵循标识符的命名约定。

（3）维数定义的形式为［<下标下界>］To <下标上界>，可多次出现，当有多个维数定义时，称为多维数组，各维数之间用逗号隔开，下界可省略，若省略则一般默认为0。

小提示

一般情况下，数组下标下界的默认值为0，但可以通过 Option Base 来改变默认值，如 Option Base 1 把数组下标的下界默认值改为了1。

例如：

```
Dim d1(1 to 5)  As Integer    '含有5个元素的整型一维数组
Dim d2(5)As Integer    '含有6个元素的整型一维数组,注意默认下界为0
Dim d3(1 to 2,1 to 3)As Integer    '含有6(2*3)个元素的整型二维数组
Dim d4(4,5)As Integer    '含有30(5*6)个元素的整型二维数组
Dim d5(1,2,3)As Integer    '含有24(2*3*4)个元素的整型三维数组
Dim d6(5)As Integer    '含有6个元素的字符串型一维数组
```

小提示

在 VB 应用程序开发中，一维数组和二维数组比较常用，多维数组较少使用。在简单应用程序开发中，应用最多的是一维数组。对于二维数组而言，为了区分两个下标，前面的下标称为行下标，后面的下标称为列下标，由行下标的维数定义决定数组有多少行，而每行有多少元素，则由列下标的维数定义决定。因此，二维数组相当于一个二维表，元素个数由行数乘以列数计算得出。

（4）声明数组时，已将各个元素值初始化。

（5）定义静态数组时，上、下界只能用常数或符号常量，不能为变量，否则会出错。

例如：

```
Dim n As Integer
n =10
Dim d(n)As Integer
```

VB 编译时会出错，如图 8—1—2 所示。

图 8—1—2　数组定义出错

2．数组元素的引用

数组元素的引用形式如下：

数组名（下标列表）

说明：

（1）如果是多维数组，各维间应用逗号隔开。

（2）引用数组元素时，数组名、数据类型和维数必须与数组声明时保持一致。

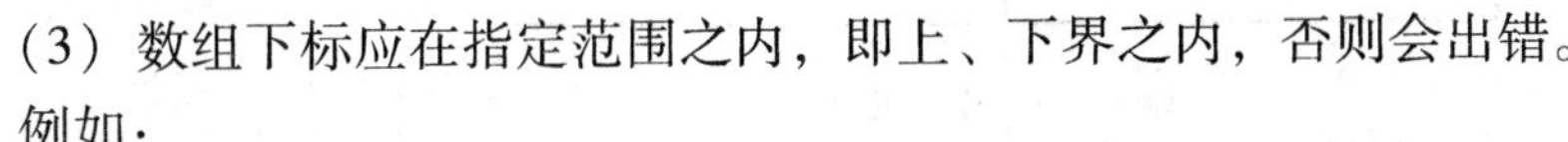

（3）数组下标应在指定范围之内，即上、下界之内，否则会出错。

例如：

```
Dim d1(5)As Integer
Dim d2(2,3)As Integer
d1(1) =8          '给下标为 1 的元素赋值
d2(0,2) =8      '给行下标为 0,列下标为 2 的元素赋值
d1(3) =d1(1)     '把下标为 1 的元素值赋给下标为 3 的元素
d2(1,1) =d1(1)'把下标为 1 的元素值赋给行下标为 1,列下标为 1 的元素
d1(6) =8          '下标超出范围,显示图 8—1—3 所示的错误
```

图 8—1—3　下标超出范围

3．数组的赋值

由于数组是一个集合，因此不能直接给数组变量赋值，只能逐个给元素赋值。为了提高效率，一般用循环语句，依次给数组各个元素赋值。

例如：

```
Dim d1(5)As Integer
Dim d2(5)As Integer
Dim i As Integer
For i =0 To 5'用循环语句给数组每个元素赋一个随机数
    d1(i) =Rnd * 100
Next i
d2 =d1'出错,错误提示如图 8—1—4 所示
```

图 8—1—4　数组赋值出错

例 8—1—1　用数组实现一个应用程序，随机产生 10 个 100 以内的随机数，并计算所有元素之和，程序的运行界面如图 8—1—5 所示。

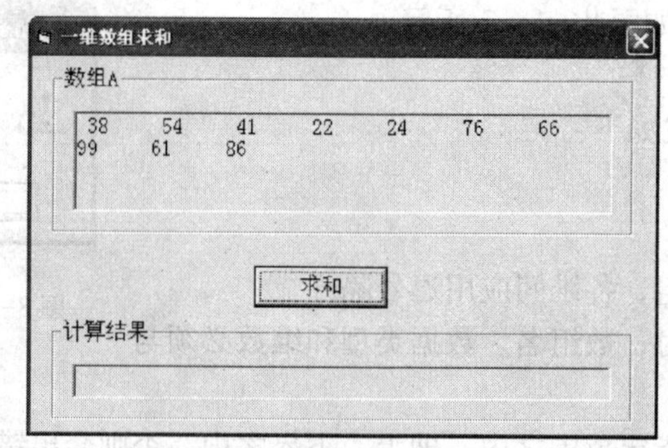

图 8—1—5　求和

（1）界面设计

例 8—1—1 与例 8—1—2 的界面基本一致，只是修改了部分界面元素的名称和大小。

（2）代码分析与设计

在窗体加载事件中，给数组赋值，单击“求和”按钮计算各个元素之和，显然，数组 A 要在窗体的通用声明中定义。

数组元素求和，需要用循环语句把各个元素值一一加起来，“求和”按钮的事件代码如下：

```
Private Sub Command1_Click()
    Dim i As Integer
    Dim s As Long
    s = 0
    For i = 0 To 9
        s = s + a(i)
    Next i
    Label2.Caption = s
End Sub
```

三、动态数组

静态数组可存储很多值，能提高编程的效率，但有时也会碰到问题，如计算一个班的平均分，由于班级人数不确定，所以很难定义数组。如果数组元素太少，则不能满足实际需要；如果数组元素太多，显然会浪费太多空间，此时，需要用动态数组来解决问题。

动态数组的大小不固定，可以根据实际需要随时改变其大小。使用动态数组灵活、方便，有助于内存的有效利用。

1. 动态数组的创建

动态数组的创建分如下两步。

（1）声明一个没有维数的空数组，其声明方法与静态数组相似。

例如，Dim num() As Integer。

（2）用 ReDim 重新定义，以确定实际分配的元素个数。ReDim 的格式如下：

ReDim [Preserve] <数组名>(维数定义)[As 数据类型]

说明：

1）可用 ReDim 反复重定义数组，一般情况下会清除数组原有内容。

2）与静态数组不同，在动态数组的重定义中，维数定义可用变量。

3）Preserve 表示重新定义数组时，不清除数组原有内容。

例如，ReDim num(1 to 3)As Integer。

2. 清除数组 Erase

Erase 用于重新初始化静态数组的元素，或者释放动态数组所占的内存空间。其语法格式如下：

```
Erase <数组名>
```

例 8—1—2 设计一个应用程序，计算全班的平均分，班级人数由用户输入，输入学生成绩后，要提示用户已输入成绩的个数，程序运行界面如图 8—1—6 所示。

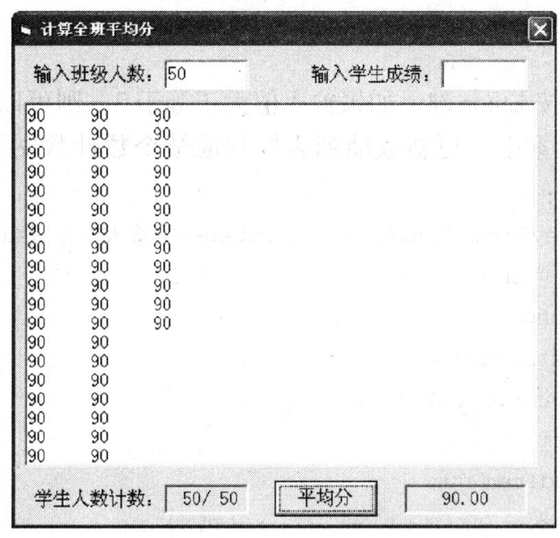

图 8—1—6 计算全班的平均分

（1）界面设计

在窗体中，添加 3 个标签，用于显示提示信息；4 个文本框，用于接受用户输入和显示结果；一个列表框，用于显示各个成绩；一个命令按钮，用于计算平均分。

（2）变量定义

需要定义一个动态数组 d，用于保存成绩；一个变量 n，用于保存班级人数；一个变量 m，用于保存已输入的成绩个数。由于这些变量均要在不同过程中应用，所以应在窗体的通用声明中定义。具体声明格式如下：

```
Dim d()As Integer'定义动态数组
Dim n As Integer'学生人数
Dim m As Integer'已输入成绩数
```

（3）输入班级人数

在 Text1 中输入一个数值后按 Enter 键，如果数值大于 0，则确认为班级人数，然后根据班级人数重新定义数组大小，清空相关变量和控件的值，把鼠标光标移动到成绩录入的文本框中，准备接收用户输入的成绩。Text1_ KeyPress 的事件代码如下：

```
Private Sub Text1_KeyPress(KeyAscii As Integer)
    If KeyAscii = 13 Then
        n = Val(Text1.Text)
        If n > 0 Then
            ReDim d(0 To n - 1)
            Text3.SetFocus
            m = 0
            List1.Clear
            Text2.Text = ""
            Text4.Text = Str(m) + "/" + Str(n)
        End If
    End If
End Sub
```

（4）输入成绩

在 Text3 中输入值后按 Enter 键，如果输入值大于等于 0，则可以确认为成功输入了学生成绩，把成绩存于数组元素中，更新成绩列表框和成绩个数计数文本框的显示值。Text3_KeyPress 的事件代码如下：

```
Private Sub Text3_KeyPress(KeyAscii As Integer)'输入学生成绩
    If KeyAscii = 13 Then
        Dim num As Long
        num = Val(Text3.Text)
        If num > = 0 And n > 0 And m < n Then
            d(m) = num
            List1.AddItem num
            Text4.Text = Str(m + 1) + "/" + Str(n)
            Text3.Text = ""
            m = m + 1
        End If
    End If
End Sub
```

（5）计算平均分

如果班级人数大于 0，且学生成绩已输入完毕，则单击“平均分”按钮即可计算出班级的平均分，Command1_ Click 的事件代码如下：

```
Private Sub Command1_Click()
    Dim i As Integer, sum As Long
    If n > 0 And m = n Then
        For i = 0 To n - 1
            sum = sum + d(i)
        Next i
        Text2.Text = Format(sum / n, "0.00")
    End If
End Sub
```

以上程序在运行时，有时会对用户的操作没有反应。例如，在班级人数中输入值 50，然后单击成绩输入文本框输入成绩，此时按 Enter 键没有反应，这是因为输入的班级人数后没有按 Enter 确认，所以输入无效，没有更新班级人数值，而成绩的输入需要班级人数大于 0；又如，当班级人数输入没有确认或成绩个数不等于学生人数时，单击“平均分”按钮也没有反应，原因与上一个问题类似。

还有一个问题是，当完成班级平均分计算后，如果需要再计算一个新班级的平均分时，需要重置相关变量和显示值，但系统没有提示相关操作指示，而只能通过修改班级人数间接实现重置功能。

此外，读者还可以仔细分析程序，找出更多问题，然后完善程序，增加部分功能，让程序功能更强大，当操作没有反应时，给予适当提示，使程序更加人性化。

四、控件数组

1. 控件数组简介

数组不但能提高变量的存储能力，而且还能通过循环大大提高编程效率。实际上，数组元素还可以是控件，即控件也可以组成控件数组。

控件数组是由一组相同类型的控件组成的集合，控件数组具有以下特点。

（1）控件名称相同，并用索引值来识别每个控件，索引值一般从 0 开始。

（2）在控件数组中，所有控件具有相同的一般属性。

（3）在控件数组内，所有控件共用相同的事件过程。

2. 建立控件数组

在 VB 6.0 中，建立控件数组主要有如下 3 种方法。

（1）给控件取相同的名称

先把第一个控件改为指定名称，然后把其他控件逐个改为指定名称，但在给第二个控件改名时，会弹出如图 8—1—7 所示的对话框（以控件 Command1 为例），询问用户是否要创建控件数组，单击“是”按钮，建立控件数组。

图 8—1—7　是否创建控件数组

（2）复制控件

首先在窗体上添加第一个控件，并设置好相关属性，选中第一个控件，然后复制控件，在粘贴控件时，同样会弹出如图 8—1—7 所示的对话框，单击“是”按钮，建立控件数组。

（3）修改 Index 属性

设置控件的 Index 属性为非空值后，再按上述两种方法进行操作，不会提示图 8—1—7 所示的对话框，控件的 Index 属性值自动加 1。

3. 使用控件数组

大多数的控件均可以组成控件数组，如命令按钮、选项按钮、复选框、标签、文本框、列表框、组合框、框架、滚动条、菜单等。

例 8—1—3 用控件数组实现移动的书，程序运行界面如图 8—1—8 所示。

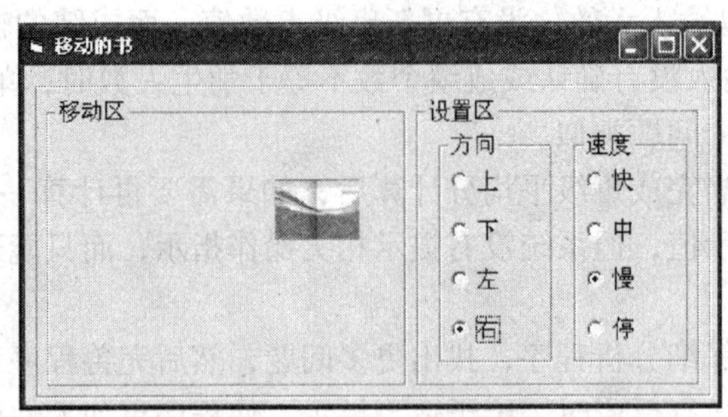

图 8—1—8 移动的书

（1）界面设计

在窗体上添加 5 个框架，分别作为应用程序、移动区、设置区、方向、速度的边框；添加一个图像控件，用于显示移动对象书；8 个单选框，分为两组，第一组控制移动方向，名称统一用“Option1”，上、下、左、右 4 个方向的索引值分别为 0、1、2、3，第二组控制移动速度，名称统一用“Option2”，快、中、慢、停 4 个方向的索引值分别为 3、2、1、0。

（2）代码分析与设计

设计一个变量，用来保存书的移动速度：快速移动时，速度值为 300；中速移动时，速度值为 200；慢速移动时，速度值为 100；停止时，速度值肯定为 0。显然，各个速度值刚好对应单选框索引值的 100 倍，速度的初始值为 100，即“慢”这个挡次。

方向控制有上、下、左、右 4 个方向：向上移动时，Top 属性值减少；向左移动时，Left 属性值减少；向下时移动时，Top 属性值增加；向右移动时，Left 属性值增加。仔细分析可发现，向上向左移动时，属性值减少，向下向右移动，属性值增加，因此，可设一个变量 n 来控制数值增减变化，1 表示向下或向右，－1 表示向上或向左；向上向下移动，改变 Top 属性值，即垂直移动，向左向右移动，改变 Left 属性值，即水平移动，因此，可设一个变量 m 来控制方向，1 为垂直方向，2 为水平方向。

程序源代码如下：

```
Private s As Long  's为速度
Private n As Long  'n为增减标志,1表示向下或向右,-1表示向上或向左
Private m As Long  'm方向值,1为垂直方向,2为水平方向
Private Sub Form_Load()'初始化
    Option1(3).Value = True '方向初值为右(n = 1,m = 2)
    Option2(1).Value = True '速度初值为慢
    s = 100 '初值为100(慢)
    n = 1 '初值为正方向
    m = 2 '初值为水平方向
End Sub
Private Sub Option1_Click(Index As Integer)
    If Index = 0 Or Index = 2 Then n = -1 Else n = 1
    If Index = 0 Or Index = 1 Then m = 1 Else m = 2
```

```
End Sub
Private Sub Option2_Click(Index As Integer)'注意控件的 Index 值
    s = Index * 100 '速度值,快(300),中(200),慢(100),停(0)
End Sub
Private Sub Timer1_Timer()
    Dim dis As Long
    If m = 2 Then
        dis = Image1.Left + n * s
        If n = -1 And dis < 0 Then
            dis = 0
        ElseIf n = 1 And dis > Frame2.Width - Image1.Width Then
            dis = Frame2.Width - Image1.Width
        End If
        Image1.Left = dis
    Else
        dis = Image1.Top + n * s
        If n = -1 And dis < 300 Then
            dis = 300
        ElseIf n = 1 And dis > Frame2.Height - Image1.Height Then
            dis = Frame2.Height - Image1.Height
        End If
        Image1.Top = dis
    End If
End Sub
```

任务实施

一、完成界面设计

项目主要控件的关键属性设置见表 8—1—1，项目所有显示字符的格式为宋体、小四号字。

表 8—1—1　　项目主要控件的关键属性设置

对　象	属　性	属 性 值	
窗体	Caption	比赛计分器	
	Name	frmmain	
	Width	8625	
	Height	8745	
	Borderstyle	1	
框架	Caption	评委评分	其名称为 Frame1
框架	Caption	选手得分	其名称为 Frame3
框架	Caption	详细得分	其名称为 Frame4

续表

对　象	属　性	属 性 值	
标签	Caption	参赛选手人数:	其名称为 Label1
标签	Caption	专家评委人数:	其名称为 Label2
标签	Caption	输入选手姓名:	其名称为 Label3
标签	Caption	输入专家评分:	其名称为 Label4
文本框	Name	txtcompetitor	显示选手人数，锁定
文本框	Name	txtrater	显示评委人数，锁定
文本框	Name	txtname	输入姓名
文本框	Name	txtscore	输入分数
列表框	Name	lstscore	显示评委评分
	Columns	2	
列表框	Name	lstcompetitor	显示选手得分
列表框	Name	lstdetailed	显示选手详细信息
	Columns	2	
命令按钮	Name	cmdscore	
	Caption	得 分	
命令按钮	Name	cmdsort	
	Caption	排 名	
命令按钮	Name	cmdset	
	Caption	重 来	

按表 8—1—1 的要求完成本项目的界面设计如图 8—1—9 所示。

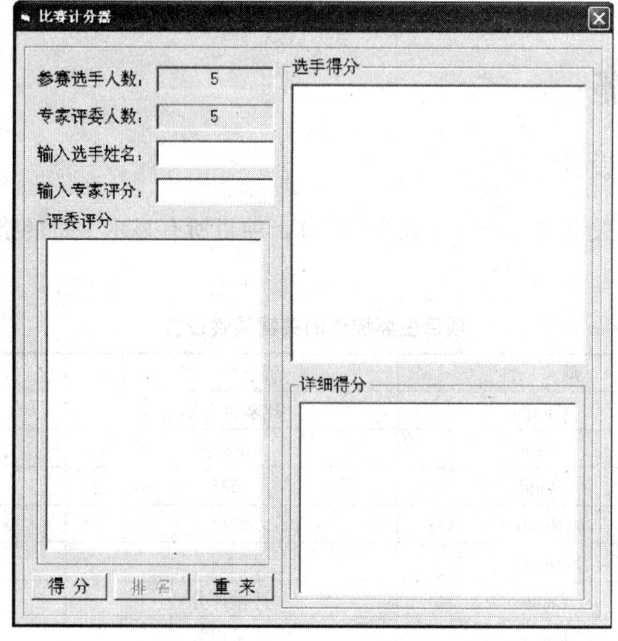

图 8—1—9　比赛计分器界面设计

二、模块级变量定义

需要保存每个选手的姓名和成绩，但姓名和成绩是不同类型的数据，不能放在同一个数组中保存，所以需要设计两个数组，一个字符串数组 names，用于保存选手姓名，一个单精度数组 scores，用于保存选手详细得分；因为人数未知，所以两个数组均定义为动态数组。

由用户可以自定义选手人数和评委人数，所以人数不固定，用 totalcompetitor 保存设置的选手人数，用 totalrater 保存设置的评委人数。

此外，还需要两个变量，用来保存已完成输入的选手人数和成绩数目，用 numcompetitor 作为选手输入人数计数器，用 numrater 作为评委评分输入的计数器。变量定义代码如下：

```
Private totalcompetitor As Integer
Private totalrater As Integer
Private scores()As Single
Private names()As String
Private numcompetitor As Integer
Private numrater As Integer
```

三、初始化

在窗体的加载事件中，完成初始化工作。初始化的主要任务如下：设置参赛选手人数和评委人数的初值；根据参赛选手人数和评委人数，重新定义姓名数组和评分成绩数组，注意，scores 数组重新定义时的维数定义，行下标为“ 0 To totalrater + 1”，比预计的值多了两个值，一个用于保存选手编号，另一个用于保存综合得分；设置两个计数器的初值；设置“排序”按钮为不可用状态。初始化的代码如下：

```
Private Sub Form_Load()
    Show
    totalcompetitor = 5
    totalrater = 5
    txtcompetitor.Text = totalcompetitor
    txtrater.Text = totalrater
    numrater = 0
    numcompetitor = 1
    txtname.SetFocus
    cmdsort.Enabled = False
    ReDim scores(1 To totalcompetitor,0 To totalrater + 1)
    ReDim names(1 To totalcompetitor)
End Sub
```

四、输入评委评分

在 txtscore 文本框中输入值后按 Enter 键，如果输入合法，则在“评委评分”列表框添加一条记录，并把值保存到数据元素中；如果已输入完所有选手得分，则直接执行“得分”按钮的功能。

程序源代码如下：

```
Private Sub txtscore_KeyPress(KeyAscii As Integer)
    Dim x As Single
    If KeyAscii = 13 And txtscore.Text < > "" Then
        numrater = numrater + 1
        If numrater < = totalrater And numcompetitor < = totalcompetitor Then
            x = Val(txtscore.Text)
            lstscore.AddItem "第" & numrater & "位评委评分:" & Trim(Str(x)),0 '注意0
的技巧
            scores(numcompetitor,numrater) = x
            txtscore.Text = ""
        Else
            cmdscore_Click
        End If
    End If
End Sub
```

五、输入选手姓名

在 txtname 文本框中输入姓名后按 Enter 键，暂不把姓名保存在 names 数组元素中，只是把鼠标光标移动到评委评分输入框中，以便用户输入评委评分，在“得分”按钮的事件代码中才真正把姓名值保存到 names 数组中。

程序代码如下：

```
Private Sub txtname_KeyPress(KeyAscii As Integer)
    If KeyAscii = 13 Then
        txtscore.SetFocus
    End If
End Sub
```

一、Array 函数

如果需要把多个值赋给一个变量，可以用 Array 函数来实现。Array 函数的语法格式如下：

变量 = Array（数组元素值）

说明：

1. 赋值号左边的变量只能为变体型变量，而不能是其他类型的变量，且其后不能有括号，也没有维数定义。

2. Array 函数只能给一维数组赋值，而不能给多维数组赋值。

3. 参数“数组元素值”，各值间用逗号隔开。

4. 用 Array 函数赋值后，左边的变量就相当于一个数组，可以像其他数组一样使用，它的下标下界为系统默认值。

例如：

```
Dim d
d = Array(1,2,3,4,5)
```

相当于以下语句：

```
d(0) =1：d(1) =2：d(2) =3：d(3) =4：d(4) =5
```

二、LBound 函数和 UBound 函数

对于一个不了解的数组，可用 LBound 函数获得数组下界，用 UBound 函数获得数组的上界。

LBound 函数的语法格式如下：

```
Lbound(数组名)
```

UBound 函数的语法格式如下：

```
Ubound(数组名)
```

例如：

```
Dim d,i As Integer
d = Array(1,2,3,4,5)
For i = LBound(d)To UBound(d)
    Print d(i)
Next i
```

以上代码的功能是利用 Array 函数生成一个数组，然后用循环语句把整个数组的各个元素显示出来。

任务二　计算综合得分

掌握多个数求最大（小）值的方法。

任务二将根据输入的评委评分，计算出选手的综合得分，计算规则如下：所有评委评分减去一个最高分和一个最低分，然后求平均值，程序运行效果如图 8—2—1 所示。

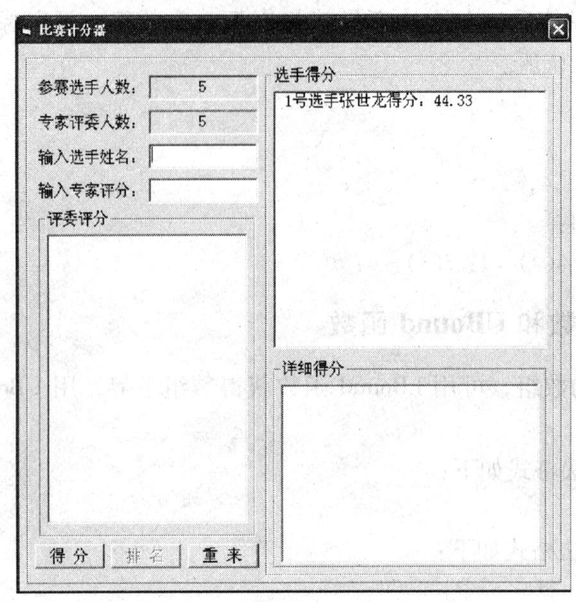

图 8—2—1　计算出选手的综合得分

相关知识

求多个数的最大（小）值有很多方法，其中一个非常简单易懂的方法如下：先假设第一个值最大（小），显然这只是假设最大（小）值不一定正确，然后把假设的最大（小）值与后面的值一一比较，如果发现某个值比假定的最大（小）值还要大（小），则把该值作为新的最大（小）值，一直比较下去，直到比较完所有的值，即把假设的最大（小）值与所有值进行一一比较后，最后得到的肯定是最大（小）值。

任务实施

一、计算综合得分

综合得分的计算规则如下：所有评委评分减去一个最高分和一个最低分，然后求平均值。

先检查用户是否输入完所有评委评分，如果已输入完毕，则保持选手姓名，并计算所有评分之和，同时找出评委评分的一个最高分和一个最低分，然后根据计算规则算出综合得分，注意，在计算平均分时，评委人数要减 2，因为有两个评委的评分被去掉了。

把计算出来的综合得分显示在右边的列表框中，同时，清除姓名、评分输入框、评委评分列表的值，并把评委人数计数器重置为 0，从而准备接收下一个选手的评分。

当所有选手的综合得分都计算完成后，“得分”按钮将变为灰色，而“排名”按钮则变为正常显示。

计算综合得分的源代码如下：

```
Private Sub cmdscore_Click()
    Dim i As Integer,sum As Single,max As Single,min As Single,
```

```
    Dim ave As Single
    If numrater > =totalrater And txtname.Text < > "" And numcompetitor < =total-
competitor Then
        names(numcompetitor) =txtname.Text
        scores(numcompetitor,0) =numcompetitor
        max =scores(numcompetitor,1)
        min =scores(numcompetitor,1)
        For i =1 To totalrater
            sum =sum +scores(numcompetitor,i)
            If max <scores(numcompetitor,i)Then max =scores(numcompetitor,i)
            If min >scores(numcompetitor,i)Then min =scores(numcompetitor,i)
        Next i
        ave =(sum -max -min)/(totalrater -2)
        scores(numcompetitor,totalrater +1) =ave
        lstcompetitor.AddItem Str(numcompetitor) + "号选手" +names(numcompeti-
tor) +"得分:" +Format(ave,"0.00")
        '清除数据
        txtscore.Text =""
        txtname.Text =""
        txtname.SetFocus
        lstscore.Clear
        numrater =0
        numcompetitor =numcompetitor +1
        If numcompetitor >totalcompetitor Then '输入结束,准备排名
            cmdscore.Enabled =False
            cmdsort.Enabled =True
        End If
    Else
        If txtname.Text ="" Then
            MsgBox "请输入选手姓名!",vbOKOnly +vbInformation,"系统提示"
        Else
            If numcompetitor >totalcompetitor Then
                MsgBox "选手成绩已输入完毕!",vbOKOnly +vbInformation,"系统提示"
            Else
                MsgBox "评委的评分还没有完全输完,请继续输入!",vbOKOnly +vbInforma-
tion,"系统提示"
            End If
        End If
    End If
End Sub
```

二、显示详细信息

计算综合得分后，评委评分记录已清除，如果需要再次查看选手的得分的详细信息，则

可以在“选手得分”列表框中，单击指定选手，然后在右下方的“详细得分”列表框中显示各位评委给该选手的评分，如图 8—2—2 所示。

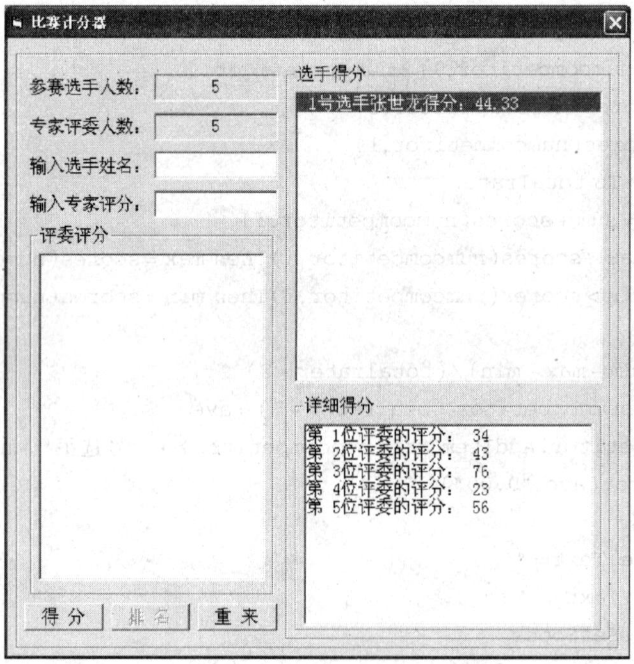

图 8—2—2　显示得分详细信息

在保存评委评分的二维数组 scores 中，每行记录一个选手得分的详细信息，其中第一列数据为选手编号，1 至 totalrater 表示对应评委的评分，totalrater + 1 表示选手的综合得分。

通过 lstcompetitor 当前选项的索引值，在数组 scores 中查找对应选手。在给 lstcompetitor 添加数据时，由于已按数组 scores 的元素顺序逐个增加，因此 lstcompetitor 的索引顺序与数组 scores 元素顺序一致，可以直接把 lstcompetitor 的当前选项索引值加 1（注意，数组 scores 的行下标从 1 开始）作为数组 scores 行下标定位。

单击“选手得分”列表框中的选项，将显示指定选手的详细得分信息，其事件代码如下：

```
Private Sub lstcompetitor_Click()
    Dim i As Integer,n As Integer

    n = lstcompetitor.ListIndex
    lstdetailed.Clear
    If n > -1 Then
        For i =1 To totalrater
            lstdetailed.AddItem "第" + Str(i) + "位评委的评分:" + Str(scores(n +1,i))
        Next i
    End If
End Sub
```

任务三　综合得分排名

学习目标

1. 理解排序的概念。
2. 掌握选择排序和冒泡排序两种常见的排序方法。

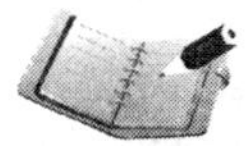

任务描述

任务三的主要任务是，当用户输入完数据后，选择一种排序方法，按参赛选手的总分排名，程序的运行效果如图 8—3—1 所示。

图 8—3—1　排名程序的运行效果

相关知识

排名就是指根据某个指定依据对数据进行排序。本项目以参赛选手综合得分作为排名依据，即把综合得分按从大到小排序。

排序是指把指定数组整理成指定顺序。排序有很多非常经典的算法，下面将介绍其中两种排序算法。

一、冒泡排序

冒泡排序的基本思路：对于升序排序，从左到右依次比较相邻的两个值，如果前面的值大于后面的值，则交换两个数，每一轮处理都找出其中最大的值，并将其置于最后，然后按同样的方法处理余下来的数，不断重复，直到只剩一个数时结束；对于降序排序，从左到右依次比较相邻的两个值，如果前面的值小于后面的值，则交换两个数，每一轮处理都找出其中最小的值，并将其置于最后，然后按同样的方法处理余下来的数，不断重复，直到只剩一个数时结束。

例 8—3—1 随机产生 20 个小于 1 000 的整数，然后用冒泡法给这 20 个数排序，程序运行界面如图 8—3—2 所示。

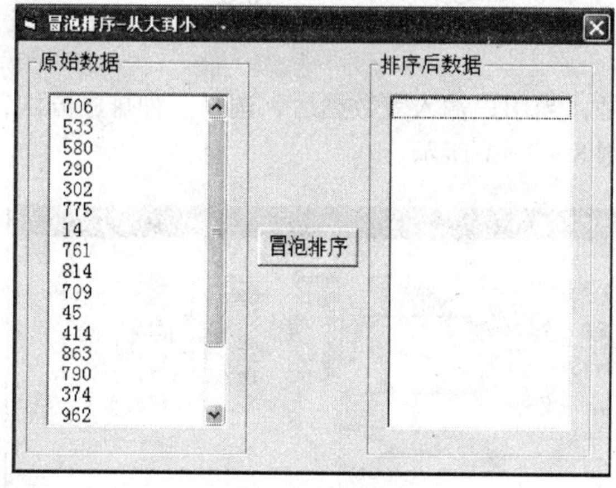

图 8—3—2　冒泡排序

（1）界面设计

在窗体上添加两个框架，以其作为原始数据和排序后数据显示区的边框；两个列表框，用于显示原始数据和排序后的数据；一个命令按钮，用于排序。

（2）代码分析与设计

对 20 个数据排序，从左至右比较一轮只能确定一个数的最终位置，因此需要比较 19 轮，所以外层循环要进行 19 次，即 For i = 1 To 19。

对于每一轮比较，都是从第一个数开始进行两两比较，直到比较完所有未排序的数，未排序的数等于总个数减去已排序的个数，已排序的个数为 i，所以内层循环到 20 - i 结束，即 For j = 1 To 20 - i。

冒泡排序中两两比较，实现很简单，num（j）和 num（j + 1）是相邻的两个数，如果 num（j）<num（j + 1），则说明它们不满足从大到小的要求，因此需要交换两个数。

程序源代码如下：

```
Private num(1 To 20)As Integer
Private Sub Command1_Click()'冒泡排序
    Dim i As Integer
    Dim j As Integer
    Dim t As Integer
```

```
    For i =1 To 19
        For j =1 To 20 - i
            If num(j) < num(j +1)Then
                t =num(j)
                num(j) =num(j +1)
                num(j +1) =t
            End If
        Next j
    Next i
    List2.Clear
    For i =1 To 20
        List2.AddItem Str(num(i))
    Next i
End Sub
Private Sub Form_Load()
    Dim i As Integer
    For i =1 To 20
        num(i) =Rnd * 1000
        List1.AddItem Str(num(i))
    Next i
End Sub
```

二、选择排序

选择排序的基本思想：对于升序排序，每次从未排序的数据中，选择一个最小值放在最前面，然后从余下的数中，再找出其中的最小值放在最前面，不断重复，直到只剩一个数时结束；对于降序排序，每次从未排序的数据中，选择一个最大值放在最前面，然后从余下的数中，再找出其中的最大值放在最前面，不断重复，直到只剩一个数时结束。

例 8—3—2 随机产生 20 个小于 1 000 的整数，然后用选择排序法给这 20 个数排序，程序运行界面如图 8—3—3 所示。

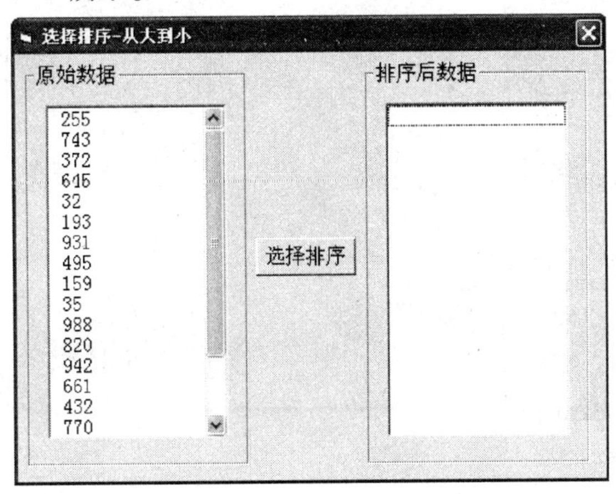

图 8—3—3　选择排序程序运行界面

（1）界面设计

在窗体上添加两个框架，以其作为原始数据和排序后数据显示的边框；两个列表框，用于显示原始数据和排序后的数据；一个命令按钮，用于排序。

（2）代码分析与设计

在选择排序法中，每次从未排序的数中，选出最大值放在前面，即每一轮只能确定一个数的位置，对于20个数的排序，需要选择19次，即 For i = 1 To 19。

对于选择排序而言，首先要确定位置，然后再找对应的数。在代码中，用k来记录排序的目标位置，先假定该位置原来的值是最大值，即 k = i，然后把这个假设的数与其后的所有值一一比较，找出真正的最大值，即 For j = i + 1 To 20。

当找到新的最大值时，可先记录其位置，当所有数都比较完毕后，才把真正的最大值k放在i位置，即交换元素i和元素k。为了提高效率，交换前应先比较k的值是不是等于i，如果 k = i，则说明原来的假定是正确的，不需要交换元素i和元素k。

程序源代码如下：

```
Private num(1 To 20)As Integer
Private Sub Command1_Click()'选择排序
    Dim i As Integer
    Dim j As Integer
    Dim k As Integer
    Dim t As Integer
    For i =1 To 19
        k = i
        For j = i +1 To 20
            If num(k) < num(j)Then
                k = j
            End If
        Next j
        If k < > i Then
            t = num(i)
            num(i) = num(k)
            num(k) = t
        End If
    Next i
    List2.Clear
    For i =1 To 20
        List2.AddItem Str(num(i))
    Next i
End Sub
Private Sub Form_Load()
    Dim i As Integer
    Randomize
    For i =1 To 20
```

```
        num(i) = Rnd * 1000
        List1.AddItem Str(num(i))
    Next i
End Sub
```

任务实施

一、排名

采用选择排序法把选手的综合得分按从大到小的顺序排序，就能实现排名功能。基本思想如下：每次从未排序的数据中，选择一个最大值放在最前面，然后继续对未排序的数进行同样的处理，直到只剩一个数时结束。

程序源代码如下：

```
Private Sub cmdsort_Click()
    Dim i As Integer,j As Integer,k As Integer
    Dim max As Integer,t As Integer
    For i =1 To totalcompetitor -1 '选择排序
        max = i
        For j = i +1 To totalcompetitor
            If scores(max,totalrater +1) < scores(j,totalrater +1)Then
                max = j '找出最大值
            End If
        Next j
        If (max < > i)Then '如果最大值不在最前面则交换
            For k =0 To totalrater +1
                t = scores(i,k)
                scores(i,k) = scores(max,k)
                scores(max,k) = t
            Next k
        End If
    Next i
    '更新显示数据
    lstcompetitor.Clear
    For i =1 To totalcompetitor
        t = scores(i,0)
        lstcompetitor.AddItem "第" + Str(i) + "名  " + Str(t) + "号选手" + names
(t) + "得分:" +Format(scores(i,totalrater +1),"0.00")
    Next i
End Sub
```

二、重来

单击“重来”按钮，先后两个弹出对话框，分别如图 8—3—4 和图 8—3—5 所示，让用户输入参赛选手人数和评委人数，当输入值不合法时，自动选用默认值 5，然后以此为基础，重新定义动态数组 scores 和 names，同时清除相关数据。

图 8—3—4　输入参赛选手人数

图 8—3—5　输入评委人数

“重来”按钮的事件代码如下：

```
Private Sub cmdset_Click()'重来
    '设置评分规模,即选手人数和评委人数
    totalcompetitor = Val(InputBox("请输入参赛选手人数:","提示",5))
    totalrater = Val(InputBox("请输入专家评委人数:","提示",5))
    If totalrater <1 Then totalrater = 5
    If totalcompetitor <1 Then totalcompetitor = 5
    txtcompetitor.Text = totalcompetitor
    txtrater.Text = totalrater
    '初始化
    txtname.Text = ""
    txtscore.Text = ""
    lstscore.Clear
    lstcompetitor.Clear
    lstcompetitor.Clear
    numrater = 0
    numcompetitor = 1
    cmdsort.Enabled = False
    cmdscore.Enabled = True
    ReDim scores(1 To totalcompetitor,0 To totalrater +1)
    ReDim names(1 To totalcompetitor)
End Sub
```

任务四　巩固训练

一、项目拓展

1. 美化程序界面，为整个应用程序确定一个主题色系，然后应用到项目的背景和各个界面元素中。

2. 根据评分计算规则，只有当评委人数大于2时，才能正常计算综合得分，因此，请完善程序，让系统能自动检查用户输入的评委人数是否合理，如果评委人数小于3人，则提示如图8—4—1所示的对话框，让用户再次输入，反复进行，直到输入合法值时才结束。

图8—4—1　提示评委人数要大于2人

3. 特殊情况下，有些评委放弃评分，此时，评委的有效人数会发生变化，程序中用“－1”表示评委弃权，完善程序，使当有评委弃权时，系统仍然能正确计算出综合得分，如图8—4—2所示。当弃权的评委太多以致不能计算综合得分时，系统应提示用户有效评分太少不能计算最后得分，如图8—4—3所示。

在图8—4—2中，本来计算综合得分后，评委评分列表框的值会被清除，但为了方便读者比较，在代码中暂时注释了语句：lstscore. Clear。

图8—4—2　允许评委弃权

4. 增加姓名检查功能，如果发现选手姓名重复，则提示选手姓名重复，如图8—4—4所示。

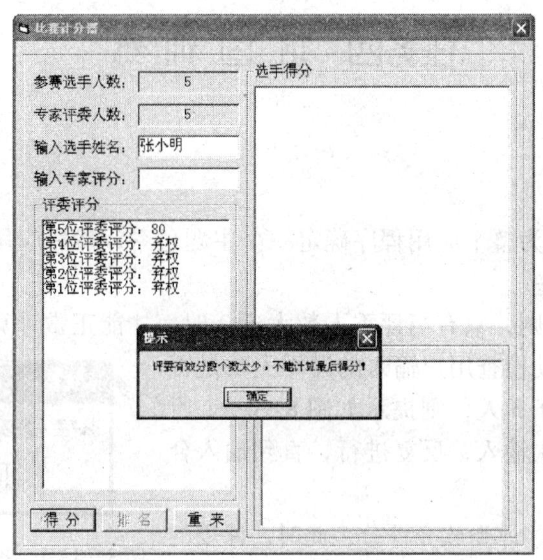

图 8—4—3　有效评分太少

图 8—4—4　姓名重复

5. 增加一个功能，在输入成绩时，限定用户只能输入负号、数字、小数点或 Delete 键。

6. 增加删除功能，在“评委评分”列表框中，双击列表框中的选项，不但要删除选定的评分记录，还要删除编号更高的评委的评分。例如，在图 8—4—5 中，双击第 3 位评委的评分，删除结果如图 8—4—6 所示。

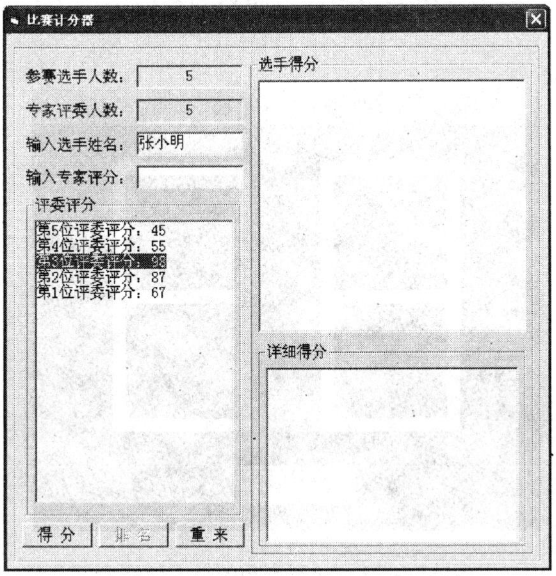

图 8—4—5　双击第 3 位评委的评分

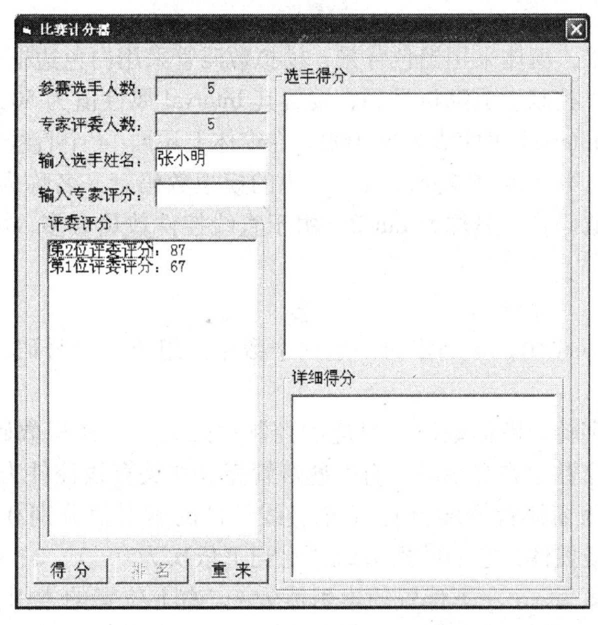

图 8—4—6　删除效果

二、延伸训练

1．利用控件数组设计一个叫号器，程序的运行界面如图 8—4—7 所示。其中，用直线控件绘制两个“8”字模拟数码管。单击“启动叫号”按钮，系统开始快速显示随机号码，启动叫号过程，按钮名称变为“结束叫号”，再次单击该按钮，结束叫号过程，显示出来的号码就是所叫之号，按钮名称再次变为“启动叫号”。如果 30 s 后还没有结束叫号，则系统将自动结束叫号过程。本程序可以应用到需要随机叫人的应用中，包括教师请同学回答问题。

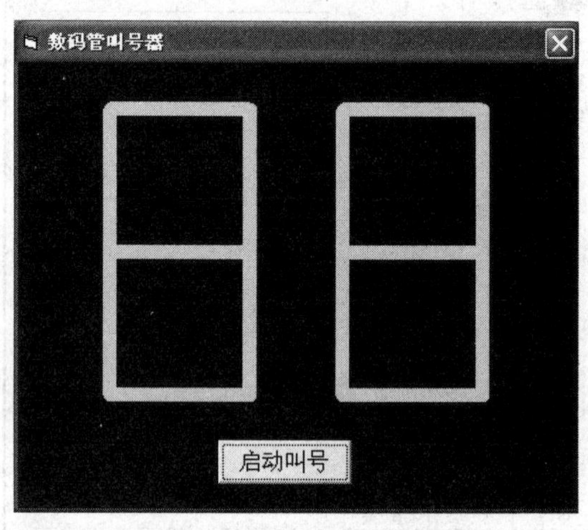

图 8—4—7　叫号器程序的运行界面

分析与提示

（1）界面设计

为了突出显示效果，窗体采用黑色背景，模拟数码管采用白色边框颜色。在窗体上添加两个时钟，Timer1 用于控制生成随机号码，设置其 Interval 属性值为 50，Timer2 用于自动结束叫号过程，设置其 Interval 属性值为 30 000。在窗体上添加 14 个直线控件，分为两组，一组包括 7 个直线控件，第一组直线控件组成左边的模拟数码管，名称为 Line1；第二组直线控件组成右边的模拟数码管，名称为 Line2。由于直线控件数量太多，因此直接通过代码来完成布局任务。

（2）代码分析

系统在计时器 Timer1 中，不断定时产生两个数字，组成一个号码，两个数字通过两个模拟数码管分别显示。

显示时，要把数字转为模拟数码管对应的控制信息。一个模拟数码管由 7 根灯管（即直线控件）组成，每个数字在显示时，有一些灯管亮（相关直线控件为白色），有一些灯管暗（相关直线控件变为窗体背景颜色）。7 个直线控件的索引值分别 0 ~ 6，约定对于“8”字的 3 个水平排列直线控件，它们的索引值从上到下依次为 0、1、2；4 个垂直排列直线控件：左上位置的索引值为 3，左下位置的索引值为 4，右上位置的索引值为 5，右下位置的索引值为 6；然后，找出各个数字显示时，应该“亮”起来的直线控件对应的索引值，并把所有相关索引值连接起来组成一个字符串，以此作为显示数字控制模拟数码的控制信息。

（3）变量定义

在通用声明中，定义一个含有 10 个元素的字符串数组，用来保存每个数字所对应的控制信息字符串。

```
Dim d(0 To 9)As String
```

（4）初始化

在初始化的过程中，首先用直线控件完成两个模拟数码管的布局，然后分析出每个数字对应的控制信息，一一赋给对应数组 d 对应的元素。

程序源代码如下：

```
Private Sub Form_Load()
    Dim i As Integer
    '左边数码管直线控件布局
    For i = 0 To 2 '模拟数码管的 3 个水平排列的直接控件
        Line1(i).X1 = 1000
        Line1(i).Y1 = 500 + 1500 * i
        Line1(i).X2 = Line1(i).X1 + 1500
        Line1(i).Y2 = Line1(i).Y1
    Next i
    For i = 3 To 4 '左边两个垂直排列的直线控件
        Line1(i).X1 = Line1(0).X1
        Line1(i).Y1 = Line1(0).Y1 + 1500 * (i - 3)
        Line1(i).X2 = Line1(i).X1
        Line1(i).Y2 = Line1(i).Y1 + 1500
    Next i
    For i = 5 To 6 '右边两个垂直排列的直线控件
        Line1(i).X1 = Line1(0).X2
        Line1(i).Y1 = Line1(0).Y2 + 1500 * (i - 5)
        Line1(i).X2 = Line1(i).X1
        Line1(i).Y2 = Line1(i).Y1 + 1500
    Next i
    '右边数码管直线控件布局
    For i = 0 To 2
        Line2(i).X1 = 3500
        Line2(i).Y1 = 500 + 1500 * i
        Line2(i).X2 = Line2(i).X1 + 1500
        Line2(i).Y2 = Line2(i).Y1
    Next i
    For i = 3 To 4
        Line2(i).X1 = Line2(0).X1
        Line2(i).Y1 = Line2(0).Y1 + 1500 * (i - 3)
        Line2(i).X2 = Line2(i).X1
        Line2(i).Y2 = Line2(i).Y1 + 1500
    Next i
    For i = 5 To 6
        Line2(i).X1 = Line2(0).X2
        Line2(i).Y1 = Line2(0).Y2 + 1500 * (i - 5)
        Line2(i).X2 = Line2(i).X1
        Line2(i).Y2 = Line2(i).Y1 + 1500
    Next i
    '各个数字对应的亮灯控制信息
```

```
    d(0) = "023456"
    d(1) = "56"
    d(2) = "01245"
    d(3) = "01256"
    d(4) = "1356"
    d(5) = "01236"
    d(6) = "012346"
    d(7) = "056"
    d(8) = "0123456"
    d(9) = "012356"
End Sub
```

（5）把控制信息转为显示效果

根据各个数字对应的控制信息，设置模拟数码管中各个直线控件的颜色。

在控制信息中，每个数字对应一个直线控件的索引值，可以快速找到对应的直线控件，把控制信息中各个数字对应直线的颜色设置为白色，其他直线控件设置为窗体背景色。

过程 Nixietube 有两个参数，第一个参数是控制信息，第二参数是模拟数码管编号，左边数码管编号为 1，右边数码管编号为 2。

程序源代码如下：

```
Private Sub Nixietube(tubestr As String,id As Integer)
    Dim i As Integer
    For i = 0 To 6
        If id = 1 Then
            Line1(i).Visible = False
        Else
            Line2(i).Visible = False
        End If
    Next i
    For i = 0 To 6
        If InStr(tubestr,Trim(Str(i))) > 0 Then
            If id = 1 Then
                Line1(i).Visible = True
            Else
                Line2(i).Visible = True
            End If
        End If
    Next i
End Sub
```

（6）生成随机号码的计时器

在计时器中，每次产生两个数字，然后用 Nixietube 把数字显示在屏幕上。

程序源代码如下：

```
Private Sub Timer1_Timer()
    Dim a As Integer
```

```
    Dim b As Integer
    Randomize
    a = Int((Rnd * 10))Mod 10
    b = Int((Rnd * 10))Mod 10
    Nixietube d(a),1
    Nixietube d(b),2
End Sub
```

(7) 自动停止

30 s 后自动停止，关闭两个计时器，同时把命令按钮的名称改为“启动叫号”。

程序源代码如下：

```
Private Sub Timer2_Timer()
    Timer2.Enabled = False
    Timer1.Enabled = False
    Command1.Caption = "启动叫号"
End Sub
```

(8) 启动/停止叫号

启动/停止叫号按钮有两个状态，可以在两个状态中切换。

程序源代码如下：

```
Private Sub Command1_Click()
    If Command1.Caption = "启动叫号" Then
        Command1.Caption = "结束叫号"
        Timer1.Enabled = True
        Timer2.Enabled = True
    Else
        Command1.Caption = "启动叫号"
        Timer1.Enabled = False
        Timer2.Enabled = False
    End If
End Sub
```

2. 利用控件数组制作一个霓虹灯模拟效果，程序的运行界面如图 8—4—8 所示，单击“全亮”按钮，所有灯（用形状控件的圆）都显示为红色；单击“全熄”按钮，所有灯的背景颜色均变为窗体的背景颜色；单击“顺时针亮”按钮，所有灯按顺时针方向一盏一盏地亮；单击“逆时针亮”按钮，所有灯按逆时针方向一盏一盏地亮；单击“偶数亮”按钮，所有编号为偶数的灯亮；单击“奇数亮”按钮，所有编号为奇数的灯亮；选中“闪烁”复选框，所有灯一亮一暗地闪烁；选中“连亮”复选框，顺时针和逆时针亮时，已亮的灯不熄，只有所有灯都变亮后再重新开始。

分析与提示

(1) 界面设计

设置窗体的宽度为 6 945，高度为 4 320，在窗体上添加一个框架，两个复选框，6 个按钮，两个定时器：一个用于控制亮灯顺序，一个用于控制灯的闪烁，两个定时器控件的 Interval 属性值均设置为 50，再添加一个控件数组，其包括 44 个形状控件（直径为 300 的

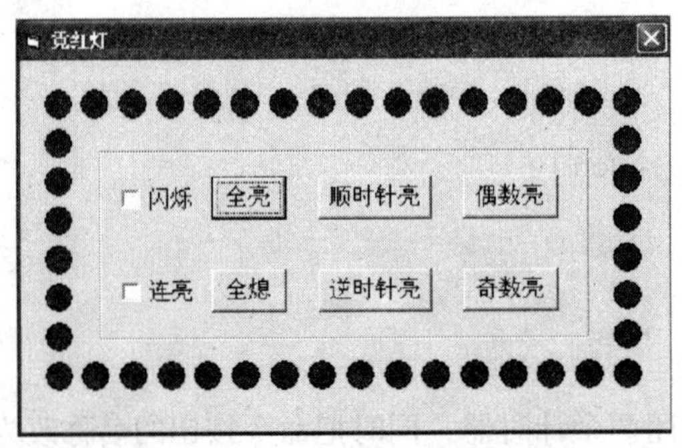

图 8—4—8　霓虹灯程序的运行界面

圆)，形状控件在代码中完成布局。

（2）定义变量

设计 4 个模块级变量对亮灯进行控制：变量 n 为灯编号，主要用于顺时针方向和逆时针方向亮灯时，控制亮灯顺序；变量 flag 表示变化规则，1 表示顺时针变化，即 n 的值递增，-1 表示逆时针变化，即 n 的值递减；变量 flagflash 表示是否闪烁，1 表示闪烁，2 表示不闪烁，只有全熄时，其值为 2，其他情况下，其值均为 1；flagdir 表示是否连亮，即在亮当前灯时，不熄已亮的前灯，1 表示连亮，2 表示不连亮，主要用于顺时针亮和逆时针亮的控制。变量定义代码如下：

```
Dim n As Integer
Dim flag As Integer
Dim flagflash As Integer
Dim flagdir As Integer
```

（3）初始化

在窗体的加载事件中完成初始化工作，其主要任务如下：设置形状控件的背景类型为 1；各灯定位，所有灯排列成一个长方形，每灯间间隔值为 100，水平方向两排灯，每排各 16 盏，垂直方向两排灯，每排 6 盏，从左上角开始，形状控件索引值递增的方向是先从左到右，其次从上到下，再次再从右到左，最后从下到上；设置 flagdir 的初值为 2，即不连亮。

程序源代码如下：

```
Private Sub Form_Load()
    Dim i As Integer
    For i = 0 To 43
        Shape1(i).BackStyle = 1
    Next i
    For i = 0 To 15
        Shape1(i).Left = 250 + i * 400
        Shape1(i).Top = 300
    Next
    For i = 16 To 22
        Shape1(i).Left = Shape1(15).Left
```

```
        Shape1(i).Top = Shape1(15).Top + 400 * (i - 15)
    Next i
    For i = 23 To 37
        Shape1(i).Left = Shape1(22).Left - 400 * (i - 22)
        Shape1(i).Top = Shape1(22).Top
    Next i
    For i = 38 To 43
        Shape1(i).Left = Shape1(37).Left
        Shape1(i).Top = Shape1(37).Top - 400 * (i - 37)
    Next i
    flagdir = 2
End Sub
```

（4）“闪烁”复选框

当选中“闪烁”复选框时，打开闪烁控制计时器，实现闪烁效果，取消选中时，关闭闪烁控制计时器。当关闭闪烁控制计时器时，有可能所有形状控件刚好不可见，因此要把所有形状控件设为可见。

程序源代码如下：

```
Private Sub Check1_Click()
    Dim i As Integer
    If Check1.Value = 1 Then
        Timer2.Enabled = True
    Else
        Timer2.Enabled = False
        For i = 0 To 43
            Shape1(i).Visible = True
    Next i
    End If
End Sub
```

（5）闪烁控制计时器

定时的改变形状控件的可见属性，使形状控件进行可见、不可见有规律的变化，从而实现闪烁效果。

程序源代码如下：

```
Private Sub Timer2_Timer()
    Dim i As Integer
    If flagflash = 1 Then
        For i = 0 To 43
            Shape1(i).Visible = Not Shape1(i).Visible
        Next i
    End If
End Sub
```

（6）“连亮”复选框

单击“连亮”复选框，只是改变连亮控制变量 flagdir 的值。

程序源代码如下：

```
Private Sub Check2_Click()
    If Check2.Value =1 Then
        flagdir =1
    Else
        flagdir =2
    End If
End Sub
```

(7) 全亮

把所有形状控件的背景颜色均改为红色，当所有灯同时亮时，不需要逐灯亮控制计时器，应该将其关闭。

程序源代码如下：

```
Private Sub Command1_Click()
    Dim i As Integer
    Timer1.Enabled = False
    flagflash =1
    For i =0 To 43
        Shape1(i).BackColor = vbRed
    Next i
End Sub
```

(8) 全熄

把所有形状控件的背景颜色改为窗体背景颜色，当所有灯同时不亮时，不需要逐灯亮控制计时器，应该将其关闭。

程序源代码如下：

```
Private Sub Command2_Click()
    Dim i As Integer
    Timer1.Enabled = False
    flagflash =2
    For i =0 To 43
        Shape1(i).BackColor = Form1.BackColor
    Next i
End Sub
```

(9) 顺时针亮

设置 flag 的属性值为 1，即 n 的值递增，然后清除所有亮灯，启动逐灯亮计时器，开始亮灯控制功能。

程序源代码如下：

```
Private Sub Command3_Click()
    Dim i As Integer
    flag =1
    flagflash =1
    For i =0 To 43
```

```
        Shape1(i).BackColor = Form1.BackColor
    Next i
    Timer1.Enabled = True
End Sub
```

(10) 逆时针亮

设置 flag 的属性值为 -1，即 n 的值递减，然后清除所有亮灯，启动逐灯亮计时器，开始亮灯控制功能。

程序源代码如下：

```
Private Sub Command4_Click()
    Dim i As Integer
    flag = -1
    flagflash = 1
    For i = 0 To 43
        Shape1(i).BackColor = Form1.BackColor
    Next i
    Timer1.Enabled = True
End Sub
```

(11) 逐灯亮

如果没有选中“连亮”复选框，或者已选中“连亮”复选框，但 n = 0，则清除所有亮灯。让索引值为 n 的灯亮起来，即将索引值为 n 对应形状控件的背景色设置为红色，然后根据 flag 值，把 n 的值加减 1，并对 n 的值进行合法性检查和适当修正，并以其作为下一次亮灯的编号。

程序源代码如下：

```
Private Sub Timer1_Timer()
    Dim i As Integer
    If (flagdir = 1 And n = 0)Or flagdir = 2 Then
        For i = 0 To 43
            Shape1(i).BackColor = Form1.BackColor
        Next i
    End If
    Shape1(n).BackColor = vbRed
    n = n + flag
    If n > 43 Then n = 0
    If n < 0 Then n = 43
End Sub
```

(12) 偶数亮

从索引值为 0 的形状控件开始，设置循环的步长值为 2，可以实现偶数灯亮的效果，当相关灯同时亮时，不需要逐灯亮控制计时器，应该将其关闭。

程序源代码如下：

```
Private Sub Command5_Click()
    Dim i As Integer
```

```
        flagflash = 1
        Timer1.Enabled = False
        For i = 0 To 43
            If i Mod 2 = 0 Then
                Shape1(i).BackColor = vbRed
            Else
                Shape1(i).BackColor = Form1.BackColor
            End If
        Next i
    End Sub
```

（13）奇数亮

从索引值为 1 的形状控件开始，设置循环的步长值为 2，可以实现偶数灯亮的效果，当相关灯同时亮时，不需要逐灯亮控制计时器，应该将其关闭。

程序源代码如下：

```
Private Sub Command6_Click()
    Dim i As Integer
    flagflash = 1
    Timer1.Enabled = False
    For i = 0 To 43
        If i Mod 2 = 1 Then
            Shape1(i).BackColor = vbRed
        Else
            Shape1(i).BackColor = Form1.BackColor
        End If
    Next i
End Sub
```

3. 设计一个简易的计算器，如图 8—4—9 所示。

分析与提示

（1）界面设计

在窗体上添加一个框架，作为应用程序的边框；然后，增加一个文本框，作为计算器的显示屏；然后，再添加 16 个命令按钮，其中数字键 0 ~ 9 对应控件数组 Command1，而且它们的索引值与对应的 Caption 属性值一致，4 个运算符对应控件数组 Command2，加、减、乘、除 4 个运算符的索引值分别为 0、1、2、3，清除对应 Command3，等于对应 Command4。

图 8—4—9　简易计算器

（2）变量定义

定义一个数组 num，用来保存两个操作数和计算结果；一个变量 flag，用来保存运算符的编号：0 表示加，1 表示减，2 表示乘，3 表示除。变量定义代码如下：

```
Private num(1 To 3) As Double
Private flag As Integer
```

（3）数字键的录入

单击计算器中的数字键，如果原来没有输入值，就把按钮对应的索引值赋给文本框即可；如果原来已输入数值，则把按钮对应的索引值连接在原来输入内容的后面。

程序源代码如下：

```
Private Sub Command1_Click(Index As Integer)
    If Val(Text1.Text) = 0 Then
        Text1.Text = Trim(Str(Index))
    Else
        Text1.Text = Text1.Text + Trim(Str(Index))
    End If
End Sub
```

（4）运算符处理

单击 4 个运算符对应的命令按钮，并记录按钮的索引值作为运算符的编号，然后把文本框的值赋给 num（1），以其作为第一个操作数。

程序源代码如下：

```
Private Sub Command2_Click(Index As Integer)
    flag = Index
    num(1) = Val(Text1.Text)
    Text1.Text = 0
End Sub
```

（5）数据运行

单击“=”按钮完成计算功能，其主要功能如下：从文本框中读出值，赋给 num（2）作为第二个操作数，然后根据 0 加、1 减、2 乘、3 除的规则计算出结果，并显示文本框中。

程序源代码如下：

```
Private Sub Command4_Click()
    num(2) = Val(Text1.Text)
    Select Case flag
        Case 0
            num(3) = num(1) + num(2)
        Case 1
            num(3) = num(1) - num(2)
        Case 2
            num(3) = num(1) * num(2)
        Case 3
            If num(2) < > 0 Then
                num(3) = num(1) / num(2)
            End If
    End Select
        Text1.Text = num(3)
End Sub
```

（6）清除按钮

清除按钮的功能很简单，就是清除文本框的值。

课后练习

一、选择题

1. 大小固定的数组称为________。

A. 一维数组　　B. 二维数组　　C. 静态数组　　D. 动态数组

2. 声明 Dim num（1 to 5，2 to 3）As Integer 执行后，其中 num 共有________个元素。

A. 5　　B. 6　　C. 7　　D. 10

3. 控件数组中的不同成员控件，一般用________属性值来识别。

A. Index　　B. Caption　　C. 名称　　D. ListIndex

4. 一般情况情况下，数组默认的下标下界开始值为________。

A. －1　　B. 0　　C. 1　　D. 2

5. 在以下数组定义中，错误的是________。

A. Dim d1（10）As Integer　　B. Dim d2（0 To 10）As Integer

C. Dim d3（1 To 10）As Integer　　D. Dim n As Integer Dim d4（n）As Integer

6. Dim d1（10）As Integer，定义数组 d1 后，以下对数组元素的引用，错误的是________。

A. d1（1）　　B. d1（1.4）　　C. d1（3＋4）　　D. d1（4＊3）

7. 下列有关数组的说法中，错误的是________。

A. 数组内可以包含不同类型的数据

B. 数组的大小有时可变

C. 数组中的元素是有序的

D. 数组元素既可以整型，也可以是文本框

8. 以下程序的运行结果是________。

```
Dim a(3,3)As Integer
Dim i As Integer
Dim j As Integer
For i =1 To 3
    For j =1 To 3
        If i = j Then
            a(i,j) =1
        Else
            a(i,j) =0
        End If
        Print a(i,j);
    Next j
Next i
```

A. 1 0 0 0 1 0 0 0 1　　B. 1 1 1 1 1 1 1 1 1

C. 1 0 1 0 1 0 1 0 1　　D. 0 0 0 0 0 0 0 0 0

二、综合题

1．利用控件数组编写一个应用程序，输入 5 个数求和，程序运行界面如题图 8—1 所示，要求接收 5 个数输入的文本框为同一个控件数组，两个命令按钮为同一控件数组。

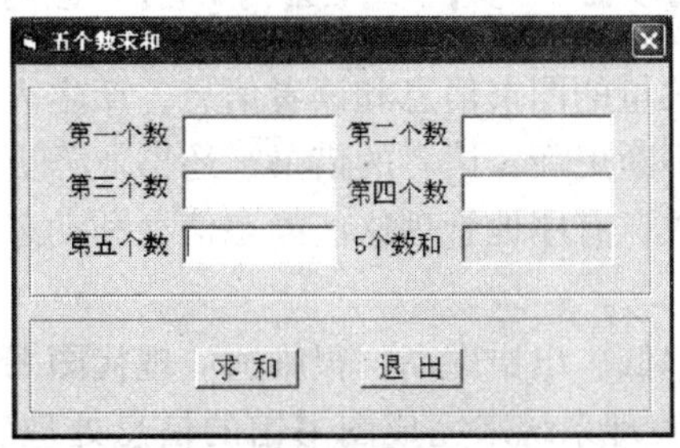

题图 8—1　5 个数求和

2．编写一个应用程序，输入元素个数 N，然后随机生成 N 个两位数，求它们的平均值，程序运行界面如题图 8—2 所示。

求N个数的平均值

输入元素个数： 25　　平均值　　58.52

73	78	43	79
58	83	96	14
62	73	88	63
36	14	15	52
37	47	95	
79	87	42	
11	81	57	

题图 8—2　N 个数求和

3．编写一个应用程序，用冒泡排序法对用户输入的数据进行排序，程序运行界面如题图 8—3 所示，用户输入数据个数后，单击“生成数据”按钮，在左边原始数据显示区随机生成指定数目的小于 1 000 的随机数，单击“冒泡排序”按钮，完成排序功能，排序结果显示在右边的列表框中。

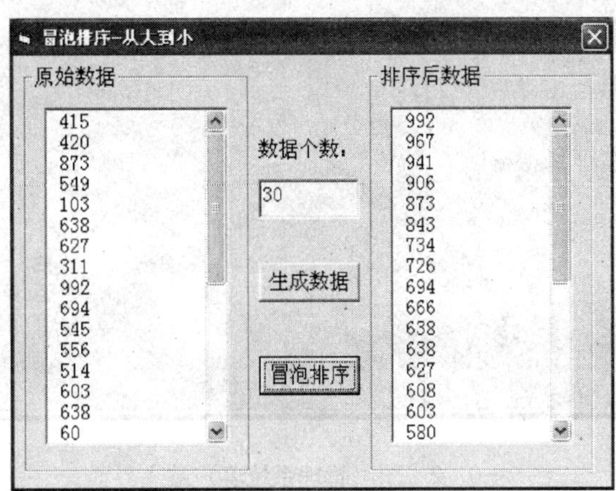

题图 8—3　冒泡排序

项目九　开发图书管理系统

在图书馆中，不但存有大量的图书信息和读者信息，产生大量的静态信息，而且馆藏图书也在不断更新，读者也在不断更新，读者的借书、还书业务更是频繁发生，因此每天会产生大量的动态信息。只有高效、有序地管理这些静态信息和动态信息，才能充分发挥图书馆的作用和潜能。

传统的图书管理方法效率低、出错率高，很难适应现代图书馆管理的需要。本项目利用 VB 6.0 开发一个实用的图书管理系统来完成图书馆的信息处理。系统采用 C/S 结构，图书管理系统服务器端主界面和客户端主界面分别如图 9—0—1 和图 9—0—2 所示。

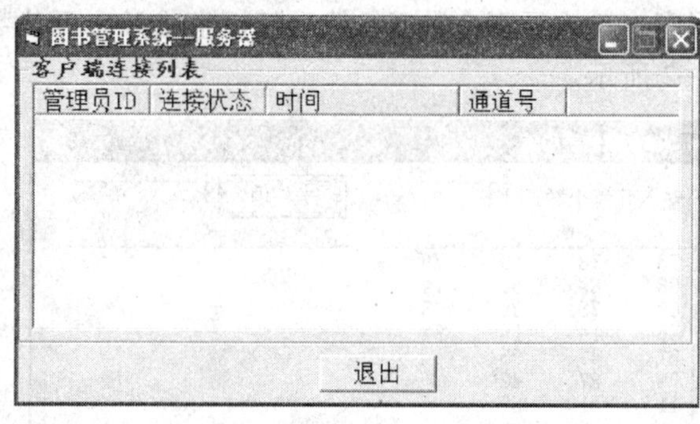

图 9—0—1　图书管理系统服务器端主界面

图 9—0—2　图书管理系统客户端主界面

本项目将分为以下几个环节来完成。

1. 完成图书管理系统的需求分析与系统设计。

2. 完成图书管理系统的数据库设计。

3. 完成图书管理系统的服务器端开发。

4. 完成图书管理系统的客户端开发工作。

5. 利用 VB 的打包向导完成图书管理系统的打包任务。

任务一　系统分析与设计

学习目标

1. 理解软件开发的流程。

2. 理解 C/S 结构的特点。

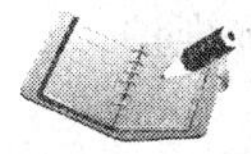

任务描述

初步了解软件开发的流程，完成图书管理系统的需求分析与设计。

相关知识

一、软件开发流程

软件开发的一般流程如下。

1. 需求分析

（1）系统分析师向用户初步了解需求，然后用相关工具软件列出要开发的系统的大功能模块以及每个大功能模块有哪些小功能模块。

（2）系统分析师深入了解和分析需求，根据自己的经验和需求用相关的工具再做出一份文档系统的功能需求文档。这是一份非常关键的文档，关系到项目能否顺利完成。

（3）系统分析师向用户再次确认需求，通过审核后，将需求文档作为后续工作的指导文件。

2. 概要设计

开发者需要对软件系统进行概要设计，即系统设计，包括系统的基本处理流程、系统的组织结构、模块划分、功能分配、接口设计、运行设计、数据结构设计和出错处理设计等，为软件的详细设计提供基础。

3. 详细设计

在概要设计的基础上，开发者需要进行软件系统的详细设计。在详细设计中，描述实现具体模块所涉及的主要算法、数据结构、类的层次结构及调用关系，需要说明软件系统各个层次中的每一个程序（每个模块或子程序）的设计思路，以便进行编码和测试。详细设计应当足够详细，并能够根据详细设计报告进行编码。

4. 编码

在软件编码阶段，开发者根据《软件系统详细设计报告》中对数据结构、算法分析和模块实现等方面的设计要求，开始具体的编写程序工作，分别实现各模块的功能，从而实现对目标系统的功能、性能、接口、界面等方面的要求。在编写程序时，完成一个模块后，要对该模块进行相关测试。编码在整个项目开发中，占用的时间并不多。

5. 测试

编码完成后，需要组织测试人员对系统进行全面测试，尽量减少系统的错误。完成内部测试后，交给用户确认，由用户一个一个地确认每个功能。测试同样是项目研发中一个相当重要的步骤，需要花费很多时间。

6. 软件交付与验收

通过软件测试，确认软件已达到用户要求后，软件开发者应向用户提交开发的目标安装程序、数据库的数据字典、《用户安装手册》《用户使用指南》、需求报告、设计报告、测试报告等双方合同约定的产物。最后，用户安装系统，上线运行。

7. 软件维护与更新

软件交付用户使用后，还需要解决用户在使用过程中碰到的问题，对软件进行维护，如当外部环境变化或企业需求发生变化时，还要对软件进行适当更新。

二、C/S 结构

C/S 结构，即客户和服务器结构。它是软件系统体系结构，通过它可以充分利用两端硬件环境的优势，将任务合理分配到 Client 端和 Server 端来实现，降低了系统的通信开销。Client 程序的任务是将用户的要求提交给 Server 程序，再将 Server 程序返回的结果以特定的形式显示给用户；Server 程序的任务是接收 Client 程序提出的服务请求，并进行相应的处理，再将结果返回给 Client 程序。

C/S 结构的优点是能充分发挥客户端 PC 的处理能力，很多工作可以在客户端处理后，再提交给服务器，减轻了应用服务器的运行数据负荷，提高了客户端的响应速度。

任务实施

一、系统需求

本图书管理系统作为一个教学演示系统，设计功能比较简单，主要完成图书馆的最基本的日常业务处理，主要包括系统功能、借还图书、图书管理、读者信息管理、管理员管理、帮助等功能。没有设计统计分析、报表打印、超期罚款、追还图书、高级查询、导入导出、数据备份与恢复等功能，同时对实现难度较大的多用户的并发控制、安全控制等功能均没有涉及。

二、系统功能

图书管理系统采用 C/S 结构，即客户/服务器结构，客户端主要提供操作界面，向服务器发送各种操作请求，并显示服务器返回的各种操作结果；服务器主要完成客户端的请求和各种操作。一个服务器能连接多个客户端，本系统设计的最大连接数为10。

本系统要实现的功能有以下几个。

1．系统功能

它包括两个功能，即连接服务器和退出系统。其中，连接服务器功能用于向服务器发出连接请求。

2．借还图书功能

它包括两个功能，即借阅图书和归还图书。用户输入读者的图书证号和书号可借阅图书，系统会自动记录读者借书总数，以判断读者是否达到借书的最大数量；输入图书号可归还图书，在读者归还图书时，系统会检查图书是否超期，如果超期则提示相关信息。

3．图书管理功能

它包括两个功能，即图书类别管理和图书信息管理。在图书类别管理功能中，可添加类别（类别编号自动产生）和显示所有编号；在图书信息管理功能中，可添加图书，可通过书名和作者名查询图书。

4．读者信息管理功能

通过该功能可以添加、删除、查询读者信息。

5．管理员管理功能

通过该功能可以添加、删除、查询管理员信息，只有高级管理员才拥有此权限，对于普通管理员，本功能菜单是灰色的。

6．帮助功能

该功能主要用于提供版权声明。

三、系统模板结构

图书管理系统的模块结构图如图9—1—1所示。

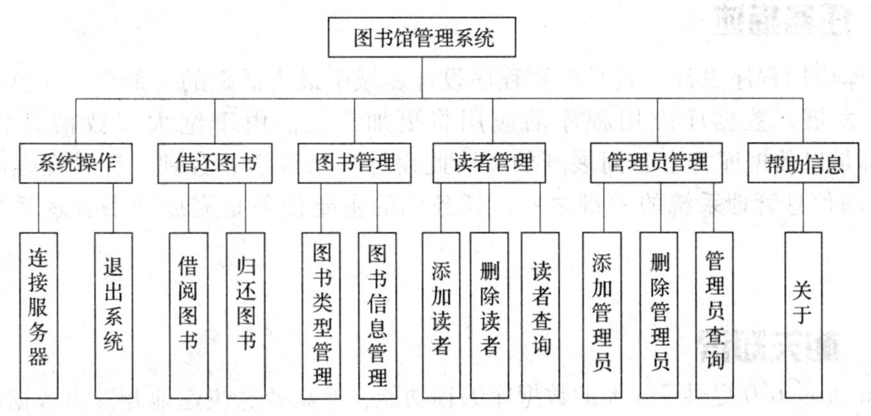

图9—1—1　图书管理系统的模块结构图

四、网络通信协议设计

由于本图书管理系统采用 C/S 结构，因此客户端与服务器需要频繁通信，相互交换信息，必须约定一套通信双方都能理解的共同语言，即要设置好通信协议。

本系统约定，通信数据中各个数据段间用逗号隔开，第 1 个数据段表示操作的大类，主要有 7 个大类，分别为 Lend（借书）、Return（还书）、Type（图书类型操作）、Book（图书管理操作）、Read（读者管理操作）、User（管理员管理操作）、Cnn（连接操作）。其中，Type 有 3 个二级操作：1 表示添加图书类型，2 表示查看图书类型，3 表示将已有图书类型添加到“添加图书”窗体的“图书类型”组合框中；Book 有 3 个二级操作：1 表示添加图书，2 表示按书名查询图书，3 表示按图书作者查询图书；Read 有 3 个二级操作：1 表示添加，2 表示删除，3 表示查询；User 有 3 个二级操作：1 表示添加，2 表示删除，3 表示查询。如果有二级操作，二级操作类型应存放在第 2 个数据段中。在操作类型后，是各个操作请求所需的数据或操作结果数据的数据段。

图书管理系统的数据库设计在任务二中完成。

任务二　数据库设计

学习目标

1. 理解数据库的相关概念。
2. 掌握可视化数据管理器的操作方法。

任务描述

数据库应用程序设计一直是应用程序设计领域中最为活跃的一部分，而且随着社会信息化的发展，数据库应用程序的应用将更加广泛。由于绝大多数信息管理系统（MIS）都是以数据库为中心而展开的，因此设计一个科学、合理、针对性强的数据库是成功实施信息管理系统的关键之一。任务二的主要任务是完成图书管理系统的数据库设计。

相关知识

Visual Basic 6.0 提供了强大的数据库编程功能，能高效、快速地开发出数据库应用系统。

一、数据库的基础知识

1. 关系数据库

根据数据结构中描述数据之间联系方式的不同，可将数据模型分为 3 种类型：层次模型、网状模型和关系模型。层次模型用树状结构来描述数据之间的联系，层次模型是数据库系统最早采用的数据模型；网状模型用图状结构来描述数据之间的联系，网状模型能够直观地表示数据之间的非层次关系；关系模型用二维表来描述数据以及数据之间的联系。支持关系模型的数据库系统称为关系数据库，关系数据库是目前应用最广泛的数据库类型。

（1）表

关系数据库是以关系模型为基础的数据库。关系实际上就是人们平时经常见到的二维表格，也称为表。每个表对应一个表名。表 9—2—1 是一个描述学生成绩信息的成绩表。在一个数据库中，可包含多个表，且各个表之间还可建立关联。

表 9—2—1　　学生成绩表

学号	姓名	语文	数学	C 语言	VB	Java	数据库
09020101	陈仁广	75	86	90	85	98	96
09020102	刘小伟	76	97	85	84	90	76
09020103	张大明	79	69	75	84	38	93

（2）字段、记录和当前记录

表中每一列称为一个字段（Field），每个字段存放相同类型的数据，在表 9—2—1 中共有 8 个字段，每个字段有一个字段名。表 9—2—1 的第一行显示的都称为字段名，字段名下面的数据称为字段值，单个的字段值称为数据项。

在表 9—2—1 中，每一行称为一个记录，记录是给每个字段取一个值的集合。在表 9—2—1 中，共有 3 个记录。其中，第一行只是显示字段名，而不是记录。

系统为每个打开的数据表设置了一个指示记录当前位置的指针，称为记录指针，它会随着操作记录的变化而移动位置。记录指针所指的记录称为当前记录。

（3）主关键字和索引

主关键字也称为主键，其是能唯一识别每个记录的字段或字段集合。如在表 9—2—1 中，每个学生的学号是不同的，通过学号可以唯一识别每个学生，因此，学号可作为表 9—2—1 的主关键字。

索引类似于书的目录，其可以提高检索数据库中数据的速度。

（4）记录集

记录集是指从一个表或多个表中过滤的数据子集，有时也称虚表。

2. 结构化查询语言 SQL

SQL（Structure Query Language）即结构化查询语言，其是一种功能丰富、使用灵活、应用广泛的数据查询编程语言。

SQL 常用的语句有以下几个。

(1) Select 语句

Select 语句可建立一个选择查询，选择查询是常用的查询。Select 的语法格式比较复杂，但很多子句可以省略，其中 Where 子句最常用，其简单的使用格式如下：

```
Select <字段列表> From <表名> [Where <条件>]
```

说明：

1）字段列表是查询结果中要显示的字段，可用“*”表示所有字段。

2）表名表示要查询的表，即查询的数据来源，可以有多个表，中间用逗号隔开。

3）条件不但可用关系运算符和逻辑运算符，还可使用 Between、Like 和 In。

例如，在成绩表中查找学号为 09020101 学生的各科成绩，可以使用以下语句。

```
Select * From 成绩表 Where 学号 = "09020101"
```

又如，查找 VB 成绩在 75 ~ 85 间的学生，并显示其学号和 VB 成绩，可以使用以下语句。

```
Select 学号,VB From 成绩表 Where VB Between 75 And 85
```

(2) Insert 语句

Insert 语句用于向表中插入记录。其语法格式如下：

```
Insert Into <表名>(字段列表)Values(值列表)
```

例如，在成绩表中插入一个记录，可用以下语句。

```
Insert Into 成绩表(学号,姓名,语文,数学,C 语言,VB,JAVA,数据库)Values("09020104","胡有为",75,76,77,78,79,80)
```

(3) Delete 语句

Delete 语句用于删除表中的记录。其语法格式如下：

```
Delete From <表名> Where <条件>
```

例如，删除学号为 09020104 的学生，可使用以下语句。

```
Delete From 成绩表 Where 学号 = "09020104"
```

(4) Update 语句

Update 语句用于按指定条件更新表中的记录。其语法格式如下：

```
Update <表名> Set <字段 = 表达式> Where <条件>
```

例如，将学号为 09020102 的学生的数据库成绩改为 85，可使用以下语句。

```
Update 成绩表 Set 数据库 = 85 Where 学号 = "09020102"
```

二、可视化数据管理器的使用

可视化数据管理器（Visual Data Manager）是 VB 提供的一个非常实用的工具，其可以方便地完成数据库的建立、修改、删除和查询等操作。

1. 启动可视化数据管理器

执行“外接程序”→“可视化数据管理器”命令，即可打开 VisData 窗口，如图 9—2—1 所示。

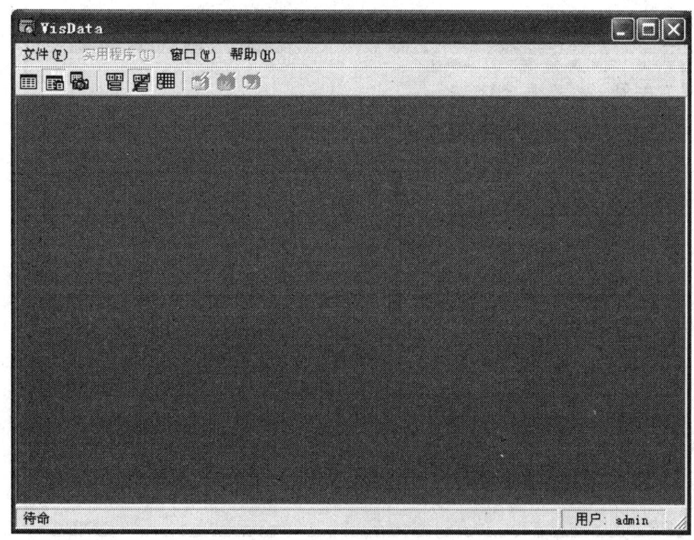

图 9—2—1　VisData 窗口

小提示

可视化数据管理器对应的可执行文件为 VisData. exe，它可以直接在 Windows 环境下运行。

2. 创建数据库

以表 9—2—1 所示的成绩表为例，介绍数据库的有关操作。约定数据库取名为“mystudent”，数据库内含一个表，表名为“学生成绩表”，并有一个索引，索引名为“ID”。

（1）新建数据库

在可视化数据管理器中，选择“文件”→“新建”→ Microsoft Access→ Version 7. 0 MDB 命令，将弹出“文件选择”对话框，在该对话框中选定文件路径，输入文件名，如图 9—2—2 所示，单击“保存”按扭，完成数据库“mystudent”的创建，如图 9—2—3 所示，此时的数据库还没有包含数据表。

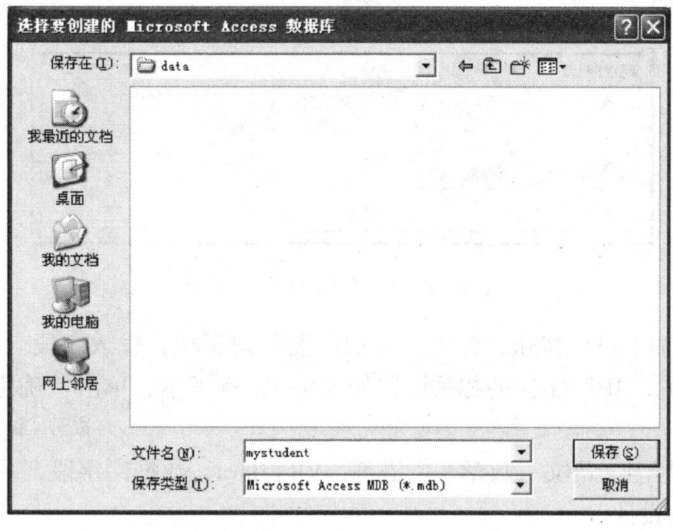

图 9—2—2　“文件选择”对话框

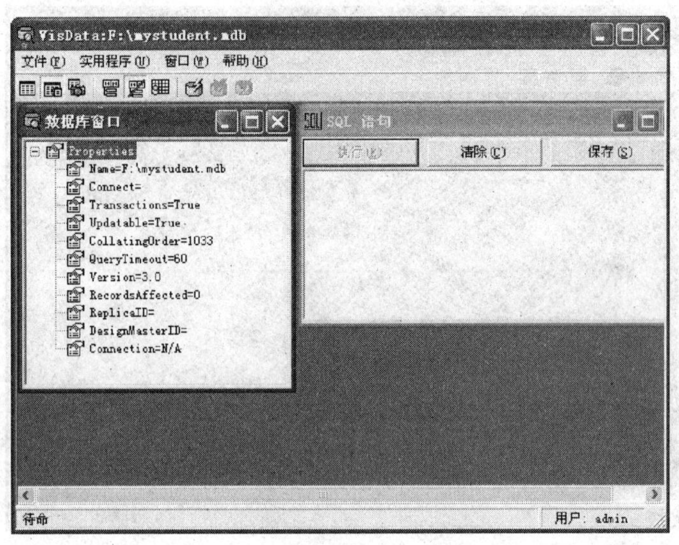

图 9—2—3　新建的数据库

（2）新建表结构和索引

1）在“数据库窗口”中右击，选择“新建表”命令，出现“表结构”对话框，如图 9—2—4 所示。

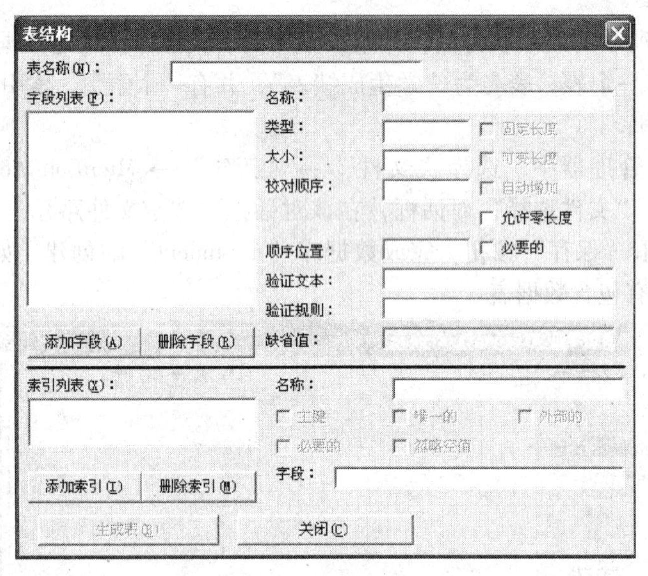

图 9—2—4　“表结构”对话框

2）单击“添加字段”按钮，弹出“添加字段”对话框，输入字段名称、类型、大小，并设置好相关选项，“ID”字段的相关设置如图 9—2—5 所示，单击“确定”按钮，完成添加一个字段的。

3）依次添加姓名、语文、数学、C 语言、VB、Java、数据库字段，单击“生成表”按钮，完成表结构的设计。

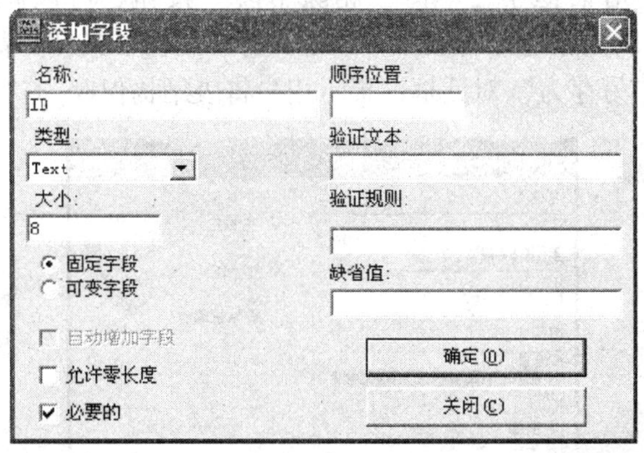

图 9—2—5　添加字段

4）设计好的表，还可以进行修改，选中指定的数据表，右击鼠标，在快捷菜单中选择“设计”选项，可再次打开“表结构”对话框，其设置如图 9—2—6 所示。

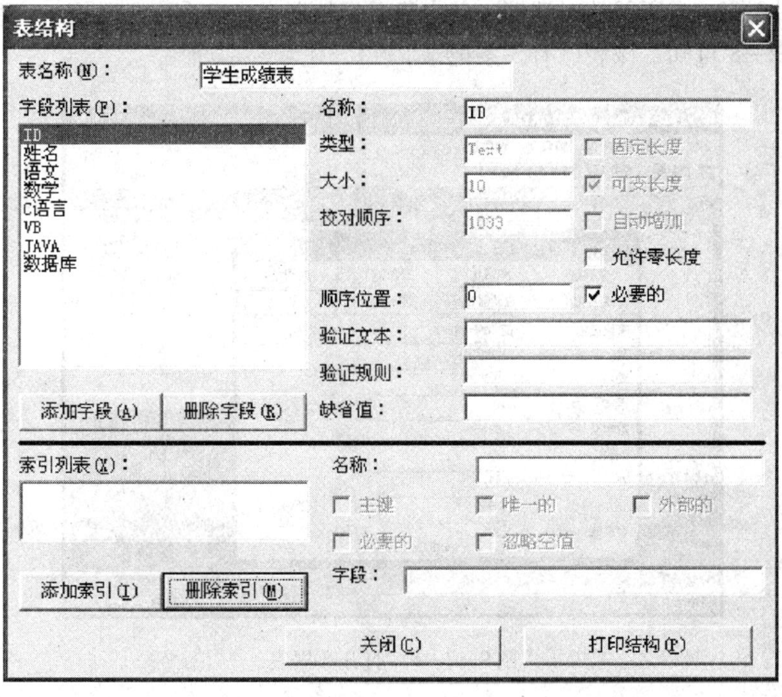

图 9—2—6　“表结构”对话框及其设置

5）单击“添加索引”按钮，显示“添加索引到学生成绩表”对话框，设置索引名称为“ID”，索引字段为“ID”，索引类型为“主要的”“唯一的”，如图 9—2—7 所示。单击“确定”按钮可以添加指定索引，单击“关闭”按钮，可以关闭“添加索引到学生成绩表”对话框。

6）在“表结构”对话框中，单击“删除字段”按钮，可以删除选定的字段；单击“删除索引”按钮，可以删除选定的索引；单击“打印结构”按钮，能打印出表结构；如果没有打印机，则显示“另存为”对话框，提示用户将表结构保存为“. tif”文件。

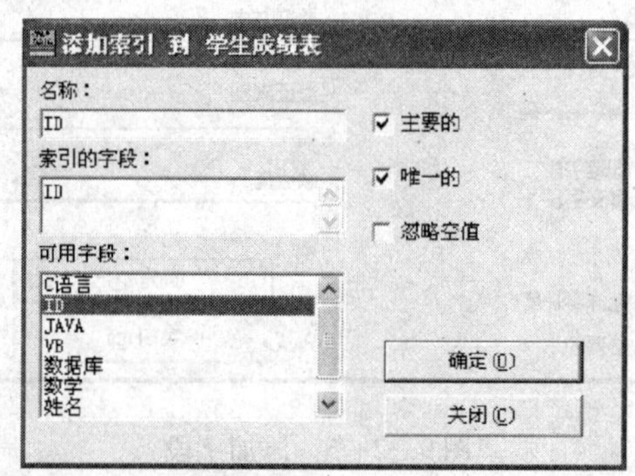

图 9—2—7　添加索引

7）在“数据库窗口”中，选中指定的数据表，右击鼠标在快捷菜单中选择“打开”命令，显示如图 9—2—8 所示的对话框，其中显示了数据表中已存在的数据，这些数据不可修改，由图 9—2—8 可知，该表已有 3 条记录。

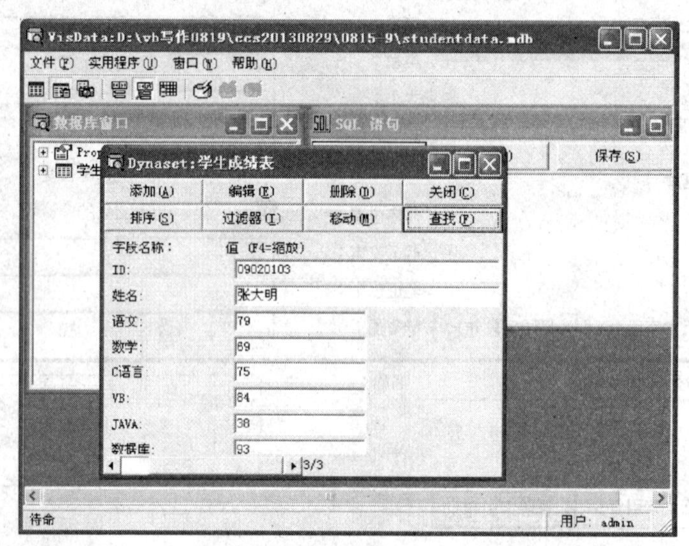

图 9—2—8　打开数据表

8）单击“添加”按钮，然后给各个字段输入值，如图 9—2—9 所示；单击“更新”按钮，可以添加新数据；单击“取消”按钮，可以放弃新记录的添加。

9）在图 9—2—8 中，单击“编辑”按钮，可以修改已存在的记录，单击“删除”按钮，可以删除当前记录；单击“排序”按钮，可对输入的字段排序；单击“查找”按钮，可根据设置的查询条件查找记录。

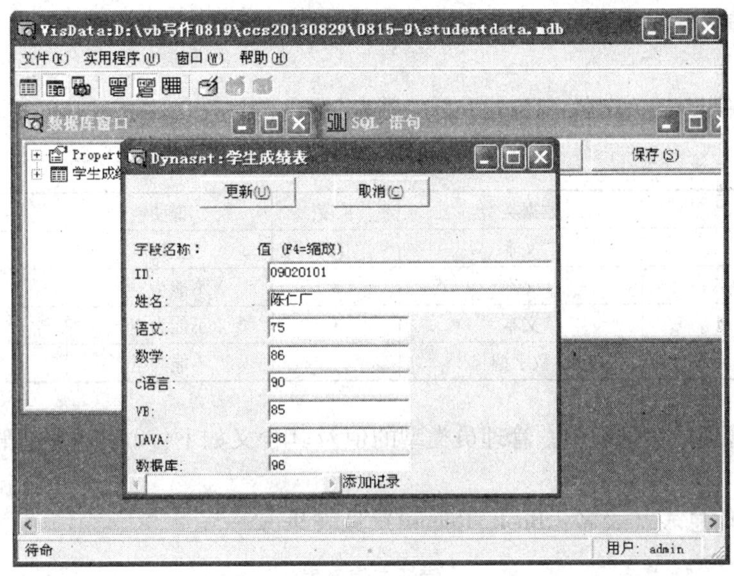

图 9—2—9　添加新记录

任务实施

本系统采用 Access 作为后台数据库，各个表的逻辑结构如下。

1. 图书信息表（表名：Book_ Info）见表 9—2—2。

表 9—2—2　　**图书信息表**

字段名	数据类型	长度	说明	字段含义
Book_ Num	自动编号		主键	书号
Book_ Name	文本	30	不能为空	书名
Book_ Author	文本	20	不能为空	作者
Book_ Press	文本	20	不能为空	出版社
Book_ PrsNum	整型		默认值为 0	图书版本号
Book_ PrsDate	日期/时间		不能为空	出版日期
Book_ Type	数字		不能为空	图书类别
Book_ Available	逻辑型		不能为空	是否有效

2. 读者信息表（表名：Reader_ Info）见表 9—2—3。

表 9—2—3　　**读者信息表**

字段名	数据类型	长度	说明	字段含义
Reader_ ID	文本	10	主键	读者编号
Reader_ Name	文本	8	不能为空	读者姓名
Reader_ Type	数字型		不能为空	读者类型
Reader_ BkTotal	数字型			已借书数量
Reader_ Entitle	逻辑型		不能为空	是否有效

说明：在读者信息表中，读者类型的值及其含义如下：0 表示学生，1 表示教师，2 表示职工。

3．管理员信息表（表名：User_ Info）见表 9—2—4。

表 9—2—4　　管理员信息表

字段名	数据类型	长度	说明	字段含义
User_ ID	文本	10	主键	管理员编号
User_ Name	文本	8	不能为空	管理员姓名
User_ Password	文本	8	不能为空	密码
User_ Type	数字型		不能为空	管理员类型

说明：在管理员信息表中，管理员类型的值及其含义如下：0 表示普通管理员，1 表示高级管理员。

4．借还书信息表（表名：Book_ Record）见表 9—2—5。

表 9—2—5　　借还书信息表

字段名	数据类型	长度	说明	字段含义
Rec_ Num	自动编号		主键	记录号
Rec_ RdrID	文本	10	不能为空	读者编号
Rec_ BkNum	数字型		不能为空	书号
Rec_ LendTime	日期/时间型			借书时间
Rec_ LendLimit	日期/时间型			最晚有效还书时间
Rec_ ReturnTime	日期/时间型			还书时间

5．图书类别信息表（表名：Book_ Type）见表 9—2—6。

表 9—2—6　　图书类别信息表

字段名	数据类型	长度	说明	字段含义
Type_ Num	自动编号		主键	类型编号
Type_ Name	文本	10	不能为空	类型名称

6．各个表之间的关系如图 9—2—10 所示。

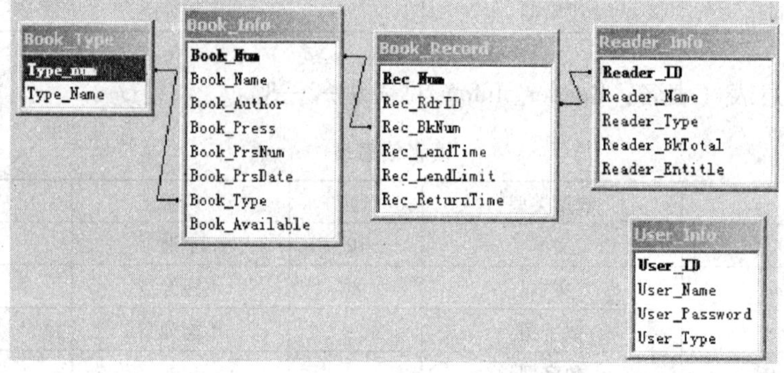

图 9—2—10　各个表之间的关系图

任务三　服务器端开发

学习目标

1. 掌握数据库编程技术。
2. 掌握网络编程技术。

任务描述

完成图书管理系统服务器端的开发，其运行效果如图 9—3—1 所示，在“客户端连接列表”列表框中，显示当前连接的客户端信息，客户端只有成功连接服务器端后才能正常工作，所有与数据库相关的操作都由服务器端完成。

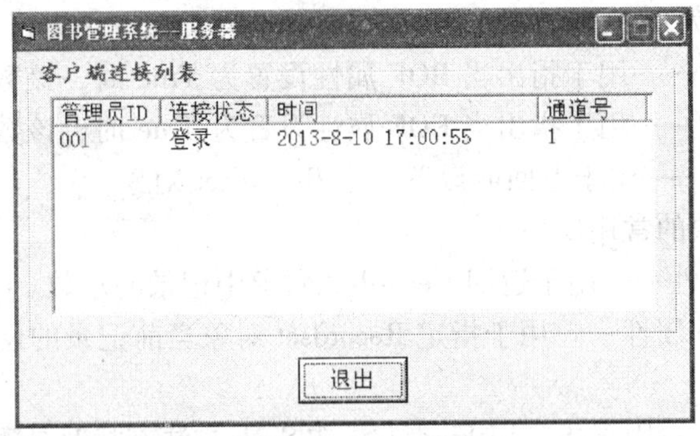

图 9—3—1　图书管理系统服务器端的运行效果

相关知识

一、数据库访问技术

1. 数据绑定控件

VB 6.0 中提供了专门的控件来访问数据库，如 Data 控件、ADODC 控件等，但这些控件不能直接显示数据表中的记录，还必须借助其他控件来显示记录信息。这些能与数据控件相连，具有感知数据库记录集中的记录信息的显示控件，称为数据绑定控件。

在 VB 6.0 中，常用的数据绑定控件有文本框（TextBox）、标签（Label）、列表框（ListBox）、组合框（ComboBox）、复选框（CheckBox）、图像框（Image）、图片框（PictureBox）、数据列表（DataList）、数据组合框（DataCombo）、数据表格（MsflexGrid）等控件。其中，后 3 个控件属于外部控件。

数据绑定控件一般有两个标准属性：DataSource 属性和 DataField 属性，其中前者用来指定控件所绑定的数据控件名，既可以是Data控件，也可以是ADODC控件，后者用来指定控件所绑定的字段名称。

数据绑定控件、数据控件和数据库的关系可用一个关系图表示，如图9—3—2所示。

图9—3—2　数据绑定控件、数据控件和数据库的关系图

2. 使用Data控件

（1）Data控件的常用属性

1）Connect属性——用于指定Data控件所连接的数据库类型，默认为Access。

2）DataBaseName属性——用于返回或设置Data控件所连接数据源的路径和名称。

3）RecordSource属性——用于设置Data控件所连接的记录源，既可以是表名或查询名，也可直接为SQL的查询语句。

4）Exclusive属性——用于设置Data控件是否独占数据库。

5）ReadOnly属性——用于设置Data控件是否以只读方式打开数据库。

6）RecordSetType属性——用于设置Data控件存放记录集的类型，默认值为1（动态集类型记录集），还可设为0（表类型记录集）或2（快照类型记录集）。

7）BOFaction属性——用于指出当BOF属性设置为True时，该数据控件执行的动作。

8）EOFaction属性——用于指出当EOF属性设置为True时，该数据控件执行的动作。

9）Recordset属性——用于返回或设置一个Recordset对象。

（2）Recordset对象的常用属性

1）RecordCount属性——用于返回Recordset对象中记录的总数。

2）AbsolutePosition属性——用于指定Recordset对象当前记录的位置，注意第一条记录的值为0。

3）Nomatch属性——用于指定用Find方法或Seek方法查找时是否找到匹配记录，若其值为True，则表示没找到匹配记录；若其值为False，则表示找到已匹配记录。

4）BOF属性——当记录指针位于第一条记录之前时，其属性值为True，否则为False。

5）EOF属性——当记录指针位于最后一条记录之后时，其属性值为True，否则为False。

（3）Data控件和Recordset对象的常用方法

1）Move方法——用于在记录集中移动记录指针，有5种不同的形式：移至第一条记录（MoveFirst）、移至最后一条记录（MoveLast）、移至上一条记录（MovePrevious）、移至下一条记录（MoveNext）、移至第*n*条记录（Move n）。

2）AddNew方法——用于添加一条新记录，若字段设有默认值则显示默认值，否则显示空白。

3）Delete方法——用于删除当前记录，删除后下一条记录成为当前记录。

4）Edit方法——使当前记录处于编辑状态，可修改记录值。

5）Update方法——用于更新记录内容。

6）Refresh方法——用于更新数据控件的记录集内容。

7）Find方法——用于在记录集中查找符合条件的记录，有4种形式：查找符合条件的第一条记录（FindFirst）、查找符合条件的最后一条记录（FindLast）、查找符合条件的上一条记录（FindPrevious）、查找符合条件的下一条记录（FindNext）。如果查找成功，则将找到的记录作为当前记录，可通过检查 Nomatch 属性来判断查找是否成功。例如，查找学号为 06020101 的第一个学生，可使用如下语句。

```
Data1.Recordset.FindFirst "ID" = "09020101"
If Data1.Recordset.Nomatch ThenMsgBox "该生不存在!"
```

8）Seek 方法——用于在表类型的记录集中，按照索引字段查找符合条件的第一条记录，并使之成为当前记录。Seek 方法的查找速度快于 Find 方法。注意，使用 Seek 方法前，要用 Index 属性打开表的索引。

9）CancelUpdate 方法——用于取消上一次 Update 方法的处理。

10）Close 方法——用于关闭记录集并释放系统资源。

11）UpdateControls 方法——用于从数据控件的 Recordset 对象中获得当前记录，并在绑定控件中显示当前记录的数据。

例 9—3—1 以“学生成绩表”作为记录源，设计一个成绩处理程序，其运行界面如图 9—3—3 所示。

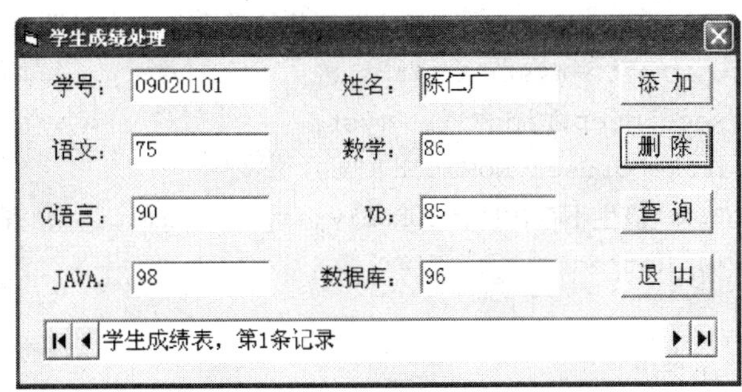

图 9—3—3 成绩处理程序的运行界面（1）

（1）界面设计

在窗体上添加一个数据控件，用来连接成绩表；添加 8 个标签，用于显示各字段名；添加 8 个文本框，并设置其 DataSource 属性值为 Data1，DataField 属性值为对应字段名；添加 4 个命令按钮（组成控件数组），用来操作数据库。

（2）代码分析与设计

分析：

1）添加记录可用 Recordset 对象的 AddNew 方法，然后由用户输入信息，系统自动保存。

2）删除记录可用 Recordset 对象的 Delete 方法，由于删除操作有一定危险性，因此删除前应提示用户是否真的要删除记录。

3）查询可用 Recordset 对象的 FindFirst 方法，然后通过 NoMatch 判断是否找到匹配记录，可通过 InputBox 来接受用户输入的查询值。

4）Data 控件提供了记录导航功能，但不能指示当前记录位置，需要手工处理。当 Data 控件的当前记录发生改变时，会激发 Reposition 事件，在该事件中，及时更新 Data 控件的 Caption 属性，显示当前记录位置。

5）当数据发生变化时，Data 控件会激发 Validate 事件，可在此事件中询问用户是否要保存修改的信息。

程序源代码如下：

```
Private Sub Command1_Click(Index As Integer)'功能按钮
    Dim res As Integer,mystr As String
    Select Case Index
      Case 0   '添加
        Data1.Recordset.AddNew
      Case 1    '删除
        res = MsgBox("是否真的要删除该记录?",vbYesNo + vbInformation,"删除记
录")
        If res = vbYes Then
           Data1.Recordset.Delete
           Data1.Refresh
        End If
     Case 2    '查询
       mystr = Trim(InputBox("请输入要查找的学号:","查找学生","09020101"))
       mystr = "ID ='" & mystr & "'"
       Data1.Recordset.FindFirst mystr
       If Data1.Recordset.NoMatch Then
          MsgBox "该生不存在!",vbOKOnly + vbExclamation,"查找结果"
          Data1.Refresh
        End If
     Case 3      '退出
        End
   End Select
End Sub
Private Sub Data1_Reposition()'当前记录提示
   Data1.Caption = "学生成绩表,第" & Data1.Recordset.AbsolutePosition +1 & "条记录"
End Sub
Private Sub Data1_Validate(Action As Integer,Save As Integer)'信息更新提示
   Dim res As Integer
   If Save = True Then
       res = MsgBox("是否需要保存已更改的内容?",vbYesNo + vbInformation,"保存记
录")
   If res = vbNo Then
        Save = False
        Data1.UpdateControls '恢复原值
     End If
   End If
End Sub
```

3. 使用 ADODC 控件

ADODC 控件功能比 Data 控件更强，其能够连接任何符合 OLEDB 规范的数据源，数据

源既可以是本地或远程的各种数据库，还可以是电子邮件数据、Web 上的文本或图形数据。

ADODC 控件属于外部控件，需要在“部件”对话框中选中“Microsoft ADO Data Control 6.0（OLEDB）”选项，然后单击“确定”按钮，将 ADODC 控件添加到工具箱中。

ADODC 控件的许多属性和方法与 Data 控件相似。但 ADODC 控件增加了一些对象、属性、方法和事件。ADODC 控件的部分常用属性可通过其属性页来设置。具体设置方法如下。

（1）在窗体上画一个 ADODC 控件，选中它右击，在弹出的快捷菜单中选择“ADODC 属性”命令，弹出“属性页”对话框，单击“通用”选项卡，如图 9—3—4 所示。

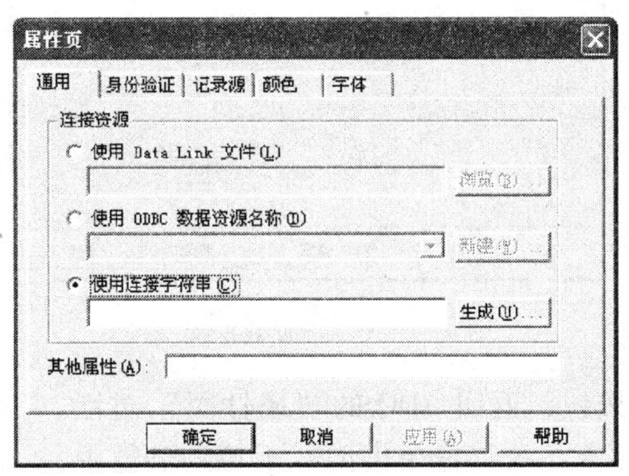

图 9—3—4 “通用”选项卡

（2）单击“生成”按钮，显示“数据链接属性”对话框，单击“提供程序”选项卡，在列表中选择“MicrosoftJet 3.51 OLE DB Provider”选项，如图 9—3—5 所示。

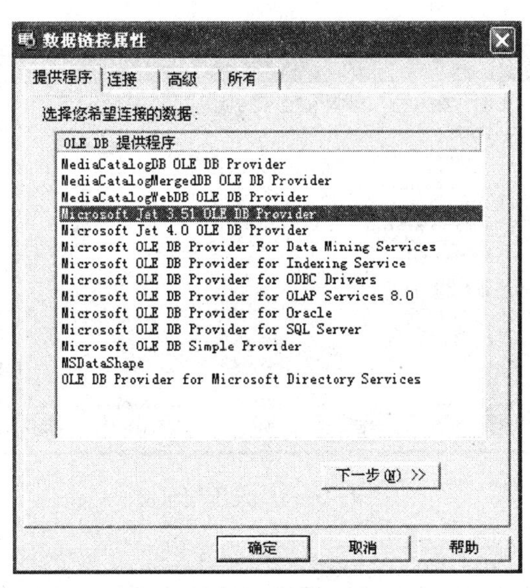

图 9—3—5 “提供程序”选项卡

（3）单击“下一步”按钮，显示图 9—3—6 所示的对话框，单击“…”按钮，选择指定的数据库，然后单击“测试连接”按钮，如果数据库连接成功，则显示图 9—3—7 所示的对话框，否则需要重新选择数据库文件。

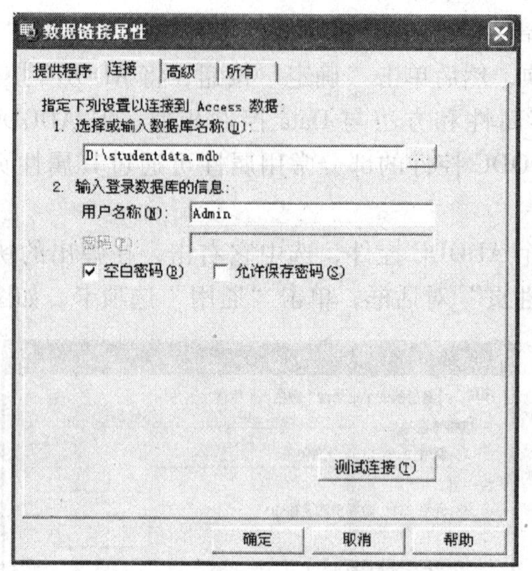

图 9—3—6　设置数据库文件

（4）单击“确定”按钮，返回 ADO 的“属性页”对话框，单击“记录源”选项卡，在“命令类型”下拉列表框中选择“2 - adCmdTable”选项，在“表或存储过程名称”下拉列表框中选择“学生成绩表”选项，如图 9—3—8 所示。

（5）单击“确定”按钮，返回窗体设计器。

图 9—3—7　测试连接成功

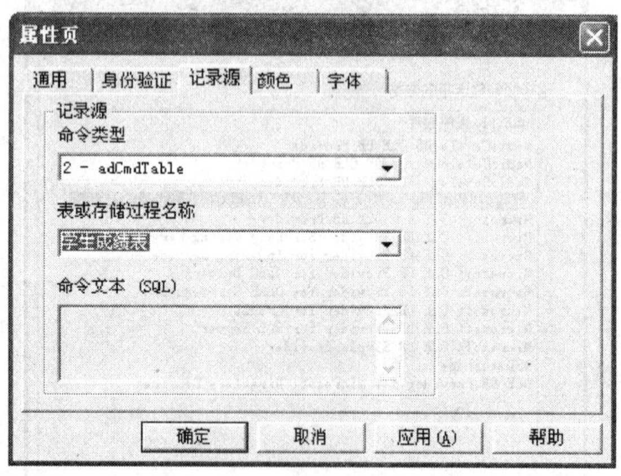

图 9—3—8　设置记录源

4. DataGrid 控件

DataGrid 控件是一种类似于表格的数据绑定控件，其用于浏览和编辑整个数据表或数据查询。DataGrid 控件属于外部控件，需要在“部件”对话框中选中选项“Microsoft DataGrid Control 6.0（OLEDB）”选项来加载 DataGrid 控件。

DataGrid 控件的常用属性如下。

（1） AllowAddNew 属性——是否允许交互增加记录，类似属性有 AllowDelete 属性、AllowUpdate 属性，分别表示是否可删除记录、是否可更新数据。

（2） DataSource 属性——指定 DataGrid 控件的数据源。

（3） ColumnHeaders 属性——打开或关闭列标头。

5. DataCombo 控件

DataCombo 控件与 ComboBox 控件相似，但 DataCombo 控件的选项值可由绑定字段自动填充。DataCombo 控件是外部控件，需要在“部件”对话框中选中“Microsoft DataList Controls 6.0（OLEDB）”选项来加载 DataCombo 控件。

DataCombo 控件的常用属性如下。

（1） RowSource 属性——用于设置一个值，指定 DataCombo 控件列表数据源的数据控件。

（2） ListField 属性——用于返回或设置 Recordset 对象中的字段名称，以此填充 DataCombo 控件的列表部分。

（3） BoundClumn 属性——用于设置或返回 Recordset 对象的源字段名称，以此为另一个控件提供一个数据值。

（4） DataSource 属性——用于指定一个数据控件，以便将 DataCombo 控件绑定某个数据库。

（5） DataField 属性——用于设置绑定字段。

例 9—3—2 以学生成绩表作为记录源，用 ADODC 控件实现设计一个成绩处理程序，其运行界面如图 9—3—9 所示。

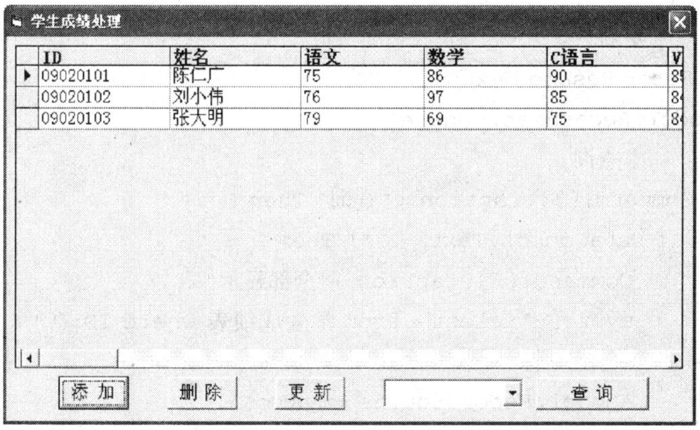

图 9—3—9 成绩处理程序的运行界面（2）

（1） 界面设计

在窗体中添加两个 ADODC 控件，且两个控件的 Visible 属性均设为 False，ConnectionString 设为数据库 studentdata，第一个 ADODC 控件主要为 DataGrid 控件提供数据源，其 CommandType 属性设为 1，RecordSource 属性设为“Select * from 成绩表”，第二个 ADODC 控件主要为 DataCombo 控件提供数据源，其 CommandType 属性设为 2，RecordSource 属性设为“成绩表”。

添加一个 DataGrid 控件，用于显示成绩表内的记录，其 DataSource 属性值设为

ADODC1，再添加一个 DataCombo 控件，用于查询时选择学号，其 RowSource 属性值设为 ADODC2，ListField 属性值设为学号，再添加一组命令按钮来操作数据库。

（2）代码分析与设计

分析：

新建和删除操作，ADODC 控件与 Data 控件一致。更新用 Recordset 对象的 Update 方法。查询则采用直接修改数据源的方式，通过 SQL 语句来查找指定记录。查找按钮有两个状态：查询状态，可以在学号下拉列表框中选择一个学号进行查找；显示全部，即取消查询，恢复显示所有记录。

程序源代码如下：

```
Private Sub Command1_Click(Index As Integer)
    Dim res As Integer,mystr As String
    Select Case Index
        Case 0    '添加
            On Error Resume Next
            Adodc1.Recordset.AddNew
        Case 1    '删除
            res = MsgBox("是否真的要删除该记录?",vbYesNo + vbInformation,"删除记录")
            If res = vbYes Then
                On Error Resume Next
                Adodc1.Recordset.Delete
                Adodc1.Recordset.MoveNext
            End If
        Case 2    '更新
            On Error Resume Next
            Adodc1.Recordset.Update
        Case 3      '查询
            If Command1(3).Caption = "查询" Then
                If DataCombo1.Text <> "" Then
                    Command1(3).Caption = "全部显示"
                    mystr = "Select * from 学生成绩表 where ID ='" & DataCombo1.Text
& "'"
                    Adodc1.RecordSource = mystr
                End If
            Else
                Command1(3).Caption = "查询"
                Adodc1.RecordSource = "Select * From 学生成绩表"
            End If
            On Error Resume Next
            Adodc1.Refresh
    End Select
End Sub
```

二、ListView 控件

1. ListView 控件加载

ListView 控件是一个数据显示控件，它属于外部控件，需要在“部件”对话框中选中“Microsoft Windows Common Controls 6.0（sp6）”选项，然后单击“确定”按钮，将其加载到工具箱中才能使用。

2. ListView 控件属性设置

（1）选中 ListView 控件，右击，在弹出的快捷菜单中选择“属性”命令，显示“属性页”对话框。

（2）单击“通用”选项卡，如图 9—3—10 所示。其中，可以设置 ListView 控件的很多常用属性。

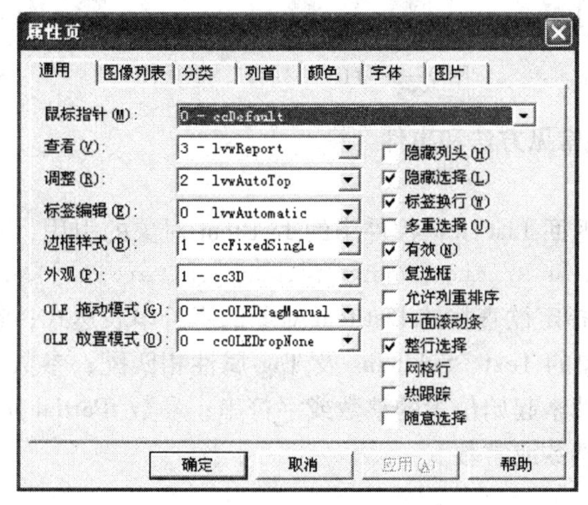

图 9—3—10 “通用”选项卡

1）在“查看”下拉列表框中，可以设置 ListView 控件的显示类型：0 表示图标，1 表示小图标，2 表示列表，3 表示报表，对应属性为 View。

2）在“标签编辑”下拉列表框中，可以设置编辑方式：0 表示自动方式，1 表示手工方式，对应属性为 LabelEdit。

3）选中“整行选择”复选框，在 ListView 控件中，在某行的任意位置单击鼠标，都可以选中对应行，对应属性为 FullRowSelect。

选中“多重选择”复选框，可以同时选中多行，对应属性为 MultiSelect。

（3）单击“列首”选项卡，如图 9—3—11 所示，单击“插入列”按钮，可在“文本”文本框中输入列标题，在“宽度”文本框中输入宽度值，单击“删除列”，可以删除当前列。

（4）单击“图像列表”选项卡，可设置各类图标；单击“分类”选项卡，可以设置排序关键字和排序方向；单击“颜色”选项卡，可设置 ListView 控件的前景色和背景色；单击“字体”选项卡，可设置 ListView 控件字体格式；单击“图片”选项卡，可设置鼠标和背景图片。

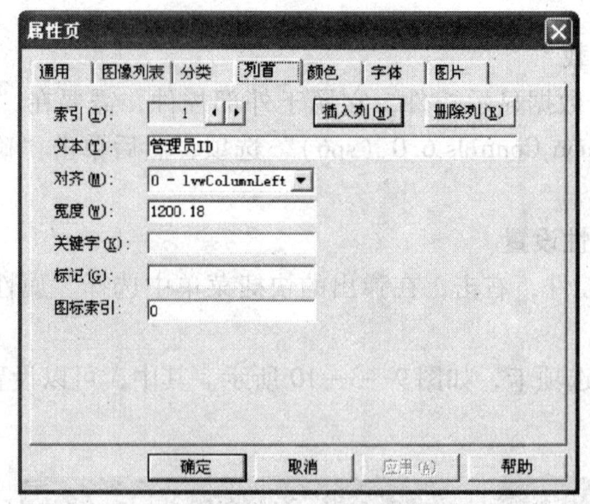

图 9—3—11 “列首”选项卡

3. ListView 控件的常见方法和事件

(1) FindItem 方法

该方法用于查找并返回 ListView 控件中的 ListItem 对象的引用，其语法格式如下：

```
Object.FindItem(sz As String,[Where],[Index],[fPartial])As ListItem
```

说明：参数 sz 用于指定欲查找的 ListItem 对象的字符串表达式；参数 Where 用于指定字符串是否与 ListItem 对象的 Text、Subitems 及 Tag 属性相匹配；参数 Index 用于指定唯一标识对象集合成员并指定搜索起始位置的整数或字符串；参数 fPartial 用于指定项目的 Text 属性与字符串怎样匹配的整数或常数。

(2) Add 方法

Add 方法是 ListView 控件的 ListItems 子对象的一个方法，用于添加子项，其语法格式如下：

```
Add([Index],[Key],[Text],[Icon],[SmallIcon])As ListItem
```

说明：参数 Index 用于指定在何处插入 ListItem 的整数，若未指定索引，则将 ListItem 添加到 ListItems 集合的末尾；参数 Key 用于指定唯一的字符串表达式，用来访问集合成员；参数 Text 用于指定与 ListItem 对象控件关联的字符串；参数 Icon 用于设置从 ImageList 控件中选定的欲显示的图标（当 ListView 控件设为图标视图时）；参数 SmallIcon 用于设置从 ImageList 控件中选定的欲显示的图标（当 ListView 控件设为小图标时）。

三、Winsock 控件

1. Winsock 控件简介

Winsock 是 Mcrosoft Windows 提供的网络编程接口，它提供了基于 TCP/IP 协议的接口实现方法。通过网络进行数据通信，需要用地址来表示网络中的主机。因为 TCP/IP 协议使用 IP 地址作为主机的标识，使用端口（PORT）作为标识号，所以在编程时，要设置好 IP 地址和端口号。

在“部件”对话框中，选中“Microsoft Winsock Control 6.0”选项，可将 Winsock 控件

添加到窗体工具箱中。Winsock 控件运行时不可见。

2. Winsock 控件的常用属性

(1) Protocol 属值——用于设定使用的协议是 TCP 还是 UDP，当其取值为 SckTCPProtocol 时，表示使用的协议是 TCP，当其取值为 SckUDPProtocol 时，则表示使用的协议是 UDP。

(2) State 属性——它反映的是当前 TCP/IP 的连接状态，其取值范围见表 9—3—1。

表 9—3—1　　State 属性的取值范围

常　　数	值	描　　述
SckClosed	0	默认值，关闭
SckOpen	1	打开
SckListening	2	侦听
SckConnectionPending	3	连接挂起
SckResolvingHost	4	识别主机
SckHostResolved	5	已识别主机
SckConnecting	6	正在连接
SckConnected	7	已连接
SckClosing	8	同级人员正在关闭连接
SckError	9	错误

(3) BytesReceived 属性——用于返回接收到的字节数。

(4) LocalHostName 属性——用于返回本地机器名。

(5) LocalIP 属值——用于返回本地 IP 地址。

(6) LocalPort 属值——用于设置或返回本地通信程序的端口。

(7) RemoteHost 属性、RemotePort 属性、RemoteHostIP 属性——可分别返回远程主机的名称、通信端口和 IP 地址。

3. Winsock 控件的常用方法

(1) Accept 方法——接受一个连接请求。其使用格式如下：

对象.Accept requestID

(2) Bind 方法——在多协议接口下，把接口卡与 IP 地址捆绑在一起。其使用格式如下：

对象.Bina 端口号,IP 地址

(3) Close 方法——关闭连接。其使用格式如下：

对象.Close

(4) Connect 方法——发送连接请求。其使用格式如下：

对象.Connect〔IP,远程端口〕

(5) GetData 方法——取出数据后清除缓冲区。其使用格式如下：

对象.Getdata 变量[,数据类型][,最大长度]

(6) PeekData 方法——取出数据后不清除缓冲区。其使用格式如下：

对象.Peekdata 变量[,数据类型][,最大长度]

(7) Listen 方法——侦听。其使用格式如下：

```
对象.Listen
```

(8) SendData 方法——发送数据。其使用格式如下：

```
对象.Senddata 数据
```

4. Winsock 控件的常用事件

(1) Close 事件——远程设备关闭连接时触发事件。

(2) Connect 事件——建立连接，进行通信时触发。

(3) ConnectionRequest 事件——有连接请求时触发。

(4) DataArrival 事件——有数据到达时触发。

(5) Error 事件——有错误时触发。

(6) SendComplete 事件——完成一次数据传送时触发。

(7) SendProgress 事件——数据传送进度。

5. 服务器和客户机的实现过程

网络编程时，服务器程序的实现过程如下。

(1) 服务器程序必须设置好 LocalPort 属性，作为侦听端口，该值为一个整数（只要是一个其他 TCP/IP 应用程序没有使用过的值即可）。

(2) 使用 Listen 方法进入侦听状态，等待客户机程序的连接请求。

(3) 客户机程序发出连接请求，使服务器程序产生 ConnectionRequest 事件，该事件得到一个参数 requestID。

(4) 服务器程序用 Accept 方法接受客户机程序的 requestID 请求。这样，服务器程序就可以用 SendData 方法发送数据了。Accept 方法必须用上一步得到的 requestID 作为其参数。

(5) 当服务器程序接收到数据时，产生 DataArrival 事件，参数 BytesTotal 包含接收到的数据字节数。在该事件中，可以用 GetData 方法接收数据。

(6) 如果接受到 Close 事件，则用 Close 方法关闭 TCP/IP 连接。

客户机程序的实现过程如下。

(1) 客户程序必须设置好 RemoteHost 属性值，指定运行服务器程序的主机名，或设置 RemoteHostIP 属性值，指定运行服务器程序的主机的 IP 地址。

(2) 设置 RemotePort 属性，以便指定服务器程序的侦听端口。

(3) 使用 Connect 方法向服务器提出连接请求。

(4) 服务器接受客户机程序的请求，当客户机程序产生 Connect 事件时，就可以用 SendData 方法发送数据了。

(5) 当客户机程序接收到数据时，产生 DataArrival 事件，参数 BytesTotal 包含接收到的数据字节数。在该事件中，可以用 GetData 方法接收数据。

(6) 如果接收到 Close 事件，则用 Close 方法关闭连接。

用户在安装服务器软件和客户机软件后，先启动服务器程序，成功后再运行客户端程序。

例 9—3—3 设计一个简易的聊天室程序，其运行界面如图 9—3—12 和图 9—3—13 所示，要求：在聊天时，能显示对方的昵称（不要求考虑多用户情况）。

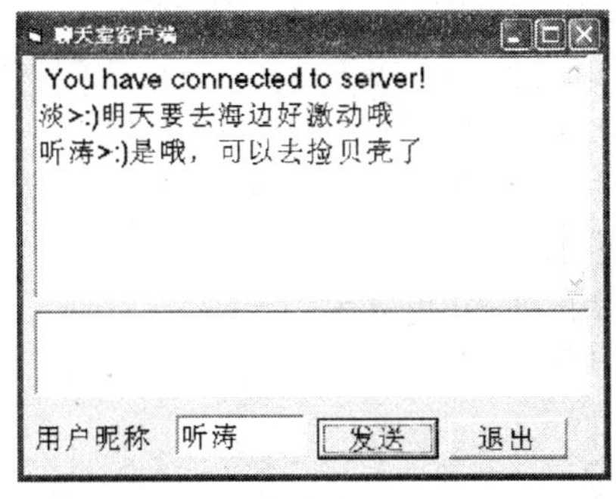

图 9—3—12　聊天室客户端

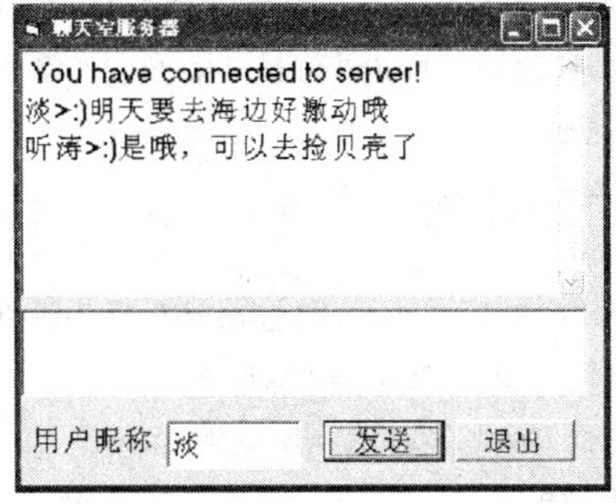

图 9—3—13　聊天室服务器端

（1）界面设计

新建两个工程，一个用于创建服务器程序，另一个用于创建客户端程序。两个程序的界面基本相同，均包含一个 Winsock 控件、3 个文本框、1 个标签和两个命令按钮。

（2）服务器端代码分析与设计

分析：

在窗体的加载事件中设置服务器的通信端口号，打开网络侦听，准备接收客户端的数据；当客户端请求连接服务时，服务器端激发 ConnectionRequest 事件，在该事件中接收客户端连接请求，完成连接操作，返回提示“You have connected to server!”；可用 SendData 方法发送数据，用 GetData 方法接收数据，用 Close 方法关闭 Winsock 控件。

程序源代码如下：

```
Dim SendMsg As String
Private Sub Form_Load()
    winsock1.LocalPort = 2000 '服务器端口号,最好大于1000
    winsock1.Listen  '开始侦听
    Text1.Locked = True
End Sub
Private Sub winsock1_ConnectionRequest(ByVal requestID As Long)'建立新连接
    If winsock1.State < > sckClosed Then winsock1.Close
    winsock1.Accept requestID' requestID 表示客户请求连接的 ID 号
    SendMsg = " You have connected to server!"
    winsock1.SendData SendMsg
End Sub
Private Sub winsock1_DataArrival(ByVal bytesTotal As Long)'接收数据
    Dim s As String
    winsock1.GetData s
    If Text1.Text = "" Then
        Text1.Text = s
    Else
        Text1.Text = Text1.Text & vbCrLf & s
    End If
End Sub
```

```
Private Sub Command1_Click()'向客户发送数据
    SendMsg = Text3.Text & ">:)" & Text2.Text
    winsock1.SendData SendMsg
    Text2.Text = ""
End Sub
Private Sub winsock1_SendComplete()'  发送完毕后显示历史记录
    If Text1.Text = "" Then
        Text1.Text = SendMsg
    Else
        Text1.Text = Text1.Text & vbCrLf & SendMsg
    End If
End Sub
Private Sub Command2_Click()
    winsock1.Close
    End
End Sub
Private Sub Form_Unload(Cancel As Integer)
    winsock1.Close
End Sub
```

（3）客户端代码分析与设计

分析：

在窗体的加载事件中，设置服务器的 IP 地址和端口号，然后发送连接服务器命令，准备进入聊天状态。其他操作与服务器端操作方法一致。

程序源代码如下：

```
Dim SendMsg As String
Private Sub Form_Load()
    SockCL.RemoteHost = "127.0.0.1" '指定服务器主机名
    SockCL.RemotePort = 2000 '  指定服务器端口名
    SockCL.Connect  '连接到服务器
End Sub
Private Sub SockCl_DataArrival(ByVal bytesTotal As Long)
    Dim DataStr As String
    SockCL.GetData DataStr '接收数据到文本框中
    If Text1.Text = "" Then
        Text1.Text = DataStr
    Else
    Text1.Text = Text1.Text & vbCrLf & DataStr
    End If
End Sub
Private Sub Command1_Click()
    SendMsg = Text3.Text & ">:)" & Text2.Text
    SockCL.SendData SendMsg '向服务器发送数据
```

```
    Text2.Text = ""
End Sub
Private Sub SockCL_SendComplete()'发送完毕后显示历史记录
    If Text1.Text = "" Then
        Text1.Text = SendMsg
    Else
        Text1.Text = Text1.Text & vbCrLf & SendMsg
    End If
End Sub
Private Sub Command2_Click()
    SockCL.Close '退出程序
    End
End Sub
```

任务实施

一、服务器端界面设计

在窗体中添加一个框架，设置其标题属性为“客户端连接列表”，在其上添加一个ListView控件LvCnn，设置其View属性值为3，LabelEdit属值为1，设置4个列首标题：“管理员ID”“连接状态”“时间”“通道号”；添加一个ADODC控件Adodc1，用于连接数据库；添加一个命令按钮cmdexit，用于退出系统；添加一个Winsock控件winsock1，并设置其索引值为0。图书管理系统的服务器端设计界面如图9—3—14所示。

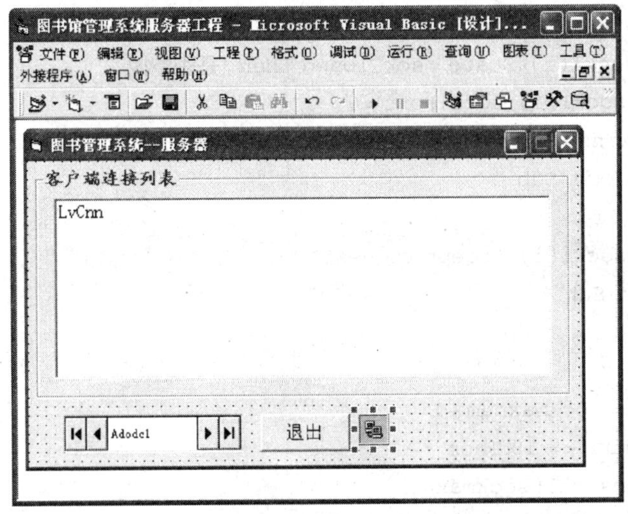

图9—3—14　图书管理系统的服务器端设计界面

二、代码分析与设计

1. 模块级变量和类型

系统允许最多为10个通道，定义10个元素的数组保存相关客户端信息，每个客户端信息包括管理员 ID 和通道号，因此需要自定义一个类型，系统所需的模块变化如下。

```
Private Type CType                    '定义客户端类型
    UsrID As String                   '管理员 ID
    index As Integer                  '通道号
End Type
Private sockmaxnum As Integer               '当前的连接数
Private portid As String                    '服务器端口
Private Client(1 To 10)As CType             '允许连接 10 个客户端
Private maxnum As Integer                   '记录客户端连接最大下标
```

2. 加载事件

在窗体的加载事件中，设置侦听客户机请求。程序源代码如下：

```
Private Sub Form_Load()
    Dim SqlStr As String
    portid = "1688"                   '设置服务器端口
    winsock1(0).LocalPort = portid
    winsock1(0).Listen                '设置侦听 Winsock
End Sub
```

3. 接受连接请求

在 winsock1_ConnectionRequest 事件中，确认客户端连接请求，因为系统设置了最大连接数，因此，在确认连接时，要检查是否有空闲连接资源可用，如果达到最大连接数，则提示用户。程序源代码如下：

```
Private Sub winsock1_ConnectionRequest(index As Integer,ByVal requestID As Long)
    Dim i As Integer
    For i =1 To sockmaxnum '查询是否有关闭的空闲控件
        If winsock1(i).State = sckClosed Then '是否空闲
            winsock1(i).LocalPort = 0
            If winsock1(i).LocalPort = portid Then
                Exit Sub
            End If
            winsock1(i).Accept requestID
            Exit Sub
        End If
    Next i
    sockmaxnum = sockmaxnum + 1
    If sockmaxnum <= 10 Then
        Load winsock1(sockmaxnum)
        winsock1(sockmaxnum).LocalPort = 0    '
        winsock1(sockmaxnum).Accept requestID
    Else
        sockmaxnum = 10
        MsgBox "已达到最大连接数！无法再创建新的连接。",vbOKOnly + vbInformation,"服
务器提示"
```

```
        End If
    End Sub
```

4. 关闭网络连接

当客户端退出连接时，在 winsock1_ Close 事件中，及时更新“客户端连接列表”中的连接状态。程序源代码如下：

```
    Private Sub winsock1_Close(index As Integer)
        Dim i As Integer
        Dim FindItm AsListItem
        For i =1 To maxnum '查找该连接
          If Client(i).index = index Then
              Set FindItm = LvCnn.FindItem(Client(i).UsrID)
                  FindItm.SubItems(1) = "断开"
                  FindItm.SubItems(2) = Now
              Exit For
          End If
        Next i
    End Sub
```

5. 退出系统

用户可以单击“退出”按钮或窗体右上角的“×”按钮退出系统，两种退出系统方式都要关闭所有 Winsock 连接，因此，在 cmdexit_ Click 事件中，用 Unload Me 而不是 End，然后在 Form_ Unload 事件中关闭所有 Winsock 连接。程序源代码如下：

```
    Private Sub cmdexit_Click()
        Unload Me
    End Sub
    Private Sub Form_Unload(Cancel As Integer)
        Dim i As Integer
        For i =1 To maxnum '关闭还没有关闭的 Winsock 连接
            If winsock1(i).State <> sckClosed Then
                winsock1(i).Close
            End If
        Next i
    End Sub
```

6. 接受并处理数据

（1）主处理程序

在 winsock1_ DataArrival 事件中，接受客户端发送给服务器的数据，并按系统的通信协议对数据进行解释，然后执行对应的处理。程序源代码如下：

```
    Private Sub winsock1_DataArrival(index As Integer,ByVal bytesTotal As Long)
        Dim StrArrival As String,StrGet()As String
        Dim strBack As String
        Dim RdrID As String
        Dim bkNum As Long
        Dim StatNum As Integer
```

```
    Dim UsrID As String
    Dim UsrPwd As String
    winsock1(index).GetData StrArrival,vbString'接受数据
    If Len(StrArrival) < 1 Then Exit Sub
    StrGet() = Split(StrArrival,",", -1) '拆分接收到的数据,以逗号作为分隔符
    Select Case StrGet(0)'判断类型
    Case "Lend" '图书借阅,需获得 RdrID 和 bkNum 值
        RdrID = StrGet(1)
        bkNum = Val(StrGet(2))
        strBack = CheckLend(RdrID,bkNum)'借书处理
    Case "Return" '图书归还,需获得 BkNum 值
        bkNum = Val(StrGet(1))
        strBack = CheckReturn(bkNum)'还书处理
    Case "Type" '操作图书类别
        strBack = BookType(StrGet)
    Case "Book" '图书管理
        strBack = BookInfo(StrGet)
   Case "Read" '读者管理
        strBack = Reader(StrGet)
    Case "User"  '管理员管理
        strBack = User(StrGet)
    Case "Cnn" '连接信息,需获得 UsrID 和 UsrPwd 值
        UsrID = StrGet(1)
        UsrPwd = StrGet(2)
        strBack = CheckUsr(UsrID,UsrPwd,index)
    End Select
    If winsock1(index).State <> sckConnected Then '检验 sock 连接
        Exit Sub
    End If
    winsock1(index).SendData strBack '发送返回信息
End Sub
```

(2) CheckLend 过程

CheckLend 过程的功能是完成读者借书的相关操作。不同类型的读者有不同的借书数量限制，当读者不存在或图书不存在或超过最大借书数时，给客户端返回对应的提示信息。参数 RdrID 表示读者编号，参数 bkNum 表示图书号。程序源代码如下：

```
Private Function CheckLend(ByVal RdrID As String,ByVal bkNum As Long)As String
    Dim dbstr As String
    Dim RdrType As Integer,RdrBkTotal As Integer
    Dim BkTotal As Integer,dLimit As Integer
    Dim DateLimit As Date,dNow As Date
    Dim SqlStr As String
    CheckLend = "Lend,"
```

```
    dbstr = "select * from Reader_Info where Reader_ID ='" & RdrID & "' and Reader_Entitle = True"
    Adodc1.RecordSource = dbstr
    Adodc1.Refresh
    If Adodc1.Recordset.RecordCount < = 0 Then
      CheckLend = CheckLend & "该读者不存在或无效！借阅图书失败！"
        Exit Function
    End If
    RdrType = Adodc1.Recordset.Fields("Reader_Type").Value
    RdrBkTotal = Adodc1.Recordset.Fields("Reader_BkTotal").Value
    Select Case RdrType
    Case 0  '学生
        BkTotal = 5  '借书最多本数
        dLimit = 1  '借书期限(单位月)
    Case 1  '教师
        BkTotal = 8
        dLimit = 2
    Case 2  '职工
        BkTotal = 5
        dLimit = 2
    End Select
    If RdrBkTotal  > BkTotal Then
        CheckLend = CheckLend & "该读者借书已达最大！借阅图书失败！"
        Exit Function
    End If
    Adodc1.Recordset.Close
    Adodc1.Refresh
    dbstr = "select * from Book_Info where Book_Num = " & bkNum
    Adodc1.RecordSource = dbstr
    Adodc1.Refresh
    If Adodc1.Recordset.RecordCount < 1 Then
        CheckLend = CheckLend & "您的输入有误！该图书不存在！"
        Exit Function
    End If
    On Error Resume Next
    If Adodc1.Recordset.Fields("Book_Available").Value = False Then '该书已借出
        CheckLend = CheckLend & "您的输入有误！该图书已借出！"
        Exit Function
    End If
    Adodc1.Recordset.Fields("Book_Available").Value = False
    Adodc1.Recordset.Update
    Adodc1.Recordset.Close
    Adodc1.Refresh
```

```
    dbstr = "select * from Reader_Info where Reader_ID ='" & RdrID & "'"
    Adodc1.RecordSource = dbstr
    Adodc1.Refresh
    Adodc1.Recordset.Fields("Reader_BkTotal") = Adodc1.Recordset.Fields("Reader_BkTotal") +1
    Adodc1.Recordset.Update
    Adodc1.Recordset.Close
    Adodc1.Refresh
    dNow = Format(Now,"yy - mm - dd")
    DateLimit = DateAdd("m",dLimit,dNow)
    dbstr = "select * from Book_Record"
    Adodc1.RecordSource = dbstr
    Adodc1.Refresh
    Adodc1.Recordset.AddNew
    Adodc1.Recordset(1) = RdrID
    Adodc1.Recordset(2) = bkNum
    Adodc1.Recordset(3) = dNow
    Adodc1.Recordset(4) = DateLimit
    Adodc1.Recordset.Update
    Adodc1.Recordset.Close
    CheckLend = CheckLend & "借阅图书成功!" & "归还期限是" & DateLimit & "'"
End Function
```

（3）CheckReturn 过程

CheckReturn 过程的功能是完成读者还书的相关操作。还书时，检查图书是否借出、是否已还、是否超期，并把检查结果返回给客户端。参数 bkNum 表示图书号。程序源代码如下：

```
Private Function CheckReturn(ByVal bkNum As Long)As String
    Dim pay As Single,i As Integer
    Dim RdrID As String
    Dim dbstr As String
    dbstr = "select * from Book_Record where Rec_BkNum = " & bkNum
    Adodc1.RecordSource = dbstr
    Adodc1.Refresh
    CheckReturn = "Return,"
    If Adodc1.Recordset.RecordCount <1 Then
        CheckReturn = CheckReturn & "该书并没有借出！归还图书失败!"
        Exit Function
    End If
    For i = 0 To Adodc1.Recordset.RecordCount - 1 '利用还书日期判断该书是否已还
        On Error Resume Next
        If Str(Adodc1.Recordset.Fields("Rec_ReturnTime")) = "" Then
          Exit For
        End If
```

```
        On Error Resume Next
        Adodc1.Recordset.MoveNext
    Next i
    If i >= Adodc1.Recordset.RecordCount Then '该书已还
        CheckReturn = CheckReturn & "该书已还！归还图书失败!"
        Exit Function
    End If
    CheckReturn = CheckReturn & "归还图书已成功!"
    If Adodc1.Recordset.Fields("Rec_LendLimit").Value < Now Then
        CheckReturn = CheckReturn & "但该书已过期。"
    End If
    Adodc1.Recordset.Fields("Rec_ReturnTime").Value = Now
    Adodc1.Recordset.Update
    RdrID = Adodc1.Recordset.Fields("Rec_RdrID").Value
    Adodc1.Recordset.Close
    Adodc1.Refresh
    dbstr = "select * from Reader_Info where Reader_ID ='" & RdrID & "'"
    Adodc1.RecordSource = dbstr
    Adodc1.Refresh
    Adodc1.Recordset.Fields("Reader_BkTotal").Value = Adodc1.Recordset.Fields
("Reader_BkTotal").Value - 1
    Adodc1.Recordset.Update
    Adodc1.Recordset.Close
    Adodc1.Refresh
    dbstr = "select * from Book_Info where Book_Num = " & bkNum
    Adodc1.RecordSource = dbstr
    Adodc1.Refresh
    Adodc1.Recordset.Fields("Book_Available").Value = True
    Adodc1.Recordset.Update
    Adodc1.Recordset.Close
End Function
```

(4) BookType 过程

BookType 过程的功能是完成图书类型管理的相关操作，包括添加和查询功能，两个功能的具体实现分别由 CheckType1、CheckType2 两个过程完成。参数 StrGet（）是一个数组，用于传入客户端发送过来的数据。程序源代码如下：

```
Private Function BookType(ByRef StrGet()As String)As String
    Dim itype As Integer
    Dim TypeName As String
    Dim TypeNum As Integer
    itype = StrGet(1)
    If itype = 1 Then '添加
        TypeName = StrGet(2)
```

```
        BookType = CheckType1(TypeName)
    Else If itype = 2 Or itype = 3 Then
        BookType = CheckType2(itype)
    End If
End Function
```

（5）BookInfo 过程

BookInfo 过程的功能是完成图书信息管理的相关操作，包括添加、按书名查询、按作者查询功能，这 3 个功能的具体实现分别由 CheckBook1、CheckBook2、CheckBook3 共 3 个过程来完成。参数 StrGet（）是一个数组，用于传入客户端发送过来的数据。程序源代码如下：

```
Private Function BookInfo(ByRef StrGet()As String)As String
    Dim itype As Integer
    Dim BkName As String,BkAuthor As String,BkPress As String
    Dim BkPrsNum As Integer
    Dim BkPrsDate As Date
    Dim BkType As Integer
    itype = StrGet(1)
    Select Case itype
    Case 1 '添加
        BkName = StrGet(2)
        BkAuthor = StrGet(3)
        BkPress = StrGet(4)
        BkPrsNum = StrGet(5)
        BkPrsDate = StrGet(6)
        BkType = StrGet(7)
        BookInfo = CheckBook1(BkName,BkAuthor,BkPress,BkPrsNum,BkPrsDate,BkType)
    Case 2 '按书名查找
        BkName = StrGet(2)
        BookInfo = CheckBook2(BkName)
    Case 3 '按作者查找
        BkAuthor = StrGet(2)
        BookInfo = CheckBook3(BkAuthor)
    End Select
End Function
```

（6）Reader 过程

Reader 过程的功能是完成读者管理的相关操作，包括添加、删除、查询功能，这 3 个功能的具体实现分别由 CheckRdr1、CheckRdr2、CheckRdr3 共 3 个过程完成。参数 StrGet（）是一个数组，用于传入客户端发送过来的数据。程序源代码如下：

```
Private Function Reader(ByRef StrGet()As String)As String
    Dim itype As Integer
    Dim RdrID As String
    Dim RdrName As String
    Dim RdrType As Integer
```

```
    itype = StrGet(1)
    Select Case itype
    Case 1 '添加
        RdrID = StrGet(2)
        RdrName = StrGet(3)
        RdrType = StrGet(4)
        Reader = CheckRdr1(RdrID,RdrName,RdrType)
    Case 2 '删除
        RdrID = StrGet(2)
        Reader = CheckRdr2(RdrID,index)
    Case 3 '查询
        RdrID = StrGet(2)
        Reader = CheckRdr3(RdrID,index)
    End Select
End Function
```

(7) User 过程

User 过程的功能是完成管理员管理的相关操作，包括添加、删除、查询功能，这3个功能的具体实现分别由 CheckUsr1、CheckUsr2、CheckUsr3 共 3 个过程完成。参数 StrGet（）是一个数组，用于传入客户端发送过来的数据。程序源代码如下：

```
Private Function User(ByRef StrGet()As String)As String
    Dim itype As Integer
    Dim UsrID As String
    Dim UsrName As String
    Dim UsrPwd As String
    Dim UsrType As Integer
    Dim dbstr As String
    itype = StrGet(1)
    UsrID  = StrGet(2)
    Select Case itype
    Case 1 '添加
        UsrName = StrGet(3)
        UsrPwd = StrGet(4)
        UsrType = StrGet(5)
        User = CheckUsr1(UsrID,UsrName,UsrPwd,UsrType)
    Case 2 '删除
        User = CheckUsr2(UsrID,index)
    Case 3 '查询
        User = CheckUsr3(UsrID,index)
    End Select
End Function
```

(8) CheckUsr 过程

CheckUsr 过程的功能是完成用户验证的相关操作，参数 UsrID 是管理员 ID，参数 UsrPwd 是密码，参数 index 是通道号。程序源代码如下：

```
Private Function CheckUsr(ByVal UsrID As String,ByVal UsrPwd As String,ByVal index As Integer)AsString
    Dim dbstr As String

    Dim FindItm As ListItem,LtItm As ListItem
    dbstr = "select * from User_Info where User_ID ='" & UsrID & "'"
    Adodc1.RecordSource = dbstr '打开数据集
    Adodc1.Refresh
    CheckUsr = "Cnn,"
    If Adodc1.Recordset.RecordCount <=0 Then '找不到该管理员名
        CheckUsr = CheckUsr & "该管理员名不存在！请重新输入!,-1"
    Else
        On Error Resume Next
        Adodc1.Recordset.MoveFirst
        If UsrPwd = Adodc1.Recordset.Fields("user_Password").Value Then
            CheckUsr = CheckUsr & "欢迎进入图书馆管理系统!,"
            CheckUsr = CheckUsr & Adodc1.Recordset.Fields("user_Type")
            maxnum = maxnum + 1
            Client(maxnum).UsrID = UsrID
            Client(maxnum).index = index
            Set FindItm = LvCnn.FindItem(Client(maxnum).UsrID)
            If FindItm Is Nothing Then '找不到,添加新列表
                Set LtItm = LvCnn.ListItems.Add()
                    LtItm.Text = Client(maxnum).UsrID
                    LtItm.SubItems(1) = "登录"
                    LtItm.SubItems(2) = Now
                    LtItm.SubItems(3) = index
            Else                          '已有,更改
                FindItm.SubItems(1) = "登录"
                FindItm.SubItems(2) = Now
                FindItm.SubItems(3) = index
            End If
        Else
            CheckUsr = CheckUsr & "密码错误！请重新输入!,-1"
        End If
    End If
    Adodc1.Recordset.Close
End Function
```

（9）CheckType1 过程

CheckType1 过程用于实现图书类型添加功能，在添加图书类型时，应先查检是否已有该类型，如果没有则添加，否则应提示该类型已存在。参数 TypeName 表示图书类型名称。

程序源代码如下：

```
Private Function CheckType1(ByVal TypeName As String)As String
    Dim dbstr As String
    Dim i As Integer
    CheckType1 = "Type,1,"
    dbstr = "select * from Book_Type where Type_Name ='" & Trim(TypeName)& "'"
    Adodc1.RecordSource = dbstr
    Adodc1.Refresh
  If Adodc1.Recordset.RecordCount > 0 Then
        CheckType1 = CheckType1 & "该类型已存在！添加类型失败!"
        Exit Function
    End If
    Adodc1.Recordset.AddNew "Type_Name",TypeName
    Adodc1.Recordset.Close
    CheckType1 = CheckType1 & "添加类型成功!"
End Function
```

（10）CheckType2 过程

CheckType2 过程用于实现图书类型查询功能，参数 itype 为查询结果显示方式，2 表示在图书类型窗体中显示，3 表示在图书信息窗体中显示。程序源代码如下：

```
Private Function CheckType2(itype As Integer)As String
    Dim i As Integer
    Adodc1.RecordSource = "select * from Book_Type"
    Adodc1.Refresh
    If itype = 2 Then
        CheckType2 = "Type,2,"
    Else
        CheckType2 = "Type,3,"
    End If
    If Adodc1.Recordset.RecordCount < 1 Then'无类别
        CheckType2 = CheckType2 & "目前数据库中没有图书类别!"
        Exit Function
    End If
    On Error Resume Next
    Adodc1.Recordset.MoveFirst
    For i = 1 To Adodc1.Recordset.RecordCount
      CheckType2 = CheckType2 & Adodc1.Recordset.Fields("Type_Num").Value & " "
      CheckType2 = CheckType2 & Adodc1.Recordset.Fields("Type_Name").Value & ","
      On Error Resume Next
      Adodc1.Recordset.MoveNext
    Next i
    Adodc1.Recordset.Close
End Function
```

(11) CheckBook1 过程

CheckBook1 过程用于实现添加图书功能。参数 BkName 表示书号，参数 BkAuthor 表示作者，参数 BkPress 表示出版社，参数 BkPrsNum 表示版本，参数 ByVal BkPrsDate 表示出版日期，参数 BkType 表示图书类型。程序源代码如下：

```
Private Function CheckBook1(ByVal BkName As String,ByVal BkAuthor As String,ByVal BkPress As String,ByValBkPrsNum As Integer,ByVal BkPrsDate As String,ByVal BkType As Integer)As String
    Dim dbstr As String
    Dim i As Integer
    CheckBook1 = "Book,1,"
    dbstr = "select * from Book_Type where Type_Num = " & BkType
    Adodc1.RecordSource = dbstr
    Adodc1.Refresh
    If Adodc1.Recordset.RecordCount < 1 Then  '类型号不存在
        CheckBook1 = CheckBook1 & "该类型号不存在,添加图书信息失败!"
        Exit Function
    End If
    Adodc1.Recordset.Close
    Adodc1.Refresh
    dbstr = "select * from Book_info"
    Adodc1.RecordSource = dbstr
    On Error Resume Next
    Adodc1.Refresh
    Adodc1.Recordset.AddNew
    Adodc1.Recordset(1) = BkName
    Adodc1.Recordset(2) = BkAuthor
    Adodc1.Recordset(3) = BkPress
    Adodc1.Recordset(4) = BkPrsNum
    Adodc1.Recordset(5) = BkPrsDate
    Adodc1.Recordset(6) = BkType
    Adodc1.Recordset(7) = True
    Adodc1.Recordset.Update
    Adodc1.Recordset.Close
    CheckBook1 = CheckBook1 & "添加图书信息成功!"
    End Function
Private Function C
```

(12) CheckBook2 过程

CheckBook2 过程用于实现按书名查询图书功能。参数 BkName 表示书名。程序源代码如下：

```
Private Function CheckBook2(ByVal BkName As String)As String
    Dim i As Integer
    Dim sAvailable As String
    Dim dbstr As String
```

```
        dbstr = " select * from Book _Info where Book _Name Like" & "'% " & Replace
(BkName,"'","''")& "%'"
        Adodc1.RecordSource = dbstr
        Adodc1.Refresh
        CheckBook2 = "Book,2"
        If Adodc1.Recordset.RecordCount < 1 Then'书名不存在
          CheckBook2 = CheckBook2 & ",该书名不存在! 查询图书失败!"
          Exit Function
        End If
        On Error Resume Next
        Adodc1.Recordset.MoveFirst
        For i =1 To Adodc1.Recordset.RecordCount
            CheckBook2 = CheckBook2 & ","
            CheckBook2 = CheckBook2& "书号:" & Adodc1.Recordset.Fields("Book_Num").
Value
            CheckBook2 = CheckBook2 & "书名:" & Adodc1.Recordset.Fields("Book_Name").
Value
            CheckBook2 = CheckBook2 & "作者:" & Adodc1.Recordset.Fields("Book_Au-
thor").Value
            CheckBook2 = CheckBook2 & " 出版社" & Adodc1.Recordset.Fields("Book_
Press").Value
            CheckBook2 = CheckBook2 & "版本" & Adodc1.Recordset.Fields("Book_Prs-
Num").Value
            CheckBook2 = CheckBook2 & "日期:" & Adodc1.Recordset.Fields("Book_Prs-
Date").Value
            CheckBook2 = CheckBook2 & " 类型:" & Adodc1.Recordset.Fields("Book_Type").
Value
            If Adodc1.Recordset.Fields("Book_Available").Value Then
                CheckBook2 = CheckBook2 & "在库:是"
            Else
                CheckBook2 = CheckBook2 & "在库:否"
            End If
            On Error Resume Next
            Adodc1.Recordset.MoveNext
        Next i
      Adodc1.Recordset.Close
    End Function
```

(13) CheckBook3 过程

CheckBook3 过程用于实现按作者查询图书功能。参数 BkAuthor 表示图书作者。程序源代码如下:

```
    Private Function CheckBook3(ByVal BkAuthor As String)As String
        Dim i As Integer
```

```
        Dim sAvailable As String
        Dim dbstr As String
        dbstr = "select * from Book_Info where Book_Author Like" & "'% " & Replace(BkAu-
thor,"'","''")& "%'"
        Adodc1.RecordSource = dbstr
        Adodc1.Refresh
        CheckBook3 = "Book,3"
        If Adodc1.Recordset.RecordCount < 1 Then'作者不存在
            CheckBook3 = CheckBook3 & ",该作者不存在！查询图书失败！"
            Exit Function
        End If
        On Error Resume Next
        Adodc1.Recordset.MoveFirst
        For i = 1 To Adodc1.Recordset.RecordCount
            CheckBook3 = CheckBook3 & "'"
            CheckBook3 = CheckBook3 & "书号:" & Adodc1.Recordset.Fields("Book_Num").
Value
            CheckBook3 = CheckBook3 & "书名:" & Adodc1.Recordset.Fields("Book_Name").
Value
            CheckBook3 = CheckBook3 & "作者:" & Adodc1.Recordset.Fields("Book_Au-
thor").Value
            CheckBook3 = CheckBook3 & "出版社" & Adodc1.Recordset.Fields("Book_Press").
Value
            CheckBook3 = CheckBook3 & "版本" & Adodc1.Recordset.Fields("Book_Prs-
Num").Value
            CheckBook3 = CheckBook3 & "日期:" & Adodc1.Recordset.Fields("Book_Prs-
Date").Value
            CheckBook3 = CheckBook3 & "类型:" & Adodc1.Recordset.Fields("Book_Type").
Value
            If Adodc1.Recordset.Fields("Book_Available").Value Then
                CheckBook3 = CheckBook3 & "在库:是"
            Else
                CheckBook3 = CheckBook3& " 在库:否"
            End If
            On Error Resume Next
            Adodc1.Recordset.MoveNext
        Next i
        Adodc1.Recordset.Close

    End Function
```

（14）CheckRdr1 过程

CheckRdr1 过程用于实现添加读者功能。参数 RdrID 表示读者 ID；参数 RdrName 表示读者姓名；参数 RdrType 表示读者类型。程序源代码如下：

```
Private Function CheckRdr1(ByVal RdrID As String,ByVal RdrName As String,ByVal RdrType As Integer)As String
    Dim dbstr As String
    Dim SqlStr As String
    Dim i As Integer
    CheckRdr1 = "Read,1,"
    dbstr = "select * from Reader_Info where Reader_ID ='" & Replace(RdrID,"'",vbNullString)& "'"
    Adodc1.RecordSource = dbstr
    Adodc1.Refresh
    If Adodc1.Recordset.RecordCount  > 0 Then'读者已存在
        CheckRdr1 = CheckRdr1 & "该读者已存在！添加读者失败！"
        Adodc1.Recordset.Close
        Adodc1.Refresh
        Exit Function
    End If
    dbstr = "select * from Reader_Info"
    Adodc1.RecordSource = dbstr
    Adodc1.Refresh
    Adodc1.Recordset.AddNew
    Adodc1.Recordset.Fields("Reader_ID") = RdrID
    Adodc1.Recordset.Fields("Reader_Name") = RdrName
    Adodc1.Recordset.Fields("Reader_Type") = RdrType
    Adodc1.Recordset.Fields("Reader_BkTotal") = 0
    Adodc1.Recordset.Fields("Reader_Entitle") = True
    Adodc1.Recordset.Update
    Adodc1.Recordset.Close
    CheckRdr1 = CheckRdr1 & "添加读者信息成功！"
End Function
```

(15) CheckRdr2 过程

CheckRdr2 过程用于实现读者删除功能。参数 RdrID 表示读者 ID。程序源代码如下：

```
Private Function CheckRdr2(ByVal RdrID As String)As String
    Dim dbstr As String
    Dim i As Integer
    CheckRdr2 = "Read,2,"
    dbstr =  "select * from Reader_Info where Reader_ID ='" & RdrID & "'"
    Adodc1.RecordSource = dbstr
    On Error Resume Next
    Adodc1.Refresh
    If Adodc1.Recordset.RecordCount  < 1 Then'读者不存在
        CheckRdr2 = CheckRdr2 & "该读者不存在！删除读者失败！"
        Exit Function
    ElseIf Adodc1.Recordset.Fields("Reader_BkTotal") > 0 Then
```

```
        CheckRdr2 = CheckRdr2 & "该读者图书没还清不能删除！删除读者失败!"
        Exit Function
    End If
        Adodc1.Recordset.Delete
        Adodc1.Recordset.Update
        CheckRdr2 = CheckRdr2 & "删除读者信息成功!"
        CheckRdr2 = CheckRdr2 & vbCrLf
        CheckRdr2 = CheckRdr2 & "ID:" & Replace(RdrID,"'",vbNullString)
        CheckRdr2 = CheckRdr2 & "姓名:" & Adodc1.Recordset.Fields("Reader_Name").
Value
    Adodc1.Recordset.Close
End Function
Private Function
```

（16）CheckRdr3 过程

CheckRdr3 过程用于实现读者查询功能。参数 RdrID 表示读者 ID。程序源代码如下：

```
Private Function CheckRdr3(ByVal RdrID As String)As String
    Dim dbstr As String
    Dim i As Integer
    Dim sType As String,sEntitle As String
    CheckRdr3 = "Read,3"
    dbstr = "select * from Reader_Info where Reader_ID LIKE" & "'% " & RdrID & "%'"
    Adodc1.RecordSource = dbstr
    Adodc1.Refresh
    If Adodc1.Recordset.RecordCount < 1 Then '读者不存在
        CheckRdr3 = CheckRdr3 & ",该读者不存在！查询读者失败!"
        Exit Function
    End If
    On Error Resume Next
    Adodc1.Recordset.MoveFirst
    For i =1 To Adodc1.Recordset.RecordCount
        Select Case Adodc1.Recordset.Fields("Reader_Type").Value
        Case 0
            sType = "学生"
        Case 1
            sType = "老师"
        Case 2
            sType = "职工"
        End Select
        If Adodc1.Recordset.Fields("Reader_Entitle").Value Then
            sEntitle = "可用"
        Else
            sEntitle = "不可用"
        End If
```

```
            CheckRdr3 = CheckRdr3 & "'"
            CheckRdr3 = CheckRdr3 & "读者 ID:" & Adodc1.Recordset.Fields("Reader_ID").
Value
            CheckRdr3 = CheckRdr3 & "姓名:" & Adodc1.Recordset.Fields("Reader_Name").
Value
            CheckRdr3 = CheckRdr3 & "类型: " & sType
            CheckRdr3 = CheckRdr3 & "已借书数:" & Adodc1.Recordset.Fields("Reader_Bk-
Total").Value
            CheckRdr3 = CheckRdr3 & "有效性:" & sEntitle
            On Error Resume Next
          Adodc1.Recordset.MoveNext
        Next i
        Adodc1.Recordset.Close
    End Function
```

(17) CheckUsr1 过程

CheckUsr1 过程用于实现添加管理员功能。参数 UsrID 表示管理员 ID，参数 UsrName 表示管理员姓名，参数 UsrPwd 表示密码，参数 UsrType 表示管理员类型。程序源代码如下：

```
    Private Function CheckUsr1(ByVal UsrID As String,ByVal UsrName As String,ByVal
UsrPwd As String,ByVal UsrType As Integer)As String
        Dim dbstr As String
        Dim SqlStr As String
        Dim i As Integer
        CheckUsr1 = "User,1,"
        dbstr = "select * from User_Info where user_ID ='" & UsrID & "'"
        Adodc1.RecordSource = dbstr
        Adodc1.Refresh
        On Error Resume Next
        If Adodc1.Recordset.RecordCount > 0 Then
            CheckUsr1 = CheckUsr1 & "该管理员已存在! 添加管理员失败!"
            Exit Function
        End If
        On Error Resume Next
        Adodc1.Recordset.AddNew
        Adodc1.Recordset("user_ID") = UsrID
        Adodc1.Recordset("user_Name") = UsrName
        Adodc1.Recordset("user_Password") = UsrPwd
        Adodc1.Recordset("user_Type") = UsrType
        Adodc1.Recordset.Update
        Adodc1.Refresh
        Adodc1.Recordset.Close
        CheckUsr1 = CheckUsr1 & "添加管理员信息成功!"
    End Function
```

(18) CheckUsr2 过程

CheckUsr2 过程用于实现管理员删除功能，参数 UsrID 表示管理员编号。程序源代码如下：

```
Private Function CheckUsr2(ByVal UsrID As String)As String
Dim dbstr As String
Dim i As Integer
Dim SqlStr As String
    CheckUsr2 = "User,2,"
    dbstr = "select * from User_Info where user_ID ='" & UsrID & "'"
    Adodc1.RecordSource = dbstr
    Adodc1.Refresh
    If Adodc1.Recordset.RecordCount < 1 Then
       CheckUsr2 = CheckUsr2 & "该管理员不存在!"
       Exit Function
    End If
    For i =1 To maxnum
        If UsrID = Client(i).UsrID Then
           CheckUsr2 = CheckUsr2 & "不能删除在线管理员!"
           Exit Function
        End If
    Next i
    Adodc1.Recordset.Delete
    Adodc1.Refresh
    Adodc1.Recordset.Close
    CheckUsr2 = CheckUsr2 & "删除管理员成功! ID:" & UsrID & "'"
End Function
```

(19) CheckUsr3 过程

CheckUsr3 过程用于实现管理员查询功能，参数 UsrID 表示管理员编号。程序源代码如下：

```
Private Function CheckUsr3(ByVal UsrID As String)As String
    Dim dbstr As String
    Dim i As Integer
    Dim sType As String
    CheckUsr3 = "User,3"
    dbstr = "select * from User_Info where user_ID LIKE'% " & UsrID & "%'"
    Adodc1.RecordSource = dbstr
    Adodc1.Refresh
    If Adodc1.Recordset.RecordCount < 1 Then '管理员不存在
        CheckUsr3 = CheckUsr3 & ",该管理员不存在! 查询管理员失败!"
        Exit Function
    End If
    On Error Resume Next
    Adodc1.Recordset.MoveFirst
    For i =1 To Adodc1.Recordset.RecordCount
```

```
        Select Case Adodc1.Recordset.Fields("user_Type").Value
        Case 1
            sType = "高级管理员"
        Case 0
            sType = "普通管理员"
        End Select
        CheckUsr3 = CheckUsr3 & "'"
        CheckUsr3 = CheckUsr3 & "管理员 ID:" & Adodc1.Recordset.Fields("user_ID").Value
        CheckUsr3 = CheckUsr3 & "姓名:" & Adodc1.Recordset.Fields("user_Name").Value
        CheckUsr3 = CheckUsr3 & "类型: " & sType
        On Error Resume Next
        Adodc1.Recordset.MoveNext
    Next i
    Adodc1.Recordset.Close
End Function
```

任务四　客户端开发

学习目标

1. 了解 MDI 窗体的特点。
2. 掌握 SSTab 控件的使用方法。
3. 掌握 DTPicker 控件的使用方法。

任务描述

完成图书管理系统客户端各个模块的开发，让整个项目能稳定运行，并完成指定功能。

相关知识

一、MDI 窗体

1. MDI 窗体简介

多文档界面窗体（Multiple Document Interface，MDI）可以在一个主窗体内打开多个子窗体，如图 9—4—1 所示，各个子窗体的移动范围、最大化、最小化等操作都只局限在该 MDI 主窗体范围内。

MDI 主窗体可以包含菜单，它是所有其他窗口的容器。在 MDI 主窗体中，只能放置图片框控件、时钟控件等少数几个控件。

一个应用程序只能包括一个 MDI 框架窗体，但一个 MDI 框架窗体，可以包含多个子窗体或其他普通窗体。关闭 MDI 框架就自动关闭了所有子窗体和现有应用程序。当一个子窗体拥有焦点时，子窗体的菜单会取代框架窗体的菜单。

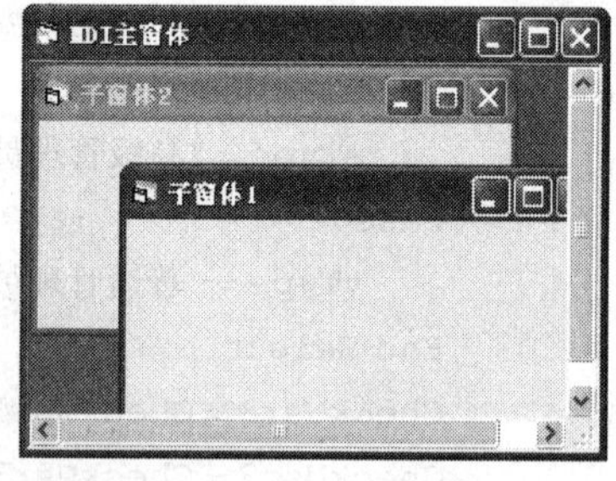

图 9—4—1　MDI 窗体

2. 添加 MDI 窗体

执行“工程”→“添加 MDI 窗体”命令，弹出“添加 MDI 窗体”对话框，如图 9—4—2 所示，在列表框中选中“MDI 窗体”选项，然后单击“打开”按钮返回窗体设计器，如图 9—4—3 所示，在窗体设计器中，显示一个空白的 MDI 窗体，其中，在 MDI 窗体的图标中，左边是一个较淡的小窗体，右边是一个很清晰的大窗体，寓意它是多文档界面窗体的主窗体。

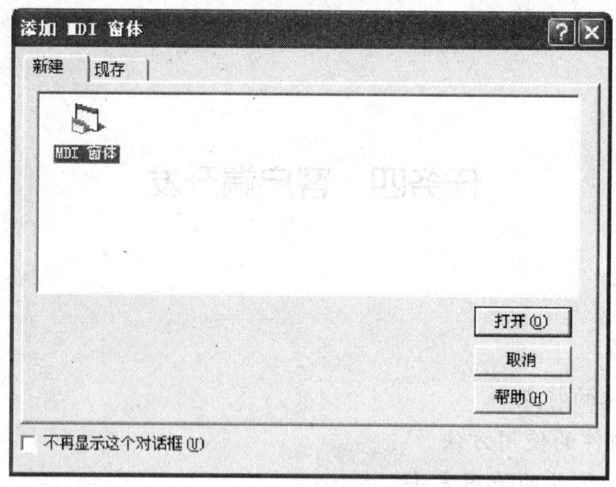

图 9—4—2　“添加 MDI 窗体”对话框

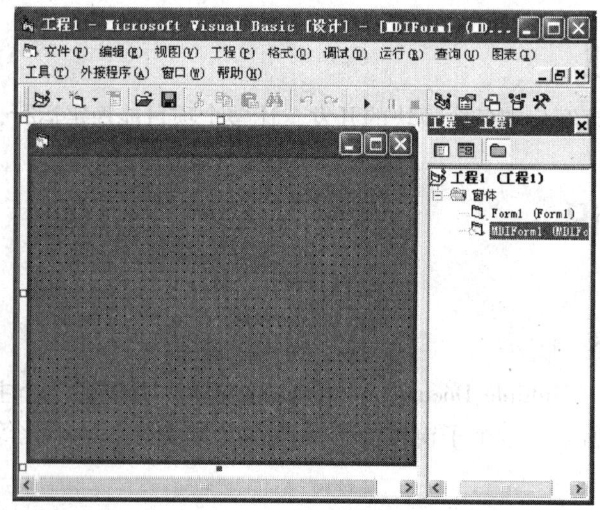

图 9—4—3　空白的 MDI 窗体

成功添加 MDI 窗体后，再次打开“工程”菜单，菜单命令“添加 MDI 窗体”为灰色，不能再次添加 MDI 窗体。

3. 添加 MDI 子窗体

先添加一般的窗体，然后选中该窗体，在窗体属性表中，选择“MDIChild”属性，将其值设为真。

例如，将图 9—4—3 中的窗体 Form1 设置为 MDI 子窗体，效果如图 9—4—4 所示，注意图 9—4—4 中 Form1 的图标，它同样有两个图标，只是小窗体清晰，大窗体比较淡，寓意它是多文档界面窗体的子窗体。

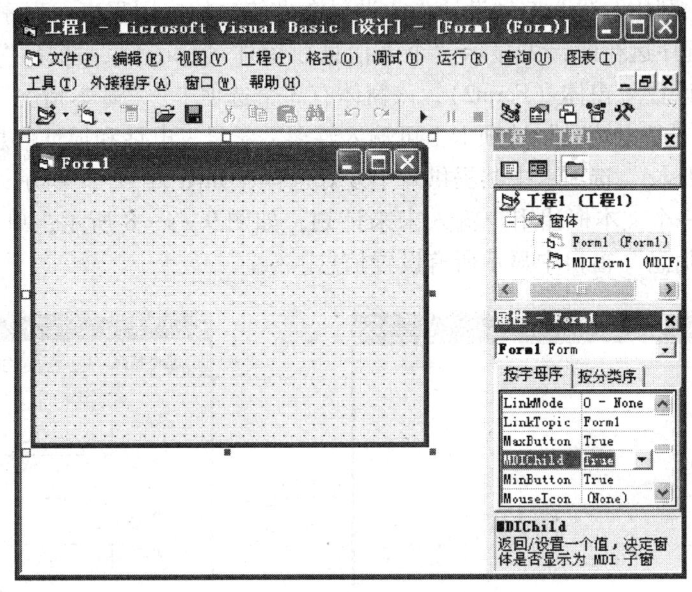

图 9—4—4 设置 MDI 子窗体

成功添加 MDI 主窗体和各个子窗体后，分别完成各个窗体的设计与代码编写，然后设置 MDI 主窗体为启动窗体，在主窗体中根据实际需要，及时调用 MDI 子窗体来完成各个功能。

二、SSTab 控件

1. SSTab 控件简介

SSTab 控件能提供多个选项卡，且每个选项卡都能作为其他控件的容器，各个选项卡均可进行独立的设计，但一次只能有一个选项卡处于激活状态，当某个选项卡被激活后，其内容显示出来，而其他选项卡则自动隐藏起来。在应用程序中，SSTab 控件可用于设置属性页或其他分类显示功能。

在“部件”对话框中选择“Microsoft Tabbed Dialog Control 6. 0”选项，将 SSTab 控件加载到窗体工具箱中。

2. SSTab 控件的常用属性

（1）Style 属性——用于设置选项卡的样式，当其值为 0 时，活动选项卡的字体是粗体显示；当其值为 1 时，活动选项卡的字体不会粗体显示。同时，每个选项卡的宽度都调整到其标题中文本的长度。

（2）Tabs 属性——用于设置选项卡的总数。

（3）TabsPerRow 和 Rows 属性——TabsPerRow 属性决定 SSTab 控件中每一行选项卡的数目，在设计时，它与 Tabs 属性可决定 SSTab 控件中选项卡的总行数；Rows 属性用于决定 SSTab 控件中选项卡的总行数。

（4）TabOrientation 属性——用于决定 SSTab 控件中选项卡的显示位置，可选项包括顶端、底端、左边、右边。

例 9—4—1 利用 SSTab 控件设计一个设置个人信息的应用程序，程序的运行效果如图 9—4—5 所示。程序运行时，先显示“个人信息”窗体（Form1），选择“个人设置”命令后，显示“个人设置”窗体（Form2），该窗体有 3 个选项卡：“基本情况”“爱好特长”和“未来计划”。在“基本情况”选项卡上可输入姓名、学号、电话和地址信息，如图 9—4—6 所示；在“爱好特长”选项卡中共提供 8 个爱好选择，如图 9—4—7 所示；在“未来计划”选项卡中，通过一个文本框让用户输入未来计划，如图 9—4—8 所示；单击“确定”按钮后，将在“个人信息”窗口中显示所有设置信息。

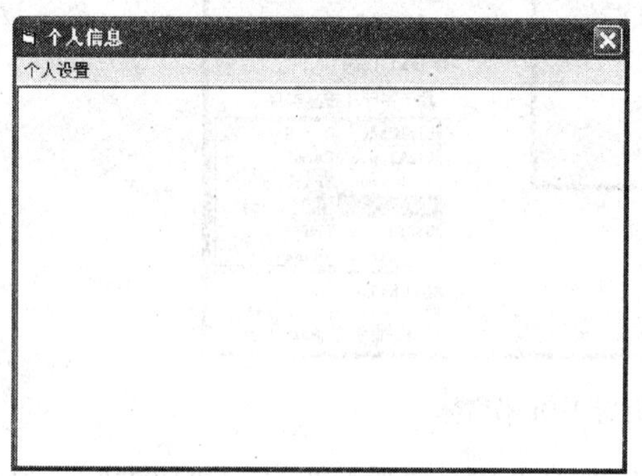

图 9—4—5 “个人信息”窗口

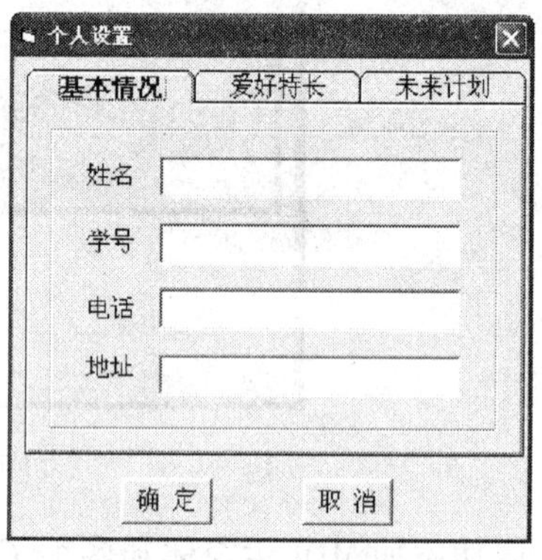

图 9—4—6 “基本情况”选项卡

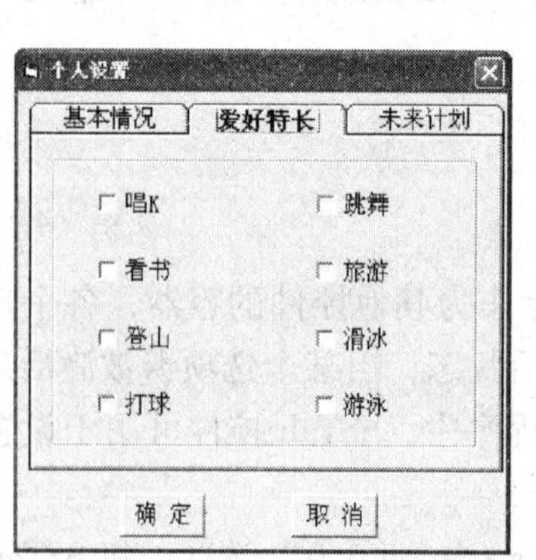

图 9—4—7 “爱好特长”选项卡

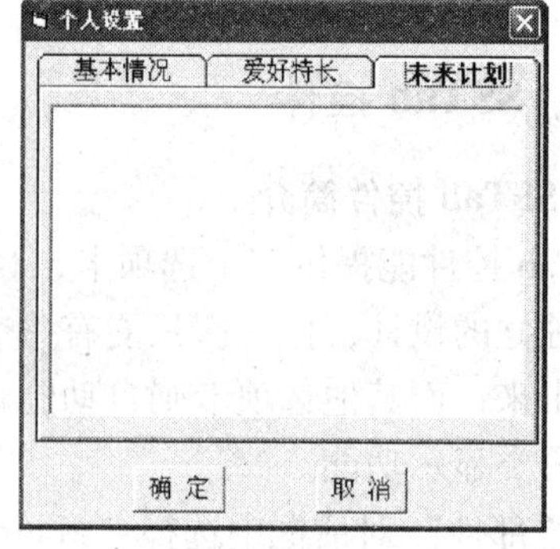

图 9—4—8 “未来计划”选项卡

（1）界面设计

窗体 Form1 主要包括 1 个文本框，1 个菜单（没有子菜单项）。窗体 Form2 包含 1 个 SSTab 控件（含 3 个选项卡），在第一个选项卡上添加 4 个标签（为控件数组）和 4 个文本框（为控件数组），在第二个选项卡上添加 8 个复选框（为控件数组），在第 3 个选项卡上添加 1 个文本框。

（2）代码分析与设计

分析：单击窗体 Form2 的“确定”按钮，将用户的各个设置转化为一个结果字符串，赋给窗体 Form1 的 Text1。

“基本情况”选项卡的各个设置、标签显示项目名称、文本框接收用户输入内容，在生成结果字符串时，直接把标签的标题属性和文本框的 Text 属性连接起来。

在“爱好特长”选项卡中，所有设置内容均为复选框，当生成结果字符串时，一一判断各个复选框是否选中，如果某复选框被选中，则把该复选框对应的标题属性添加到结果字符串中，在添加爱好特长前，应先在结果字符串中添加文本“爱好特长”作为个人爱好特长总的标识。

在“未来计划”选项卡中，只有一个文本框，直接把文本框中的内容添加到结果字符串即可。

生成最终的结果字符串后，将其赋给窗体 Form1 的 Text1，注意 Text1 不是窗体 Form2 上的控件，所以要在其前加上“Form1.”。

窗体 Form2 的源代码如下：

```
Private Sub Command1_Click()
    Dim i As Integer
    Dim mystr As String
    For i = 0 To 3          '处理基本情况
        mystr = mystr + Label1(i).Caption + ":" + Text2(i).Text + vbCrLf
    Next i
    mystr = mystr + "爱好特长:"
    For i = 0 To 7          '处理爱好特长
        If Check1(i).Value = 1 Then
            mystr = mystr + Check1(i).Caption + "、"
        End If
    Next i
    If Right(mystr,1) = "、" Then  '如果用户选择了特长爱好,去掉最后多余的顿号
        mystr = Left(mystr,Len(mystr) - 1)
    End If
    If Right(mystr,1) = ":" Then  '如果用户没有选择特长爱好,则显示"无"
        mystr = mystr + "无"
    End If
    mystr = mystr + vbCrLf + "未来计划:"
    mystr = mystr + Text1.Text
    If Right(mystr,1) = ":" Then  '如果用户没有输入未来计划,则显示"无"
        mystr = mystr + "无"
```

```
        End If
        Form1.Text1.Text = mystr
        Unload Me
        mystr = ""
    End Sub
    Private Sub Command2_Click()
        Unload Me
    End Sub
```

窗体 Form1 的功能比较简单，其源代码如下：

```
    Private Sub Form_Resize()
        Text1.Move 0,0,Width,Height
    End Sub
    Private Sub mnuper_Click()
        Form2.Show 0,Form1
    End Sub
```

三、DTPicker 控件

DTPicker 控件是一个提供日期选择的控件，它是一个外部控件，需要在“部件”对话框中，选中“Microsoft Tabbed Dialog Control - 2 6.0”选项，然后单击“确定”按钮，将其添加到工具箱中才能使用。

在窗体上添加 DTPicker 控件后，将弹出一个下拉列表框，如图 9—4—9 所示。运行后，单击 DTPicker 控件，展开的 DTPicker 控件如图 9—4—10 所示，可以在其中自由选择日期。

图 9—4—9　DTPicker 控件

图 9—4—10　展开的 DTPicker 控件

任务实施

一、系统主窗体设计

1. 界面设计

图书管理系统各个窗体的名称及标题和它的菜单的关键信息见表 9—4—1。

表 9—4—1　　　　窗体和菜单的关键信息

对　象	属　性	属 性 值	说　明
MDI 窗体	Name	MDIFrm	系统主窗体
	Caption	图书管理系统客户端	
窗体	Name	FrmCnn	
	Caption	连接服务器	
	MDIChild	True	
窗体	Name	FrmBookInfo	
	Caption	图书信息管理	
	MDIChild	True	
窗体	Name	FrmBookType	
	Caption	图书类别管理	
	MDIChild	True	
窗体	Name	FrmLend	
	Caption	借阅图书	
	MDIChild	True	
窗体	Name	FrmRdrAdd	
	Caption	添加读者	
	MDIChild	True	
窗体	Name	FrmRdrDel	
	Caption	删除读者	
	MDIChild	True	
窗体	Name	FrmRdrQuery	
	Caption	读者查询	
	MDIChild	True	
窗体	Name	FrmReturn	
	Caption	归还图书	
	MDIChild	True	
窗体	Name	FrmUsrAdd	
	Caption	添加管理员	
	MDIChild	True	
窗体	Name	FrmUsrDel	
	Caption	删除管理员	
	MDIChild	True	
窗体	Name	FrmUsrQuery	
	Caption	管理员查询	
	MDIChild	True	
窗体	Name	FrmAbout	
	Caption	图书馆管理系统 1.0	
	MDIChild	True	

续表

对　象	属　性	属 性 值	说　明
菜单	Name	mnuSystem	一级菜单
	Caption	系统操作（&S）	
菜单	Name	mnuSys_ Connect	二级菜单
	Caption	连接服务器（&N）	
菜单	Name	mnuSys_ Exit	一级菜单
	Caption	退出系统（&E）	
菜单	Name	mnuOperate	二级菜单
	Caption	借还图书（&J）	
菜单	Name	mnuOpe_ Lend	二级菜单
	Caption	借阅图书（&L）	
菜单	Name	mnuOpe_ Return	二级菜单
	Caption	归还图书（&R）	
菜单	Name	mnuBook	一级菜单
	Caption	图书管理（&B）	
菜单	Name	mnuBook_ Type	二级菜单
	Caption	图书类别管理（&M）	
菜单	Name	mnuBook_ Info	二级菜单
	Caption	图书信息管理（&I）	
菜单	Name	mnuReader	一级菜单
	Caption	读者管理（&D）	
菜单	Name	mnuRdr_ Add	二级菜单
	Caption	添加读者信息（&A）	
菜单	Name	mnuRdr_ Query	二级菜单
	Caption	读者信息查询（&Q）	
菜单	Name	mnuUser	一级菜单
	Caption	管理员管理（&G）	
菜单	Name	mnuUsr_ Add	二级菜单
	Caption	添加管理员信息（&U）	
菜单	Name	mnuUsr_ Delete	二级菜单
	Caption	删除管理员信息（&C）	
菜单	Name	mnuUsr_ Query	二级菜单
	Caption	查询管理员信息（&B）	
菜单	Name	mnuHelp	一级菜单
	Caption	帮助信息（&H）	
菜单	Name	mnuHlp_ About	二级菜单
	Caption	关于（&A）	
图像列表	Name	ToolsImage	
Winsock 控件	Name	SockToSvr	

新建一个工程，添加 MDI 主窗体 MDIFrm，并为主窗体添加菜单栏；然后，再添加 12 个窗体，并按照表 9—4—1 所示的关键信息，设置各个窗体的相关属性，添加一个 Winsock 控件 SockToSvr，用于与服务器通信；再添加一个标准模块，采用默认名称 Module1，用于保存公有变量，完成后的图书管理系统客户端界面如图 9—4—11 所示。

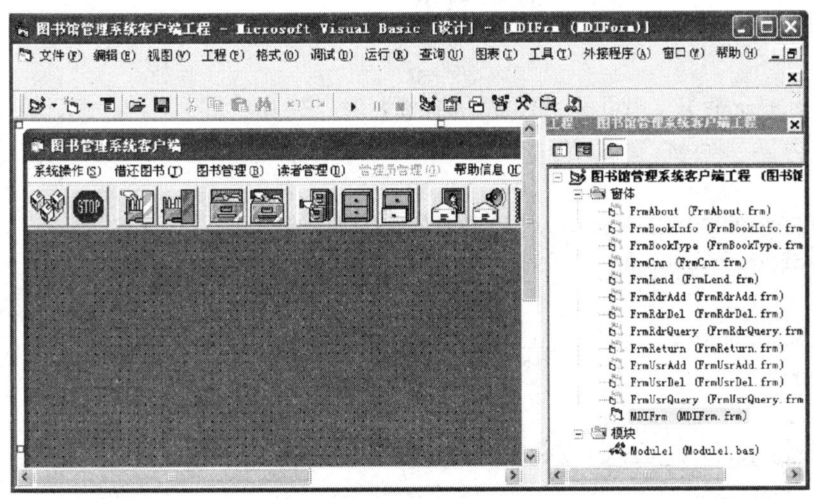

图 9—4—11　完成后的图书管理系统客户端界面

2. 公有变量设置

系统有一个自定义类型 UserType，一个 UserType 类型的公有变量 users，用于在整个系统中保存用户信息，公有变量可在标准模块中定义，具体代码如下：

```
Type UserType
    ID As String     '用户 ID
    Pwd As String   '用户密码
End Type
Public users As UserType
```

3. 主窗体菜单事件代码

图书管理系统各个菜单命令的主要功能是调用对应的窗体来完成相应工作。具体代码如下：

```
Private Sub mnuBook_Info_Click()'图书信息管理
    FrmBookInfo.Show
End Sub
Private Sub mnuBook_Type_Click()'图书类型管理
    FrmBookType.Show
End Sub
Private Sub mnuHlp_About_Click()'关于
    FrmAbout.Show
End Sub
Private Sub mnuOpe_Lend_Click()'图书借阅
    FrmLend.Show
```

```
End Sub
Private Sub mnuOpe_Return_Click()'图书归还
    FrmReturn.Show
End Sub
Private Sub mnuRdr_Add_Click()'添加读者
    FrmRdrAdd.Show
End Sub
Private Sub mnuRdr_Delete_Click()'删除读者
    FrmRdrDel.Show
End Sub
Private Sub mnuRdr_Query_Click()'读者信息查询
    FrmRdrQuery.Show
End Sub
Private Sub mnuSys_Connect_Click()'连接服务器
FrmCnn.Show
End Sub
Private Sub mnuUsr_Add_Click()'添加管理员
    FrmUsrAdd.Show
End Sub
Private Sub mnuUsr_Delete_Click()'删除管理员
    FrmUsrDel.Show
End Sub
Private Sub mnuUsr_Query_Click()'查询管理员
    FrmUsrQuery.Show
End Sub
Private Sub mnuSys_Exit_Click()'退出系统
    MyExit = MsgBox("是否要退出程序?",vbYesNo,"退出")
    If MyExit = vbYes Then End
End Sub
```

4. 连接服务器

```
Private Sub SockToSvr_Connect()'连接服务器
    Dim str As String
    str = "Cnn," & users.ID & "'" & users.Pwd & "'"
    If MDIFrm.SockToSvr.State < > sckConnected Then
        MsgBox "还没有连接服务器,不能发送请求!"
        Exit Sub
    End If
    SockToSvr.SendData str
End Sub
```

5. 退出系统

在退出系统时，应及时关闭 Winsock 连接。程序源代码如下：

```
Private Sub MDIForm_Unload(Cancel As Integer)
```

```
    If SockToSvr.State < > sckClosed Then '检查 Winsock 连接是否关闭
        SockToSvr.Close
    End If
End Sub
```

6. 接收数据

接收服务器发送给客户端数据，并根据系统的通信协议解释数据的含义，同时进行相应的处理。程序源代码如下：

```
Private Sub SockToSvr_DataArrival(ByVal bytesTotal As Long)
    Dim StrArrival As String,StrGet()As String
    Dim Start As Integer
    Dim i As Integer,j As Integer,k As Integer
    Dim LtItm As ListItem
    SockToSvr.GetData StrArrival,vbString '接收数据,String 类型
    If Len(StrArrival) < 1 Then Exit Sub
    StrGet() = Split(StrArrival,"'", -1)'拆分接收到的数据
    SelectCase StrGet(0)
    Case "User" '用户管理
        Select Case StrGet(1)
        Case "1" '添加管理员
            MsgBox StrGet(2),"服务器响应"
        Case "2" '删除管理员
            MsgBox StrGet(2),"服务器响应"
        Case "3" '查询管理员
            FrmUsrQuery.ListUsrResult.Clear '清空列表
            For i =0 To UBound(StrGet) - 2  '在列表中显示查询结果
                FrmUsrQuery.ListUsrResult.AddItem StrGet(i + 2)
            Next i
        End Select
    Case "Read" '读者管理
        Select Case StrGet(1)
    Case "1" '添加读者
        MsgBox StrGet(2),"服务器响应"
    Case "2" '删除读者
        MsgBox StrGet(2),"服务器响应"
    Case "3" '查询读者
        FrmRdrQuery.ListRdrResult.Clear
        For i =0 To UBound(StrGet) - 2
            FrmRdrQuery.ListRdrResult.AddItem StrGet(i + 2)
        Next i
    End Select
Case "Type"  '图书类型信息
    Select Case StrGet(1)
```

```
    Case "1" '添加图书类型
        MsgBox StrGet(2),"服务器响应"
        FrmBookType.TxtTypeName = ""
    Case "2" '查询图书类型
        FrmBookType.ListQuery.Clear
        For i = 0 To UBound(StrGet) - 2
            FrmBookType.ListQuery.AddItem StrGet(i + 2)
        Next i
    Case "3"
        FrmBookInfo.CboBktype.Clear
        For i = 0 To UBound(StrGet) - 2
            If StrGet(i + 2) < > "" Then
                FrmBookInfo.CboBktype.AddItem StrGet(i + 2)
            End If
        Next i
    End Select
Case "Book" '图书信息
    Select Case StrGet(1)
      Case "1" '添加图书信息
        MsgBox StrGet(2),"服务器响应"
        FrmBookInfo.TxtBkName = ""
        FrmBookInfo.TxtBkAuthor = ""
        FrmBookInfo.TxtPrsNum = ""
        FrmBookInfo.TxtBkPress = ""
        FrmBookInfo.CboBktype.Text = ""
    Case "2","3" '查询图书信息
        FrmBookInfo.LvBkResult.ListItems.Clear
        For i = 0 To UBound(StrGet) - 2
            Set LtItm = FrmBookInfo.LvBkResult.ListItems.Add()
                LtItm.Text = i + 1
                LtItm.SubItems(1) = StrGet(i + 2)
        Next i
    End Select
Case "Lend" '借阅图书
    MsgBox StrGet(1),"服务器响应"
Case "Return" '归还图书
    MsgBox StrGet(1),"服务器响应"
Case "Cnn"    '连接信息
    MsgBox StrGet(1),"服务器响应"
    If StrGet(1) = "该管理员名不存在！请重新输入！" Then
        SockToSvr.Close
    ElseIf StrGet(1) = "密码错误！请重新输入！" Then
        SockToSvr.Close
```

```
    End If
    If StrGet(2) > 0 Then'动态菜单管理
        mnuUser.Enabled = True
    Else
        mnuUser.Enabled = False
    End If
  End Select
End Sub
```

二、连接服务器功能

1. 界面设计

在窗体 FrmCnn 中，添加 3 个文本框的名称，分别为 TxtUser、TxtPwd、TxtSvrIP；添加一个命令按钮 CmdCnn，按钮标题为“连接”，用于连接服务器，窗体界面如图 9—4—12 所示。

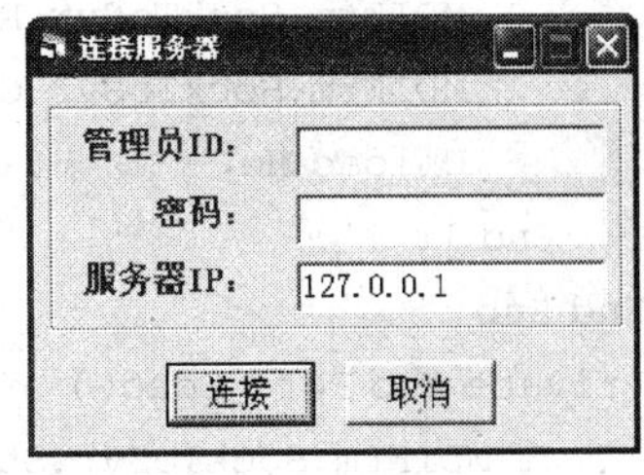

图 9—4—12　连接服务器窗体

2. 代码设计

连接服务器窗体的主要功能是对用户输入的信息进行证验，并保存用户输入的 ID 和密码，设置远程服务器 IP 地址，然后发送连接服务器请求，管理员 ID 和密码信息通过公有变量 users 保存，然后通过 MDIFrm 的 SockToSvr_ Connect 事件传给服务器。程序源代码如下：

```
Private Sub CmdCancel_Click()  '取消
    Unload Me
End Sub
Private Sub CmdCnn_Click()'连接服务器
    If Len(Trim(TxtUser.Text)) < = 0 Then
        MsgBox "请输入用户 ID!"
        Exit Sub
    ElseIf Len(Trim(TxtUser.Text)) > 10 Then
        MsgBox "您输入的用户 ID 过长!"
        Exit Sub
    Else
        users.ID = Trim(TxtUser.Text)
    End If
    If Len(Trim(TxtPwd.Text)) < = 0 Then
        MsgBox "请输入密码!"
        Exit Sub
    ElseIf Len(Trim(TxtPwd.Text)) > 8 Then
        MsgBox "您输入的密码过长!"
        Exit Sub
    Else
        users.Pwd = Trim(TxtPwd.Text)
  End If
```

```
        If Len(Trim(TxtSvrIP.Text)) < = 0 Then
            MsgBox "请输入服务器 IP!"
            Exit Sub
        ElseIf Len(Trim(TxtSvrIP.Text)) > 15 Then '最长形式:xxx.xxx.xxx.xxx
            MsgBox "您输入的 IP 地址过长!"
            Exit Sub
        ElseIf Len(Trim(TxtSvrIP.Text)) < 7 Then '最短形式:x.x.x.x
            MsgBox "您输入的 IP 地址过短!"
            Exit Sub
        Else
            MDIFrm.SockToSvr.RemoteHost = Trim(TxtSvrIP.Text)
            MDIFrm.SockToSvr.RemotePort =1688
            MDIFrm.SockToSvr.Connect
            Unload Me
        End If
    End Sub
    Private Sub Form_Load()
        If MDIFrm.SockToSvr.State < > sckClosed Then '检验 sock 状态,如果正在连接则关闭原
连接,以便建立新连接
            MDIFrm.SockToSvr.Close
        End If
    End Sub
```

三、借阅图书功能

1. 界面设计

借阅图书窗体 FrmLend 的界面比较简单，如图 9—4—13 所示，界面中两个文本框的名称分别为 TxtLendID 和 TxtLendBkNum，两个命令按钮的名称分别为 CmdLend 和 CmdCancel。

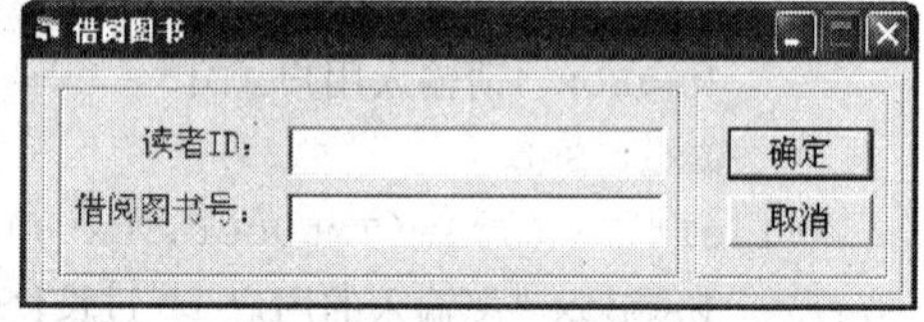

图 9—4—13　借阅图书窗体

2. 代码设计

借阅图书的通信标志为“Lend”，通信数据为读者 ID 和借阅图书号，在发送数据之前，应先对用户输入的信息进行检查。程序源代码如下：

```
    Private Sub CmdCancel_Click()  '取消
        Unload Me
    End Sub
    Private Sub CmdLend_Click()'借阅图书
        Dim str As String
        If Len(Trim(TxtLendID.Text)) < = 0 Then
            MsgBox "请输入读者 ID!"
            Exit Sub
        ElseIf Len(Trim(TxtLendID.Text)) > 10 Then
```

```
            MsgBox "您输入的用户 ID 过长!"
            Exit Sub
        End If

        If Len(Trim(TxtLendBkNum.Text)) < = 0 Then
            MsgBox "请输入图书号!"
            Exit Sub
        ElseIf Len(Trim(TxtLendBkNum.Text)) > 8 Then
            MsgBox "您输入的书号过长!"
            Exit Sub
        ElseIf Val(TxtLendBkNum.Text) = 0 Then
            MsgBox "书号必须为整数且不能为 0!"
            Exit Sub
        End If
        str = "Lend," & TxtLendID.Text & "," & TxtLendBkNum.Text
        If MDIFrm.SockToSvr.State < > sckConnected Then
            MsgBox "还没有连接服务器,不能发送请求!"
            Exit Sub
        End If
        MDIFrm.SockToSvr.SendData str
        Unload Me
    End Sub
```

四、归还图书功能

1. 界面设计

归还图书窗体 FrmReturn 的界面如图 9—4—14 所示，其中文本框的名称为 TxtRtBkNum，“确定”命令按钮的名称为 CmdReturn，“取消”命令按钮的名称为 CmdCancel。

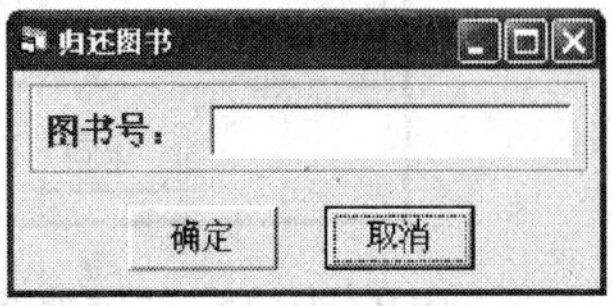

图 9—4—14　归还图书窗体

2. 代码设计

归还图书的通信标志为“Return”，通信数据为图书号，在发送数之前，应先对用户输入的信息进行检查。程序源代码如下：

```
Private Sub CmdCancel_Click()  '取消
    Unload Me
End Sub
Private Sub CmdReturn_Click()'归还图书
    Dim str As String
    If Len(Trim(TxtRtBkNum.Text)) < = 0 Then
        MsgBox "请输入图书号!"
        Exit Sub
    ElseIf Len(Trim(TxtRtBkNum.Text)) > 8 Then
  MsgBox "您输入的书号过长!"
        Exit Sub
```

```
    ElseIf Val(TxtRtBkNum.Text) = 0 Then
        MsgBox "书号必须为整数且不能为0!"
        Exit Sub
    End If
    str = "Return," & Trim(TxtRtBkNum.Text)
    If MDIFrm.SockToSvr.State < > sckConnected Then
        MsgBox "还没有连接服务器,不能发送请求!"
        Exit Sub
    End If
    MDIFrm.SockToSvr.SendData str
    Unload Me
End Sub
```

五、图书类别管理功能

1. 界面设计

在窗体 FrmBookType 上添加一个“返回”命令按钮 CmdCancel；添加一个 SSTab 控件 SSTab1，其有两个选项卡“添加类别”和“查看类别”。“添加类别”选项卡的界面如图 9—4—15 所示，其中文本框的名称为 TxtTypeName，“添加”按钮的名称为 CmdAddOk；“查看类别”选项卡的界面如图 9—4—16 所示，其中列表框的名称为 ListQuery。

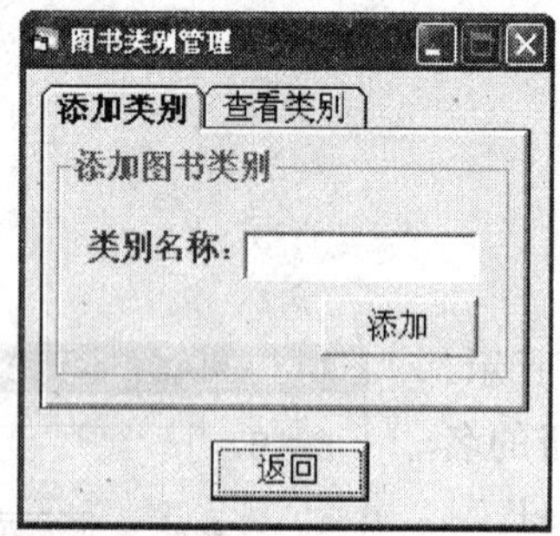

图 9—4—15 “添加类别”选项卡

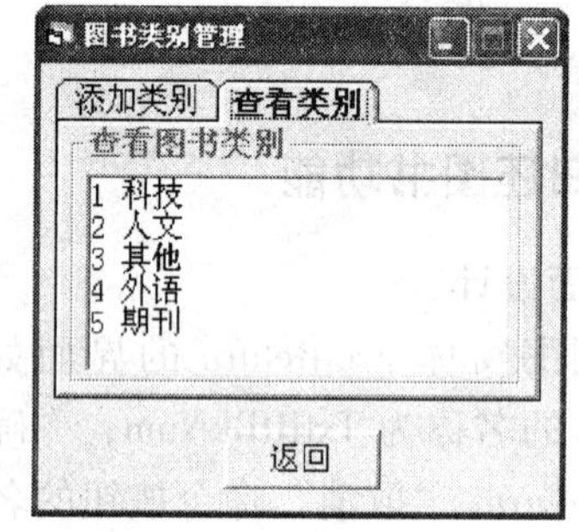

图 9—4—16 “查看类别”选项卡

2. 代码设计

输入类型名称后，单击“添加”按钮，系统将添加一个新类型，类型编号自动生成，单击“查看类别”选项卡后，将自动显示所有已有图书类别。程序源代码如下：

```
Private Sub CmdAddOk_Click()'添加图书类别
    Dim str As String
    If Len(Trim(TxtTypeName.Text)) < = 0 Then
        MsgBox "请输入类别名称!"
        Exit Sub
    ElseIf Len(Trim(TxtTypeName.Text)) > 10 Then
        MsgBox "您输入的类别名称过长!"
        Exit Sub
    End If
```

```
    str = "Type," & "1," & TxtTypeName.Text
    If MDIFrm.SockToSvr.State < > sckConnected Then
        MsgBox "还没有连接服务器,不能发送请求!"
        Exit Sub
    End If
    MDIFrm.SockToSvr.SendData str
End Sub
Private Sub CmdCancel_Click()  '返回
    Unload Me
End Sub
Private Sub SSTab1_Click(PreviousTab As Integer)
    Dim str As String
    If PreviousTab = 0 Then
        str = "Type," & "2"
        If MDIFrm.SockToSvr.State < > sckConnected Then
            MsgBox "还没有连接服务器,不能发送请求!"
        Exit Sub
        End If
        MDIFrm.SockToSvr.SendData str
    End If
End Sub
```

六、图书信息管理

1. 界面设计

在窗体 FrmBookInfo 上添加一个选项卡控件 SSTab1，并设置两个选项卡“添加图书”和“查询图书”。

“添加图书”选项卡的界面如图 9—4—17 所示，在该选项卡上添加 4 个文本框，名称分别为 TxtBkName、TxtBkPress、TxtBkAuthor 和 TxtPrsNum，用于接收用户输入；添加 DT-Picker 控件 DTPicker1，用于输入出版日期；添加一个组合框 CboBktype，用于选择图书类型；添加两个命令按钮“确定”和“返回”，名称分别为 CmdAddOk、CmdCancel。

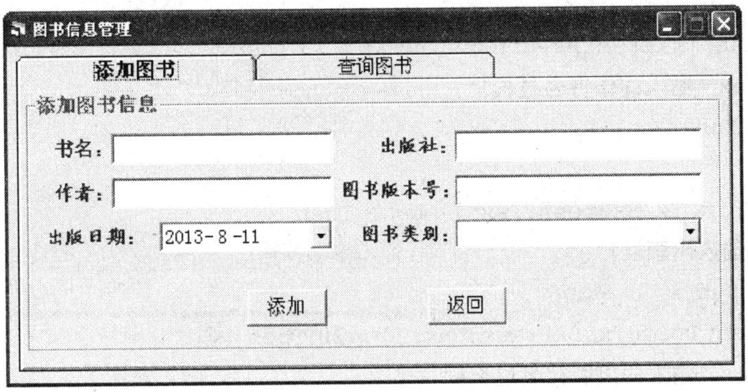

图 9—4—17 “添加图书”选项卡

“查询图书”选项卡的界面如图 9—4—18 所示。该选项卡上两个文本框的名称分别为 TxtQueryName、TxtQueryAuthor。“查询”按钮的名称为 CmdQuery，“返回”按钮的名称为 CmdCancel，查询结果显示在 ListView 控件 LvBkResult 中。

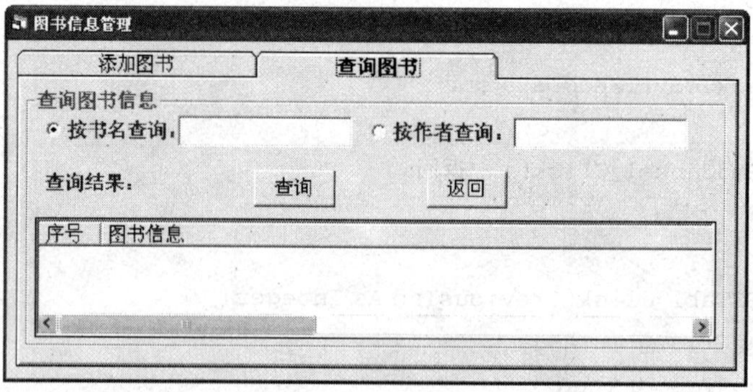

图 9—4—18 “查询图书”选项卡

2. 代码设计

单击“添加”按钮，首先检查各个输入值是否规范有效，如果规范有效，则将数据发送给服务器；否则，提示用户输入数据有误。

选择一种查询方式，输入查询内容，单击“查询”按钮，首先检查输入值是否规范有效，如果规范有效，则将数据发送给服务器；否则，提示用户输入数据有误。程序源代码如下：

```
Private Sub CmdAddOk_Click()
    Dim str As String
    If Len(Trim(TxtBkName.Text)) < = 0 Then
        MsgBox "请输入书名!"
        Exit Sub
    ElseIf Len(Trim(TxtBkName.Text)) > 30 Then
        MsgBox "输入的书名过长!"
        Exit Sub
    End If
    If Len(Trim(TxtBkAuthor.Text)) < = 0 Then
        MsgBox "请输入作者!"
        Exit Sub
    ElseIf Len(Trim(TxtBkAuthor.Text)) > 20 Then
        MsgBox "输入的作者名过长!"
        Exit Sub
    End If
    If Len(Trim(TxtBkPress.Text)) < = 0 Then
  MsgBox "请输入出版社!"
        Exit Sub
    ElseIf Len(Trim(TxtBkPress.Text)) > 20 Then
        MsgBox "输入的出版社名过长!"
        Exit Sub
    End If
```

```
    If Len(Trim(TxtPrsNum.Text)) < = 0 Then
        MsgBox "请输入版本号!"
        Exit Sub
    ElseIf Val(TxtPrsNum.Text) > 10 Then
        MsgBox "输入的版本号过长!"
        Exit Sub
    ElseIf Val(TxtPrsNum.Text) = 0 Then
        MsgBox "版本号必须为整数且不能为 0!"
        Exit Sub
    End If
    str = "Book,1,"
    str = str & TxtBkName.Text & "'" & TxtBkAuthor.Text & "'" & TxtBkPress.Text &
"'" & TxtPrsNum.Text & "'"
    str = str & DTPicker1.Value & "'" & Val(CboBktype.Text)
    If MDIFrm.SockToSvr.State < > sckConnected Then '检查 sock 连接
        MsgBox "还没有连接服务器,不能发送请求!"
        Exit Sub
    End If
    MDIFrm.SockToSvr.SendData str '向服务器发送数据
End Sub
Private Sub CmdCancel_Click(Index As Integer)
    Unload Me
End Sub
Private Sub CmdQuery_Click()'查询图书信息
    Dim str As String
    LvBkResult.ListItems.Clear '清空原有显示内容
    If Option1.Value = True Then  '按书名查询
        If Len(Trim(TxtQueryName.Text)) < = 0 Then
            MsgBox "请输入书名!"
            Exit Sub
        ElseIf Len(Trim(TxtQueryName.Text)) > 30 Then '数据库定义书名长度为 30
            MsgBox "您输入的书名过长!"
            Exit Sub
        End If
        str = "Book," & "2," & TxtQueryName.Text '约定 2 表示按书名查询
    ElseIf Option2.Value = True Then
        If Len(Trim(TxtQueryAuthor.Text)) < = 0 Then
            MsgBox "请输入作者名!"
            Exit Sub
        ElseIf Len(Trim(TxtQueryAuthor.Text)) > 20 Then
            MsgBox "您输入的作者名过长!"
            Exit Sub
        End If
```

```
        str = "Book," & "3," & TxtQueryAuthor.Text '约定3表示按书作者查询
    End If
        If MDIFrm.SockToSvr.State < > sckConnected Then
            MsgBox "还没有连接服务器,不能发送请求!"
            Exit Sub
        End If
        MDIFrm.SockToSvr.SendData str '向服务器发送数据
End Sub
Private Sub Form_Load()
    Dim str As String
    str = "Type," & "3"
    If MDIFrm.SockToSvr.State < > sckConnected Then
        MsgBox "还没有连接服务器,不能发送请求!"
        Unload Me
        Exit Sub
    End If
    DTPicker1.Value = Date
    MDIFrm.SockToSvr.SendData str
End Sub
Private Sub Option1_Click()'选择查询类型
    TxtQueryAuthor.Text = ""
End Sub
Private Sub Option2_Click()
    TxtQueryName.Text = ""
End Sub
```

七、添加读者

1. 界面设计

添加读者窗体 FrmRdrAdd 界面如图 9—4—19 所示，窗体上两个文本框的名称分别为 TxtID、TxtName，显示类别信息的组合框的名称为 CbType，"添加" 按钮的名称为 CmdAdd，"取消" 按钮的名称为 CmdCancel。

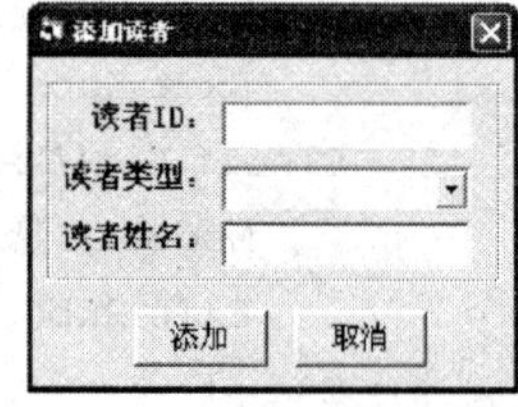

图 9—4—19　添加读者窗体 FrmRdrAdd 界面

2. 代码设计

```
Private Sub CmdAdd_Click()'添加读者
Dim str As String
    If Len(Trim(TxtID.Text)) < = 0 Then
        MsgBox "请输入读者 ID!"
        Exit Sub
    ElseIf Len(Trim(TxtID.Text)) > 10 Then
        MsgBox "您输入的读者 ID 过长!"
        Exit Sub
    End If
```

```
    If Len(Trim(TxtName.Text)) < = 0 Then
        MsgBox "请输入读者姓名!"
        Exit Sub
    ElseIf Len(Trim(TxtName.Text)) > 8 Then
        MsgBox "您输入的读者姓名过长!"
        Exit Sub
    End If
    str = "Read," & "1," & TxtID.Text & "," & TxtName.Text & "'" & Val(CbType.Text)
    If MDIFrm.SockToSvr.State < > sckConnected Then
        MsgBox "还没有连接服务器,不能发送请求!"
        Exit Sub
    End If
    MDIFrm.SockToSvr.SendData str
    Unload Me  '添加关闭窗口
End Sub
Private Sub CmdCancel_Click()  '取消
    Unload Me
End Sub
```

八、删除读者

1. 界面设计

删除读者窗体 FrmRdrDel 的界面如图 9—4—20 所示。窗体中，文本框的名称为 TxtID，“删除”按钮的名称为 CmdDel，“取消”按钮的名称为 CmdCancel。

图 9—4—20　删除读者窗体

2. 代码设计

```
Private Sub CmdCancel_Click()  '取消
    Unload Me
End Sub
Private Sub CmdDel_Click()'删除读者
    Dim str As String
    If Len(Trim(TxtID.Text)) < = 0 Then
        MsgBox "请输入读者 ID!"
        Exit Sub
    ElseIf Len(Trim(TxtID.Text)) > 10 Then
        MsgBox "您输入的读者 ID 过长!"
        Exit Sub
    End If
    str = "Read," & "2," & TxtID.Text
    If MDIFrm.SockToSvr.State < > sckConnected Then
        MsgBox "还没有连接服务器,不能发送请求!"
        Exit Sub
    End If
```

```
    MDIFrm.SockToSvr.SendData str
    Unload Me
End Sub
```

九、读者查询

1. 界面设计

读者查询窗体 FrmRdrQuery 界面如图 9—4—21 所示。在该窗体中，文本框的名称为 TxtID，“查询”按钮的名称为 CmdQuery，“返回”按钮的名称为 CmdCancel，结果显示在列表框控件 ListRdrResult 中。

图 9—4—21　读者查询窗体 FrmRdrQuery 界面

2. 代码设计

```
Private Sub CmdCancel_Click()  '取消
    Unload Me
End Sub
Private Sub CmdQuery_Click()'查询读者信息
Dim str As String
    If Len(Trim(TxtID.Text)) < = 0 Then
        MsgBox "请输入读者 ID!"
    Exit Sub
    ElseIf Len(Trim(TxtID.Text)) > 10 Then
        MsgBox "您输入的读者 ID 过长!"
        Exit Sub
    End If
    str = "Read," & "3," & TxtID.Text
    If MDIFrm.SockToSvr.State < > sckConnected Then
        MsgBox "还没有连接服务器,不能发送请求!"
        Exit Sub
End If
    MDIFrm.SockToSvr.SendData str
End Sub
```

十、添加管理员

1. 界面设计

添加管理员窗体 FrmUsrAdd 界面如图 9—4—22 所示。窗体中，组合框的名称为CbType，4 个文本框的名称分别为 TxtID、TxtName、Txtpassword、Txtpassworde，“添加”按钮的名称为 CmdAddOk，“取消”按钮的名称为 CmdCancel。

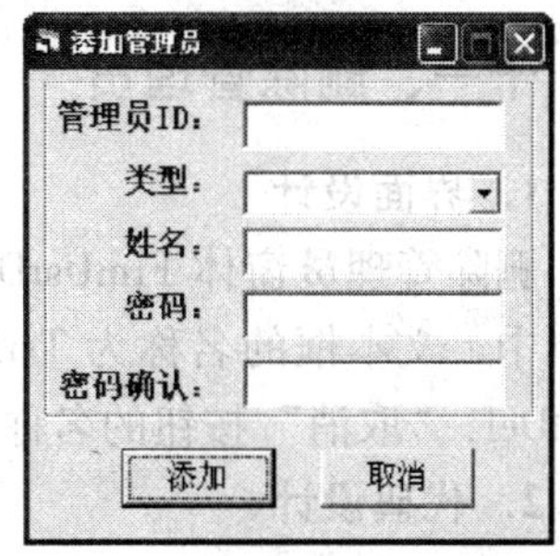

图 9—4—22　添加管理员窗体 FrmUsrAdd 界面

2. 代码设计

```
Private Sub CmdAddOk_Click()'添加管理员
Dim str As String
    If Len(Trim(TxtID.Text)) < = 0 Then
        MsgBox "请输入管理员 ID!"
        Exit Sub
    ElseIf Len(Trim(TxtID.Text)) > 10 Then
    MsgBox "您输入的管理员 ID 过长!"
        Exit Sub
    End If
    If Len(Trim(TxtName.Text)) < = 0 Then
        MsgBox "请输入管理员姓名!"
        Exit Sub
    ElseIf Len(Trim(TxtName.Text)) > 8 Then
        MsgBox "您输入的管理员姓名过长!"
        Exit Sub
    End If
    If Len(Trim(Txtpassword.Text)) < = 0 Then
        MsgBox "请输入密码!"
        Exit Sub
    ElseIf Len(Trim(Txtpassword.Text)) > 8 Then
        MsgBox "您输入的密码过长!"
        Exit Sub
    End If
    If Trim(Txtpassword.Text) < > Trim(Txtpassworde.Text)Then
        MsgBox "两次输入的密码不一致!"
        Exit Sub
    End If
    str = "User,1,"
    str = str & TxtID.Text & "'" & TxtName.Text & "'"
    str = str & Txtpassword.Text & "'" & Val(CbType.Text)
    If MDIFrm.SockToSvr.State < > sckConnected Then
        MsgBox "还没有连接服务器,不能发送请求!"
      Exit Sub
    End If
    MDIFrm.SockToSvr.SendData str
    Unload Me
End Sub
Private Sub CmdCancel_Click()  '取消
    Unload Me
End Sub
```

十一、删除管理员

1. 界面设计

删除管理员窗体 FrmUsrDel 界面如图 9—4—23 所示。窗体中，文本框的名称为 TxtID，“删除”按钮的名称为 CmdDel，“取消”按钮的名称为 CmdCancel。

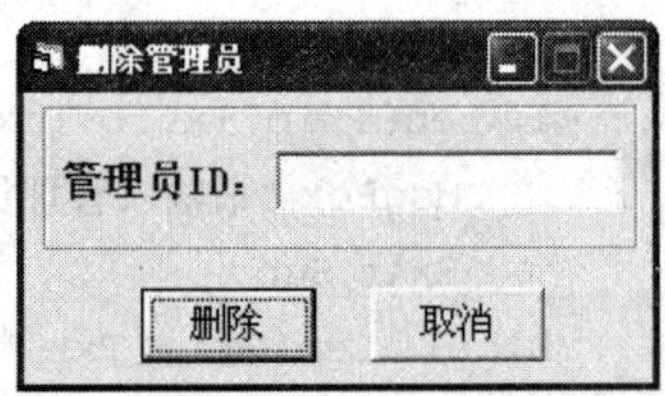

图 9—4—23　删除管理员窗体 FrmUsrDel 界面

2. 代码设计

```
Private Sub CmdCancel_Click()  '取消
   Unload Me
End Sub
Private Sub CmdDel_Click()'删除管理员
Dim str As String
    If Len(Trim(TxtID.Text)) < = 0 Then
        MsgBox "请输入管理员 ID!"
        Exit Sub
    ElseIf Len(Trim(TxtID.Text)) > 10 Then
        MsgBox "您输入的管理员 ID 过长!"
        Exit Sub
    End If
    str = "User," & "2," & TxtID.Text
    If MDIFrm.SockToSvr.State < > sckConnected Then
        MsgBox "还没有连接服务器,不能发送请求!"
        Exit Sub
    End If
    MDIFrm.SockToSvr.SendData str
    Unload Me
End Sub
```

十二、管理员查询

1. 界面设计

管理员查询窗体 FrmUsrQuery 界面如图 9—4—24 所示。窗体中，文本框的名称为 TxtID，“查询”按钮的名称为 CmdQuery，“返回”按钮的名称为 CmdCancel，结果显示在列表框控件 ListUsrResult 中。

图 9—4—24　管理员查询窗体 FrmUsrQuery 界面

2. 代码设计

```
Private Sub CmdCancel_Click()  '取消
    Unload Me
End Sub
Private Sub CmdQuery_Click()'管理员信息查询
Dim str As String
    ListUsrResult.Clear
    If Len(Trim(TxtID.Text)) < = 0 Then
        MsgBox "请输入管理员 ID!"
        Exit Sub
    ElseIf Len(Trim(TxtID.Text)) > 10 Then
        MsgBox "您输入的管理员 ID 过长!"
        Exit Sub
    End If
    str = "User," & "3," & TxtID.Text
    If MDIFrm.SockToSvr.State < > sckConnected Then
        MsgBox "还没有连接服务器,不能发送请求!"
        Exit Sub
    End If
    MDIFrm.SockToSvr.SendData str
End Sub
```

十三、版权提示窗体

版权提示窗体界面如图 9—4—25 所示。单击“确定”按钮可退出该窗体。

图 9—4—25　版权提示窗体界面

任务五　打包与发布

学习目标

掌握 VB 应用程序打包操作技巧。

任务描述

一个项目开发完成后，还不能独立运行，需要把项目所需的支撑文件复制到指定位置，项目的主程序才能正常运行，VB 6.0 提供了专门的打包工具，可以快捷地完成打包过程。因为打包向导操作简单，所以本任务直接在任务实施中介绍打包向导的操作方法。

任务实施

一、加载打包向导

1. 执行“外接程序”→“外接程序管理器”命令，弹出“外接程序管理器”对话框，选择“打包和展开向导”选项，选中“加载行为”选区中的“在启动中加载”和“加载/卸载”选项，如图 9—5—1 所示。

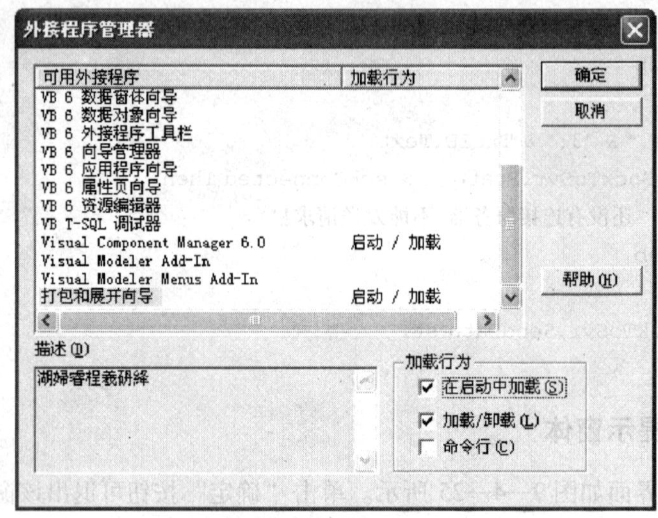

图 9—5—1　“外接程序管理器”对话框

2. 单击“确定”按钮，关闭“外接程序管理器”对话框。“外接程序”菜单下多了一个菜单项“打包和展开向导”，如图 9—5—2 所示。

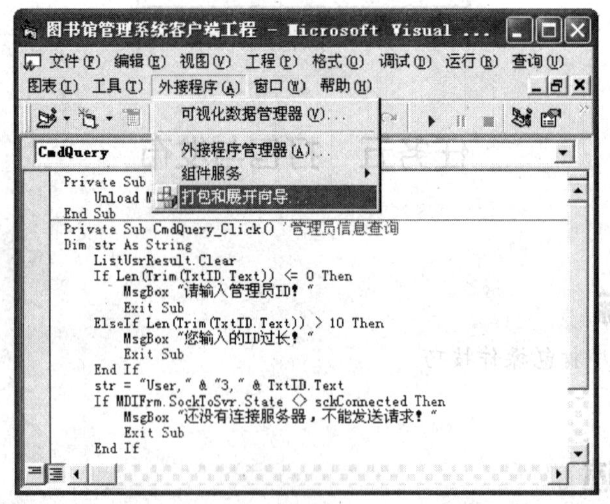

图 9—5—2　“打包和展开向导”菜单项

二、使用打包向导

1．打开图书管理系统服务器端工程，执行“外接程序”→“打包和展开向导”命令，显示图9—5—3所示的对话框，单击“打包”图标。

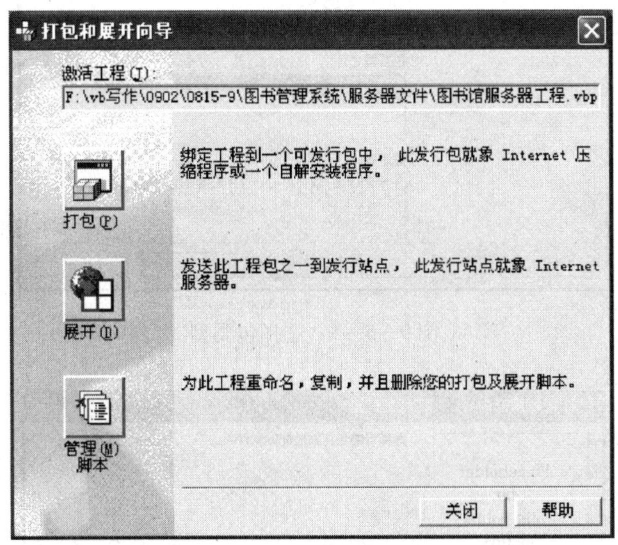

图9—5—3 启开打包和展开向导

2．系统显示图9—5—4所示的对话框，询问用户是否要重新编译工程，单击“是”按钮。

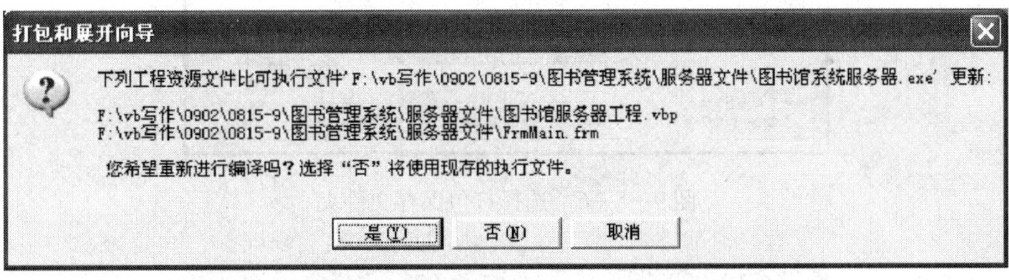

图9—5—4 询问是否要重新编译

3．编译完成后，显示图9—5—5所示的对话框，在“包类型”选区中选择“标准安装包”选项。

4．单击“下一步”按钮，显示图9—5—6所示的对话框，在列表框中选择打包文件的保存路径“服务器端安装”文件夹。

5．单击“下一步”按钮，如果文件夹不存在，则提示用户是否创建该文件夹，如果文件夹已存在则提示是否覆盖原来的文件夹，确认后将显示图9—5—7所示的对话框。

6．检查文件列表框中是否包含所有文件，经检查缺少数据库文件，单击“添加”按钮，显示图9—5—8所示的对话框，将文件类型改为“所有文件”，选中数据库文件dbLibrary．mdb，单击“打开”按钮，返回“包含文件”对话框，此时文件列表中就多了数据库文件。

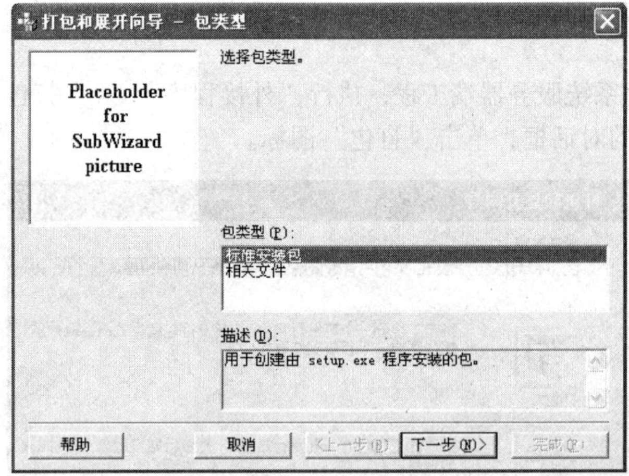

图 9—5—5　选择包类型

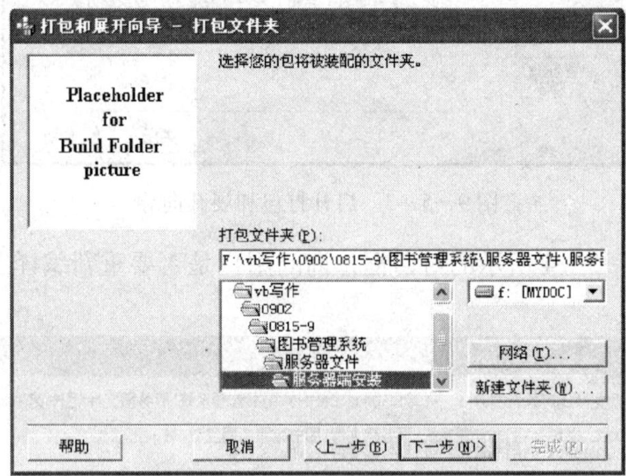

图 9—5—6　选择打包保存文件夹

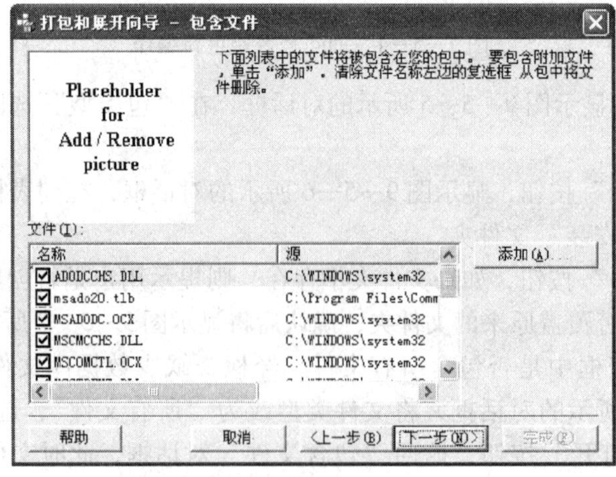

图 9—5—7　是否覆盖已存在的文件夹

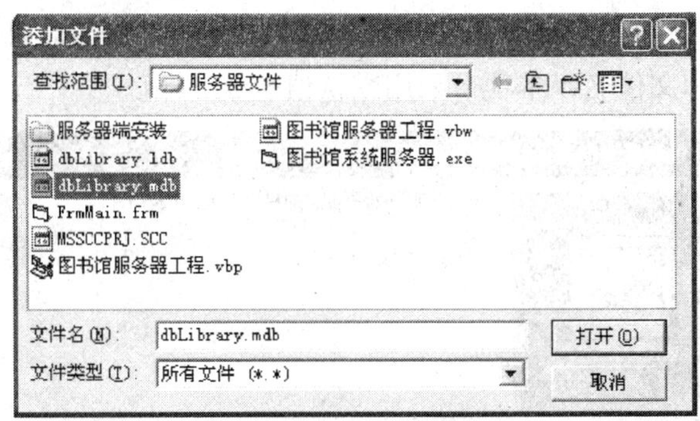

图 9—5—8　添加文件

7．单击“下一步”按钮，显示图 9—5—9 所示的对话框，在“压缩文件选项”选区中选中“单个的压缩文件”选项。

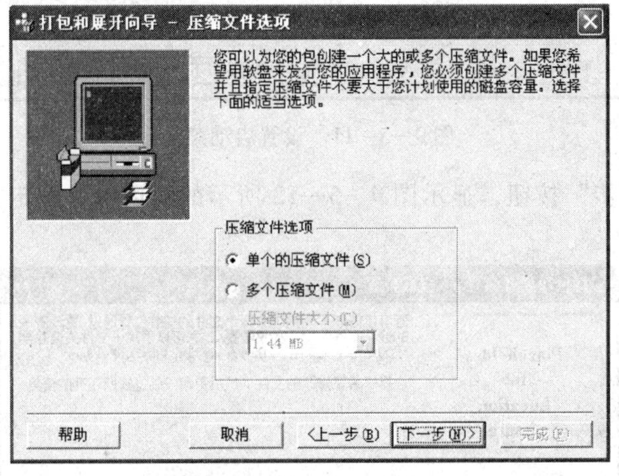

图 9—5—9　设置压缩文件

8．单击“下一步”按钮，显示图 9—5—10 所示的对话框，在“安装程序标题”文本框输入项目安装程序标题，本项目采用默认值。

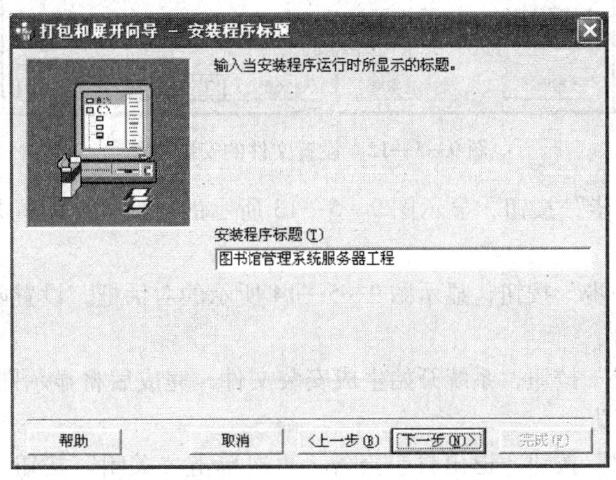

图 9—5—10　设置安装程序标题

9. 单击“下一步”按钮，显示图 9—5—11 所示的对话框，可以设置安装程序在“开始”菜单中的文件组和文件名，本项目采用默认值。

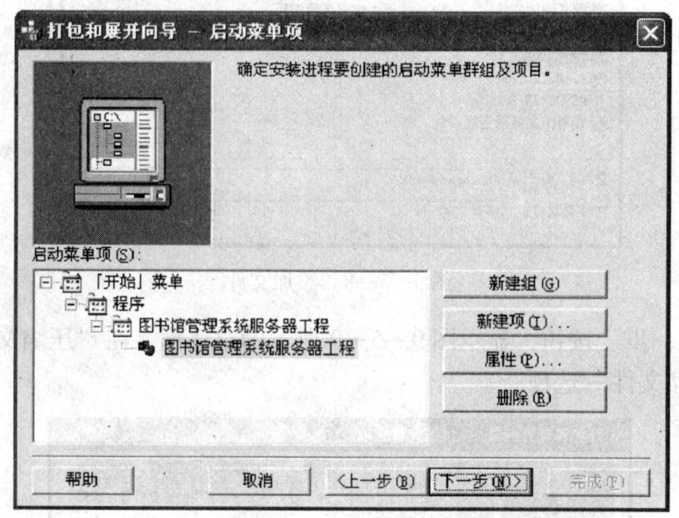

图 9—5—11　设置启动菜单

10. 单击“下一步”按钮，显示图 9—5—12 所示的对话框，确定文件的安装位置，本项目采用默认值。

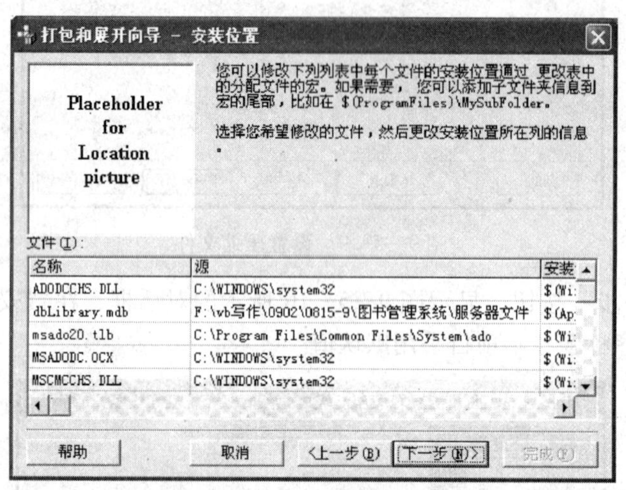

图 9—5—12　设置文件的安装位置

11. 单击“下一步”按钮，显示图 9—5—13 所示的对话框，设置共享文件的路径，本项目采用默认值。

12. 单击“下一步”按钮，显示图 9—5—14 所示的对话框，设置脚本名称，本项目采用默认值。

13. 单击“完成”按钮，系统开始生成安装文件，完成后将显示图 9—5—15 所示的对话框，并显示打包报告。

14. 单击“关闭”按钮，退出打包报告，再次单击“关闭”按钮，退出打包和展开向导。完成打包过程，结果如图 9—5—16 所示。

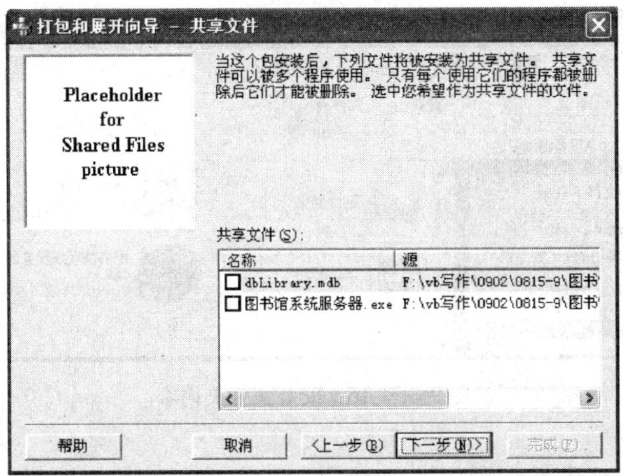

图 9—5—13　设置共享文件

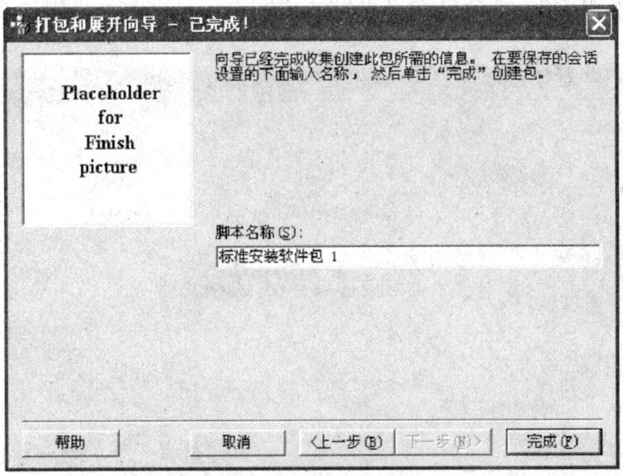

打包和展开向导 － 已完成!

Placeholder for Finish picture

向导已经完成收集创建此包所需的信息。在要保存的会话设置的下面输入名称，然后单击"完成"创建包。

脚本名称(S):

标准安装软件包 1

帮助　取消　<上一步(B)　下一步(N)>　完成(F)

图 9—5—14　设置脚本名称

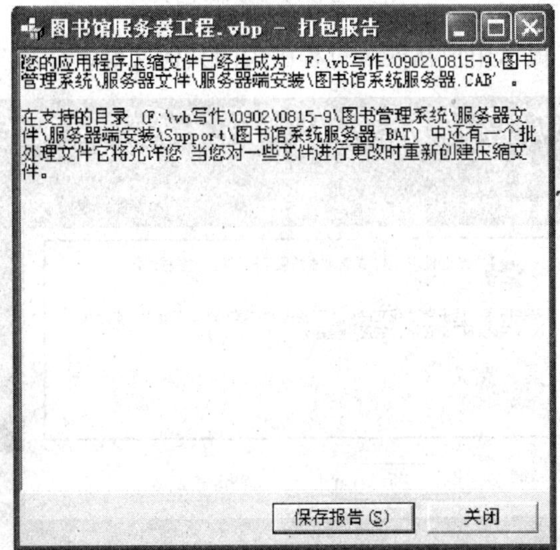

图 9—5—15　打包报告

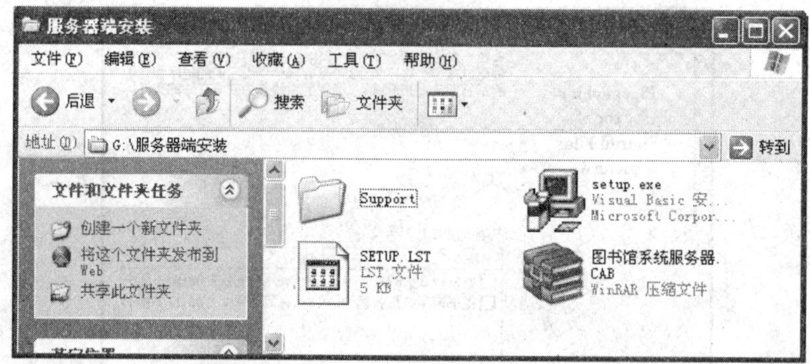

图 9—5—16　安装文件夹内容

三、安装系统

1. 双击“服务器端安装”文件夹中的“setup. exe”，系统开始安装，如图 9—5—17 所示。

图 9—5—17　复制文件

2. 文件复制完后，提示用户在安装过程中关闭其他文件，如图 9—5—18 所示。

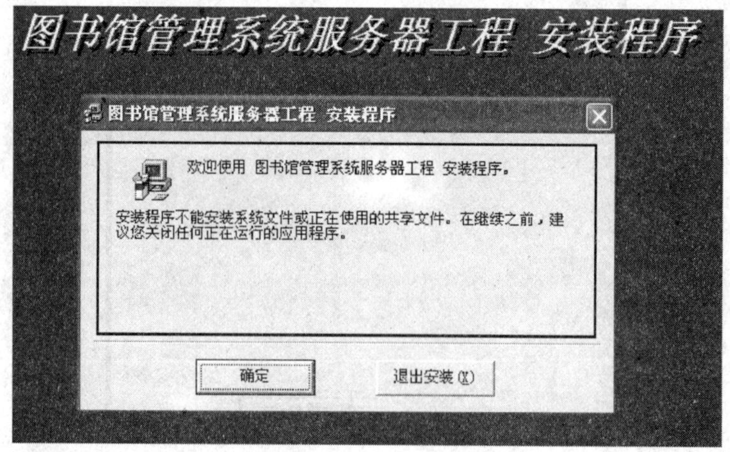

图 9—5—18　安装提示

3. 单击“确定”按钮，进入下一步，让用户选择安装路径，如图9—5—19所示。

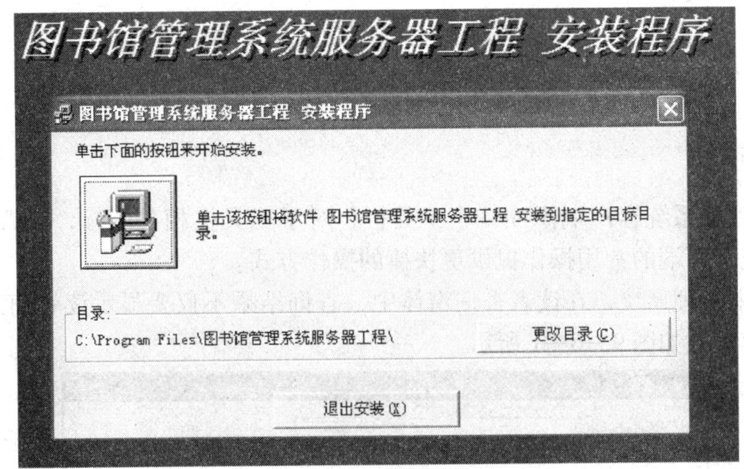

图9—5—19 让用户选择安装路径

4. 单击“单击此项开始安装”按钮，进入下一步，设置“开始”菜单的程序组和程序名，如图9—5—20所示。

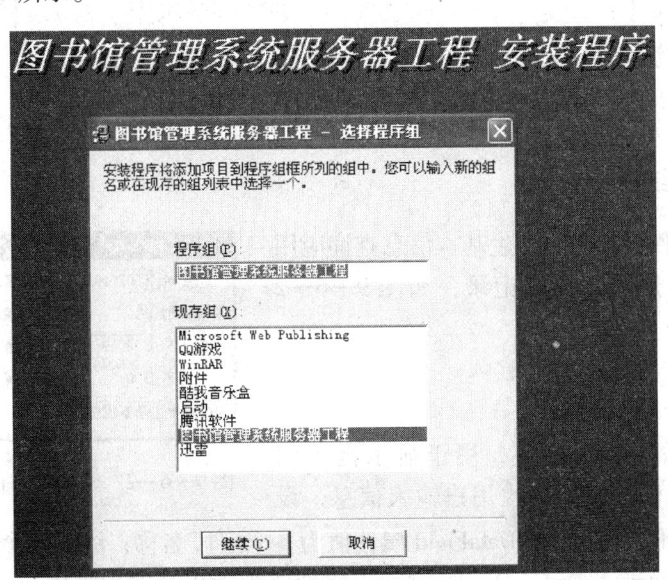

图9—5—20 设置程序组

5. 单击“继续”按钮，进入下一步，开始复制文件，文件复制结束后将显示图9—5—21所示的对话框，提示用户安装成功。单击“确定”按钮，完成安装过程。

6. 打开系统的“开始”菜单，发现其中多了一个程序组“图书管理系统服务器工程”，其下有“图书管理系统服务器工程”程序，单击此程序可以运行图书管理系统服务器端。

图书管理系统客户端的打包过程与服务器端打包过程一致，读者可以自行完成。

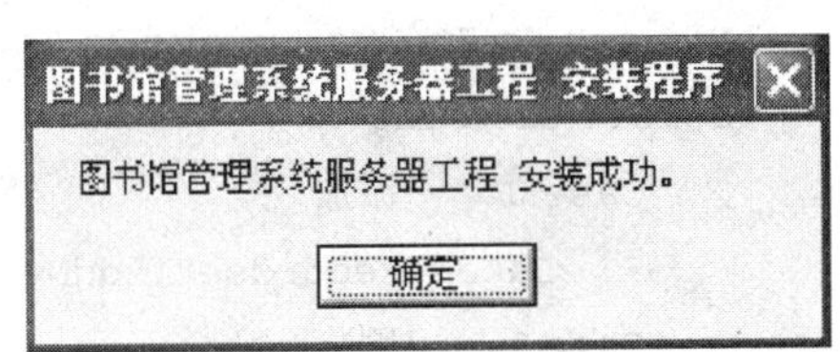

图9—5—21 安装成功

任务六　巩 固 训 练

一、项目拓展

1. 为图书管理系统客户端添加一个工具栏，对于工具栏相关图标，读者可自行设计；为图书管理系统客户端的常用操作提供更快捷的操作方式。

2. 修改图书管理系统，在读者查询窗体中，查询结果不仅要显示读者信息，还要显示读者未还图书信息，如图 9—6—1 所示。

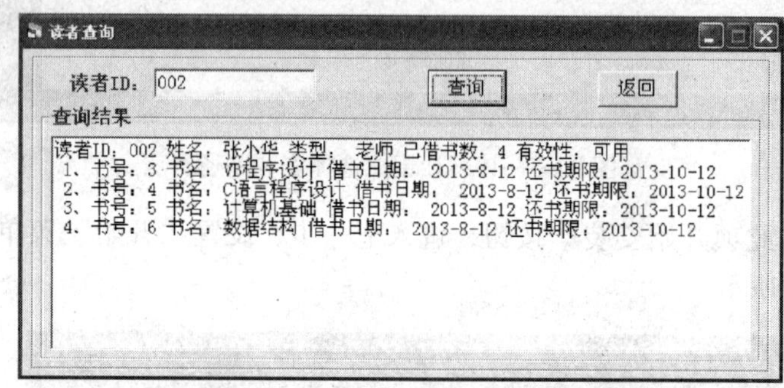

图 9—6—1　读者查询窗体

二、延伸训练

1. 用 Data 控件设计一个学生基本信息查询应用程序，可以添加、删除、查询记录，如图 9—6—2 所示。

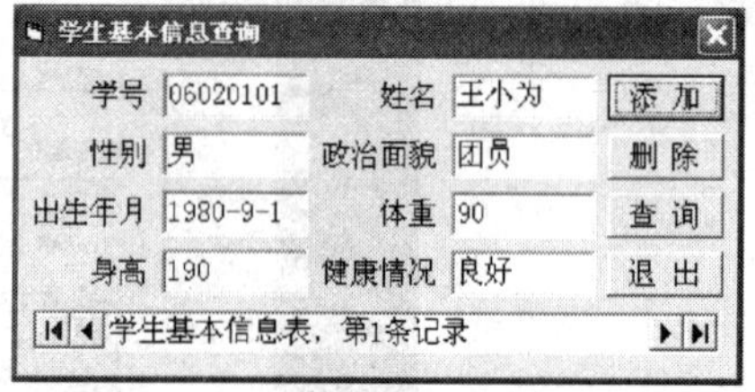

图 9—6—2　学生基本信息查询（Data）

分析与提示

（1）界面设计

在窗体中，添加 8 个标签，用于显示提示信息；添加 8 个文本框，用于接收用户输入信息，设置 DataSource 属性值为 Data1，DataField 属性值为各个字段名称；添加一个 Data 控件 Data1，设置 Connect 属值性为 Access，DatabaseName 属性值为学生档案数据库。mdb，RecordSource 属性值为学生基本信息表。

（2）代码设计

```
Private Sub Command1_Click(Index As Integer)
    Dim res As Integer,mystr As String
    Select Case Index
        Case 0    '添加
            Data1.Recordset.AddNew
        Case 1    '删除
            res = MsgBox("是否真的要删除该记录?",vbYesNo + vbInformation,"删除记录")
```

```
            If res = vbYes Then
                Data1.Recordset.Delete
                Data1.Refresh
            End If
        Case 2     '查询
            mystr = Trim[InputBox("请输入要查找的学号:","查找学生","06020101")]
            mystr = "学号 ='" & mystr & "'"
            Data1.Recordset.FindFirst mystr
            If Data1.Recordset.NoMatch Then
                MsgBox "该生不存在!",vbOKOnly + vbExclamation,"查找结果"
                Data1.Refresh
            End If
        Case 3       '退出
        End
    End Select
End Sub
Private Sub Data1_Reposition()
    Data1.Caption = "学生基本信息表,第" & Data1.Recordset.AbsolutePosition + 1 & "
条记录"
End Sub
Private Sub Data1_Validate(Action As Integer,Save As Integer)
    Dim res As Integer
    If Save = True Then
        res = MsgBox("是否需要保存已更改的内容?",vbYesNo + vbInformation,"保存记录")
        If res = vbNo Then
            Save = False
            Data1.UpdateControls '恢复原值
        End If
    End If
End Sub
```

2. 用 ADODC 控件设计一个学生基本信息查询应用程序，可以添加、删除、查询记录，如图 9—6—3 所示。

分析与提示

(1) 界面设计

在窗体中，添加两个 ADODC 控件：Adodc1 和 Adodc2，设置 Adodc1 的连接字符串为 "Provider = Microsoft. Jet. OLEDB. 3. 51；Persist Security Info = False；Data Source = 学生档案数据库. mdb"，设置 RecordSource 属性值为 "Select * From 学生基本信息表"，用于为数据显示控件提供数据，设置 Adodc2 的连接字符串为 "Provider = Microsoft. Jet. OLEDB. 3. 51；Persist Security Info = False；Data Source = 学生档案数据库. mdb"，设置 RecordSource 属性值为 "学生基本信息表"；添加 DataGrid 控件 DataGrid1，用于显示数据，设置 DataSource 属性值为 Adodc1；添加 DataCombo 控件 DataCombo1，用于为查询提供学号选项，设置 RowSource 属性值为 Adodc2，BoundColumn 属性值为学号，ListField 属性值为学号；添加 4 个命令按

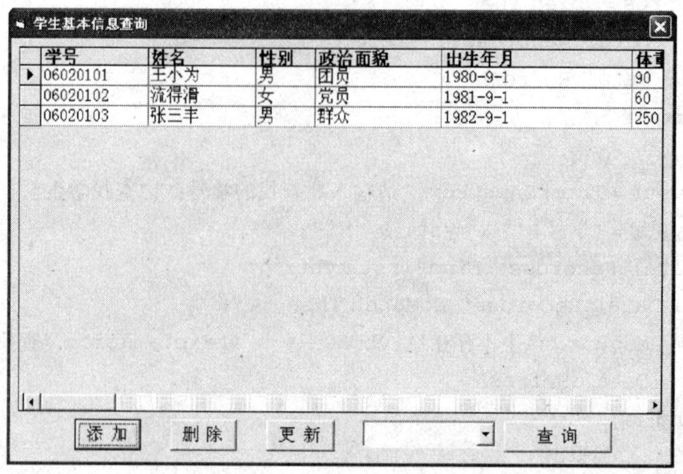

图9—6—3　学生基本信息查询（ADODC）

钮，分别用于添加、删除、更新、查询数据。

（2）代码设计

```
Private Sub Command1_Click(Index As Integer)
    Dim res As Integer,mystr As String
    Select Case Index
        Case 0    '添加
            Adodc1.Recordset.AddNew
        Case 1 '删除
            res = MsgBox("是否真的要删除该记录?",vbYesNo + vbInformation,"删除记录")
            If res = vbYes Then
                On Error Resume Next
                Adodc1.Recordset.Delete
                Adodc1.Recordset.MoveNext
            End If
        Case 2    '更新
            Adodc1.Recordset.Update
        Case 3        '查询
            If Command1(3).Caption = "查 询" Then
                If DataCombo1.Text <> "" Then
                    Command1(3).Caption = "全部显示"
                    mystr = "Select * From 学生基本信息表 where 学号 ='" & DataCombo1.
Text & "'"
                    Adodc1.RecordSource = mystr
                End If
            Else
                Command1(3).Caption = "查 询"
                Adodc1.RecordSource = "Select * From 学生基本信息表"
            End If
```

```
            Adodc1.Refresh
        End Select
    End Sub
```

3. 用 ADODC 控件设计一个学生基本信息高级查询应用程序，不但可以添加、删除、查询记录，还可以通过按钮来定位记录，如图 9—6—4 所示。

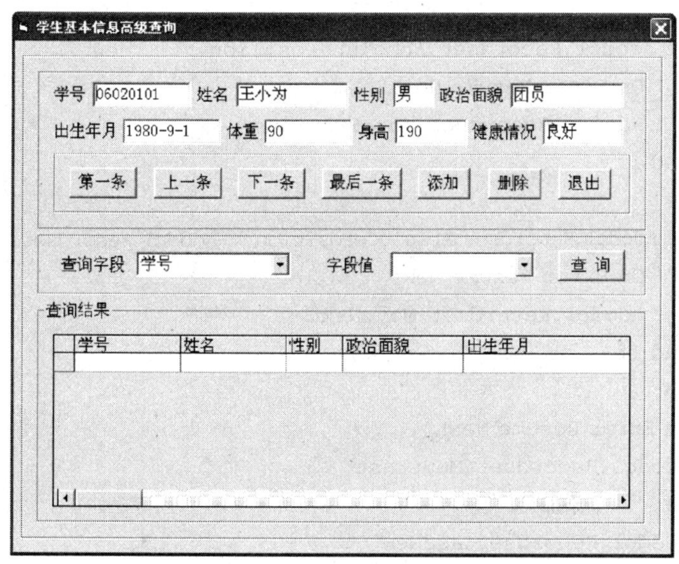

图 9—6—4　学生基本信息高级查询

分析与提示

（1）界面设计

在窗体中，添加 10 个标签，用于显示提示信息；添加 8 个文本框，用于接收用户输入，设置 DataSource 属性值为 Adodc1，DataField 属性值为各个字段名称；添加 8 个命令按钮，其中 4 个用于定位记录，其他 4 个用于添加、删除、查询数据和退出系统；添加一个组合框 Combo1，用于显示数据表所有字段名称；添加一个 DataCombo 控件 DataCombo1，用于显示 Combo1 中选中字段名称对应的值，选择其中一个选项后，在另一个组合框中显示对应值，Combo1 控件和 DataCombo1 控件可以动态设置查询条件，以提高查询的灵活性，设置 Row-Source 属性值为 Adodc2，BoundColumn 属性值为学号，ListField 属性值为学号；添加一个 DataGrid 控件 DataGrid1，用于显示查询结果，其 DataSource 属性值为 Adodc3。

（2）代码设计

```
Private Sub Combo1_Click()
    Dim sqlstr As String
    sqlstr = "select  DISTINCT " + Trim(Combo1.Text) + " from 学生基本信息表"
    Adodc2.RecordSource = sqlstr
    Adodc2.Refresh
    DataCombo1.ListField = Combo1.Text
    DataCombo1.Text = ""
End Sub
Private Sub Command1_Click(Index As Integer)
```

```
Dim res As Integer,mystr As String
Select Case Index
    Case 0
        On Error Resume Next
        Adodc1.Recordset.MoveFirst
    Case 1
        If Adodc1.Recordset.AbsolutePosition > 1 Then
            On Error Resume Next
            Adodc1.Recordset.MovePrevious
        End If
    Case 2
        If Adodc1.Recordset.AbsolutePosition < Adodc1.Recordset.RecordCount Then
            On Error Resume Next
            Adodc1.Recordset.MoveNext
        End If
    Case 3
        On Error Resume Next
        Adodc1.Recordset.MoveLast
    Case 4        '添加
        Adodc1.Recordset.AddNew
    Case 5     '删除
        res = MsgBox("是否真的要删除该记录?",vbYesNo + vbInformation,"删除记录")
        If res = vbYes Then
            On Error Resume Next
            Adodc1.Recordset.Delete
            Adodc1.Recordset.MoveNext
      End If
    Case 6 '退出
        End
    Case 7     '查询
        If Adodc1.Recordset.Fields(Combo1.ListIndex).Type = 200 Then '字符串数
据加上单撇号
            mystr = "Select * from 学生基本信息表 where " & Combo1.Text & " = "
            mystr = mystr & DataCombo1.Text & "'"
        Else
            mystr = "Select * from 学生基本信息表 where " & Combo1.Text & " = "
            mystr = mystr & DataCombo1.Text
        End If
        Adodc3.RecordSource = mystr
        Adodc3.Refresh
End Select
End Sub
Private Sub Form_Load()
```

```
    Dim i As Integer
    For i = 0 To Adodc1.Recordset.Fields.Count - 1
        Combo1.AddItem Adodc1.Recordset.Fields(i).Name
    Next i
    Combo1.ListIndex = 0
    Adodc3.RecordSource = ""
End Sub
```

课后练习

一、选择题

1. 在关系数据库中，表中一列称为一个________。

A. 记录　　B. 字段　　C. 关系　　D. 列

2. 在下列控件中，不能与 Data 控件绑定的控件是________。

A. 命令控件　　B. 文本框　　C. DataList　　D. 标签控件

3. Access 使用的是________数据库。

A. 层次　　B. 网状　　C. 关系　　D. 树型

4. 若需设置 Data 控件的连接数据库名称，则应设置________属性。

A. Connect　　B. DatabaseSource　　C. RecordSource　　D. DatabaseName

5. 在 SQL 语句中，________ 语句可生成一个选择查询。

A. Select　　B. Insert　　C. Delete　　D. Update

6. 通过设置 ADODC 控件的 ________属性，可以指定具体访问的数据，这些数据构成了记录集对象。

A. Connect　　B. ConnectionString　　C. RecordSource　　D. DataSource

7. 设置窗体的________属性，可以将窗体设为 MDI 主窗体的子窗体。

A. MDIChild　　B. MDI　　C. Child　　D. IsChild

8. 在 Recordset 对象中，________方法用于删除当前记录。

A. Del　　B. Delete　　C. DeleteRecord　　D. DeleteRecordSet

二、综合题

用 ADODC 控件设计一个学生成绩处理程序，其界面如题图 9—1 所示。

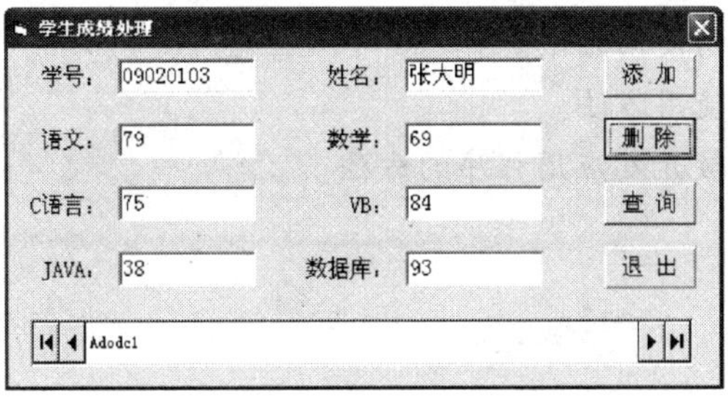

题图 9—1　学生成绩处理程序界面

项目十　创建备忘录

人们为了记住重要的事情，一般习惯使用备忘录。本项目利用 VB 6.0 的 API 函数，创建一个在桌面透明显示的备忘录，只要运行该程序，系统就会自动根据当前日期提示当天的重要行程或安排，项目可以连续运行、自动检测日期变化、及时更新显示内容，当天如果没有重要行程与安排，则显示“无”字。用户可以让程序在操作系统启动后自动运行，备忘录程序会在用户开机后所有时间内贴心地为其服务。备忘录及其后台管理的运行效果分别如图 10—0—1 和图 10—0—2 所示。

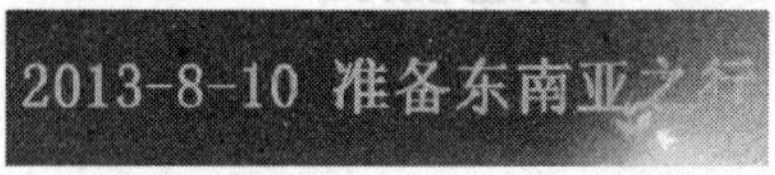

2013-8-10 准备东南亚之行

图 10—0—1　备忘录运行效果

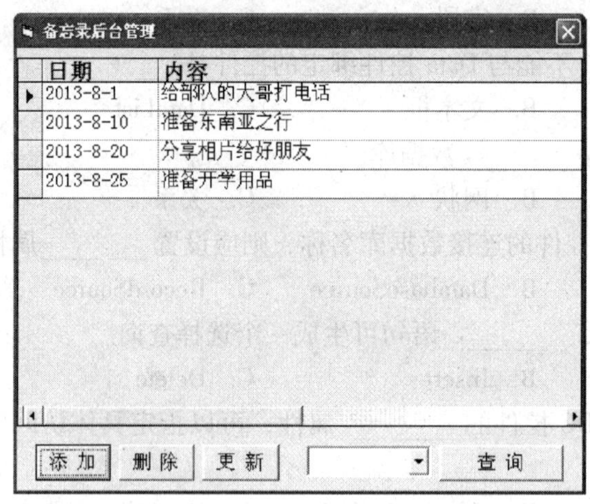

图 10—0—2　备忘录后台管理的运行效果

任务一　创建备忘录

学习目标

1. 掌握 API 浏览器的使用方法。
2. 掌握 API 函数的使用方法。
3. 掌握应用 API 函数开发应用程序的方法。

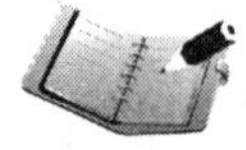

任务描述

VB6.0 不但能进行普通的应用程序开发，而且还能进行数据库、多媒体、网络、数据采集与硬件控制等应用项目的开发，但它也不是能完全满足人们的实际开发的需要的，很多时候，人们在应用程序开发过程中，需要借助 Windows 操作系统提供的 API 函数，才能实现一些特殊效果或个化性的应用。本任务将利用 ADODC 控件完成备忘录的后台管理功能，并利用 BeginPath 函数、EndPath 函数、SetBkMode 函数、PathToRegion 函数、SetWindowRgn 函数、TextOut 函数、SendMessage 函数、ReleaseCapture 函数等来完成备忘录的功能。

相关知识

一、API 简介

API 即 Application Program Interface（应用程序接口），是 Windows 系统提供给用户进行系统编程和外设控制的强大的函数库，其可以实现所有 Windows 系统下可以实现的功能。

作为多任务系统的 Windows，其不仅能协调应用程式的执行、分配内存、管理系统资源等功能，同时，它还是一个很大的服务中心，调用这个服务中心的各种服务（每一种服务就是一个 API 函数），可以帮助应用程序实现打开窗口、描绘图形、使用周边设备等功能。由于这些函数服务的对象是应用程序，所以便称为 Application Programming Interface，简称 API 函数。

Visual Basic（VB）作为一种高效编程环境，它封装了部分 Windows API 函数，但也牺牲了一些 API 的功能。

在调用 API 时，稍有不慎就可能导致 API 编程错误，出现难于捕获或间歇性错误，甚至出现程序崩溃。为了减少 API 编程错误和提高 VB 调用 API 时的安全性，在使用 API 函数时，首先要深入学习，充分了解该函数后才使用。

Windows API 包括几千个可调用的函数，它们大致可以分为以下几个大类：基本服务、组件服务、用户界面服务、图形多媒体服务、消息和协作、网络、Web 服务。

二、API 函数的声明

在使用 API 函数时，要先声明 API 函数，然后才能正常使用。用户既可以在窗体的通用声明中声明 API 函数，也可以在标准模块中声明 API 函数。

声明 API 函数的作用是确定将要使用的 API 函数的名称、别名、API 函数所在的文件、函数中使用的参数及其类型、数据传输方式、返回值类型等。

声明 API 函数的格式如下：

```
[Public |Private]Declare Sub |Function API 函数名 Lib API 函数所在文件名 [Alias API 函数别名](参数及类型列表)As 返回值类型
```

例如，`Declare Function BeginPath Lib "gdi32" (ByVal hdc As Long)As Long`

完成函数声明后，在应用程序中，可以自由调用已声明的 API 函数。

三、API 阅读器

API 函数声明比较复杂，对于不熟悉 API 函数的初学者，很难写出完整的函数声明语句。VB 提供了一个专门处理 API 函数声明的工具 API 阅读器，API 阅读器也称为 API 浏览器。

1．加载 API 阅读器

执行“外接程序”→“外接程序管理器”命令，弹出“外接程序管理器”对话框，在列表框中选择“VB 6 API Viewer”选项，然后在“加载行为”选区中，选中“在启动中加载”和“加载/卸载”选项，如图 10—1—1 所示，单击“确定”按钮，关闭“外接程序管理器”对话框。

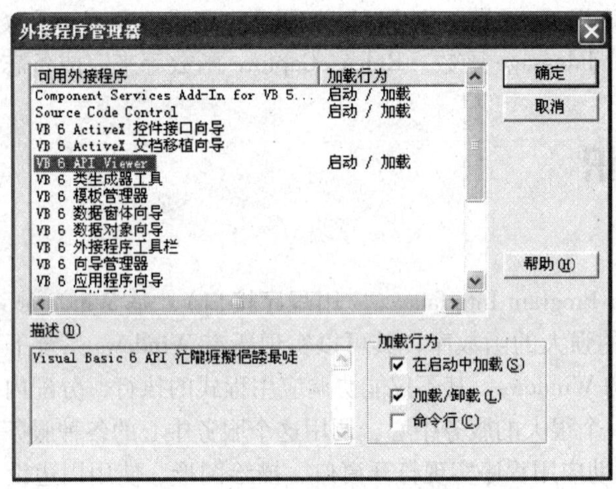

图 10—1—1　外接程序管理器

再次单击“外接程序”菜单，发现该菜单的下方多了一个菜单选项“API 浏览器”，如图 10—1—2 所示。

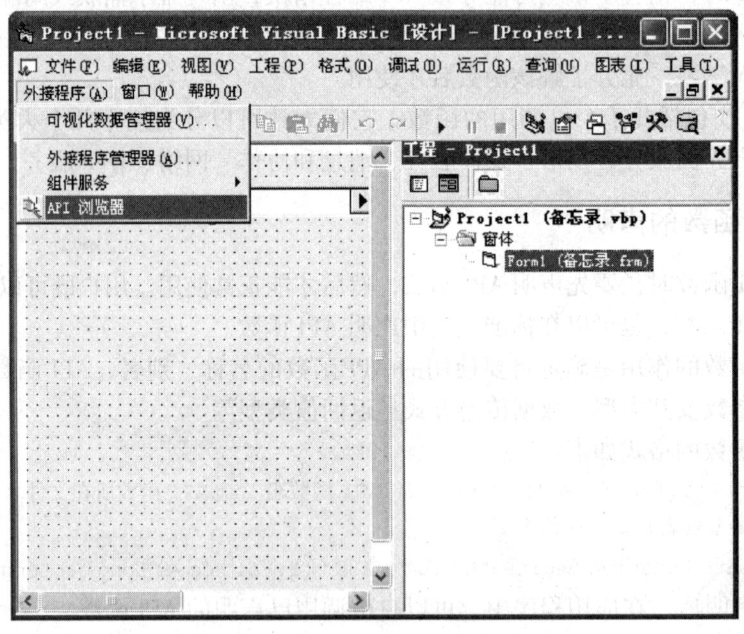

图 10—1—2　加载 API 浏览器

2. 使用 API 阅读器

（1）执行“外接管理”→“API 浏览器”命令，弹出“API 浏览器”对话框，如图 10—1—3 所示。此时，“API 浏览器”对话框的显示内容为空，各个命令按钮也是灰色的，需要先加载 API 文件才能使用。

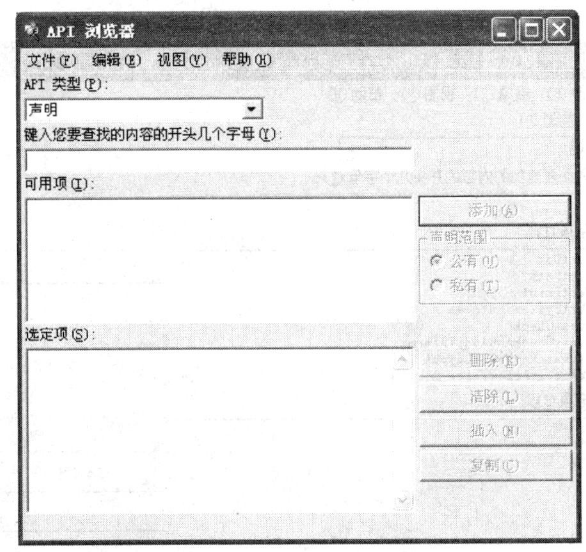

图 10—1—3 API 浏览器

（2）执行“文件”→“加载文本文件”命令，弹出“选择一个文本 API 文件”对话框，在文件列表框中选择中“WIN32API. TXT”选项，如图 10—1—4 所示，然后单击“打开”按钮。

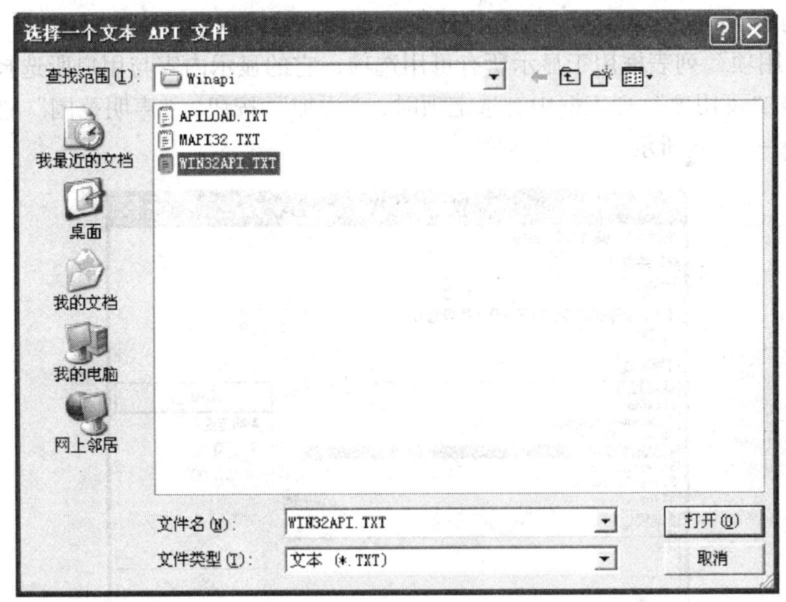

图 10—1—4 选择 API 文本文件

（3）成功加载 API 文件后，API 阅读器的显示界面如图 10—1—5 所示。

（4）单击“API 类型”下拉列表框，可以选择不同的操作对象，如“声明”“常数”“类型”。其中，“声明”是指函数声明，此时“可用项”列表框将显示大量可用的 API 函数；“常数”和“类型”是辅助选项，在“可用项”列表框中将显示 API 函数所需的常数和类型。

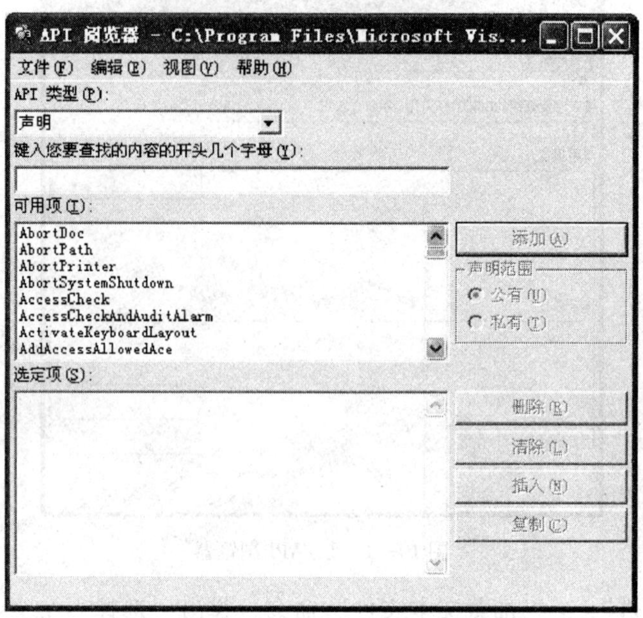

图 10—1—5 成功加载 API 文件后 API 阅读器的显示界面

（5）“键入您要查找内容的开头几个字母”文本框用于快速查找指定的可用项，在该文本框中输入内容，“可用项”列表框会快速实时查找以输入内容开头的可用项。

（6）“可用项”列表框用于显示所有可用选项，它的显示内容与用户所选择的 API 类型有关。只有当“可用项”列表框中有选定项时，“添加”按钮、“声明范围”选区才会正常显示，如图 10—1—6 所示。

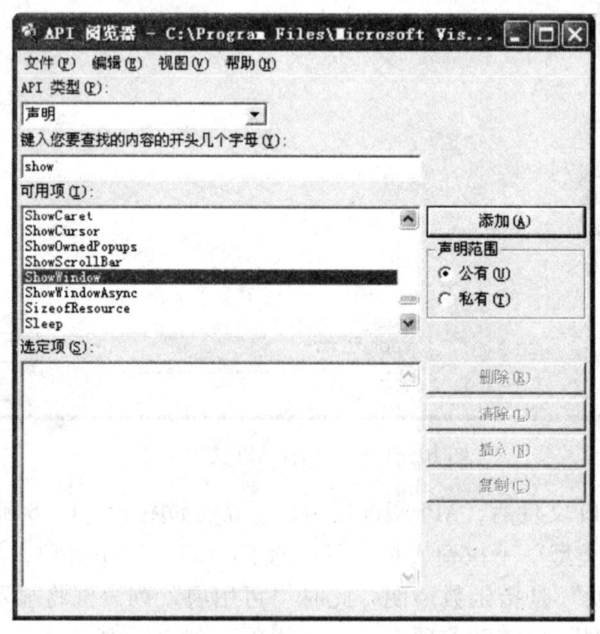

图 10—1—6 选择可用项

（7）在“可用项”中选定指定函数，例如，选中“ShowWindow”选项，然后选择声明范围，如选中“公有”选项，然后单击“添加”按钮，在“选定项”列表框中就会添加一个选项，如图 10—1—7 所示。

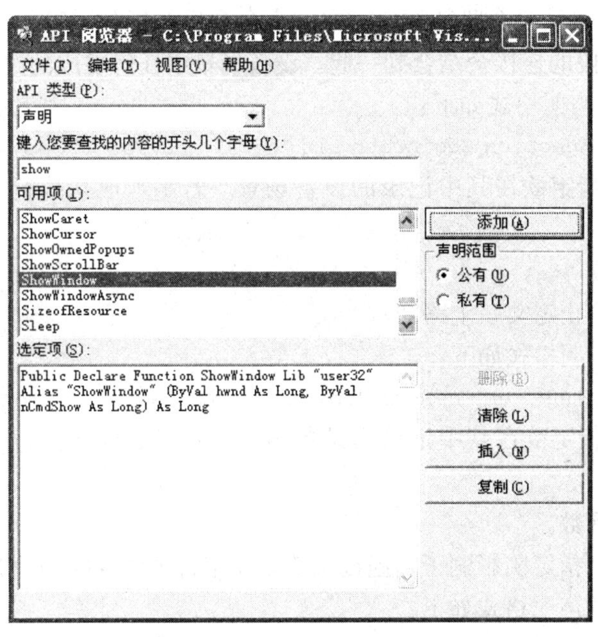

图 10—1—7　添加选定项

（8）当“选定项”列表框不为空时，右边的命令按钮就会正常显示，单击“清除”按钮，可以清空“选定项”列表框；单击“插入”按钮，可以把“选定项”列表框中的内容复制到当前窗体的通用声明位置；单击“复制”按钮，可以把“选定项”列表框中的内容复制到系统的剪贴板中；在“选定项”列表框中，选择一项，单击“删除”按钮，可以删除指定的选定项。

（9）选中所有相关 API 函数后，单击“插入”按钮，系统将显示图 10—1—8 所示的提示对话框，询问是否将选定 API 函数插入指定窗体，单击“是”按钮，“选定项”列表框的内容便会自动添加到指定窗体中，如图 10—1—9 所示。

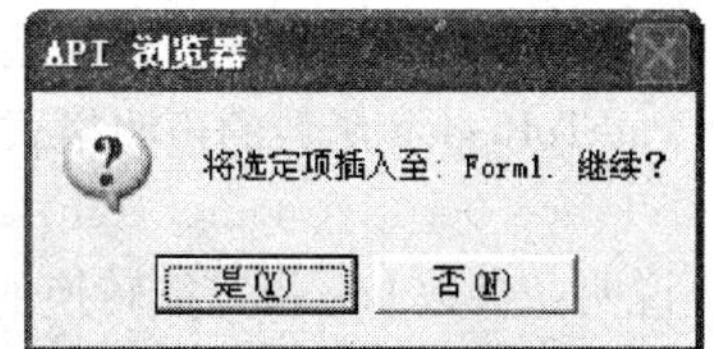

图 10—1—8　插入提示对话框

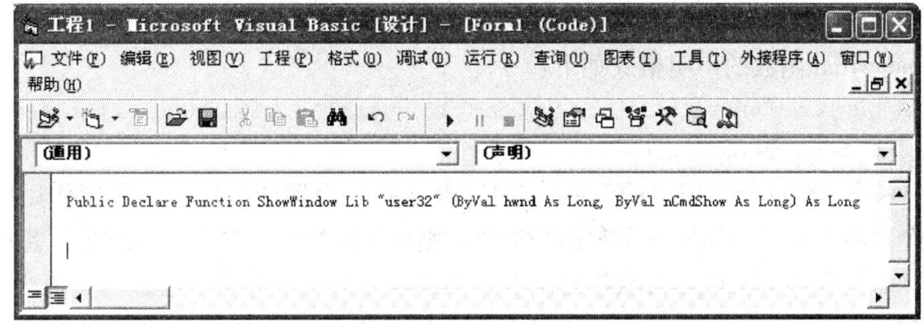

图 10—1—9　API 函数声明

四、本任务用到的主要 API 函数

1. BeginPath 函数

BeginPath 函数：启动一个路径分支。在这个命令后执行的 GDI 绘图命令，会自动成为路径的一部分，对线段的连接会结合到一起。设备场景中任何现成的路径都会被清除。

BeginPath 函数的声明格式如下：

```
Private Declare Function BeginPath Lib "gdi32" (ByVal hdc As Long)As Long
```

说明：参数 hdc 指定欲在其中记录的设备场景。若函数成功执行，则返回非零值；否则，返回值为 0。

2. EndPath 函数

EndPath 函数：停止定义一个路径。

EndPath 函数的声明格式如下：

```
Private Declare Function EndPath Lib "gdi32" (ByVal hdc As Long)As Long
```

说明：参数 hdc 指定欲在其中记录的设备场景。若函数成功执行，则返回非零值；否则，返回值为 0。

3. SetBkMode 函数

SetBkMode 函数：指定阴影刷子、虚线画笔以及字符中的空隙的填充方式。

SetBkMode 函数的声明格式如下：

```
Private Declare Function SetBkMode Lib "gdi32" (ByVal hdc As Long,ByVal nBkMode
As Long)As Long
```

说明：参数 hdc 指定当前设备的句柄；参数 mode 指定要设置的模式，其有两个可选项：OPAQUE，用当前的背景色填充虚线画笔、阴影刷子以及字符的空隙；TRANSPARENT，透明处理，即不作上述填充。函数返回值是前一次设置的模式。

4. PathToRegion 函数

PathToRegion 函数：将当前选定的路径转换到一个区域里。

PathToRegion 函数的声明格式如下：

```
Private Declare Function PathToRegion Lib "gdi32" (ByVal hdc As Long)As Long
```

说明：参数 hdc 指定欲转换的路径的设备场景。函数返回新区域的句柄，0 表示错误。

5. SetWindowRgn 函数

SetWindowRgn 函数：设置了一个窗口的区域，只有被包含在这个区域内的地方才会被重绘，而不包含在区域内的其他区域，系统将不会显示。

SetWindowRgn 函数的声明格式如下：

```
Private Declare Function SetWindowRgn Lib "user32" (ByVal hWnd As Long,ByVal hRgn
As Long,ByVal bRedraw As Boolean)As Long
```

说明：参数 hWnd 指定窗口的句柄，参数 hRgn 指定设置的区域，函数起作用后将把窗体变成这个区域的形状，如果这个参数是空值，则窗体区域也会被设置成空值，也就是什么也看不到；参数 bRedraw 指定当函数起作用后，窗体是不是该重绘一次，当其值为 True 时，表示要重绘，否则不需要重绘，如果窗体是可见的，通常建议将其值设置为 True。如果函数执行成功，则返回非零的数字，否则，返回值为 0。

6. TextOut 函数

TextOut 函数：用当前选择的字体、背景颜色和正文颜色，将一个字符串写到指定位置。

TextOut 函数的声明格式如下：

```
Private Declare Function TextOut Lib "gdi32" Alias "TextOutA" (ByVal hdc As Long,
ByVal X As Long,ByVal Y As Long,ByVal lpString As String,ByVal nCount As Long)As Long
```

说明：参数 hdc 指定设备环境的句柄；参数 X 指定用于字符串对齐的基准点的逻辑 X 坐标；参数 Y 指定用于字符串对齐的基准点的逻辑 Y 坐标；参数 lpString 设置指向将被绘制字符串的指针，此字符串不必为以“\0”结束，因为参数 nCount 中指定了字符串的长度；参数 nCount 指定字符串的长度。如果函数调用成功，则返回值为非零值；否则，返回值为 0。

7. SendMessage 函数

SendMessage 函数：将指定的消息发送到一个或多个窗口。此函数为指定的窗口调用窗口程序，直到窗口程序处理完消息后再返回。

SendMessage 函数的声明格式如下：

```
Private Declare Function SendMessage Lib "user32" Alias "SendMessageA" (ByVal
hWnd As Long,ByVal wMsg As Long,ByVal wParam As Long,lParam As Any)As Long
```

说明：参数 hWnd 指定将接收消息的窗口的句柄，如果此参数为 HWND_BROADCAST，则消息将被发送到系统中所有顶层窗口，包括无效或不可见的非自身拥有的窗口、被覆盖的窗口和弹出式窗口，但消息不被发送到子窗口；参数 Msg 指定被发送的消息；参数 wParam 和参数 IParam 指定附加的消息特定信息。返回值：返回值指定消息处理的结果，依赖于所发送的消息。

8. ReleaseCapture 函数

ReleaseCapture 函数：从当前线程中的窗口释放鼠标捕获，并恢复通常的鼠标输入处理。

ReleaseCapture 函数的声明格式如下：

```
Private Declare Function ReleaseCapture Lib "user32" ()As Long
```

说明：函数不带参数。如果函数调用成功，则返回非零值；如果函数调用失败，则返回值为 0。

任务实施

一、备忘录后台开发

1. 数据库设计

新建一个 Access 数据库，将其取名为“数据源. mdb”，然后新建一个数据表“数据源”，在该表中添加两个字段：日期型的“日期”字段和字符串型的“内容”字段。

2. 界面设计

在窗体上添加一个 DataGrid 控件 DataGrid1，用于显示数据；添加一个 DataCombo 控件 DataCombo1，用于显示相关备忘录中相关记录的日期数据，以便于快速查找特定日期的备忘录信息；添加两个 ADODC 控件：Adodc1 和 Adodc2，Adodc1 为 DataGrid1 提供数据，Adodc2 为 DataCombo 提供数据；添加 4 个命令按钮，分别用于添加、删除、更新、查询功能，4 个命令按钮是一个控件数组 Command1。备忘录后台管理界面设计如图 10—1—10 所示。

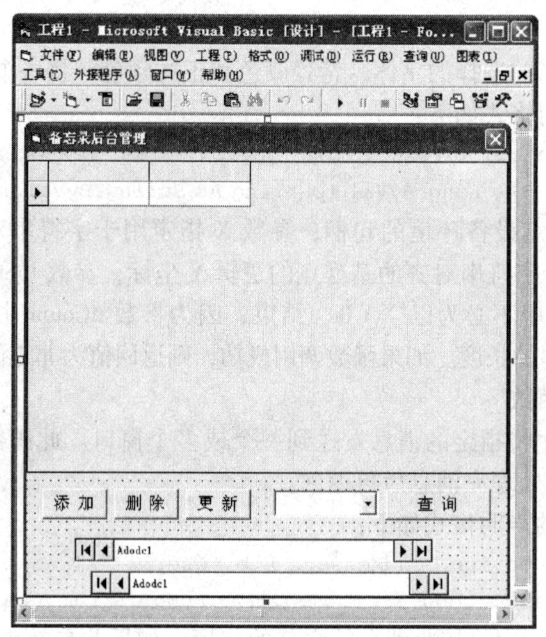

图 10—1—10　备忘录后台管理界面设计

3. 代码分析与设计

分析：在窗体的加载事件中，设置 DataGrid1 各列的宽度，达到比较的显示效果，但每次更新数据后，DataGrid1 各列的宽度都会发生变化，因此，每次更新数据又须重新设置各列宽度。

添加数据用 AddNew 方法，删除数据用 Delete 方法，更新数据用 Update 方法。注意，对于用于查找的日期组合框，其数据不会自动更新，如添加或删除一条记录，日期组合框的数据还是原来的数据，需要退出应用程序后再次进入才会更新数据，因此，需要手工更新日期组合框的数据。

查找数据功能通过用 SQL 查询字符串更新 RecordSource 属性实现。

程序源代码如下：

```
Private Sub Command1_Click(Index As Integer)
    Dim res As Integer,mystr As String
    Select Case Index
        Case 0    '添加
            Adodc1.Recordset.AddNew
        Case 1    '删除
            res = MsgBox("是否真的要删除该记录?",vbYesNo + vbInformation,"删除记录")
            If res = vbYes Then
                On Error Resume Next
                Adodc1.Recordset.Delete
          Adodc1.Recordset.MoveNext
            End If
        Case 2    '更新
            On Error Resume Next
```

```
            Adodc1.Recordset.Update
            Adodc2.RecordSource = "Select * From 备忘录 order by 日期"
            Adodc2.Refresh
            DataCombo1.BoundColumn = "日期"
        Case 3         '查询
            If Command1(3).Caption = "查询" Then
                If DataCombo1.Text <> "" Then
                    Command1(3).Caption = "全部显示"
                    mystr = "Select * from 备忘录 where 日期 = #" & DataCombo1.Text & "#"
                    Adodc1.RecordSource = mystr
                End If
            Else
                Command1(3).Caption = "查询"
                Adodc1.RecordSource = "Select * From 备忘录 order by 日期"
            End If
            Adodc1.Refresh
    End Select
    DataGrid1.Columns(0).Width = 1500
    DataGrid1.Columns(1).Width = 7500
End Sub
Private Sub Form_Load()
    DataGrid1.Columns(0).Width = 1500
    DataGrid1.Columns(1).Width = 7500
End Sub
```

二、备忘录开发

1. 界面设计

设置窗体的边框类型为“无边框”，然后在窗体上添加一个 ADODC 控件 Adodc1，用于读取备忘录数据库中的数据；添加一个时钟控件 Timer1，用于日期检测，且每秒更新一次。备忘录界面设计如图 10—1—11 所示。

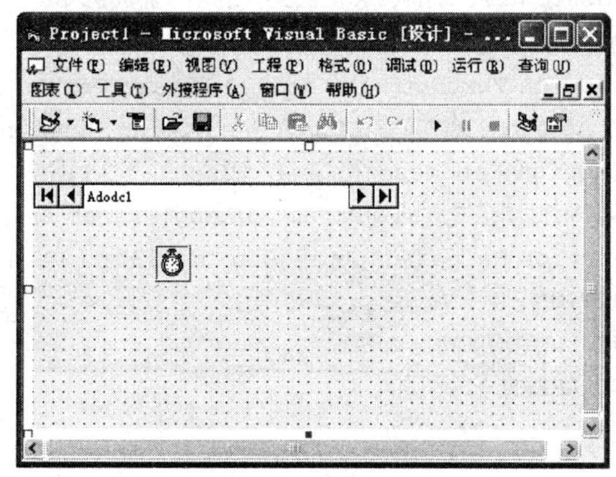

图 10—1—11　备忘录界面设计

2. 代码分析与设计

分析：编写一个专门检测日期变化的函数 changedate，以实现备忘录的自动更新。设计一个模块级的日期变量 d，用于保存上一次日期检查的日期值，在 changedate 函数读取当前的日期值时，比较两个日期值是否一致，如果不一致，则说明日期发生变化，需要重新读取备忘录数据库中的值，并更新显示。如果备忘录数据库有指定日期的数据，按照“日期+内容”规则生成字符串，保存在模块级变量 distxt 中；如果没有指定日期的数据，则直接将“日期+无”赋给变量 distxt。然后，再根据 distxt 变量值，设置窗体大小，把新的日期值保存起来，更新变量 d 的值，以便下次判断。

在窗体的加载事件中，设置时钟的 Interval 值、窗体的字体格式，调用 changedate 函数，确定变量 d 和 distxt 的值，然后启动时钟，系统开始正式工作。

在 Timer1_Timer 事件中，先调用 changedate 函数检查日期是否变化，以便及时更新变量 distxt 的值和窗体的大小，然后用 BeginPath 函数启动一个路径分支，用 SetBkMode 函数设置透明方式，用 TextOut 函数输出 distxt 的值，注意输入长度为 Len（distxt）＊2，因为一个汉字占两个字节。此时，把文字的线条转为路径，用 EndPath 函数停止定义路径，完成指定路径的定义。然后，用 PathToRegion 函数将路径转为区域，用 SetWindowRgn 函数将区域设置为窗口区域，以实现透明显示效果。

在 Windows 系统中，默认情况下，拖动窗口标题栏可以移动窗口，但本项目的窗体没有标题栏，不能移动窗体，需要用手工的方法来处理窗体移动。当用户在窗体中拖动鼠标时，系统先用 ReleaseCapture 模拟操作窗体标题栏，然后用 SendMessage 函数向操作系统发送移动标题栏的信息。

在窗体中双击鼠标时，退出应用程序。

程序源代码如下：

```
Option Explicit
Private Declare Function BeginPath Lib "gdi32" (ByVal hdc As Long)As Long
Private Declare Function EndPath Lib "gdi32" (ByVal hdc As Long)As Long
Private Declare Function SetBkMode Lib "gdi32" (ByVal hdc As Long,ByVal nBkMode As Long)As Long
Private Declare Function PathToRegion Lib "gdi32" (ByVal hdc As Long)As Long
Private Declare Function SetWindowRgn Lib "user32" (ByVal hWnd As Long,ByVal hRgn As Long,ByVal bRedraw As Boolean)As Long
Private Declare Function TextOut Lib "gdi32" Alias "TextOutA" (ByVal hdc As Long,ByVal X As Long,ByVal Y As Long,ByVal lpString As String,ByVal nCount As Long)As Long
Private Declare Function SendMessage Lib "user32" Alias "SendMessageA" (ByVal hWnd As Long,ByVal wMsg As Long,ByVal wParam As Long,lParam As Any)As Long
Private Declare Function ReleaseCapture Lib "user32" ()As Long
Private Const HTCAPTION = 2
Private Const WM_NCLBUTTONDOWN = &HA1
Private Const TRANSPARENT = 1
Dim distxt As String
Dim d As Date
Private Sub Form_DblClick()
```

```
    Unload Me
End Sub
Private Sub Form_Load()
    Timer1.Interval = 1000
    Me.FontSize = 60
    Me.BackColor = vbGreen
    Me.FontBold = True
    changedate
    Timer1_Timer
End Sub
Private Sub Form_MouseDown(Button As Integer,Shift As Integer,X As Single,Y As Single)
    ReleaseCapture
    SendMessage Me.hWnd,WM_NCLBUTTONDOWN,HTCAPTION,ByVal 0&
End Sub
Private Sub Timer1_Timer()
    Dim dc As Long
    changedate
    dc = Me.hdc
    BeginPath dc
    SetBkMode hdc,TRANSPARENT
    TextOut dc,0,10,distxt,Len(distxt) * 2
    EndPath dc
  SetWindowRgn hWnd,PathToRegion(hdc),True
End Sub
Private Function changedate()
    Dim d1 As Date
    Dim sqlstr As String
    d1 = Date
    If d <> d1 Then
        d = d1
        sqlstr = "select 内容 from 备忘录 where 日期 = #" & d1 & "#"
        Adodc1.RecordSource = sqlstr
        Adodc1.Refresh
        If Adodc1.Recordset.RecordCount < 1 Then
            distxt = "无"
        Else
            distxt = Adodc1.Recordset.Fields(0).Value
        End If
        distxt = CStr(Date) + " " + CStr(distxt)
      Me.Width = Form1.TextWidth(distxt) + 200
        Me.Height = Form1.TextHeight(distxt) + 200
    End If
End Function
```

任务二 巩固训练

一、项目拓展

1. 在备忘录后台管理系统中，“日期”下拉列表框的选项内容是提取每条记录的“日期”字段值，如果日期有重复，则在“日期”下拉列表框中也会出现重复选项，如图 10—2—1 所示。请完善程序，消除“日期”下拉列表框中的重复选项。

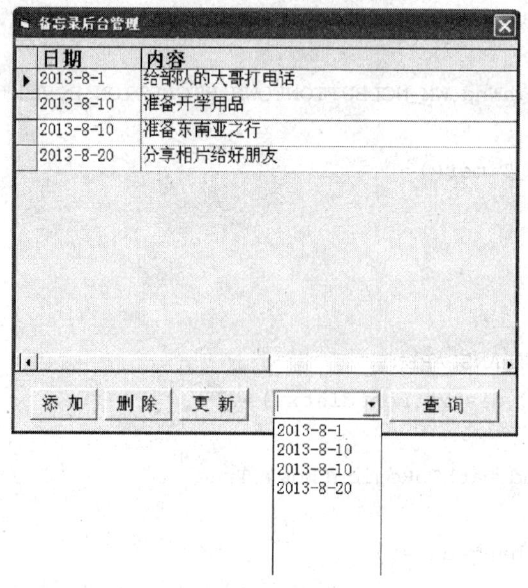

图 10—2—1　消除“日期”下拉列表框中的重复选项

2. 当允许日期重复时，可能是由于某一天有多条备忘信息，但目前的备忘录只能显示一条记录，完善项目，让系统能显示同一天的多条备忘信息，如图 10—2—2 所示。

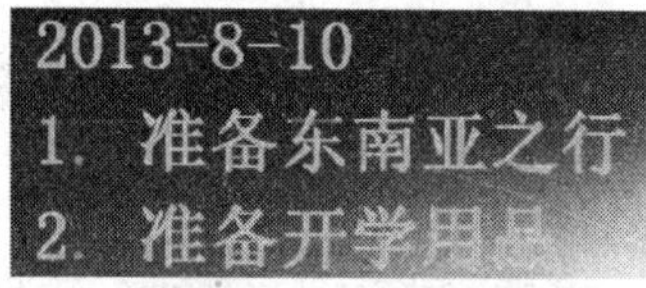

图 10—2—2　能显示同一天的多条备忘信息

二、延伸训练

1. 设计一个图形窗体，如图 10—2—3 所示。

分析与提示

（1）界面设计

设置窗体为无边框类型，然后设置窗体的背景为指定图片。

图 10—2—3 图形窗体

（2）相关 API 函数

CreatePolygonRgn 函数：创建一个由一系列点围成的区域。Windows 在需要时自动将最后点与第一点相连以封闭多边形。其声明格式如下：

```
Private Declare Function CreatePolygonRgn Lib "gdi32" (lpPoint As POINTAPI,ByVal nCount As Long,ByVal nPolyFillMode As Long)As Long
```

说明：参数 lpPoint 是包含多边形的点集；参数 nCount 指定多边形的点数；参数 nPolyFillMode 描述多边形填充模式，可为常数 Alternate 或 Windinc，默值为 Alternate。执行成功为创建的区域句柄，失败则为 0。

（3）代码分析与设计

分析：本项目将窗体显示为一幅图片的形状，需要获得图片的边框点集，然后以这些点集为基础用 CreatePolygonRgn 函数创建一个区域，并用 SetWindowRgn 函数创建的区域作为窗体区域。

在 Windows 系统中，默认情况下，拖动窗口标题栏可以移动窗口，但本项目的窗体没有标题栏，不能移动窗体，需要用手工的方法来处理窗体移动。当用户在窗体中拖动鼠标时，系统先用 ReleaseCapture 模拟操作窗体标题栏，然后用 SendMessage 函数向操作系统发送移动标题栏的信息。

程序源代码如下：

```
Private Declare Function ReleaseCapture Lib "user32" ()As Long
Private Declare Function SendMessage Lib "user32" Alias "SendMessageA" (ByVal hWnd As Long,ByVal wMsg As Long,ByVal wParam As Long,lParam As Any)As Long
Private Declare Function CreatePolygonRgn Lib "gdi32" (lpPoint As POINTAPI,ByVal nCount As Long,ByVal nPolyFillMode As Long)As Long
Private Declare Function SetWindowRgn Lib "user32" (ByVal hWnd As Long,ByVal hRgn As Long,ByVal bRedraw As Boolean)As Long
Private Type POINTAPI '定义点结构
        X As Long
        Y As Long
End Type
Private Const ALTERNATE = 1 '表示交替填充
```

```
Private Const WM_SYSCOMMAND = &H112
Private Const SC_MOVE = &HF010&
Private Const HTCAPTION =1
Dim rec(0 To 51)As POINTAPI '确定多边形窗体各端点的坐标
Private Sub Form_Load()
    Dim hdc1 As Long
    rec(0).X =16: rec(0).Y =30
    rec(1).X =32: rec(1).Y =30
    rec(2).X =32: rec(2).Y =19
    rec(3).X =47: rec(3).Y =19
    rec(4).X =47: rec(4).Y =30
    rec(5).X =65: rec(5).Y =30
    rec(6).X =65: rec(6).Y =19
    rec(7).X =80: rec(7).Y =19
    rec(8).X =80: rec(8).Y =31
    rec(9).X =98: rec(9).Y =31
    rec(10).X =98: rec(10).Y =19
    rec(11).X =113: rec(11).Y =19
    rec(12).X =113: rec(12).Y =31
    rec(13).X =570: rec(13).Y =31
    rec(14).X =570: rec(14).Y =19
    rec(15).X =585: rec(15).Y =19
    rec(16).X =585: rec(16).Y =31
    rec(17).X =603: rec(17).Y =31
    rec(18).X =603: rec(18).Y =19
    rec(19).X =618: rec(19).Y =19
    rec(20).X =618: rec(20).Y =31
    rec(21).X =720: rec(21).Y =31
    rec(22).X =720: rec(22).Y =40
    rec(23).X =618: rec(23).Y =40
    rec(24).X =618: rec(24).Y =357
    rec(25).X =720: rec(25).Y =357
    rec(26).X =720: rec(26).Y =367
    rec(27).X =618: rec(27).Y =367
    rec(28).X =618: rec(28).Y =378
    rec(29).X =603: rec(29).Y =378
    rec(30).X =603: rec(30).Y =367
    rec(31).X =585: rec(31).Y =367
    rec(32).X =585: rec(32).Y =378
    rec(33).X =570: rec(33).Y =378
    rec(34).X =570: rec(34).Y =367
    rec(35).X =113: rec(35).Y =367
    rec(36).X =113: rec(36).Y =378
```

```
    rec(37).X =98: rec(37).Y =378
    rec(38).X =98: rec(38).Y =367
    rec(39).X =80: rec(39).Y =367
    rec(40).X =80: rec(40).Y =378
    rec(41).X =65: rec(41).Y =378
    rec(42).X =65: rec(42).Y =367
    rec(43).X =48: rec(43).Y =367
    rec(44).X =48: rec(44).Y =378
    rec(45).X =32: rec(45).Y =378
    rec(46).X =32: rec(46).Y =367
    rec(47).X =16: rec(47).Y =367
    rec(48).X =16: rec(48).Y =357
    rec(49).X =32: rec(49).Y =357
    rec(50).X =32: rec(50).Y =40
    rec(51).X =16: rec(51).Y =40
    hdc1 =CreatePolygonRgn(rec(0),52,ALTERNATE)
    SetWindowRgn Form1.hWnd,hdc1,True
  End Sub
Private Sub Form_MouseDown(Button As Integer,Shift As Integer,X As Single,Y As Single)
    If Button =1 Then      '如果按下鼠标左键
        Dim ReturnVal As Long
        ReleaseCapture
        ReturnVal =SendMessage(Form1.hWnd,WM_SYSCOMMAND,SC_MOVE + HTCAPTION,0)
    Else
        End
    End If
  End Sub
```

2. 编写一个控制计算机的小工具软件，其程序运行效果如图 10—2—4 所示。

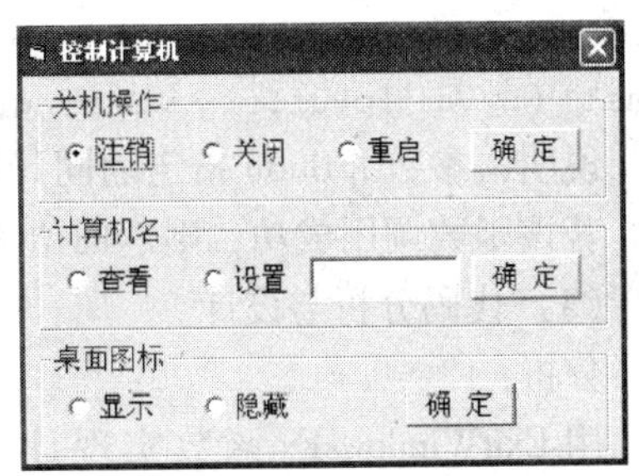

图 10—2—4 控制计算机的小工具软件程序的运行效果

分析与提示

（1）界面设计

在窗体上添加 3 个框架；添加 7 个单选框，分为 3 组对应 3 个控件数组，用于显示各个操作选项；添加一个文本框，用于显示或设置计算机名称；添加 3 个命令按钮，用于确定各个设置操作，执行对应的任务。

（2）相关 API 函数

1）ExitWindowsEx 函数：用来退出、重启或注销系统。该函数的声明格式如下：

```
Private Declare Function ExitWindowsEx Lib "user32" (ByVal uFlags As Long,ByVal dwReserved As Long)As Long
```

说明：参数 uFlags 指定关闭的类型，此参数必须有下列值的组合：EWX_ FORCE（强制终止进程）、EWX_ LOGOFF（关闭所有进程，然后注销用户）、EWX_ POWEROFF（关闭系统并关闭电源，该系统必须支持断电）、EWX_ REBOOT（关闭系统，然后重新启动系统）、EWX_SHUTDOWN（关闭系统，安全地关闭电源）；参数 dwReserved，系统保留，这参数被忽略，一般取 0。如果函数调用成功，则返回值为非零；如果函数调用失败，则返回值为 0。

2）FindWindowEx 函数：获得一个窗口的句柄，该窗口的类名和窗口名与给定的字符串相匹配。用这个函数查找子窗口，从排在给定的子窗口后面的下一个子窗口开始。在查找时，不区分大小写。该函数的声明格式如下：

```
Private Declare Function FindWindowEx Lib "user32" Alias "FindWindowExA" (ByVal hWnd1 As Long,ByVal hWnd2 As Long,ByVal lpsz1 As String,ByVal lpsz2 As String)As Long
```

说明：参数 hWnd1 指定要查找的子窗口所在的父窗口的句柄；参数 hWnd2 指定子窗口句柄，查找从在 Z 序中的下一个子窗口开始；参数 lpsz1 指向一个指定了类名的空结束字符串，或一个标识类名字符串的成员的指针；参数 lpsz2 指向一个指定了窗口名（窗口标题）的空结束字符串。找到的窗口的句柄，如未找到相符窗口，则返回为 0。

3）ShowWindow 函数：设置指定窗口的显示状态。该函数的声明格式如下：

```
Private Declare Function ShowWindow Lib "user32" (ByVal hwnd As Long,ByVal nCmd-Show As Long)As Long
```

说明：参数 hWnd 指定窗口句柄；参数 nCmdShow 指定窗口如何显示。如果窗口之前可见，则返回值为非零；如果窗口之前被隐藏，则返回值为 0。

4）SetComputerName 函数：设置计算机名，系统下次启动时将使用该名称。该函数的声明格式如下：

```
Private Declare Function SetComputerName Lib "kernel32" Alias "SetComputer-NameA" (ByVal lpComputerName As String)As Long
```

说明：参数 lpComputerName 指向一个以 NULL 结束的字符串，该字符串指定新的计算机名。该名称不得比 MAX_ COMPUTERNAME_ LENGTH 个字符长。若该函数调用成功，则返回值为 Ture；否则，返回值为 False。

5）GetComputerName 函数：取得这台计算机的名称。该函数的声明格式如下：

```
Private Declare Function GetComputerName Lib "kernel32" Alias "GetComputer-NameA" (ByVal lpBuffer As String,nSize As Long)As Long
```

说明：参数 lpBuffe 指定随同计算机名载入的字串缓冲区；参数 nSize 指定缓冲区的长度。若该函数调用成功，则返回值为 True（非零）；否则，返回值为 0。

（3）代码分析与设计

分析：

用 ExitWindowsEx 函数实现计算机的注销、关闭、重启，注销、关闭、重启对应的 uFlags 参数值分别为 0、1、2，刚好是 3 个单选框对应的索引值，当单击复选框时，记录对应单选框的索引值。

通过 SetComputerName 函数设置计算名称，通过 GetComputerName 函数获得计算机的名称。

通过 FindWindowEx 函数找到 progman，然后通过 ShowWindow 函数设置该窗体是否可见。

程序源代码如下：

```
Private Declare Function ExitWindowsEx Lib "user32" (ByVal uFlags As Long,ByVal
```

```
dwReserved As Long)As Long
    Private Declare Function FindWindowEx Lib "user32" Alias "FindWindowExA" (ByVal
hWnd1 As Long,ByVal hWnd2 As Long,ByVal lpsz1 As String,ByVal lpsz2 As String)As Long
    Private Declare Function ShowWindow Lib "user32" (ByVal hwnd As Long,ByVal nCmd-
Show As Long)As Long
    Private Declare Function SetComputerName Lib "kernel32" Alias "SetComputer-
NameA" (ByVal lpComputerName As String)As Long
    Private Declare Function GetComputerName Lib "kernel32" Alias "GetComputer-
NameA" (ByVal lpBuffer As String,nSize As Long)As Long
    Private n1 As Long,n2 As Integer,n3 As Integer
    Private Sub Command1_Click()
        If ExitWindowsEx(n1,0) = 0 Then
            MsgBox "操作失败!",vbInformation + vbOKOnly,"提示"
      End If
    End Sub
    Private Sub Command2_Click()
        Dim strname As String * 255
        If n2 = 0 Then
            If GetComputerName(strname,255&) <> 0 Then
                Text1.Text = Left(strname,InStr(strname,vbNullChar) - 1)
            Else
                Text1.Text = "计算机名未知"
            End If
        ElseIf n2 = 1 Then
            If Text1.Text <> "" Then
                strname = Text1.Text
                If SetComputerName(strname) = 0 Then
                    MsgBox "操作失败!",vbInformation + vbOKOnly,"提示"
                    Text1.SetFocus
                End If
            Else
                MsgBox "请输入计算机名",vbInformation + vbOKOnly,"提示"
                Text1.SetFocus
            End If
        End If
    End Sub
    Private Sub Command3_Click()
        Dim hwnd As Long
        If n3 >= 0 Then
            hwnd = FindWindowEx(0&,0&,"progman",vbNullString)
            ShowWindow hwnd,n3
        End If
    End Sub
```

```
Private Sub Form_Load()
    n1 = -1
    n2 = -1
    n3 = -1
End Sub
Private Sub Option1_Click(Index As Integer)
   n1 = Index
End Sub
Private Sub Option2_Click(Index As Integer)
    Text1.Text = ""
    n2 = Index
    If Index = 0 Then
        Text1.Locked = True
        Text1.BackColor = &H8000000F
    Else
        Text1.Locked = False
        Text1.BackColor = vbWhite
        Text1.SetFocus
    End If
End Sub
Private Sub Option3_Click(Index As Integer)
    n3 = Index
End Sub
```

课后练习

利用 API 函数开发一个透明时钟应用程序，实现在桌面上透明地显示当前时间，其运行效果如题图 10—1 所示，显示时间可以自由拖动，双击显示时间可退出该应用程序。

题图 10—1　透明时钟程序的运行效果